关键信息基础设施安全保护丛书

5G核心网与安全关键技术

林美玉　毕　然　卢　丹　叶颖怡　姜卜榕　王　琦　李逸静
焦　杨　李枫秋　张亦冰　邵晓萌　段　峰　王　可　何异舟　编著

電子工業出版社
Publishing House of Electronics Industry
北京·BEIJING

内 容 简 介

本书介绍了 5G 核心网与安全关键技术相关内容。全书共 9 章，第 1 章从新架构、新技术、新终端、新应用四方面介绍了 5G 演进方向，并总结了安全风险、提出安全需求；第 2~6 章首先从标准化角度介绍了 5G 网络架构中的安全策略，然后进一步围绕虚拟化安全、移动边缘计算安全、5G 融合应用安全、5G 数据安全需求，探讨 5G 安全防护解决方案；第 7 章介绍了美国、欧盟、英国、韩国、日本、俄罗斯等国家和地区的 5G 安全战略发展特点，进一步对我国 5G 安全监管工作提出了建议；第 8 章基于国内已有的 CNAS 测评认证体系，借鉴 ISO/IEC CC、GSMA NESAS 测评认证体系，总结完善了我国 5G 设备安全测评框架；第 9 章基于未来 B5G 及 6G 网络的发展愿景，分析了关键使能技术，研究了潜在的安全风险，总结了安全技术需求，展望了技术演进方向。

本书主要面向高等学校相关专业的高年级本科生或研究生，也可以作为相关研究者和从业者的基础参考书。

图书在版编目（CIP）数据

5G核心网与安全关键技术 / 林美玉等编著. -- 北京 :
电子工业出版社, 2024. 9. -- (关键信息基础设施安全
保护丛书). -- ISBN 978-7-121-48512-1

Ⅰ. TN915.08

中国国家版本馆CIP数据核字第202478VC83号

责任编辑：米俊萍
印　　刷：天津画中画印刷有限公司
装　　订：天津画中画印刷有限公司
出版发行：电子工业出版社
　　　　　北京市海淀区万寿路 173 信箱　邮编：100036
开　　本：787×1 092　1/16　印张：19.5　字数：437 千字
版　　次：2024 年 9 月第 1 版
印　　次：2024 年 9 月第 1 次印刷
定　　价：99.00 元

凡所购买电子工业出版社图书有缺损问题，请向购买书店调换。若书店售缺，请与本社发行部联系，联系及邮购电话：（010）88254888，88258888。

质量投诉请发邮件至 zlts@phei.com.cn，盗版侵权举报请发邮件至 dbqq@phei.com.cn。

本书咨询联系方式：mijp@phei.com.cn，（010）88254759。

前　言

当今世界正经历百年未有之大变局，新一轮科技革命和产业变革加速推进，以互联网和通信为代表的信息技术日益融入经济、社会、民生等各领域，成为推动经济社会发展的主要动能。

5G 作为新一代信息基础设施的重要组成部分，其内涵已超越移动通信范畴，渗透至未来社会的千行百业，成为赋能经济社会数字化转型的网络支撑与重要载体。一方面，5G 以超高速率、超低时延、超大连接的技术特性，支撑移动互联网、物联网及工业互联网的发展，为千行百业的数字化转型夯实基础、注入动力；另一方面，5G 采用灵活的服务化架构，引入网络功能虚拟化、边缘计算等新技术，并提供网络切片能力，为不同网络能力需求的业务场景提供差异化服务，推动车联网、智能工厂等不同垂直行业的应用迅速发展，促使全社会数字化升级走深向实。

自 2019 年正式发放 5G 商用牌照以来，我国 5G 网络建设持续加速，融合应用不断深入，创新能力不断提升，已全面覆盖 60 个国民经济大类，并在智能制造、数字城市建设、智慧交通、移动支付等领域实现规模应用，发展成为关乎经济社会稳定发展的关键基础设施。但与此同时，5G 海量终端连接、全新架构部署与多元技术引入，打破了传统电信网络的封闭性，在传统安全风险的基础上，带来了更多攻击源和新型攻击方式，导致网络安全形势愈发严峻复杂。

党的十九届五中全会提出，要“统筹发展和安全，建设更高水平的平安中国”，党的二十大报告进一步强调，“建设更高水平的平安中国，以新安全格局保障新发展格局”。5G 作为新基建的关键一环，安全能力建设已成为其发展的关键核心，可以说，没有 5G 网络安全，就没有新基建安全、产业安全，甚至国家安全。

作为 5G 技术的研究者，以及政策制定的支撑者，我们希望通过有限的认识，协调产业、研究和政策有机结合，推动“5G 安全网络”加快建设，为新基建和各行各业的安全发展保驾护航。基于此目的，本书从 5G 发展历程出发，阐述了我们对 5G 及其安全的理解和认识，探讨了新架构、新技术、新终端、新应用下，5G 安全已有布局和未来工作的方向，同时归集了业内对未来 B5G、6G 网络安全的观点，展望了安全演进方向，以期引发相关从业者、关注者的共鸣，更好推动我国无线通信事业和数字社会健康发展。

本书共 9 章，各章内容如下。

第 1 章：在全面梳理 5G 愿景与发展现状的基础上，从新架构、新技术（包括网络功能虚拟化、软件定义网络、移动边缘计算和网络切片）、新终端、新应用四方面分析 5G 的演进方向，并总结安全风险，提出安全需求。

第 2 章：从标准化角度介绍 5G 网络架构中的安全策略。

第 3 章：围绕网络功能虚拟化、软件定义网络技术等虚拟化技术的安全需求，构建安全总体架构，探讨安全防护解决方案。

第 4 章：围绕移动边缘计算安全需求，构建安全总体架构，探讨安全防护解决方案。

第 5 章：围绕 5G 融合应用安全策略和技术能力，面向智能电网、智慧工厂、智慧港航及车联网四类典型应用场景，探讨安全防护解决方案。

第 6 章：针对数据采集、数据传输、数据存储、数据处理、数据共享、数据销毁等数据流转全生命周期，覆盖 5G 核心网、传输网、接入网、应用层等网络层级，提出 5G 数据安全解决方案。

第 7 章：全面梳理美国、欧盟、英国、韩国、日本、俄罗斯等国家和地区的 5G 安全相关政策法规，分析各国 5G 安全战略方向、发展特点，结合我国现有网络安全监管体系，对我国 5G 安全监管下一步的工作提出建议。

第 8 章：基于国内已有的 CNAS 测评认证体系，借鉴 ISO/IEC CC、GSMA NESAS 测评认证体系，总结完善我国 5G 设备安全测评框架，明确 5G 设备安全测试内容和方法手段，为我国开展 5G 设备安全测评提供解决方案。

第 9 章：基于未来 B5G 及 6G 网络发展愿景，分析关键使能技术，研究潜在安全风险，总结安全技术需求，展望技术演进方向。

信息网络日新月异，安全发展久久为功。本书是作者对网络安全领域现有理论、技术、应用等的思考与总结，因能力有限，所分析提出的网络演进特点、安全需求、技术方案、安全架构等，难免存在不足，仅希望通过此书激发读者对网络安全的更多思考，共同为我国信息网络高质量发展贡献力量。

目　录

第 1 章 5G 时代的安全风险

1.1 5G 愿景与发展情况

1.1.1 5G 总体概述

5G 移动通信系统是实现人、机、物互联的新型通信网络，是经济社会向数字化转型的重要驱动力量，可支撑各个领域的数字化、网络化和智能化，带来生产方式、生活方式的新变革。自 2019 年 4 月在韩国正式投入商用以来，5G 网络已经逐步渗透到社会的各个领域，成为引领科技创新、实现产业升级的基础性平台。本节将基于 5G 网络的典型应用场景，简要介绍 5G 网络的应用场景、性能指标与网络特点。

1.1.1.1 应用场景

国际电信联盟（international typographical union，ITU）规定了 5G 网络的三大主要应用场景，分别为增强型移动宽带（enhanced mobile broadband，eMBB）、超可靠和低时延通信（ultra-reliable and low latency communications，URLLC）、大规模机器类型通信（massive machine type communications，mMTC）[①]。

eMBB 场景主要面向用户的移动宽带通信，旨在满足人们对多媒体业务、服务、数据的获取及交互需求，这些需求随着社会的发展在不断演进更新，相应地也需要 5G 网络为用户提供更高的传输速率及更完善的网络覆盖。eMBB 的典型应用包括超高清视频直播和分享、虚拟现实、高速上网等大流量宽带业务。

URLLC 场景主要面向一些特殊部署及应用领域，这些领域对网络的吞吐量、时延、可靠性都有极高的要求。典型应用包括工业生产过程的无线控制、远程医疗手术、自动

① ITU-R. M.2083-0.IMT Vision——Framework and overall objectives of the future development of IMT for 2020 and beyond ITU[R]. 2015.

车辆驾驶、运输安全保障等，这些应用中出现任何差错、时延都将产生严重后果。所以，在 URLLC 场景下，系统的时延和可靠性是关键指标。

mMTC 场景主要面向海量终端接入场景，典型应用包括以智能仪表、环境监测等为代表的大规模物联网部署与应用。mMTC 场景需要支持海量终端接入，同时兼顾成本、功耗的要求，以满足大规模部署条件[①]。

1.1.1.2 性能指标

围绕三大典型应用场景，ITU 无线电通信部门（ITU-R）经过多次讨论和意见征集，最终在报告《IMT—2020 无线接口技术性能最低要求》（ITU-R M.2410-0）[②]中对 5G 性能指标进行了定义，主要性能指标如表 1-1 所示。

表 1-1 ITU 定义的主要性能指标

技术指标	说明	应用场景	最低要求
峰值速率	用户可以获得的最大业务速率	eMBB	下行 20Gbit/s，上行 10Gbit/s
用户体验速率	移动用户/设备在覆盖区域内随处可获取的可用数据速率	eMBB（密集城区）	下行 100Mbit/s，上行 50Mbit/s
时延	无线电网络对从信源开始传送数据包到目的地接收数据包的时间造成的延迟	eMBB、URLLC	毫秒级
连接密度	每单位面积内连接设备和/或可访问设备的总数	mMTC	每平方千米连接上百万台设备
移动性	在满足一定系统性能的前提下，通信双方最大的相对移动速度	eMBB	最高支持 500km/h

1.1.1.3 网络特点

5G 移动通信系统不是无线通信技术的简单升级换代，而是一次重大的技术变革。5G 网络由传统的通信网络演进为网络功能虚拟化、架构服务化、计算边缘化、网络能力开放化、决策智能化的新型网络，可满足多维度的用户需求。

1. 网络功能虚拟化

网络功能虚拟化（network function virtualization，NFV）是指通过虚拟化技术，将网络功能整合到符合行业标准的高容量服务器、交换机和存储上，实现网络功能与硬件设备的解耦。在传统网络架构中，网元设备为专用硬件，软硬件一体化的封闭架构造成了

① IMT-2020（5G）推进组. 5G 愿景与需求白皮书[R]. 2015.

② ITU-R. M.2410-0.Minimum requirements related to technical performance for IMT-2020 radio interface[R]. 2017.

通信网络的日益臃肿、扩展性受限、价格昂贵等问题。为克服传统网络架构存在的缺陷，2012 年 10 月，美国电话电报公司（AT&T）、威瑞森通信公司（Verizon）等运营商在全球软件定义网络（software defined network，SDN）暨 OpenFlow 世界大会上首次提出了 NFV 的概念。同年 11 月，隶属欧洲电信标准化协会（European telecommunications standards institute，ETSI）的网络功能虚拟化行业规范组（network functions virtualization industry specification group，NFV ISG）正式成立，负责制定 NFV 软硬件基础设施的要求和架构规范，并负责推进 NFV 的实现。

NFV 技术的引入给 5G 网络带来了以下多方面的优势，受到了运营商的广泛支持。一是降低部署成本。5G 网络的软件、硬件得以分离，使得运营商摆脱了对传统网元的依赖，降低了网络部署成本。二是使网络更加灵活。当网络需求变更时，运营商无须更换硬件设备，通过软件调整便可快速更新基础网络架构，使网络资源的运用更加灵活。三是提高网络运营、维护效率。借助 NFV 技术，运营商可以对网络资源和网络功能模块进行统一调度，从而提高网络运营、维护效率。

2. 架构服务化

服务化架构（service-based architecture，SBA）是 5G 核心网的重要特征。在服务化框架下，传统的网元被拆分为若干种网络功能（network function，NF），每种 NF 不再采用传统的点对点通信方式，而是采用新型的服务化接口（service-based interface，SBI），通过类似总线的方式连接到系统中，使得 NF 的配置更加灵活、开放。4G 网络主要由各个网元组成，网元之间由不同接口相连接，这种网络架构相对单一、固定，造成了网络升级、维护的不便。5G 网络需要更灵活、更开放的弹性架构，以满足差异化定制、敏捷性服务的业务需求。经过长期讨论，2017 年 5 月，SBA 最终被第三代合作伙伴计划（3rd generation partnership project，3GPP）确认为 5G 核心网的统一架构。

采用 SBA 为 5G 网络带来了以下多方面的优势。一是服务更稳定。在 SBA 中，相同的 NF 可以组合为功能集群，当一个 NF 发生故障时，其他 NF 可继续为用户提供服务，不影响用户体验。二是维护效率更高。在 SBA 下，NF 的注册、发现、状态检测都可以实现自动化，有效提高网络维护效率。三是网络部署更灵活。SBA 下各个 NF 之间采用松耦合的连接方式，运营商可以根据需要灵活增加或者修改 NF，而不会对其他 NF 产生影响。

3. 计算边缘化

边缘计算是指在移动网络边缘部署具备计算、存储、通信等功能的硬件，并向用户提供服务环境和计算能力，通过靠近用户来减少网络操作和降低服务交付的时延，提高用户体验。在传统的移动网络架构中，所有信息必须传送到核心网进行集中处理，这种网络架构存在传输路径长、时延高的问题，无法满足 5G 网络低时延和高带宽的业务需求。因此，有必要在靠近用户的一端设立本地网络，提供计算、存储等能力，在降低数据时延的同时，减轻核心网的负荷。2014 年，ETSI 成立移动边缘计算（mobile edge computing，MEC）工作组，并推动相关标准化工作。2016 年，ETSI 将此概念从移动通信网络延伸至其他无线接入网络，拓展为多接入边缘计算（multi-access edge computing，MEC）。

相比于集中部署的网络架构，边缘计算具有以下优势。一是保护数据安全。边缘计算架构中，大部分用户数据仅在边缘设备中处理，敏感信息不需要传输至中心云端，有效降低了数据泄露的风险。二是降低传输时延。通过边缘计算技术缩短用户数据的传输距离，缩短用户数据的传输时间，使得超低时延业务的部署成为可能。三是减少传输成本。边缘计算架构将用户面网元及业务处理能力下移到网络边缘，实现业务流量本地处理，可大幅度减轻核心网的网络负荷，有效降低数据传输成本。

4. 网络能力开放化

网络能力开放化是指在整合和利用现有网络资源的基础上，采用统一接口对接第三方应用，实现网络能力的对外开放。通过网络能力开放，运营商可利用自身网络优势为第三方提供定制化、个性化服务，从而实现盈利模式创新，获得新的发展机遇。2014 年 12 月，3GPP 发布了 TR 23.708 研究报告，定义了移动通信网络的能力开放解决方案，规定了相应场景下的基本信令流程。5G 网络中引入了网络开放功能（network exposure function，NEF）。NEF 通过服务化接口与网络功能相连，将网络能力开放给第三方应用，实现网络能力与业务需求的有效对接，从而改善业务体验，优化网络资源配置。

网络能力开放是连接运营商内部网络资源和外部应用的桥梁，典型应用场景包括以下几方面。一是业务能力开放。将 5G 网络策略能力向第三方开放，实现业务能力的灵活配置、自主选择及动态修改，包括业务策略、计费策略、网速与流量控制、网络切片的生命周期管理等。二是安全能力开放。允许第三方对 5G 网络安全策略进行配置与调整，包括身份认证、授权策略、黑白名单限制等。三是网络数据开放。将网络侧获得的数据向第三方共享，包括网络状态信息、终端位置、终端状态信息等。同时，第三方也可以向 5G 网络开放终端能力、终端预期行为等信息，以便运营商根据业务需求对网络进行优化和管理。

5. 决策智能化

人工智能（artificial intelligence，AI）技术兴起于 20 世纪 50 年代，是利用计算机模拟人类智能行为科学的统称，它涵盖训练计算机使其能够完成自主学习、判断、决策等人类行为的范畴[①]。2017 年 5 月，3GPP 系统架构和服务工作组（3GPP TSG SA WG2）完成了自动化技术为 5G 网络赋能研究（study of enablers for network automation for 5G，

① 中国联通研究院，中兴通讯股份有限公司. “5G+人工智能”融合发展与应用白皮书[R]. 2019.

eNA）（TR 23.791）的立项工作①，将网络数据分析功能（network data analytics function，NWDAF）引入 5G 网络。NWDAF 是一个负责数据感知分析的网络功能，可对 5G 网络中的数据进行自动感知和分析，使得网络易于维护和控制，提高网络资源的使用效率。

目前，人工智能在网络中的应用正逐步从概念验证阶段转为落地阶段，已经在网络故障分析、异常小区发现、智能节能、垃圾短信分析、网络质量监控与优化等场景下发挥作用，有效助力运营商提高服务质量，节约运营成本。

1.1.2 5G 发展情况

本节将从 5G 标准化、网络建设和融合应用三方面对 5G 发展情况进行介绍。

1.1.2.1 标准化情况

1. 国际标准化情况

制定 5G 标准的国际标准化组织主要包括 ITU 和 3GPP。其中，ITU 作为联合国负责信息通信技术事务的专门机构，通过开展 5G 需求愿景、技术趋势和频谱方案等方面的研究，主导全球 5G 标准的发展方向，并以 5G 愿景等阶段性研究成果为基础，研讨、评估相应的 5G 候选技术方案，指导 3GPP 等国际组织开展 5G 相关技术研究。

2015 年，ITU 将 5G 正式命名为 IMT-2020②，发布了 5G 愿景需求，明确了 5G 必须支持 eMBB、URLLC 和 mMTC 三大场景，随后，3GPP 展开了 5G 技术标准化研究，以满足 ITU 对下一代移动通信网络提出的需求。2019 年 3 月，3GPP 宣布冻结第一个 5G 标准版本——R15，其支持 eMBB 及部分 URLLC 场景。2020 年 7 月，3GPP 冻结 5G 第一个演进版本标准——R16，其全面强化三大场景能力三角；同月，ITU-R 的国际移动通信工作组（WP5D）第 35 次会议对包括 3GPP 5G 标准在内的七项候选技术标准进行了研究评估，最终将 3GPP 体系的 5G 标准确认为 ITU 认可的唯一 5G 标准。2022 年 6 月，3GPP 宣布 R17 标准冻结，进一步扩展强化了 5G 应用能力并提出了新的演进方向。至此，5G 第一阶段三个版本的标准（R15、R16、R17）全部完成，从 R18 开始，将进入 5G 演进阶段。2021 年 4 月，3GPP 在第 46 次 PCG（项目合作组）会议上正式将 5G 演进的名称确定为 5G-Advanced，目前 R18 已完成立项，意味着 5G 技术研究和标准化工作已正式迈入第二阶段。5G 标准发展脉络如图 1-1 所示。

---

① 程强，刘姿杉. 电信网络智能化发展现状与未来展望[J]. 信息通信技术与政策，2020(9):16-22.

② International Mobile Telecommunications-2020，即面向 2020 年之后使用的新一代移动通信技术。

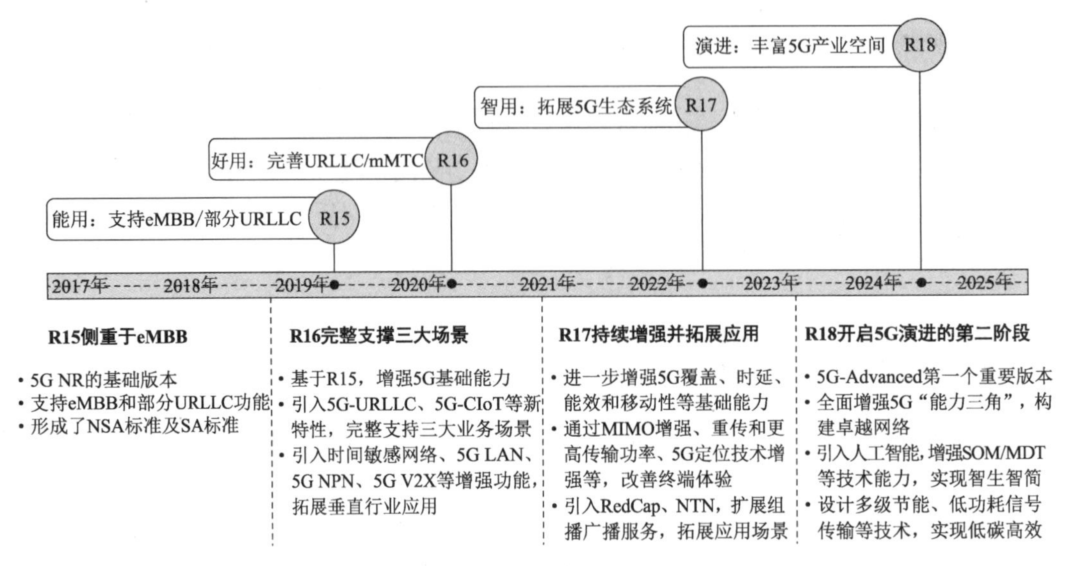

图 1-1　5G 标准发展脉络

R15 是 5G 的基础标准，实现“能用”。作为 5G 的第一个标准协议，R15 重点完成 eMBB 和部分 URLLC 功能，满足市场最紧急的应用需求。其中，针对 eMBB 场景最关键的“速率”指标要求，R15 一方面扩充更多频谱资源，提出移动毫米波技术，将 5G 的工作频谱延伸覆盖到毫米波的高频段，为 5G 实现高速连接奠定基础，并创新性地引入大规模天线阵列（massive MIMO），大量增加基站中的天线数量，对不同的用户形成独立的窄波束覆盖，提升基站覆盖能力；另一方面挖掘频谱资源潜力，设计基于正交频分复用（orthogonal frequency-division multiplexing，OFDM）优化的波形和多址接入技术，实现更低时延的传输。针对 URLLC 场景，R15 解决了部分使用需求，一方面通过拓宽子载波间隔同时缩减 OFDM 符号的数量来实现“低时延”，另一方面通过定义新的信道质量指示符（channel quality indication，CQI）与调制和编码方案（modulation and coding scheme，MCS）来支持“高可靠”。

R16 是 5G 的完整标准，致力“好用”。基于 R15，R16 从基础能力增强、全业务场景支持、垂直行业能力拓展三大方向入手，继续推动 5G 网络完善。其中，基础能力增强方面，通过服务化架构增强（eSBA）、网络切片增强（eNS）、位置服务增强（eLCS）等，提升运营商部署 5G 网络的基础能力稳定性和网络健壮性；全业务场景支持方面，通过引入 5G 超高可靠、低时延通信（5G-URLLC）、5G 蜂窝物联网（5G-CIoT）等关键新特性，完成对 5G 独立部署架构下 eMBB、URLLC、mMTC 三大业务场景的支持；垂直行业能力拓展方面，引入支持垂直行业组网和专网建设的时间敏感网络（time-sensitive network，TSN）、5G 局域网（local area network，LAN）、5G 非公共网络（non-public network，NPN）等技术，在可靠性和时延上增强 URLLC，并逐步完善 5G 车用无线通信技术（vehicle to X，V2X）等，满足工业互联网、车联网等垂直领域对 5G 技术的规模化应用需求。

R17 是 5G 的增强标准，聚焦“智用”。基于 R16，R17 围绕“基础能力增强、终端能力增强、场景应用拓展”三大方面，进一步实现 5G 能力升级和应用探索。基础能力增强方面，R17 根据 5G 前期实际部署情况进行“查漏补缺”，为 5G 系统的容量、覆盖、时延、能效和移动性等多项基础能力带来了更多增强特性，包括 Massive MIMO 增强、上行覆盖增强、终端节电、频谱扩展、集成接入回传增强、URLLC 增强等。终端能力增强方面，R17 提出一系列增强特性以改善用户体验。例如，MIMO 增强功能可提升容量、吞吐量和电池续航；面向连接态和空闲态模式的节能新特性可延长电池续航；重传和更高传输功率可改善终端的网络覆盖范围；5G 定位技术增强可改善定位精度和时延。场景应用拓展方面，R17 引入降低能力（reduced capability，RedCap）轻量级的 5G 终端，降低协议复杂度并提高节能效率，满足可穿戴设备、工业传感器等物联网需求；引入非地面网络（non-terrestrial network，NTN）的 5G NR 支持，真正实现天地物联通信等。

R18 是 5G 的全新起点，着力“演进”。R18 是 5G-Advanced 的第一个重要版本，着眼于“卓越网络、智生智简、低碳高效”[①]三大目标推进 5G-Advanced 的演进，为 5G 数智化转型、高质量发展提供强劲动力。卓越网络方面，R18 通过空天地一体增强、直连链路通信增强、上行覆盖增强等进一步增强覆盖能力；通过 Massive MIMO 演进、移动性增强、Sidelink 增强等项目提升性能；通过扩展现实（extended reality，XR）增强、多播广播业务增强、高精度定位增强等项目扩展业务支持能力等。智生智简方面，R18 通过引入人工智能和机器学习增强 5G 网络智能化程度，通过自组织网络（self-organizing network，SON）及最小化路测（minimization of drive test，MDT）增强组网和运维能力，通过服务质量（quality of experience，QoE）增强提升业务体验等。低碳高效方面，R18 通过多级网络节能、低功耗信号传输、多载波增强、小带宽专网频率设计等提高 5G 网络能效。

2. 国内标准化情况

在经历 1G 空白、2G 跟随、3G 突破、4G 同步的数十年历程后，我国已成为全球 5G 发展的重要领跑者，在 5G 标准必要专利（standard essential patent，SEP）[②]数量和标准制定方面均居全球第一阵营。

一是 3GPP 任职比例持续提升。根据欧洲智库报告，截至 2021 年 10 月，在 3GPP 已拥有的来自 45 个国家和地区共 764 个个体成员中，有 185 个来自中国，占比为 24.21%，排名第一。同时，中国在 3GPP 技术规范组（TSG）和工作组（WG）的任职比例持续提升，从 2012 年的 17%到 2021 年的 36%，且领导职位（主席和副主席）人数在全球也处于领先地位（20 个），随后是美国（12 个）和韩国（7 个）。

---

① 中国移动研究院. 5G-Advanced 新能力与产业发展白皮书[R]. 2022.

② 标准必要专利是指标准规定的技术在专利的保护范围之内，在实施标准时所必须实施的专利，有时也简称标准专利。

二是 5G 标准必要专利数量全球领先。截至 2022 年年底，全球声明的 5G 标准必要专利超过 8.49 万件，有效全球专利族[①]超过 6.04 万项；华为技术有限公司（以下简称华为）的有效全球专利族数量占比为 14.59%，以较大的优势排名第一位，随后是高通（10.04%）、三星（8.80%）[②]。2022 年，国内企业积极开展 5G 创新技术研究和 5G 国际标准研制，5G 专利申请全面爆发，5G 标准必要专利声明量在全球占比达 39.9%，基本实现 5G 技术引领。

三是推动成为关键技术主导力量。以 R17 标准为例，国内三家基础电信企业牵头完成多个关键技术标准制定，为 R17 标准冻结、5G 标准确立做出重要贡献。其中，中国移动主导 30 余个标准立项，提交技术提案 3000 余篇，标准影响力突出；中国电信牵头超级上行增强、网络覆盖提升、共建共享演进、非公共网络组网、系统干扰消除等 18 项技术标准制定，提交技术提案 1000 余篇，为提升 5G 网络支撑能力贡献力量；中国联通牵头完成 NR QoE、高功率终端、CP/UP 分离架构等国际标准立项，其中，NR QoE 构建了 5G 首个基于用户业务质量采集、上报的新机制，为 5G 网络构建了 5G 新业务端到端业务体验保障的新能力。

1.1.2.2 网络建设情况

1. 国际网络建设情况

网络建设稳步推进。截至 2022 年年底，5G 已覆盖全球所有大洲，全球 102 个国家/地区的 251 家电信运营商推出基于 3GPP 标准的 5G 商用服务（包括移动或固定无线接入服务）；5G 网络已覆盖全球 33.1%的人口，欧洲、美洲、亚洲、大洋洲地区 41 个国家/地区的 5G 网络人口覆盖率已超过 50%；全球 5G 基站部署总量超过 364 万个，同比 2021 年（211.5 万个）增长 72%[③]。

5G 专网正在起步。截至 2022 年年底，全球部署 4G/5G 专网的国家/地区达到 72 个。德国是最早开放 5G 专网频谱申请的国家之一，发放了 257 张 5G 专网频谱许可证；日本发放了百余张本地 5G 牌照，解决了本地 5G 推广面临的网络部署及运营成本高、技术难度大等问题；韩国 MSIT 发放了 10 张专网频率许可，获得专网频率的企业分别在智慧工厂、医疗、物流、媒体服务等领域开展试点应用；我国也为商飞公司发放了第一张 5G 专网频率许可。据 GSA（全球移动供应商协会）数据统计，排名前五的专网领域分别是制造业（19.7%）、教育（11%）、矿业（9%）、电力（8%）、应急（7%）。从整体上看，5G 专网发展提速，但整体仍处于探索期。

渗透效果有待加强。截至 2022 年年底，全球 5G 移动用户总数为 10.1 亿，在移动用

---

① 一项专利族包括在不同国家申请并享有共同优先权的多件专利。

② 中国信息通信研究院. 全球 5G 标准必要专利及标准提案研究报告（2023 年）[R]. 2023.

③ TD 产业联盟. 全球 5G/6G 产业发展报告（2022—2023 年）[R]. 2023.

户中渗透率[①]为 12.1%。其中，中国 5G 移动用户数为 5.61 亿，在全球占比为 55.4%，排名第一；其次是美国（1.4 亿）、日本（0.47 亿）、韩国（0.28 亿）、德国（0.12 亿）[②]。欧洲等其他国家发展相对较慢，5G 移动用户数均在 0.1 亿以下。总体上，虽然 5G 商用国家较多，但大多仍处于起步期，渗透效果有待加强。

2. 国内网络建设情况

5G 网络覆盖持续增强。截至 2022 年年底，全国移动通信基站总数达 1083 万个，全年净增 87 万个；其中 5G 基站为 231.2 万个，全年新建 5G 基站 88.7 万个，在全国移动基站总数中占比超 20%，在全球 5G 基站总数中占比超 60%，规模居全球首位，已基本完全覆盖国内所有地级市、县城城区和乡镇镇区[③]。

5G 专网部署不断加快。我国 5G 专网市场规模保持高速发展。2020 年 7 月，中国移动率先推出 5G 专网业务，随后中国联通和中国电信也相继发力 5G 专网领域，三大运营商自此加速 5G 专网业务布局，不断推进设备成熟和应用落地。截至 2022 年年底，我国已部署超 1.4 万个 5G 行业虚拟专网，为行业提供稳定、可靠、安全的基础设施，加速 5G 与千行百业融合发展[④]。

5G 用户占比突破三成。根据工业和信息化部发布的 2022 年通信业统计公报，截至 2022 年年底，我国 5G 移动电话用户数达 5.61 亿，较 2021 年年底净增 2.06 亿，5G 移动用户渗透率为 33.3%，较 2021 年年底提高 11.7 个百分点，用户规模进一步扩大，远超全球平均渗透水平（12.1%）。据全球移动通信系统协会数据，预计到 2025 年，中国 5G 连接总数将增至 8.92 亿，超过半数的移动连接将使用 5G[⑤]。

1.1.2.3 融合应用情况

1. 国外融合应用情况

5G 的超高速率、超低时延、超大连接特点不仅为消费互联网领域带来全新体验，更将成为千行百业的创新基础，应用场景获得极大拓展。各国均以顶层设计为牵引，加速推进 5G 融合应用探索，呈现个人应用与垂直行业应用共同发展的趋势，整体落地成效明显，部分行业已经开始复制推广，促进 5G 应用向规模化发展阶段迈进。

1）韩国顶层设计强化支持，应用布局系统推进

韩国作为最先开展 5G 商用的国家，持续通过发布国家战略促进 5G 创新应用发展。

---

① 移动用户渗透率即 5G 移动用户在所有移动用户中所占的比例。

② TD 产业联盟.全球 5G/6G 产业发展报告（2022—2023 年）[R].2023.

③ 中国信息通信研究院.5G 应用创新发展白皮书——2022 年第五届“绽放杯”5G 应用征集大赛洞察[R].2022.

④ 工业和信息化部.2022 年通信业统计公报解读：行业持续向好 信息基础设施建设成效显著[R].2023.

⑤ 全球移动通信系统协会. 2022 中国移动经济发展[R].2022.

事实上，2019—2021 年，韩国政府围绕“5G+”战略连续发布年度推进计划，每年通过成效回顾、需求梳理、目标制定，系统牵引应用市场发展。2021 年 8 月，韩国政府再度发布《“5G+”融合服务扩散战略》，在保障“5G+”战略落实的基础上，在沉浸式内容、智慧工厂、自动驾驶汽车、智慧城市、智慧医疗五大 5G 核心服务方面引导 5G 产业培育。同时，韩国政府通过建立“5G+”工作委员会、建立产业联盟和支持部门等方式，促进政产学研等多类主体合作开展“5G+”创新；通过政府率先投资、优惠政策倾斜、项目资金支持等方式，推动实现“5G+”融合应用示范与规模化发展，确保战略落实。

整体看来，韩国“5G+”融合应用成果已逐步显现。在个人应用领域，韩国以文娱体等内容服务为突破口，以自营平台或与专业平台建立合作等方式，将 5G 个人用户与内容服务捆绑，实现高清视频直播、VR/AR、5G 云游戏、流媒体等应用输出。在垂直行业应用方面，韩国在工厂、城市、交通、医疗等领域重点发力，全面开展试点应用并逐步进入商业化阶段。

2）美国重点保障网络建设，军事领域应用占据主导

全球主要有 sub-6（中低频段）、毫米波（中高频段）两种 5G 频段。其中，sub-6 因传播范围大、建网成本低成为全球 5G 主导频段，而美国大量的 sub-6 频段被军方占用，因此主要依靠毫米波部署商用 5G。受限于高频段 5G 网络部署的高成本，美国在 5G 基础部署、规模应用等方面进展缓慢。为弥补频谱劣势，2018 年以来，美国围绕提高频谱利用效率、改善基础设施建设颁布了一系列政策文件，包括《5G 快速计划》（*5G FAST Plan*）、《新兴技术及其对非联邦频谱需求的预期影响》（*Emerging Technologies And Their Expected Impact On Non-Federal Spectrum Demand*）等，并成立频谱战略工作组，统筹推进 5G 网络部署进程。同时，美国通过组建领导和实施 5G 发展的高层联邦机构与部门，专职研究并推进 5G 应用布局。

目前来看，美国 5G 以军事领域应用为主，已围绕军事训练、智能后勤、军事专用网络、通信能力等方面，共在 12 个军事基地开展包括 VR/AR 军事训练系统、AR 单兵作战系统、智能仓库、自动驾驶、远程维修和保障等在内的 5G 技术应用测试，但总体上仍处于探索和验证时期。

3）日本专网布局优势突出，区域规模化应用加速

日本 2020 东京奥运会及残奥会成为推动 5G 发展的重要助力。2020 年 3 月底，为配合奥运赛事举办，日本三大电信运营商 NTT DoCoMo①、KDDI②和 SoftBank 相继推出 5G 商用服务，宣布日本正式进入 5G 时代。

个人应用领域，日本主要利用 5G 技术在超高清视频、虚拟现实（virtual reality，VR）、增强现实（augmented reality，AR）等增强移动宽带服务方面发力。例如，2020 东京奥运

---

① NTT DoCoMo 是日本电信服务提供商，隶属于 NTT 日本电话电报株式会社。

② KDDI 是日本电信服务提供商，由 DDI（第二电信企划株式会社）、KDD（国际电信电话株式会社）、IDO（日本移动通信株式会社）三家公司合并而来。

会，应用5G网络和AR设备传输动态高清实时图像，增强观赛体验等。垂直行业应用领域，日本政府在5G专网领域布局较早，自2019年年底便开始正式接受5G专网服务频谱牌照申请，鼓励地方政府、企业部署本地5G专网并开展应用开发与试验验证，以便更好满足局部区域内个性化、多样化的行业应用需求。同时，日本政府以项目遴选的方式，重点资助开发可复制的应用示范案例，降低5G应用部署成本，加速相关应用在其他地区的规模化应用推广。

2. 国内融合应用情况

自2019年6月6日正式进入5G商用以来，我国在“以建促用”的发展理念下，以高效的建设节奏带动5G应用的渗透、普及。2021年7月，工业和信息化部联合中央网络安全和信息化委员会办公室、国家发展和改革委员会、教育部等九部门印发了《5G应用“扬帆”行动计划（2021—2023年）》（工信部联通信〔2021〕77号），不仅明确了我国未来三年重点行业的5G应用发展方向和目标，还确定了5G在15个垂直行业的发展目标、应用场景，提出了具体落地措施和方法。各地政府也结合区域产业优势，因地制宜出台了5G产业应用政策，推动了5G特色化应用落地推广与规模化应用。在中央与地方产业政策的合力推动下，各地5G融合应用发展动力持续增强，解决方案不断深入，部分应用已从探索验证、试点示范，进入规模复制、全面推广阶段，逐渐形成“3+4+*N*”的融合应用体系，即三大应用方向、四大通用应用和*N*类创新应用①，如图1-2所示。

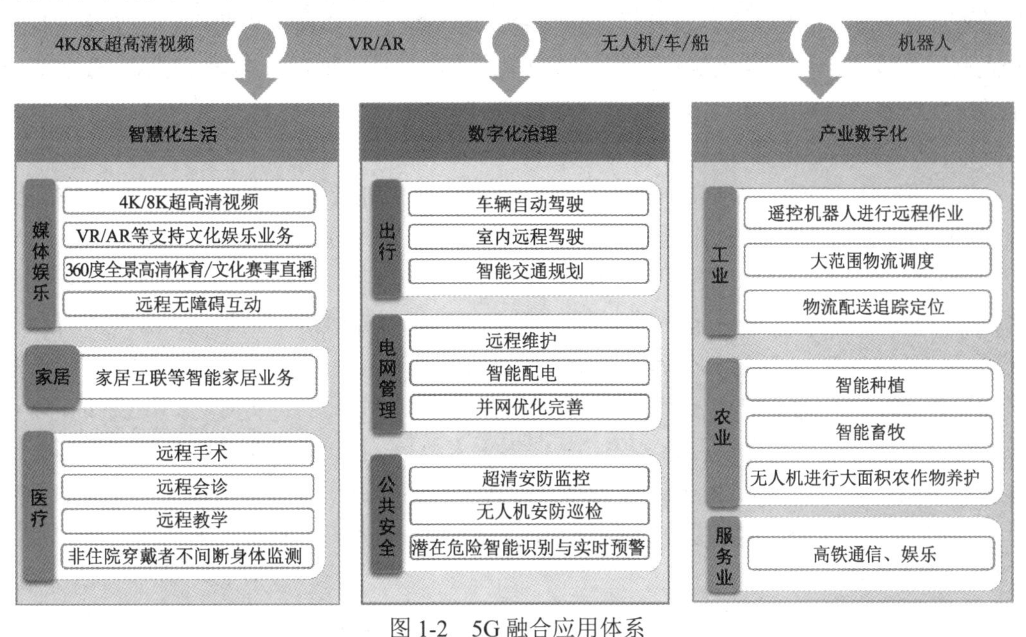

图1-2　5G融合应用体系

① 中国信息通信研究院. 5G应用创新发展白皮书——2021年第四届“绽放杯”5G应用征集大赛洞察[R].2021.

1）三大应用方向初具雏形

在应用方向上，5G 重点面向生活消费、社会治理、产业转型三大领域，致力于实现智慧化生活、数字化治理和产业数字化。

在智慧化生活方向，5G 可打破时空局限，在媒体娱乐、家居、医疗等多个场景优化生活体验。在文娱方面，2022 北京冬奥会依托 5G 网络，实现 4K 画质的 360 度自由视角、8K VR 超高清直播等创新观赛应用，让观众获得“身临其境”的沉浸式体验。在家居方面，利用 5G 高带宽、低时延和低功耗的特点，可实现多台家居设备的便捷互联、一体控制，提升生活体验。在医疗方面，可结合 4K/8K 超高清视频、触觉感知系统等，实现远程会诊、远程手术等，提高应急能力。

在数字化治理方向，5G 可为出行、电网管理和公共安全等多个领域带来新型智慧应用，提升社会治理能力和效率。在出行方面，可支持车辆自动驾驶、室内远程驾驶、智能交通规划等，提高出行效率；在电网管理方面，可结合远程控制设备与高清摄像头，支持远程维护、智能配电等，实现高效、错峰用电；在公共安全方面，可结合人工智能、超清视频，支持超清安防监控、无人机安防巡检，实现潜在危险智能识别与实时预警。

在产业数字化方向，5G 技术已在第一、二、三产业[①]的诸多领域实现应用布局，融入研发、生产、管理、服务等各环节，可实现人、物、机器等各要素之间的全连接，推动传统生产及服务智慧化转型升级。例如，在农业方面，依托 5G 网络，通过传感器、语音识别、图片分析等，已实现智能种植、智能畜牧及利用无人机进行大面积农作物养护等；在工业方面，利用 VR、多工厂数据互联及远程触觉感知技术设备等，已实现遥控机器人远程作业、大范围物流调度、场外物流追踪定位等；在服务业方面，借助 5G 的高速率传输实现高铁通信娱乐等。

2）四大通用应用奠定基础

在通用应用方面，在 5G 赋能相关领域的过程中，4K/8K 超高清视频、VR/AR、无人机/车/船、机器人四大应用成为各种 5G 应用场景下的通用能力。

能力增强方面，5G 可支持未来视频图像分辨率从模拟、标清、高清向 4K/8K 超高清演进，促进视频采、编、存、传、播等各环节变革，推动新一轮数字内容产业升级；5G 可解决 VR/AR 渲染能力不足、互动体验不强和终端移动性差等痛点问题，在降低对终端硬件要求的同时提升沉浸体验；5G 为网联无人机/车/船赋予实时超高清图传、远程低时延控制、海量数据处理等重要能力，使得无人机/车/船载荷的形式不断演进，极大丰富应用形式；5G 为云化机器人远程操作、自组织与协同合作等提供必要的大速率、低时延、高可靠的无线通信网络支撑，可降低成机器人规模化部署成本，为云端机器人赋能千行百业提供可能。

应用范围方面，该四类应用正逐步成为各个行业应用的重要组件。4K/8K 超高清视

---

① 第一产业主要指农业（包括林业、牧业、渔业等）；第二产业是工业（包括采掘业、制造业、自来水、电力、蒸汽、热水、煤气）和建筑业；第三产业是服务业，指除上述第一、第二产业外的其他各业。

频广泛应用于广播电视、医疗健康、工业制造、智慧交通、安防监控等领域，极大地驱动以视频为核心的行业应用示范。5G+超高清视频技术为数字化生产生活和社会治理方式变革提供了新要素、新工具，为远程医疗、远程教育、慢直播等新经济发展提供了关键助力。VR/AR 支持医疗、交通、教育、购物、游戏、影视等领域创新型应用，如 5G+AR 远程会诊系统、AR 查房、VR 监护室远程观察及指导系统等解决方案，能有效提高诊疗效率等。5G+无人机/车/船和机器人，在环保、工业、交通、医疗、安防、物流等行业快速推广应用，如利用无人机/车/船进行巡防、巡检，利用机器人开展自主作业，解放人力，提高效率，并避免作业过程中的人员伤害等。

3）*N* 类创新应用加速导入

基于 5G 技术的持续演进，推动在工业互联网、医疗健康、智能电网、智慧金融、智慧城市等领域形成 *N* 类创新应用，为 5G 赋能持续加注创新力量。

基础电信企业是推动 5G 应用发展的主力军。截至 2022 年 9 月底，中国移动深耕 19 个细分行业，打造了 1.8 万个 5G 商业化项目。其中，智慧城市项目有 4900 个，覆盖全国 340 余个地市县；智慧工厂项目有 2300 余个，打造世界级 5G“灯塔工厂”；服务医疗机构 2000 余家，打造 5G 急救车 1800 辆；智慧电力项目有 400 余个，涵盖火电、水电、风电、核电等多个领域。中国联通打造超过 12000 个 5G 规模应用的“商品房”项目，服务超过 3800 个行业专网客户。中国电信通过开展“5G 点亮行动”，在全国 100%的地市点亮 5G 商用项目，推动 5G 应用向多领域全行业拓展；中国电信 5GDICT 项目超 1.3 万个，覆盖了“扬帆”行动计划中工业、交通物流、医疗、教育等 15 个行业，打造了一批业内标杆。

重点领域 5G 应用开始规模复制。2022 年，智慧矿山、工业互联网、车联网等行业已进入快速发展阶段[①]。例如，在智慧矿山领域，通过打造 5G+智能综采、智能掘进、辅助运输等典型场景，5G 已应用于全国 200 余家矿山。在工业互联网领域，5G 融合应用在建项目超过 3100 个，培育形成了远程设备操控、机器视觉质检、生产能效管控等 20 个典型应用场景，形成了规模复制推广的良好基础。在车联网领域，北京、天津、江苏、广东、重庆等 13 个省市已向相关企业颁发了车联网直连通信频率使用许可，建设了超过 50 个智能网联汽车示范区，完成了 3500 多千米的智能化道路升级，30 余个城市和多条高速公路部署了 4000 余台路侧通信单元，累计发放了 800 余张自动驾驶道路测试牌照，测试总里程超 1000 万千米[②]。

创新应用支撑体系已初步构建。2019 年，工业和信息化部指导成立 5G 应用产业方阵（5G application industry array，5G AIA），组织评定 5G 融合应用创新中心，遴选具有广泛影响力的 5G 应用解决方案供应商，开展面向 5G 应用创新的技术和产业服务，促进

① 中国信息通信研究院.5G 应用创新发展白皮书——2022 年第五届“绽放杯”5G 应用征集大赛洞察[R].2022.

② 北京电信技术发展产业协会（TD 产业联盟）. 全球 5G/6G 产业发展报告（2022—2023 年）[R].2023.

5G 与经济社会各行业融合应用和规模推广。截至 2022 年，5G 应用产业方阵已分三批评定了 5G 融合应用创新中心 32 家，面向制造业、能源等 10 余个领域形成了近 200 家 5G 应用解决方案供应商[①]，初步构建了 5G 融合应用创新支撑体系。

1.2 5G 网络与关键技术

作为新一代移动通信技术，5G 网络不仅能够大幅提升移动互联网用户的高带宽业务体验，更能契合大连接、广覆盖的业务需求，实现对万物互联等通信需求的支持。为满足差异化的挑战，应对不同场景、不同用户的性能需求，5G 网络在引入新技术的同时，实现了以服务化和云化为主要特征的全方面变革。

本章从 5G 应用场景和性能需求出发，分别对 5G 网络的新架构、新技术、新终端、新应用进行介绍，探索呈现 5G 网络的演进方向。

1.2.1 5G 新架构

1.2.1.1 5G 网络总体架构

由于业界对于 5G 系统需求不同，在最开始的关于网络架构研究的讨论中出现了七种架构，经过研究，最终对如图 1-3 所示的五种架构进行了标准化。5G 网络架构的部署模式如图 1-3 所示[②]。

以上几种网络架构分为非独立组网和独立组网两种方式。其中，非独立组网架构（NSA 架构）是指利用现有的 4G 基础设施进行 5G 网络的部署，是 5G 网络建设的过渡方案；独立组网架构（SA 架构）是与 4G 系统相互独立的 5G 网络架构，是 5G 网络建设的目标方案。

1. 非独立组网

考虑到建设成本与建设周期等因素，5G 初期阶段主要以非独立组网架构为主。3GPP 标准规范中设计了 Option3、Option4、Option7 三种非独立组网方式，具体对比如表 1-2 所示。

---

① 中国信息通信研究院.5G 应用创新发展白皮书——2022 年第五届“绽放杯”5G 应用征集大赛洞察[R].2022.

② 3GPP. NR and NG-RAN overall description; Stage 2 (Release 17)[S].2022.

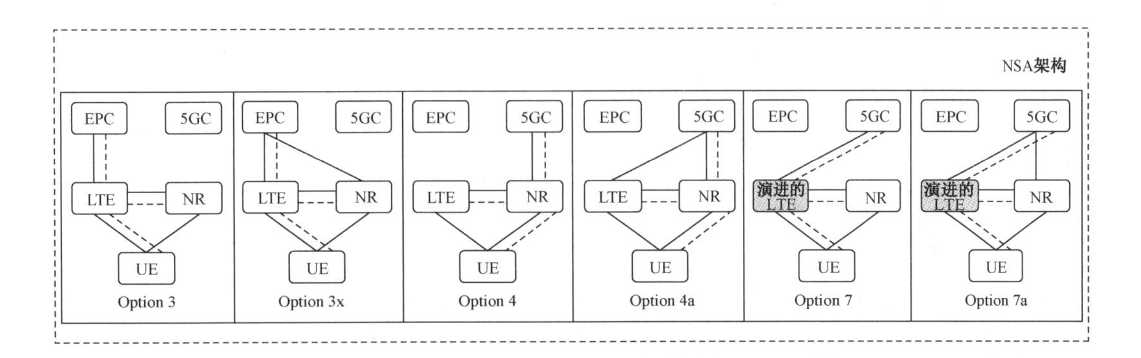

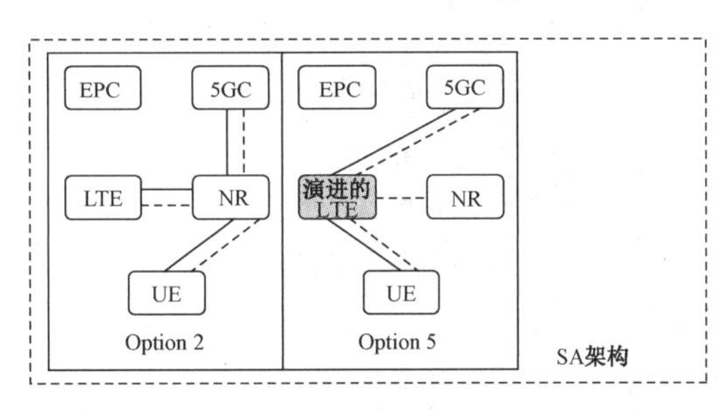

图 1-3 5G 网络架构的部署模式

表 1-2 非独立组网方式对比

架构名称	接入核心网	附着主基站	附着辅基站
Option3	4G 核心网	LTE 演进基站	5G 基站
Option4	5G 核心网	5G 基站	LTE 演进基站
Option7	5G 核心网	LTE 演进基站	5G 基站

Option3 架构中的核心网为 4G 核心网，接入网由 LTE 演进基站和 5G 基站组成。在 4G/5G 基站共同覆盖的区域，用户利用双连接技术同时连接到 4G 和 5G 基站。其中，主基站为 LTE 演进基站，辅基站为 5G 基站，控制面锚定在 LTE 演进基站。Option3 架构的优势在于充分利用了 4G 核心网与已有的 LTE 演进基站，对 5G 基站覆盖要求较低，且对网络改动较小，在提升网络建设速度的同时降低了投资成本；劣势在于没有 5G 核心网的支持，边缘计算和网络切片等新功能与新业务无法实施，无法提供完整的 5G 服务。因此，Option3 架构适合 5G 商用初期的热点部署，用于实现 5G 的快速商用。

Option4 架构中的核心网为 5G 核心网，接入网由 LTE 演进基站和 5G 基站组成。Option4 架构中的主基站为 5G 基站，辅基站为 LTE 演进基站。Option4 架构的优势在于对 5G 基站覆盖率要求较低，可以有效利用已部署的 LTE 演进基站资源。由于用户终端接入 5G 核心网，因此可以使用网络切片等 5G 网络的新功能和新业务。其劣势在于 LTE 演进基站性能不如 5G 基站，且需要进行升级改造才能与 5G 基站进行交互。非独立组网架构中的 Option4 适合 5G 部署初期和中期场景，既可以复用现有 LTE 演进基站，也可以为用户提供 5G 功能。

Option7 架构中的核心网为 5G 核心网，接入网由 LTE 演进基站和 5G 基站组成。与 Option4 架构不同的是，Option7 架构中的主基站为 LTE 演进基站，辅基站为 5G 基站。Option7 架构的优势在于可以有效利用已部署的 LTE 演进基站资源，劣势在于 LTE 演进基站需要进行升级改造才能与 5G 核心网及 5G 基站交互。

2. 独立组网

在独立组网架构下，5G 网络是一张独立于 4G 网络的全新网络。3GPP 讨论了两种独立组网架构，即 Option2 与 Option5。

Option2 架构是 5G 的目标架构，5G 基站直接接入 5G 核心网。该方案的优势是通过部署独立的 5G 核心网与接入网，可以全方面支持 5G 网络的所有新功能和新业务；劣势是该架构无法利用已有的 LTE 演进基站资源，导致初期投资较大，网络部署时间较长。

Option5 架构中的接入网不进行 5G 基站的部署，通过将已有的 LTE 演进基站升级改造，使其支持接入 5G 核心网。该方案的优势在于可有效利用已有的 4G 接入网资源；劣势在于对 LTE 演进基站改造同样需要较大的投入。由于 5G 接入网可以实现更高速率、更低时延和更高的可靠性，较之改造后的 4G 接入网优势明显，因此多数运营商并未采用 Option5 架构。

1.2.1.2　接入网

接入网是用户终端与核心网之间的桥梁，承担所有与无线相关的功能，如无线资源管理、准入控制、连接建立、用户面和控制面数据路由等。5G 接入网（NG-RAN）是一个可满足多场景的多层异构网络，具有灵活的网络拓扑，以及智能高效的资源协同能力。5G 接入网由多个基站构成，分为 5G 基站（next generation nodeB，gNB）与 LTE 演进基站（next generation evolved nodeB，ng-eNB）两种形式。其中，gNB 是根据 5G 标准设计开发的新一代基站，可以实现 5G 标准要求的全部功能；ng-eNB 是由 4G 基站升级而来的，可与 5G 核心网和 5G 基站对接，并实现 5G 标准要求的部分功能。在网络中，基站与核心网通过 NG 接口进行交互，基站间通过 Xn 接口进行交互，基站与终端通过无线接口进行交互。

gNB 由集中单元（centralized unit，CU）、离散单元（distributed unit，DU）与有源天线单元（active antenna unit，AAU）三部分组成。CU 主要负责处理高层协议，同时支持部分核心网功能下沉和边缘应用业务的部署；DU 主要负责处理底层协议；AAU 主要负责基带数字信号与射频模拟信号之间的转换，以及射频信号的收发处理。为了满足 5G 多样化的需求，5G 基站架构进行了变更：将 4G 基站的室内基带处理单元（building baseband unit，BBU）拆分成 CU、DU 两个逻辑单元；同时，将射频拉远单元（radio remote unit，RRU）和天线融合为 AAU，如图 1-4 所示。

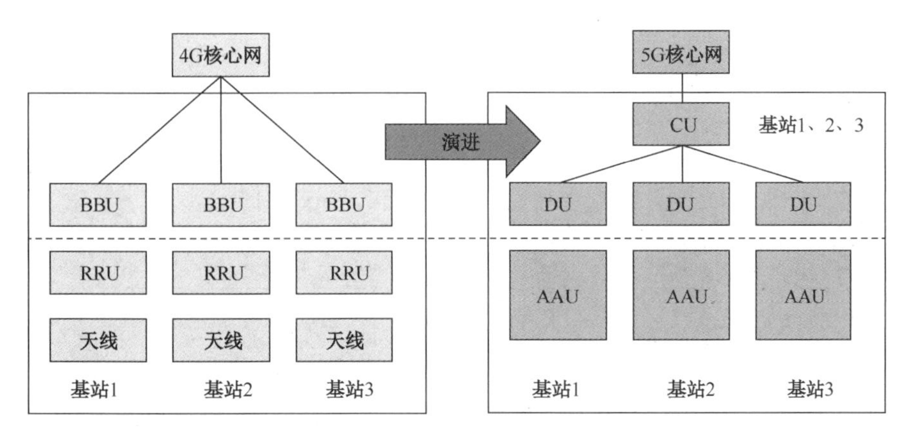

图 1-4　4G 基站到 5G 基站的演变

CU 和 DU 分离的架构主要有以下两方面的优势。一方面，其便于实现网络设备的协调管理。由于一个 CU 可以对接多个 DU，CU 可以根据 DU 的能力与负载统一调度资源，从而提升网络资源的使用效率。另一方面，其便于实现网络功能虚拟化。在 4G 基站中，由于 BBU 需要实时处理海量数据，而通用服务器无法满足性能需求，因此基站功能的虚拟化很难实现。而在 5G 基站中，受益于 CU 和 DU 分离的架构，可将数据处理量小的 CU 部署在通用服务器上，实现部分基站功能的虚拟化。

采用 AAU 架构可以更好地支持 Massive MIMO 技术。Massive MIMO 技术是传统 MIMO 技术的扩展和延伸，其特征在于以大规模天线阵列的方式集中放置数十根甚至数百根天线，使用多路发射信号和接收信号传输数据，从而提高数据传输速率。但是，射频通道增多、天线阵列规模扩大也给传统基站带来了挑战。4G 基站中天线与 RRU 分别部署，通过跳线（1/2 馈线）连接，这种架构不仅安装维护困难，而且跳线存在一定的衰耗，影响系统性能。AAU 架构将射频收发单元与天线阵列单元集成在一起，构成有源天线阵列，不仅能有效降低功耗，而且可以实现天线的高效控制。此外，部分基站中的 AAU 除了具有射频处理功能，还增加了部分物理层功能（如波束管理），这种技术路线的优势是可以显著降低 AAU 与 CU/DU 之间的数据传输压力，劣势在于硬件设计更加复杂，后续升级维护的成本会增加。

1.2.1.3　核心网

核心网是移动通信的大脑和枢纽，负责用户管理、入网安全认证和授权、移动性管理、连接建立和释放、计费等关键功能。面对多样化的业务需求，5G 核心网引入了大量新的技术，呈现了网络功能模块化、接口服务化、用户面下沉、能力开放等特点。

1. 5G 网络功能介绍

在 5G 核心网中，传统网元被拆分为多个网络功能模块，每个网络功能通过服务化接口与其他网络功能交互，具体架构如图 1-5 所示。

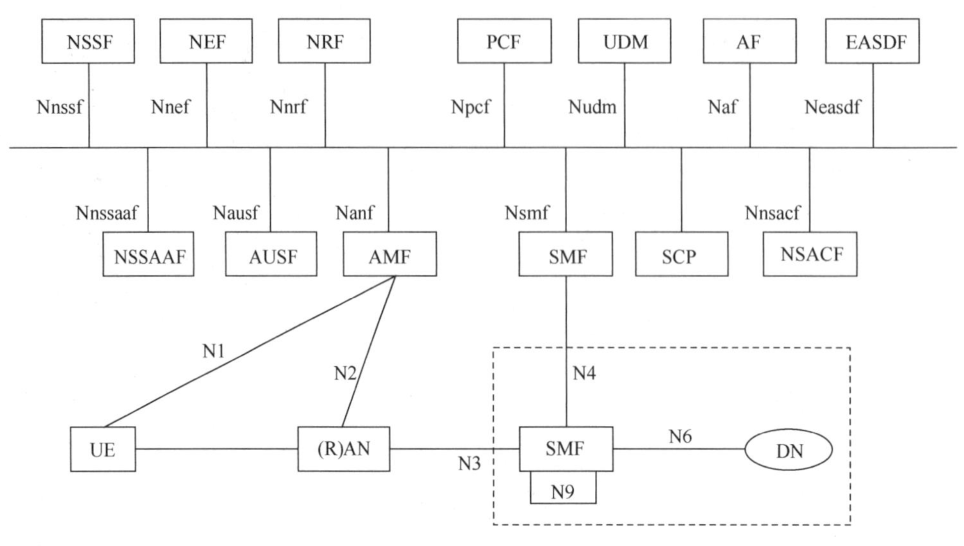

图 1-5　5G 核心网架构

5G 系统的主要网络功能模块包括 AMF、SMF、UDM、NEF、UPF 等[①]，具体介绍如下[②]。

AMF（access and mobility management function，接入与移动性管理功能），主要提供非接入层（non-access stratum，NAS）消息的加密与完整性保护、终端接入鉴权与认证、移动性管理及位置服务管理等功能。

SMF（session management function，会话管理功能），负责对终端会话进行管理，包括会话的建立、修改和释放，以及每个会话的 IP 地址分配等。

UPF（user plane function，用户面功能），负责处理和转发用户面数据，UPF 的功能由 SMF 控制。UPF 负责为 SMF 生成流量使用情况报告，然后 SMF 将其包含在提供给其他网络功能的计费报告中。UPF 还可以开启“包检测”功能，分析用户面数据包的内容，作为策略决策的输入或流量使用情况上报的基础。

UDM（unified data management，统一数据管理），当终端注册到系统时，对当前的无线接入授权，检查用户支持的功能、禁止的业务和漫游等造成的限制等。UDM 还负责永久身份标识（SUPI）的管理，其他网络功能可以通过 UDM 来将用户的隐蔽标识（SUCI）解析为真实 SUPI。

NEF（network exposure function，网络开放功能），负责 5G 网络的能力和事件的开放，以及接收相关的外部信息。

AUSF（authentication server function，认证服务器功能），负责对用户接入 5G 网络时鉴权，支持 3GPP 和非 3GPP 两种鉴权方式。

NRF（network repository function，网络存储功能），提供 5G 网络中网络功能的注册

① 3GPP. NR and NG-RAN overall description; Stage 2 (Release 17)[S]. 2022.

② 中国通信标准化协会. 5G 移动通信网 核心网总体技术要求:YD/T 3615—2019[S]. 2019.

和发现能力。NRF负责维护网络功能配置文件，包含诸如网络功能类型、地址、容量、支持的服务及每个网络功能服务实例的地址等信息。当网络中部署了新的网络功能实例或网络功能实例发生了变化时，NRF内的配置文件会更新。如果NRF发现有的网络功能已经失去联系或处于休眠状态，那么，NRF就可以删除这些网络功能的配置文件。

NSSF（network slice selection function，网络切片选择功能），提供网络切片的选择能力。

PCF（policy control function，策略控制功能），负责终端接入策略和QoS流控制策略的生成。

UDR（unified data repository，统一数据存储），与UDM、PCF、NEF等网络功能对接，提供签约数据、策略数据及能力开放相关数据的存储能力。

NWDAF（network data analytics function，网络数据分析功能），可以对5G网络中的数据进行自动感知和分析，并参与网络规划、建设、运维、优化与运营全生命周期，使得网络易于维护和控制，提高网络资源的使用效率。

N3IWF（none-3GPP inter working function，非3GPP交互功能），是非3GPP接入5GC的接口，支持与终端间的IPSec隧道的建立，作为连接到5G核心网的控制面N2接口、用户面N3接口的终结点，在终端与AMF间传递上行和下行的NAS消息，在终端与UPF之间传递上行和下行的用户面数据包等。

2. 服务化架构

5G核心网采用服务化架构（SBA），在SBA下，网络功能采用新型的服务化接口（service-based interface，SBI），通过类似总线的方式连接到系统中。SBI使用轻量化IT技术框架，可以适应5G网络灵活组网定义、快速开发、动态部署的需求。SBA中的控制面网络功能通过各自的SBI对外提供服务，并允许其他获得授权的网络功能访问或调用自身的服务。

在3GPP R16阶段，在SBA的基础上，3GPP提出了增强服务化架构（enhanced service-based architecture，eSBA），提高了服务间通信的灵活性与可靠性。R15版本的5G核心网全网所有网络功能之间直接互联通信，导致网络功能间的连接数目规模巨大，对网络功能的性能要求较高。R16版本的5G核心网在架构上引入服务通信代理（service communication proxy，SCP）功能，使每个网络功能可以通过SCP与其他网络功能进行间接通信。通过引入SCP进行信令集中路由和转发，5G核心网从网状结构简化成星形结构，进一步降低了组网难度。在R17阶段，SBA的安全机制得到了进一步完善，主要包括：增加跨运营商场景下的网络功能访问授权机制；增加服务访问令牌的确认和验证机制；补充SCP在不同部署场景下的证书配置流程等。

3. 用户面下沉

5G核心网采用了控制面与用户面分离（control and user plane separation，CUPS）的

网络架构。控制面集中部署在省级/区域级中心，用户面则可以灵活地下沉部署到区县、街道、工业园区等更接近用户的位置。

5G 网络中引入了 UPF 模块，专门负责处理用户面数据。UPF 可根据核心网指令将用户面数据进行分流，将部分业务在本地网络中终结。同时，MEC 技术的逐渐成熟也为用户面下沉提供了技术支撑，MEC 把算力附着在网络边缘，实现了业务的本地化。5G 用户面下沉架构如图 1-6 所示。

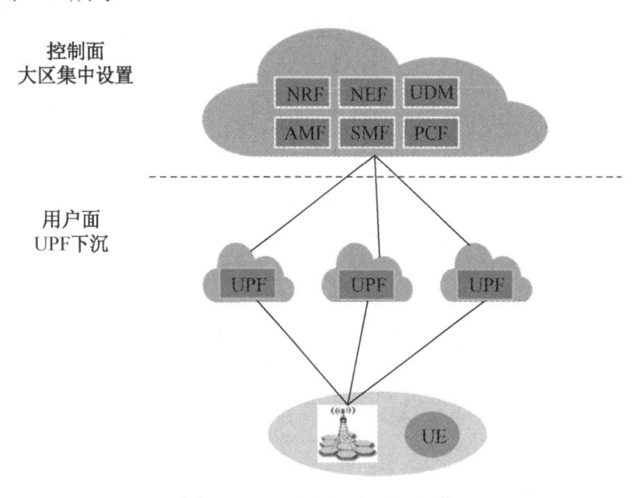

图 1-6　5G 用户面下沉架构

核心网用户面的下沉，可有效缩短端到端的业务时延，提高网络数据处理效率，满足垂直行业对网络超低时延、超高带宽及安全等方面的诉求，为用户带来极致的业务体验；还可避免所有流量都迂回至中心网络，缓解核心网的数据传输压力，从而降低网络建设与运营成本。

4. 能力开放

5G 核心网引入了 NEF 模块，负责 5G 网络的能力和事件的开放，以及接收相关的外部信息。为了便于与外界交互，3GPP 为 NEF 制定了统一的接口规范：一方面，NEF 的北向接口使用统一的应用程序接口（application program interface，API）与各类应用功能（application function，AF）交互，并向 AF 提供网络能力开放业务；另一方面，NEF 的南向接口通过服务化接口与 5G 网络内其他网络功能交互。5G 网络开放接口架构如图 1-7 所示。

同时，5G 网络中的边缘计算平台也向第三方应用开放网络能力，以提高精准信息及资源控制能力，提供高价值智能服务能力。5G 边缘计算能力开放架构如图 1-8 所示①。

① 杨红梅，林美玉. 5G 网络及安全能力开放技术研究[J]. 移动通信，2020(4):65-68.

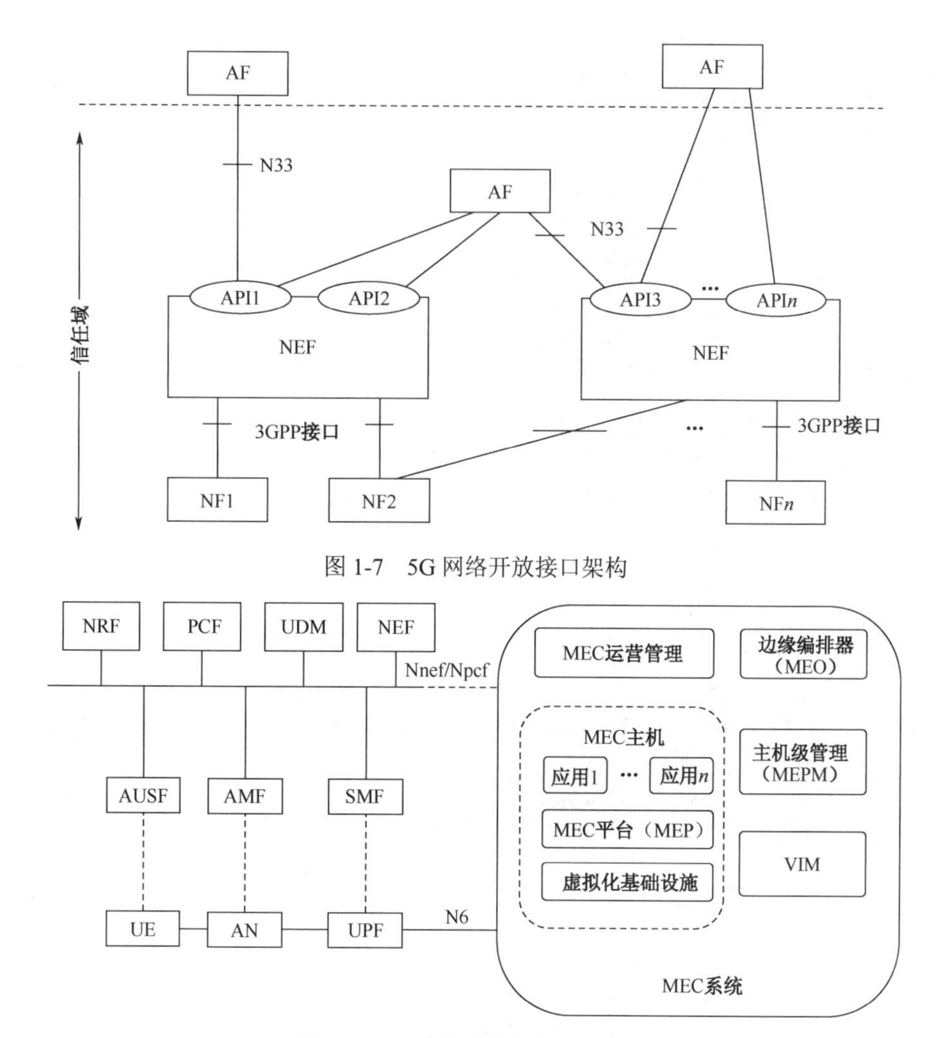

图 1-7　5G 网络开放接口架构

图 1-8　5G 边缘计算能力开放架构

第三方可以通过能力开放架构配置 5G 网络策略，典型应用场景包括：一是业务配置策略，如计费策略、网速与流量控制、网络切片的生命周期管理等；二是安全配置策略，如接入认证、授权控制、网络防御等服务。

1.2.2　5G 新技术

1.2.2.1　NFV/SDN 技术

1. NFV 技术

NFV 技术在前面已有详述，此处不再赘述，下面主要介绍 NFV 架构。

ETSI 定义了 NFV 实施标准的架构，如图 1-9 所示。从架构上看，NFV 架构分为运营支撑层（operations support system and business support system，OSS/BSS）、虚拟化网络功能（virtualized network function，VNF）、NFV 基础设施（NFV infrastructure，NFVI）和 NFV 管理编排（management and orchestration，MANO）。

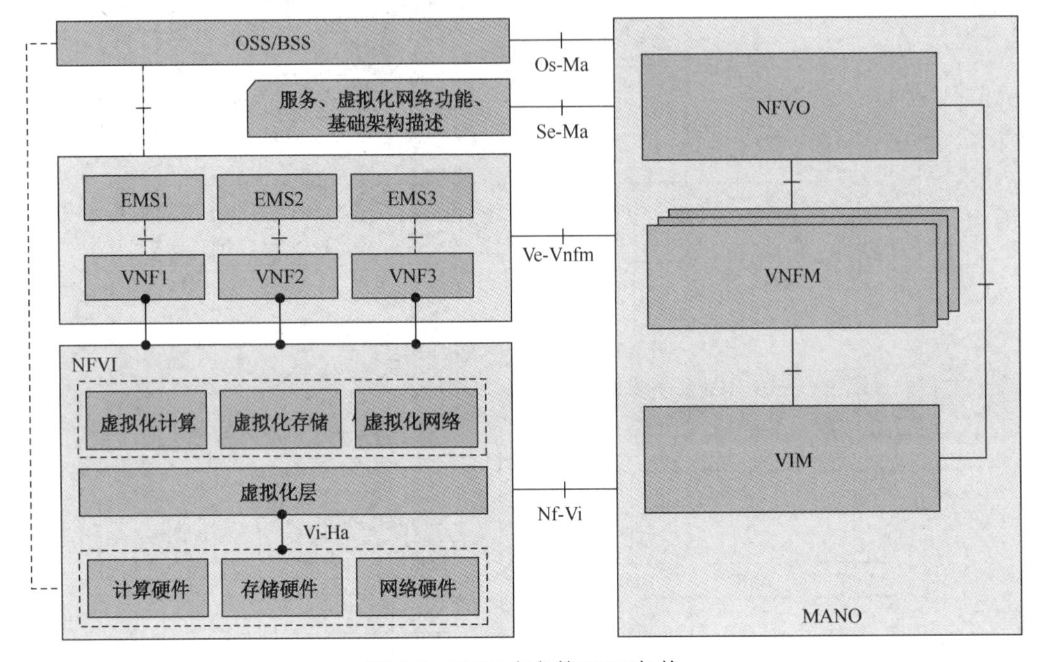

图 1-9　ETSI 定义的 NFV 架构

每部分架构的具体功能如下。

（1）OSS/BSS：该层包含运营支撑的管理系统，负责对网络进行必要的调整和修改。通常来说，OSS/BSS 由服务提供商负责，不属于 NFV 架构内的功能组件，NFV 架构仅需要为其预留接口即可。

（2）VNF：VNF 是指虚拟机及部署在虚拟机上的业务网元、网络功能软件等，EMS（network element management system，网元管理系统）对 VNF 的功能进行配置和管理。一般情况下，EMS 和 VNF 是一一对应的，VNF 是 NFV 架构中的虚拟网络功能单元。电信业务网络中现有物理网元进行功能虚拟化的过程，是将网络功能以软件模块形式部署在 NFVI 提供的虚拟资源上，从而实现网络功能的虚拟化。

（3）NFVI：NFVI 包括 NFV 架构所需的硬件及软件（虚拟化），为 VNF 提供运行环境。可以将该层看成一个资源池，它负责底层网络的抽象和虚化，包含硬件及软件。对于硬件部分，虚拟化层将分散部署的物理资源通过高速链路串联起来，形成统一的网络资源池，包括提供计算、网络、存储资源能力的硬件设备，如 COTS 服务器、交换机、存储设备等；软件部分主要是指虚拟层中的管理程序（Hypervisor），其将底层物理资源映射为虚拟资源，并以虚拟机的形式提供给上层，如虚拟计算资源、虚拟存储资源、虚拟网络资源。NFVI 是一种通用的虚拟化层，所有虚拟资源应该在一个统一共享的资源池中。因此，建立统一的资源池及资源池的合理分配是 NFVI 的重要功能。

（4）MANO：MANO 负责对 VNF 与 NFVI 中的资源、模块进行编排和管理，是 NFV 系统实现自动化管理、智能运行、优化的关键部分。MANO 一般包含三个组件，即网络功能虚拟化编排器（network functions virtualization orchestrator，NFVO）、虚拟网络功能管理器（virtualized network function manager，VNFM）及虚拟化基础设施管理器（virtualized infrastructure manager，VIM）。NFVO 是 NFV 系统的编排器，负责网络服务的管理和 NFV 的全局资源管理，实现对整个 NFV 基础架构、软件资源、网络服务的编排和管理。VNFM 包括传统的故障管理、配置管理、计费管理、性能管理和安全管理，聚焦将 VNF 在解耦的虚拟资源上安装、初始化、运行、扩缩容、升级、下线的端到端生命周期管理。VIM 负责控制和管理 NFVI 所包含的计算、存储和网络资源，并提供给 VNFM 和 NFVO 调度使用。MANO 可以通过自我诊断、在线预测、权限管理、优化资源分配等方式提高网络效率。

NFV 技术将软件功能与硬件设备进行了解耦，带来了以下诸多优势。

（1）灵活的业务：在服务器上运行不同的 VNF，当网络需求变更时，根据需求变更和移动 VNF 即可，加快了网络功能交付和应用的速度。在搭建新的网络功能时，无须建立专门的实验环境，只需请求新的虚拟机来处理该请求，当服务停用时释放该虚拟机即可，为网络功能测试提供了更便捷的方法。

（2）更低的成本：使用 NFV 后，网络通信实体将变为虚拟化的网络功能，这使单一硬件服务器上可以同时运行多种网络功能，从而减少了物理设备的数量，实现了资源整合，降低了物理空间、功耗等带来的成本。

（3）更高的资源利用率：当网络需求发生变化时，无须更换硬件设备，避免了复杂的物理变更，通过软件重组快速更新基础网络架构，避免了由业务变更带来的设备冗余和搬迁需求。

随着 5G 的到来，网络流量急速增长，网络急需变革，因为现有网络的灵活性应对不了将来整个产业的需求，虚拟化的进程也必将加速。采用 NFV 技术搭建 5G 网络，是针对 5G 网络软件与硬件严重耦合问题提出的解决方案，将通信设备网元云化，可以实现软件和硬件的彻底解耦。NFV 技术主要应用于核心网和接入网，将网络功能从原来的专用设备转移到通用设备上，使得运营商可以在那些通用的服务器、交换机和存储设备上部署网络功能，从而极大地缩短了时间并降低了成本。

2. SDN 技术

SDN 技术是一种网络管理方法，它支持动态可编程的网络配置，提高了网络性能和管理效率，使网络服务能够像云计算一样提供灵活的定制能力。SDN 将网络设备的转发面与控制面解耦，通过控制器负责网络设备的管理、网络业务的编排和业务流量的调度，具有成本低、集中管理、灵活调度等优点。

传统网络是一个分布式的网络，设备通过广播的方式传递设备间的可达信息，设备间通过标准路由协议传递拓扑信息。这些模式要求每台设备必须使用相同的网络协议，保证各厂商的设备可以实现相互通信。随着业务的飞速发展，用户对网络的需求越来越多，一旦原有的基础网络无法满足新需求，就需要上升到协议制定与修改的层面，这样就导致网络设备升级十分缓慢。同时，传统网络以单台设备为单位，以命令行的方式进行管理，在网络管理和业务调度时效率低下，运维成本高。

为了解决传统网络发展滞后、运维成本高的问题，服务提供商开始探索新的网络架构，希望能够将控制面（操作系统和各种软件）与硬件解耦，实现底层操作系统、基础软件协议及增值业务软件的开源自研，这就诞生了 SDN 技术。SDN 的理念是将网络设备的控制和转发功能解耦，使网络设备的控制面可直接编程，将网络服务从底层硬件设备中抽象出来。SDN 架构如图 1-10 所示。

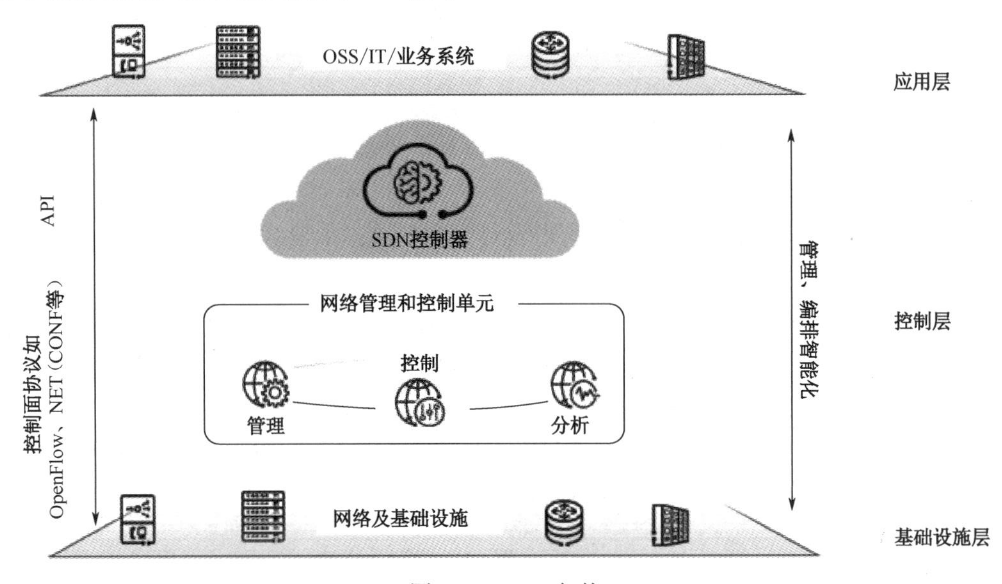

图 1-10　SDN 架构

SDN 架构可分为基础设施层、控制层和应用层。

（1）基础设施层：主要为转发设备，实现转发功能，如数据中心交换机。

（2）控制层：由 SDN 控制软件组成，可通过标准化协议与转发设备进行通信，实现对基础设施层的控制。

（3）应用层：常见的有基于 OpenStack 架构的云平台，也可以基于 OpenStack 构建用户自己的云管理平台。

SDN 架构将传统的控制平面与转发平面紧耦合的结构，改变为控制平面与转发平面解耦分离的结构，采用了集中式的控制平面和分布式的转发平面，使得两个平面相互分离。控制平面利用通信接口对转发平面上的网络设备进行集中式控制，从而实现网络功能的自定义。SDN 架构使用北向 API 和南向 API 进行层与层之间的通信。北向 API 负责应用层和控制层之间的通信，南向 API 负责基础设施层和控制层之间的通信。

当前主流的 SDN 架构中保留了传统硬件设备上的操作系统和基础的协议功能，通过控制器收集整个网络中的设备信息，具有如下优点。

（1）降低成本：SDN 架构保留了原有的网络设备，硬件设备仍然具备管理、控制、转发的全部功能，方便进行整网的改造，无须进行大规模的搬迁。控制器的引入将人工配置转变为机器配置，提高了运维效率，降低了运维成本。

（2）业务灵活调度：传统的硬件设备在网络中无法进行灵活的负载分担，最优路由上往往承担着最重的转发任务，即使 QoS、流控等功能缓解了这一问题，但流量的调度仍然强依赖管理员对单台设备的配置，因此我们可以将传统的硬件设备看作一种孤岛式的、分布式的管理模式。SDN 架构在没有改变硬件设备整体逻辑的基础上，通过增加开放的南/北向 API，实现了从计算机语言到配置命令行的翻译，使界面式的管理、集中管理变成可能，解决了传统网络业务调度不灵活的问题。

（3）网络可编程：网络设备提供 API，使得开发人员和管理人员能够通过编程语言向网络设备发送指令。网络工程师可以使用脚本自动化创建和分配任务，收集网络统计信息，打破了开发人员封装脚本编辑难的限制，提供了更丰富的功能，同时也使功能的部署更加灵活。

可编程性是 SDN 技术的核心，编程人员通过网络控制器写出控制各种网络设备（如路由器、交换机、网关、防火墙、服务器、无线基站）的程序，而无须知道各种网络设备配置命令的具体语法、语义。控制器负责将 API 程序转化成指令去控制各种网络设备。新的网络应用也可以方便地通过 API 程序添加到网络中，开放的 SDN 体系结构将网络变得通用、灵活、安全，并支持创新。

SDN 技术是针对 5G 核心网中控制平面与用户平面耦合问题提出的解决方案，主要应用于承载网，采取了集中式的控制平面和分布式的转发平面。两个平面相互分离，控制平面利用控制—转发通信接口对转发平面上的网络设备进行集中控制，并向上提供灵活的可编程能力。通过这种办法，SDN 技术将 5G 核心网用户平面和控制平面解耦，使得部署用户平面功能变得更灵活，可以将用户平面功能部署在离用户无线接入网更近的地方，从而提高用户服务质量。

1.2.2.2　网络切片技术

1. 网络切片架构

1）网络切片技术简介

5G 网络需满足不同场景下的业务需求，且不同业务类型对网络带宽、时延、安全性等的要求也不同，按照传统的通信模式，使用单一网络同时为多种类型的业务提供服务，会使网络架构变得非常复杂，网络管理效率和网络资源利用率也会降低。因此，5G 网络为支持不同场景的业务需求，引入了网络切片技术。

网络切片技术是指将一个物理网络划分为多个逻辑独立的虚拟网络的技术，每个逻辑虚拟网络（切片）都是一个隔离的端到端网络，都有自己独有的网络能力和网络特征。每个切片都具有自己独特的时延、吞吐量、安全性和带宽特性，可以灵活应对不同的需求和服务。

5G 端到端网络切片可包括无线接入网络切片、移动核心网络切片和 IP 承载网络切片。按照使用对象的不同需求，5G 网络可通过赋予切片特有的性能，实现差异化的网络服务能力。

2）网络切片架构简介

5G 端到端网络切片架构如图 1-11 所示。

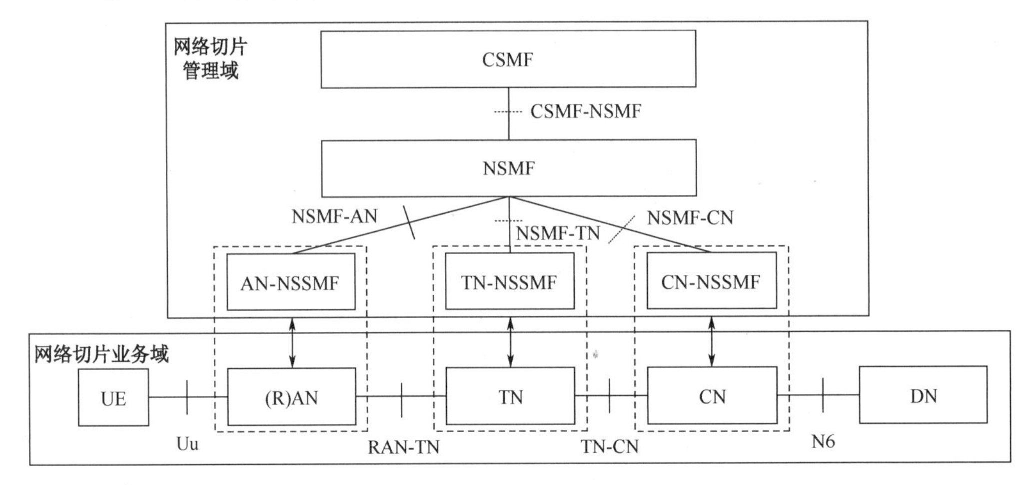

图 1-11　5G 端到端网络切片架构

5G 端到端网络切片架构包括网络切片管理域和网络切片业务域两部分。

（1）网络切片管理域包括通信服务管理功能（communication service management function，CSMF）、网络切片管理功能（network slice management function，NSMF）和网络切片子网管理功能（network slice subnet management function，NSSMF）。

CSMF 支持面向客户侧的功能与服务及面向资源侧的功能与服务。面向客户侧的功能与服务具体为网络切片商品设计、网络切片商品目录、网络切片商品订购、网络切片能力开放；面向资源侧的功能与服务具体为网络切片商品资源勘查管理、网络切片服务生命周期管理、网络切片性能保障等。

NSMF 主要负责网络切片的管理，如生命周期管理（网络切片创建、激活/去激活、更新、终止、查询）、性能管理、故障监控等，同时 NSMF 负责将从 CSMF 接收的切片订购需求分解为各子域的业务需求，管理端到端切片标识映射并下发给各子域。

NSSMF 具有网络切片子网管理功能，包括生命周期管理、性能管理、故障监控等。

（2）网络切片业务域包括终端（UE）、无线接入网（RAN）、承载网（TN）、核心网（CN），在切片管理器（NSMF/NSSMF）的管控下，无线接入网/承载网/核心网完成本域内的切片资源配置及域间互通。

2. 网络切片标识

1）单个网络切片选择辅助信息

对于 5G 通信网络来说，网络切片的功能主要包括接入控制、网络选择和资源分配。为了识别端到端的网络切片，每个网络切片由单个网络切片选择辅助信息（single network slice selection assistance information，S-NSSAI）进行唯一标识。

S-NSSAI 的结构如图 1-12 所示。

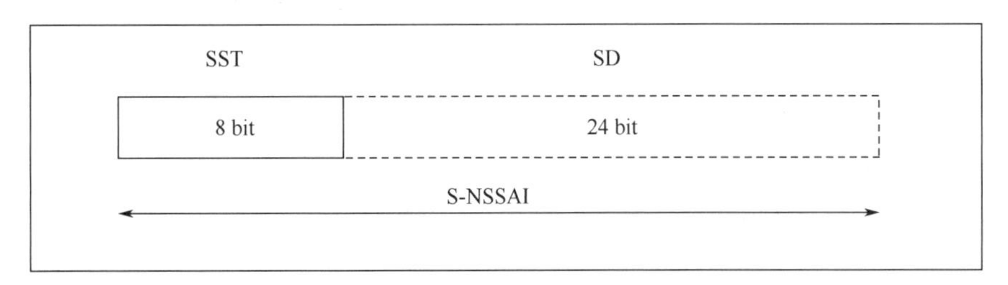

图 1-12　S-NSSAI 的结构

S-NSSAI 由切片服务类型（slice service type，SST）和切片区分符号（slice differentiator，SD）两部分组成。其中，SST 用于标识切片的类型，体现切片特征及所期待的网络切片行为，是必选项；SD 是对 SST 的补充，以区分相同 SST 的多个不同切片，是可选项。

SST 字段具有标准化值和非标准化值之分，其中值 0～127 属于标准化 SST 范围，而值 128～255 属于特定运营商的范围，由运营商决定。已使用的标准化 SST 如表 1-3 所示。

表 1-3　已使用的标准化 SST

切片/业务类型	SST 值	特征
eMBB	1	适用于处理 5G 增强型移动宽带
URLLC	2	适用于处理超可靠和低时延通信
大规模 IoT（MIoT）	3	适用于处理海量物联网通信
V2X	4	适用于处理 V2X 业务的切片

2）网络切片选择辅助信息

网络切片选择辅助信息（network slice selection assistance information，NSSAI）是一个或多个 S-NSSAI 的集合。NSSAI 的结构如图 1-13 所示。

3. 网络切片管理

切片在使网络更加灵活的同时，也使网络管理变得更加复杂，因此需要一个智能化系统来实现网络切片的端到端编排管理。5G 端到端的切片管理涉及无线接入网、承载网和核心网等多个网络设备的编排管理及运维保障。

8	7	6	5	4	3	2	1	
NSSAI IEI								octet 1
Length of NSSAI contents								octet 2
S-NSSAI value 1								octet 3 octet m
S-NSSAI value 2								octet m+1* octet n*
…								octet n+1* octet u*
S-NSSAI value *n*								octet u+1* octet v*

图 1-13　NSSAI 的结构

1）切片管理系统与管理对象

切片管理系统与对应管理对象的关系如图 1-14 所示。

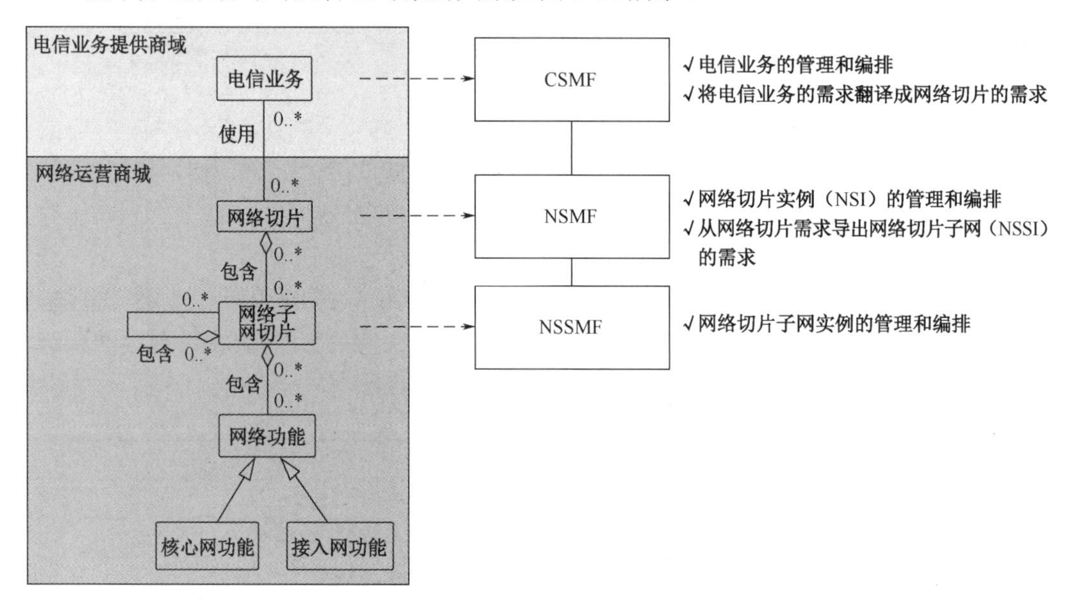

图 1-14　切片管理系统与对应管理对象的关系

（1）CSMF 的管理对象为通信服务，每个通信服务由一个或多个网络切片功能完成。

（2）NSMF 的管理对象为网络切片实例，每个网络切片实例可以由一个或多个网络切片子网实例组成。

（3）NSSMF 的管理对象为网络切片子网实例，每个网络切片子网实例可以是一个基础子切片，也可以是由多个基础子切片组成的子切片。每个子切片可以包含一个或者多个网络功能。

2）切片创建流程

端到端切片创建的基本流程如图1-15所示。

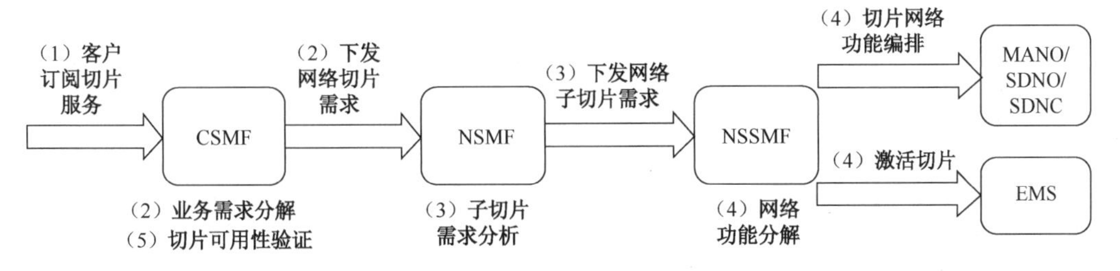

图1-15　端到端切片创建的基本流程

具体步骤如下。

（1）用户提出业务需求。

（2）CSMF进行业务需求分解，获取业务需求对应的切片需求，并将得到的切片需求下发给NSMF。

（3）NSMF根据CSMF分解得到的网络切片需求，进行网络切片实例的创建，分解各网络子切片的需求，并将网络子切片需求下发至各个子网的NSSMF。

（4）各子网的NSSMF将接收的网络子切片需求转换为对网络功能的需求，并调用MANO和EMS完成子切片的管理编排及参数配置。

（5）CSMF对部署的切片进行可用性验证，然后结束切片创建流程。

4. 网络切片部署应用

网络切片可以分为独立切片和共享切片，独立切片是指拥有独立功能的切片，为特定用户群提供独立的端到端专网服务或部分特定功能服务；共享切片是指功能共享的切片，它提供的功能可供各种独立切片共同使用。

在网络中，切片技术有以下几种部署场景：横向分离、纵向分离与独立部署。

1）横向分离（共享切片与独立切片横向分离）

横向分离部署时，共享切片实现一部分非端到端功能，后接各种个性化的独立切片。网络切片横向分离部署场景如图1-16所示。

2）纵向分离（共享切片与独立切片纵向分离）

纵向分离部署时，端到端的控制面切片作为共享切片，用户面则形成不同的独立切片。控制面共享切片为所有用户服务，对不同的独立切片进行统一管理，包括鉴权、移动性管理、数据存储等。网络切片纵向分离部署场景如图1-17所示。

3）独立部署

独立部署时，每个独立切片包含完整的控制面和用户面功能，形成针对不同用户群的专有网络，如CIoT、eMBB、企业网等，网络切片独立部署场景如图1-18所示。

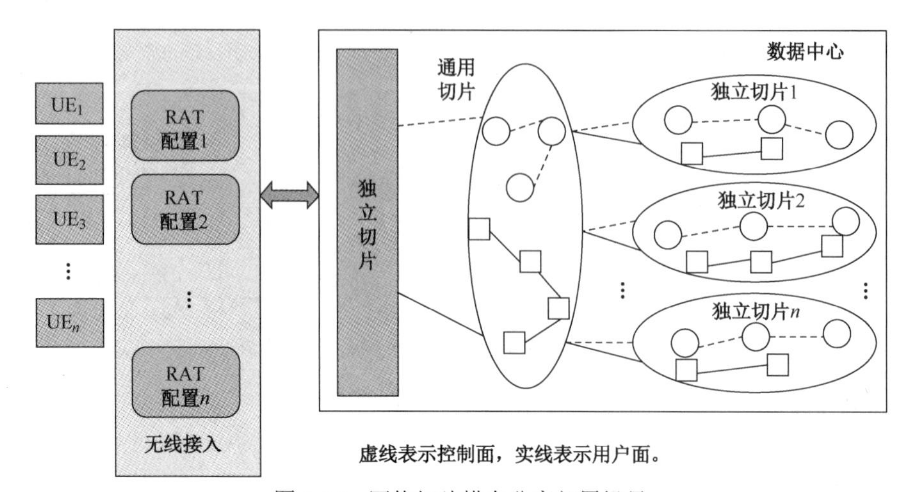

图 1-16　网络切片横向分离部署场景

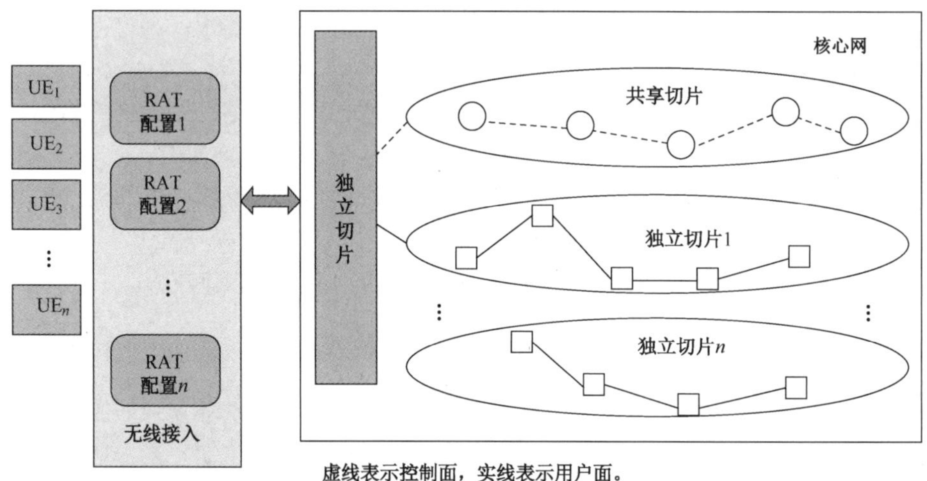

图 1-17　网络切片纵向分离部署场景

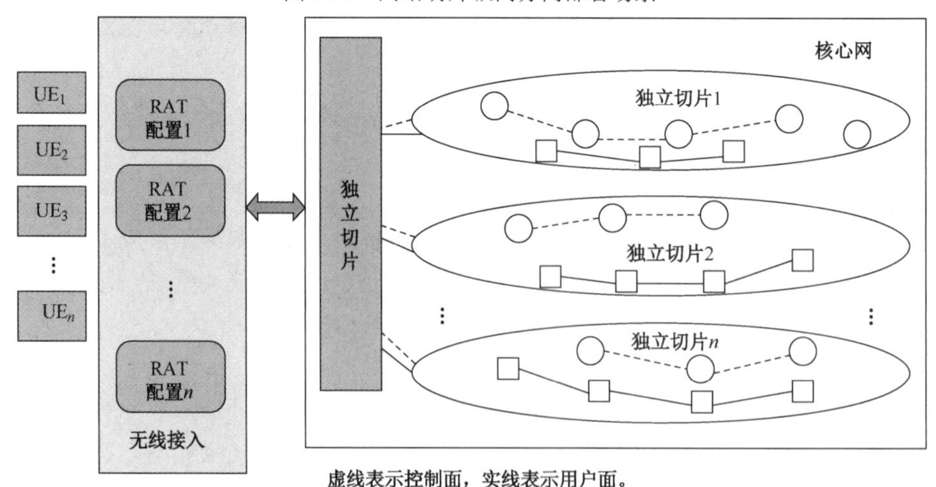

图 1-18　网络切片独立部署场景

1.2.2.3　移动边缘计算技术

1. MEC 架构

2014 年，ETSI 将边缘计算与移动通信网络融合，提出了移动边缘计算（MEC）的概念，其基本思想是将计算平台从移动核心网内部迁移至移动接入网边缘，通过部署具备计算、存储、通信等功能的边缘节点，使移动接入网具备业务本地化处理的能力。MEC 技术可为终端用户提供更高带宽、更低时延的数据服务，大幅减轻移动核心网的网络负荷，同时降低数据业务对网络回传带宽的要求，因此，MEC 可以应用于面向物联网、大流量业务等的场景。

ETSI 提出的 MEC 架构如图 1-19 所示。

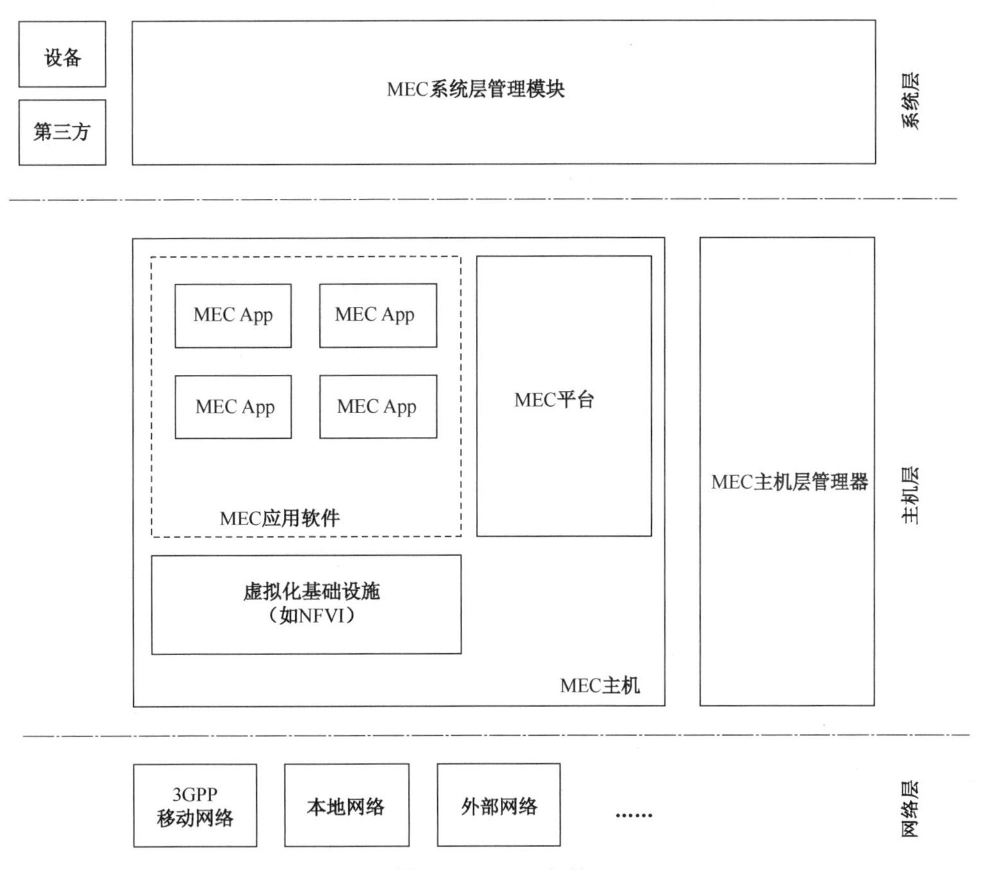

图 1-19　MEC 架构

从图 1-19 可以看出，MEC 分为系统层（system level）、主机层（host level）和网络层（networks）。这三层又由不同的实体组成，其中，系统层包括 MEC 系统层管理模块、设备和第三方；主机层包括 MEC 主机、MEC 主机层管理器；网络层则包括 3GPP 移动网络、本地网络、外部网络等。

2. 5G MEC 融合架构

MEC 技术将业务服务能力与计算存储能力向网络边缘迁移，从而提供本地化、近距离、分布式部署的应用、服务和内容，是应对 5G URLLC、eMBB 等业务需求的关键技术。此外，MEC 对移动网络数据进行充分挖掘，进而分析移动网络上下文信息并开放给第三方业务应用，使移动网络的智能化水平得到了有效提升，促进了业务和网络的深度融合。

目前，3GPP 通过支持灵活路由、用户面分布式下沉部署等方法来实现 MEC 服务，并将 UPF 作为边缘计算的数据锚点。5G MEC 融合架构如图 1-20 所示。

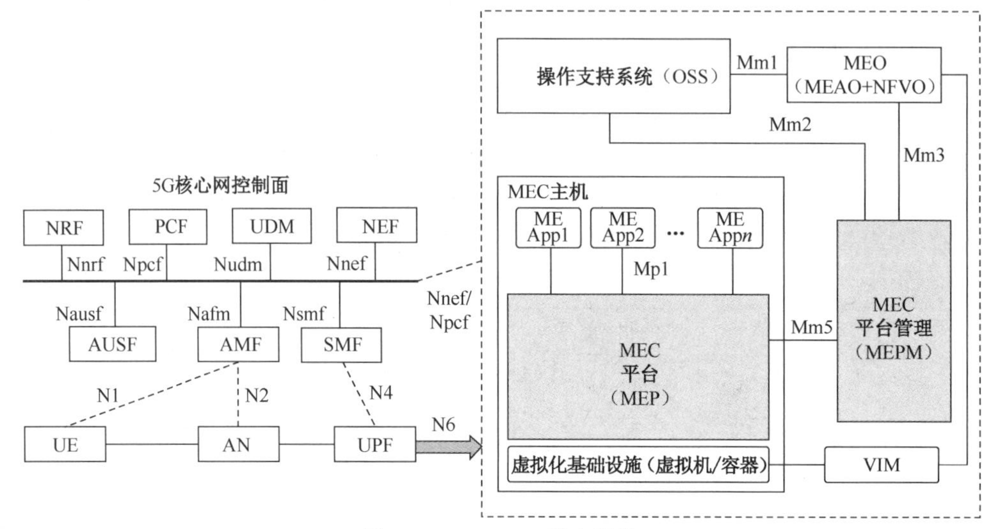

图 1-20　5G MEC 融合架构

5G MEC 融合架构展示了 5G 网络下 MEC 与 UPF 的关系。UPF 通过 N6 接口与 MEC 业务系统实现通信。UPF 负责将边缘网络的业务数据流分发到 MEC 业务系统中；MEC 业务系统也可以在一定的规则约束下将本地数据流的过滤规则直接下发至 UPF，进行 UPF 数据流转发及数据流过滤规则配置。

除此之外，为了加强网络与业务的深度融合，MEC 平台可以通过 Mp1 接口实现对运营商/第三方 MEC 应用的开放。MEC 资源管理编排则主要由 MEO、MEC 平台管理及 VIM 来负责。

可以看出，上述 5G MEC 融合架构可以同时兼容 ETSI MEC 及 3GPP 5G 的网络架构。3GPP 5G 网络能灵活地支持 UPF 的选择，这使 MEC 拥有数据流灵活路由的功能；MEC 平台、MEC 平台管理单元和 MEC 开放接口这几部分则使 MEC 拥有本地计算、存储能力，以及能对网络边缘信息进行感知和开放。

3. 控制面交互方式

在 5G 网络与 MEC 的关系中，对于 5G 网络的 UPF 而言，MEC 系统相当于一个数据网络（data network，DN）；对于5G网络的控制面而言，MEC系统相当于一个可信的应用功能（application function，AF）或第三方应用系统，应用可通过MEC获取或调用5G网络提供的能力。MEC作为AF与5GC（5G核心网）交互，实现如下功能。

（1）进行UPF选择，确定应用程序的路由策略。

（2）通过访问NEF，获取5G网络的开放能力。

（3）与策略框架交互，进行策略控制。

MEC控制面交互，除了与5GC的交互，还包括MEC系统内部的交互通信。MEC系统间通信应满足以下要求。

（1）一个MEC平台能够发现其他属于不同MEC系统的MEC平台。

（2）一个MEC平台能够以一种安全的方式与其他属于不同MEC系统的MEC平台交换信息。

（3）一个MEC应用程序能够以安全的方式与其他属于不同MEC系统的MEC应用程序交换信息。

4. 用户面分流策略

UPF作为5G网络和多接入边缘计算之间的连接锚点，所有核心网数据必须经过UPF转发，才能流向外部网络。基于5GC的CUPS架构，控制面在中心数据中心集中部署，UPF下沉到网络边缘，这样可以减少传输时延，实现数据流量的本地分流，缓解核心网的数据传输压力，从而提高网络数据处理效率，满足垂直行业对网络低时延、高带宽及安全等方面的需求。UPF将用户面数据流分流至MEC平台，是实现网络与业务深度融合的第一步，也是实现5G边缘计算部署的关键步骤。

5G用户建立会话时优先选择中心UPF，当用户需要访问MEC应用时才选择边缘UPF，边缘资源被按需提供给用户，避免大量用户挤占造成性能瓶颈。5G网络需要配合MEC做好用户面数据的本地分流，主流的5GC边缘部署分流技术主要有三种：上行分类器（uplink classifier，ULCL）方案、IPv6多归属（multi-homing）方案、本地数据网络（local area data network，LADN）方案。上行分类器和IPv6多归属方案属于单PDU会话的本地分流，用户面数据分流在网络侧进行；本地数据网络方案属于多PDU会话的本地分流，用户面数据分流从终端开始。

1）上行分类器方案

上行分类器方案基于目的IP地址进行分流，SMF在PDU连接建立时，在PDU会话的数据路径上插入一个支持上行分类的UPF，根据边缘计算业务需求，当用户端（UE）移动到某个位置时，SMF插入本地的UPF进行分流，UPF根据SMF下发的分流规则过滤上行数据包的IP地址，将符合规则的数据包分流到本地数据网络。在上行分类器机制下，UE只有一个IP地址，不感知数据分流，对UE没有特别要求。上行分类器方案架构如图1-21所示。

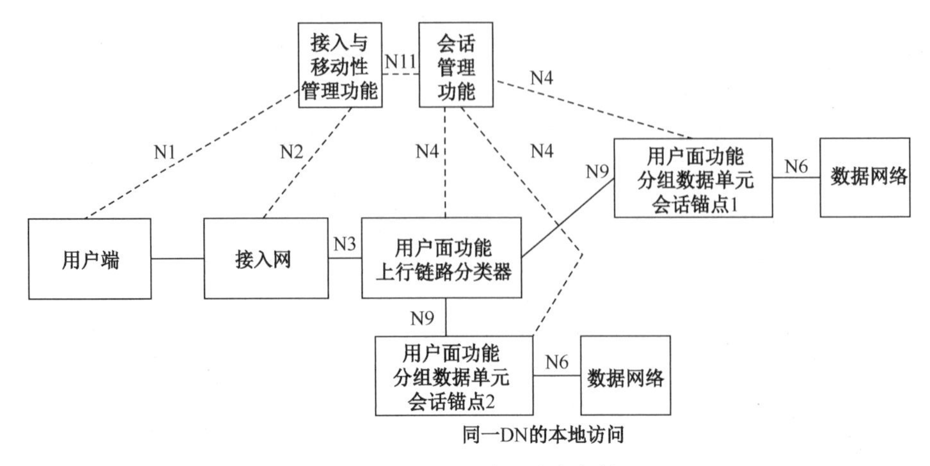

图 1-21　上行分类器方案架构

2）IPv6 多归属方案

IPv6 多归属方案与上行分类器方案架构相同。IPv6 多归属方案基于 IPv6 前缀进行分流。一个 PDU 会话可能关联多个 IPv6 前缀，这就是多归属 PDU 会话。多归属 PDU 会话通过多个 PDU 会话锚点来访问数据网络。各个 PDU 会话锚点对应的数据通道最后汇聚于一个公共的 UPF，在这个公共 UPF 形成分支，这个公共 UPF 被称为支持分支点功能的 UPF。分支点 UPF 转发上行流量到不同的 PDU 会话锚点，并聚合发送到 UE 的下行流量，即聚合从不同 PDU 会话锚点发送到 UE 的数据流。在 PDU 会话建立过程中或者建立后，SMF 决定在 PDU 会话的数据路径上插入或删除一个 UPF，以支持分支点功能。分支点 UPF 根据 SMF 下发的过滤规则，通过检查数据包源 IP 地址进行分流，向上转发上行业务包到不同的 PDU 锚点，向下将各个锚点的数据合并。

3）本地数据网络方案

本地数据网络方案架构如图 1-22 所示。

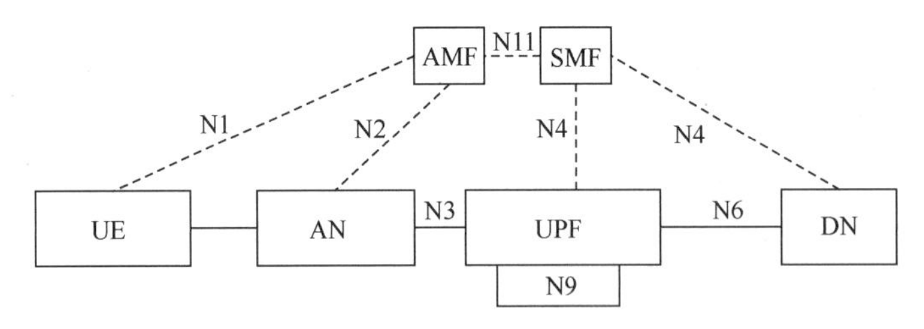

图 1-22　本地数据网络方案架构

本地数据网络方案基于特定的区域服务（应用）进行本地分流。其与前面两种方案不同，其需要 UE 建立新的 PDU 会话来接入本地数据网络，以用于边缘计算业务。当用户使用该应用时，一定是通过本地数据网络进行访问的，当用户的位置不在本地数据网络的服务区时，不能接入本地数据网络。通过本地数据网络的 PDU 会话接入数据网络只在特定的本地数据网络服务区有效。

5. MEC业务连续性

边缘移动性作为MEC的一个重要特性，为边缘高速移动业务的连续性提供支持。当应用在网络中的移动超出当前MEC服务的覆盖范围时，涉及跨MEC之间的切换，此时IP地址变化会影响终端业务的QoE，对于要求超低时延和高可靠性的应用是不可接受的。因此，为了支持低时延应用的移动连续性，MEC移动性需要解决以下难题，从而将切换引起的时延降到最低，甚至达到无缝水平。

网络侧：保证网络连接的高可靠性和IP会话的连续性、应用的移动性感知、实时和超精准的重定位，并能将网络状态信息开放出去。

应用侧：上层应用平台在能够接受的中断时间内完成应用层的业务迁移（如XR业务通常需要应用平台切换时间在20ms以内），采用无状态设计，做到应用和数据分离，数据独立迁移，保证源服务器和目标服务器的CPU一致。

应用和网络协同：网络感知到应用的位置变化时要通知应用平台，通过应用平台和网络协同，快速在目标MEC节点上分配新的应用实例，实现新UPF锚点和目标应用的位置一致。

3GPP从网络侧出发，定义了以下三种SSC模式（session and service continuity mode）会话和服务连续模式。

SSC模式1：始终保持PDU会话建立时的锚点UPF不变。

SSC模式2：网络释放PDU会话和UPF锚点，选择新UPF建立到同一DN的PDU会话连接，如图1-23所示。

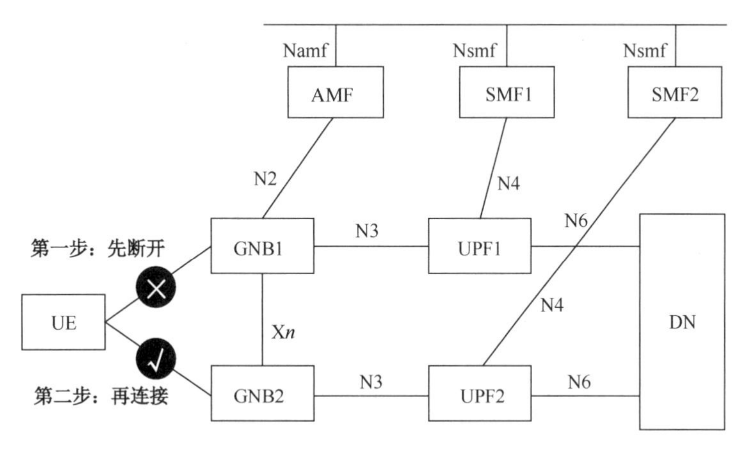

图1-23 SSC模式2示意

SSC模式3：网络保持用户原有PDU会话，建立新的PDU会话（新的PDU会话锚点接入同一DN），新PDU会话完成之后再释放先前的PDU会话。SSC模式3示意如图1-24所示。

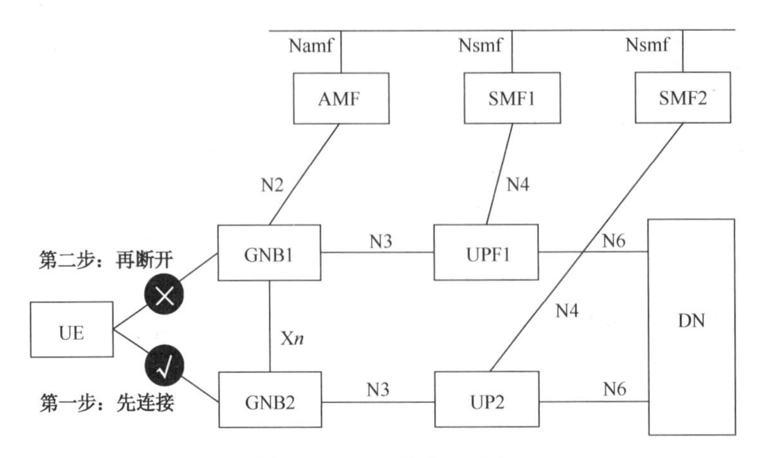

图 1-24　SSC 模式 3 示意

模式 1 采用固定移动锚点，终端 IP 地址不变化，在移动过程中，流量存在迂回，传输时延大，满足不了低时延业务需求。模式 2/3 采用变化移动锚点，终端 IP 随锚点变化，业务链接存在拆链和重建的过程，业务连续性、可靠性难以保证。因此，通常 Voice/HTTPS 加密类业务采用模式 1，需要保证移动性和低时延的业务则需要上层应用结合模式 2/3 来解决移动业务连续性的问题。

除此之外，3GPP R16 URLLC 场景支持双连接来构建高可靠、低时延网络，冗余用户面路径机制，实现 PSA（PDU session anchor，PDU 会话锚点）重定位、上行分类器重定位等移动性流程中的用户会话连续性增强。通过端到端用户面冗余方案，在应用层进行数据的复制和消除重复数据，相同的数据在两个 PDU 会话间进行传输，基站利用双连接或 CU/DU 技术，将两个 PDU 会话通过两个不同基站实现冗余数据传递，满足数据通信的高可靠性要求。基于双 PDU 会话的 MEC 业务连续性优化方案如图 1-25 所示。

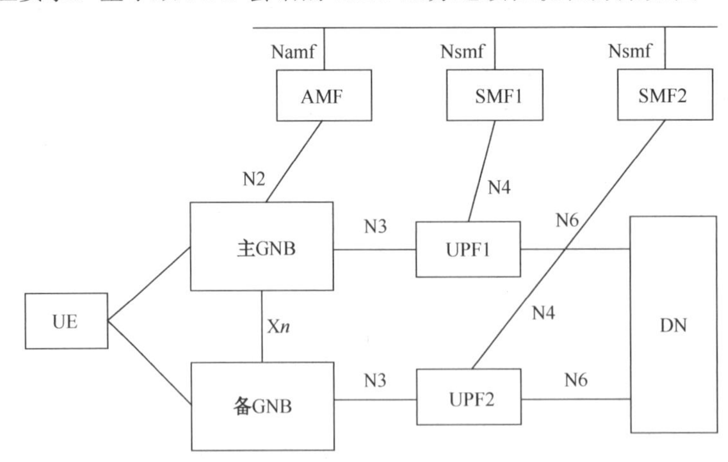

图 1-25　MEC 业务连续性优化方案

基于双 PDU 会话的 MEC 业务连续性优化方案，通过网络侧与应用侧之间的协同机制来加快和优化应用跨 MEC 的切换处理，以满足低时延、空间无限移动的业务场景需求。上层应用侧结合网络侧模式 2/3 的能力来解决移动性和低时延业务的连续性问题，并采用 URLLC 双连接特性保障高可靠性。当高速、低时延的业务需要跨 MEC 切换时，网络侧实时感知并上报终端的位置、状态等信息，应用平台通过网络侧的信息提前在目标 MEC 服务器上创建新的应用实例，并同步应用上下文信息来完成到目标 MEC 新的应用实例的切换。

1.2.3　5G 新终端

自 5G 商用以来，各种新终端设备让越来越多的人感受到 5G 网络给生活带来的种种便利。作为连接现实世界与数字世界的桥梁，5G 终端设备让看不见摸不着的 5G 网络在现实生活中实实在在地发挥作用，成为 5G 技术应用和业务落地的载体。5G 终端设备作为数字网络的入口、应用实现的载体，是数字经济发展的重要组成部分，正面临新的发展机遇。

按照终端类型，5G 终端可以分为：消费类终端、公共服务类终端及生产类终端。消费类终端以消费者自身体验为主导，以消费者个人或家庭所使用的终端为主；公共服务类终端是以服务智慧城市为主导，基于智能传感器及网络全面实现城市连接与城市感知的 5G 终端；生产类终端主要面向供给侧的生产性物联网，以服务工业、农业、能源等传统行业为主导，现已成为传统行业转型升级所需的关键基础设施和关键要素。

结合不同的应用场景，终端也呈现不同的特点。

eMBB 场景：eMBB 在现有移动宽带业务的基础上，进一步提升了用户数据体验速率，支持 eMBB 场景的 5G 终端具备较高的处理性能及较好的渲染能力。例如，高性能智能移动终端、AR/VR 设备、直播设备等电子消费类终端，满足消费者听、看、用、玩等多个领域的高体验要求；用于大流量视频采集、数据传输的工业设备，满足工业场景下大流量数据的传输需求。

URLLC 场景：URLLC 具有高可靠性、低延迟和高可用性的特点。由于 URLLC 场景主要用于车联网、智慧工厂、智慧医疗等场景中的控制部分，因此，支持 URLLC 场景的 5G 终端或模块在业务处理方面的精细化程度更高，时延敏感性及处理性能更强。例如，智能汽车自动驾驶模块需要实时接收指令并对车辆进行实时控制；智慧工厂中的机器人依据远程指令开展装配或产品制造；智慧医疗场景中，智能手术器械在远程医务人员的指挥下开展手术或治疗工作。

mMTC 场景：为实现 mMTC 场景下广覆盖的要求，支持 mMTC 场景的终端以轻量化、低成本的物联网终端及传感器设备为主。例如，工业物联网场景下安装在生产设备附近，用来采集信号和数据的位移传感器、GPS（位置传感器）、震动传感器、液位传感器、压力传感器、温度传感器等；智慧城市场景下用于安防控制、单车统计、照明、停车计费的各类传感器。上述终端通过广泛采集数据，为数据分析和后台决策提供重要依据，也成为行业转型升级所需的关键基础设施和关键要素。

目前，5G 终端通信能力也在上述基础上，向更全面、更丰富的方向进一步发展。随着更多创新终端设备的出现和普及，我们的生活方式和生产方式也会更加便捷、高效。

1.2.4 5G 新应用

1.2.4.1 5G 新通话

1. 新通话的概念

随着移动互联网和物联网的迅速发展，以及人工智能、元宇宙等前沿技术的逐步成熟，人们对实时通信的“刚性需求”已不再满足于传统的音视频沟通，新场景、新需求不断涌现，多媒体实时通信与交互数据应用的深度融合已经成为新的演进趋势。为了更好地满足用户通信场景多样化的需求，基于多媒体、智能和交互增强能力的 5G 新通话应运而生。

5G 新通话是在 5G VoNR 通信的基础上搭载新的数据传输通道，为用户提供高清音视频通话与数据应用融合的全新实时通信服务。3GPP 将数据通道（data channel）的概念引入 IMS（IP 多媒体系统），并对 IMS 数据通道架构、接口和流程及基于 IMS 数据通道的 AR 通信业务架构、接口和流程进行标准化，为 IMS 网络在已有的音频和视频通道之外增加新的数据通道，通信双方可以基于数据通道在通话的各个阶段（通话前/通话中/通话后）传递文本、图片、视频等各种多媒体信息，从而实现交互式、沉浸式的通话体验。

2. 新通话的网络架构

5G 新通话的网络架构，基于现有 IMS 网络架构进行增强，并面向未来演进，为 IMS 网元引入了 SBI，使得它既能在现阶段支持交互式通信和 AR 通信创新业务，又具备可扩展性，能够支撑未来因更多新媒体技术引入而带来的更多创新业务。图 1-26 为支持新通话的网络架构。

此架构引入了数据通道信令功能（data channel signaling function，DCSF）和数据通道媒体功能（data channel media function，DCMF）等新网元功能，并通过 SBI 对外提供服务。

3. 新通话的典型场景

当前运营商发展的新通话业务主要包括智能翻译、趣味通话、数字人、智能客服、屏幕共享、内容分享、远程协助等。

1）智能翻译

智能翻译包括语音转写和实时翻译。语音转写是指在通话过程中，支持将开通用户接收的话音转写成文字，并以字幕形式实时叠加到其接收的视频上，呈现给开通用户。

实时翻译是指在通话过程中，支持对开通用户接收的话音内容进行翻译，将翻译后的文字以字幕形式实时叠加到其接收的视频上，呈现给开通用户。字幕仅呈现给开通智能翻译业务的用户。

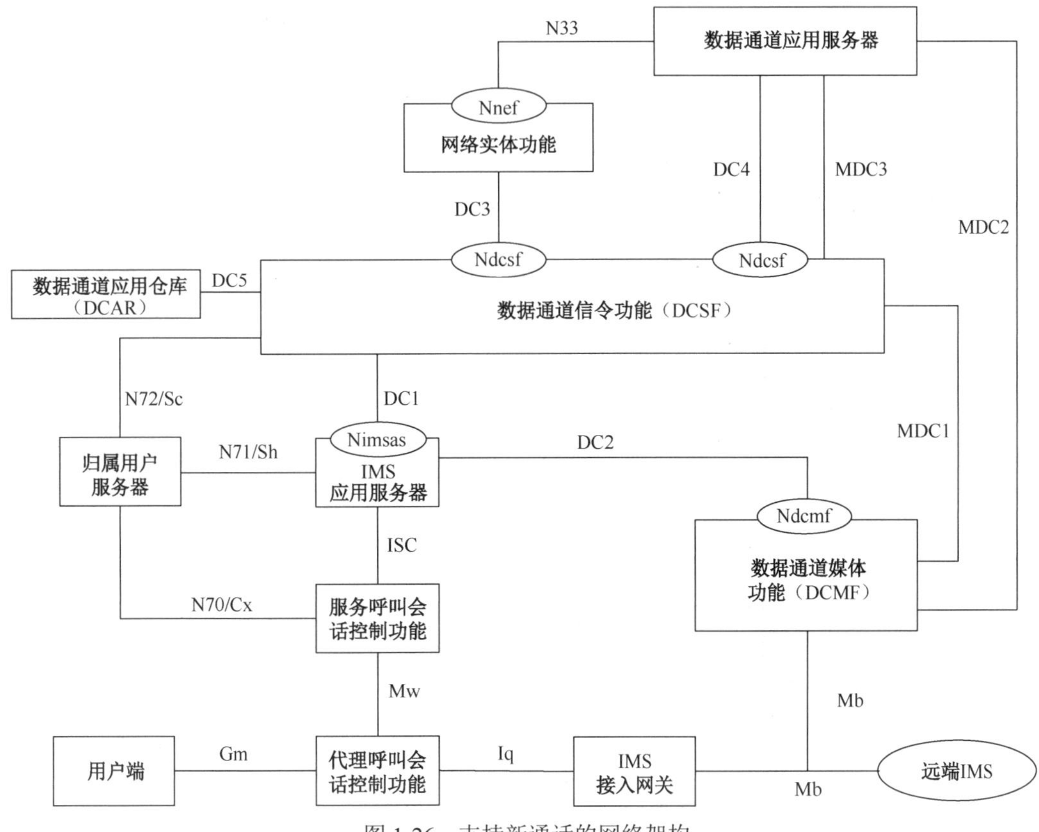

图 1-26 支持新通话的网络架构

2）趣味通话

趣味通话基于 VoLTE/VoNR 视频通话能力，结合音视频识别与合成技术，在通话过程中提供背景替换、虚拟头像替换、语音表情雨和手势动效等功能，可在亲情通话、娱乐沟通场景为用户提供互动的视频通话新体验。

3）数字人

在数字人业务中，用户在通话前预设视频通话要替换的虚拟头像，在视频通话中，对端用户看到的是用户替换后的虚拟头像。

1.2.4.2 5G 消息

5G 消息是基于 GSMA RCS 技术标准构建的 5G 时代的基础通信业务，是传统短信、彩信业务的全新升级，提升了消息的媒体服务能力和交互服务能力。5G 消息系统包括 5G 消息中心（5GMC）和 MaaP 平台，并与用户鉴权数据（HSS/UDM）、短信中心（SMSC）、

5G 消息互通网关、ENUM/DNS、安全管控系统、计费支撑系统、BSF 等对接。5G 消息系统架构如图 1-27 所示①。

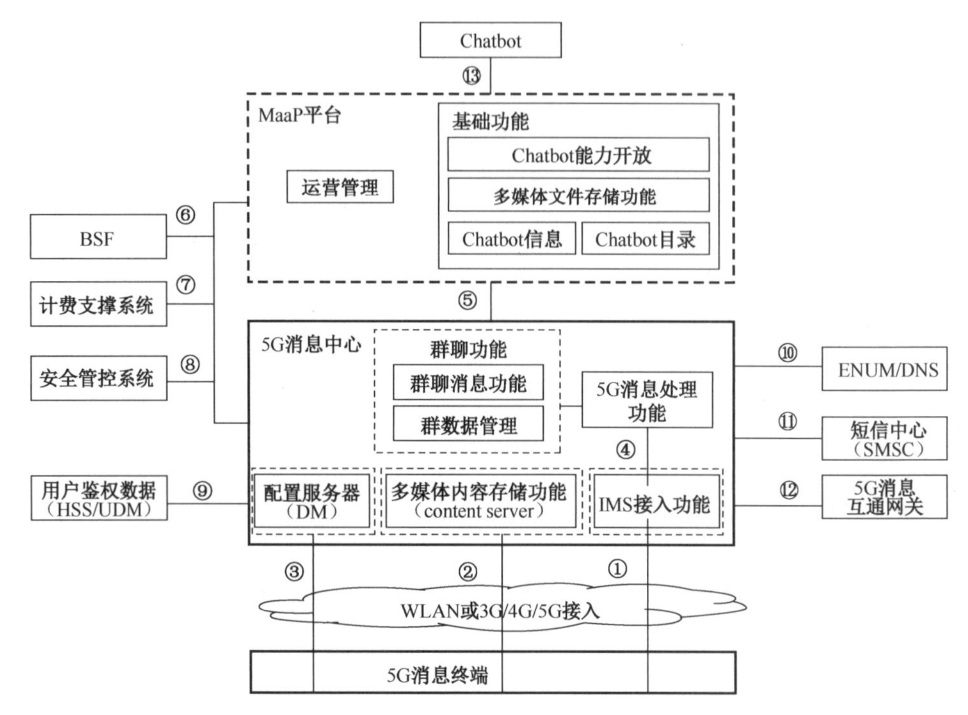

图 1-27　5G 消息系统架构

5G 消息支持终端直接通过互联网访问 5G 消息系统，包括通过 2G/3G/4G/5G 移动网络的 PS 域接入和 WLAN 等方式接入互联网并使用。5G 消息的收发流程如图 1-28 所示。

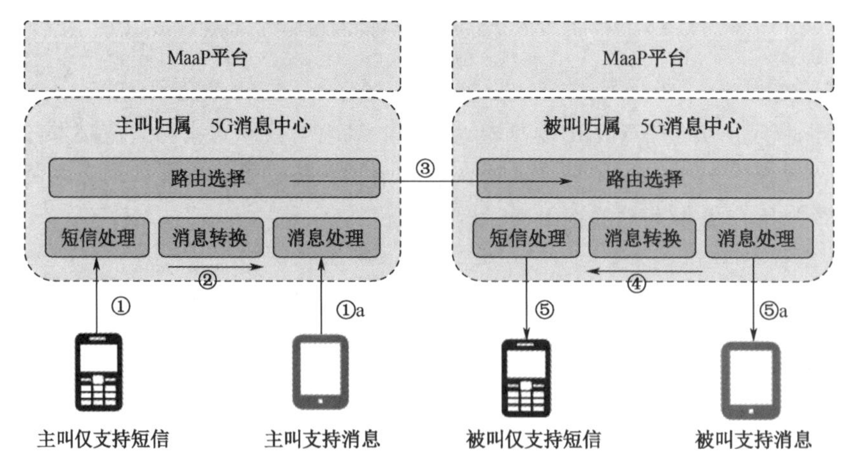

图 1-28　5G 消息收发流程

① 中国通信标准化协会. 5G 消息 总体技术要求：YD/T 3989—2021[S]. 2021.

消息发送时，支持 5G 消息的用户作为主叫用户发送消息时，消息直接通过消息处理模块完成发送流程。当主叫用户发送短信时，短信发往短信处理模块，通过消息转换，短信转为消息，到消息处理模块完成发送流程。

消息接收时，消息从主叫 5G 消息中心路由到被叫 5G 消息中心，被叫 5G 消息中心根据被叫终端能力和状态进行下发。若被叫终端支持接收消息，则直接通过消息下发；若被叫终端不支持接收消息，则通过消息转换将消息转为短信发往短信处理模块，通过短信下发，完成消息接收流程。

1.2.4.3　垂直行业应用

自 5G 正式商用以来，5G 网络以其高带宽、低时延、广域覆盖、移动性、成本经济等特点，与传统行业加速融合，新产品、新业态不断涌现，5G 应用的广度和创新性持续提升。工业互联网、智慧矿山、智慧医疗、智慧港口等行业应用已进入快速发展阶段；文旅、物流、教育等行业正在探寻行业用户需求，明确应用场景，开发产品并形成解决方案；智慧城市和融合媒体等行业需求正在逐步清晰；金融、水利等行业正在积极进行技术验证。

下面以智能电网、智慧工厂、AR/VR、车联网为例，说明 5G+垂直行业的应用场景。

1. 智能电网

5G 在电力领域有着广阔的应用和发展前景，可打通发电业务、输电业务、变电业务、配电业务及用电业务等业务场景，在实现现有配网自动化、精准负荷控制、电动汽车充电、用电信息采集等基础业务的基础上，逐渐向差动保护、智能巡检、实物 ID 等新型业务延伸。5G 网络应用在智能电网过程中，通过分析电力业务在带宽、时延、安全可靠性及接口等维度的通信需求，有效实现各类终端设备的泛在接入和智能化应用①。

5G 通信的特点与电力系统的要求是相辅相成的。对于智能电网来说，5G 在海量连接、精密控制、宽带通信等方面有着广泛的应用②，如图 1-29 所示。

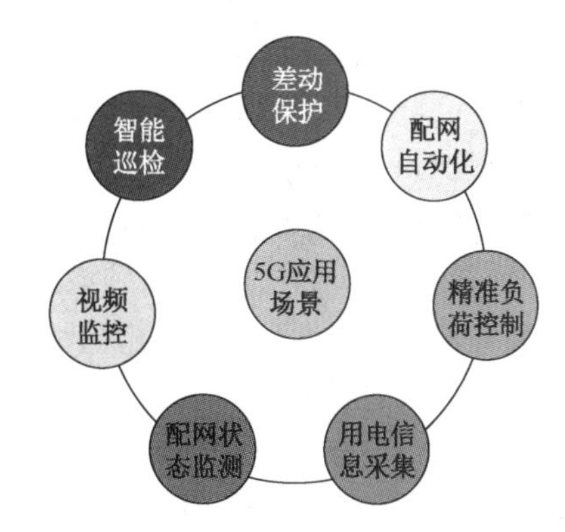

图 1-29　5G 在智能电网中的应用场景分类

① 徐群，程琳琳，孟建，等. 5G 在智能电网的应用研究[J]. 信息通信技术，2022,16(4):55-62.

② CARVALHO G H S，WOUNGANG I，ANPALAGAN A，et al. QoS-aware energy-efficient joint radio resource management in multi-RAT heterogeneous networks[J]. IEEE Transactions on Vehicular Technology, 2016,65(8):6343-6365.

5G 三大应用场景在电网中有不同的应用，其中：URLLC 可以对电网中的生产控制业务单独部署，主要应用于差动保护、配网自动化及精准负荷控制等场景；mMTC 适用于用电信息采集、设备资产管理等对带宽和时延要求低、连接数量大的应用场景；eMBB 可用于智能巡检、视频监控等场景。

2. 智慧工厂

智慧工厂应用场景主要包括：数据全采集传输、无人驾驶天车、AR 设备快速视觉点检、厂区智慧安防。

（1）数据全采集传输。基于 5G CPE 技术，让工作区域覆盖上 5G 网络，方便对数据进行采集、传输，满足工业应用场景下高质量的全要素数据及位置跟踪的网络需求。

（2）无人驾驶天车。基于稳定高带宽的 5G 网络，构建天车自动驾驶系统，通过 5G 网络将天车控制命令下发到天车，实现天车无人驾驶，可节约厂区内物料运输过程中带来的能耗。

（3）AR 设备快速视觉点检。基于 AR 可视化的场景点检模式，由 AR 眼镜捕获画面，然后通过 5G 网络传输给云端远程专家进行协同点检。这样可以提高装配效率，降低出错率，并通过提供检修可视化指导来降低错误率，从而提高企业效益。

（4）厂区智慧安防。新建无人机、云广播、安消一体化、人脸识别、停车场管理等系统模块，实现人员、设备、环境、质量、安全等的全方位实时监控，从而实现安全可视化。

3. AR/VR

VR 是一种可以创建和体验虚拟世界的计算机仿真系统。AR 是一种实时地计算摄影机影像的位置及角度并加上相应图像的技术。

随着 5G 网络的大规模部署，AR/VR 产品在数据传输方面的应用难题得到了有效解决。5G 带来的超宽带高速传输能力和低时延，可以解决 VR/AR 渲染能力不足、互动体验不强、终端移动性差和眩晕等痛点问题。

在普及 AR 的过程中，5G 的优势主要体现在三个方面：更高的容量、更低的时延和更好的网络均匀性。

当网络时延降低至毫秒级时，运动状态与视觉系统不一致造成的不适感将不复存在，因此 5G 网络的商用将打破 AR 在传输方面的屏障，困扰 AR 技术在移动端应用的问题将迎刃而解。AR/VR 生态圈日趋成熟，将伴随 5G 技术迎来新的发展机会，5G 技术也推动 AR/VR 市场不断成熟和发展。

4. 车联网

车联网产业是汽车、电子、信息通信、道路交通运输等行业深度融合的新型产业形态，是运用大数据、云计算等信息通信技术通过车内网、车际网和车载移动互联网进行车与车、行人、平台等的全方位连接和数据交互，实现动态信息服务、车辆智能化控制和智能交通管理的一体化网络。智能网联汽车从单车智能化逐步向智能化与网联化相融合的方向发展。5G 具有的高可靠、低时延、高带宽等特性，能实现车与车、车与路、车与人之间的实时通信，是车联网的重要通信网络，推动智能网联化，丰富更多车联网应用场景，也将进一步促进车联网商业化规模爆发，可广泛应用于城市道路、高速公路、园区、景区、停车场等封闭、半封闭、公开道路的各种场景。目前，车联网已成为 5G 下游产值最高、确定性最强的应用场景之一。

车联网基于 5G 网络可开展以下应用。

（1）智慧高速。针对视频监控碎片化、车与路协同缺失、智能养护手段缺乏等问题，构建要素全量感知、业务高度协作、车路深度协同、分析科学高效、安全主动防控、路网高效营运、公众精准服务的智慧高速体系，支撑收费、监控、养护、安全、效率等业务。

（2）智慧公交。以智能网联公交为载体，建设基于 5G、北斗高精度定位、边缘计算等技术的车路协同系统，依托智慧交通平台，构建“车—路—云”全面协同的新一代智能网联交通系统，实现自动驾驶公交安全行驶及常态化载客运营。

（3）网联无人车。网联无人车主要分为载客（观光、接驳）、载物（物流配送）和作业（清扫、零售等）三种类型，面向封闭或半封闭园区等限定场景提供智能调度管理、AI 智能作业分析监控、5G 远程驾驶等多种服务。

（4）物流车。基于 5G 特点，利用室内外高精度定位优势，结合音视频 AI 处理、位置里程补偿、多数据融合感知和多策略智能调度等自有能力，实现人—车—路、人—机—料、点—线—场的数字化、智能化、无线化改造，提高综合客运物流系统的决策和执行效率，提升协同运营和调度能力。

1.3　5G 时代的安全风险

5G 作为新一代通信的基础设施，已将移动通信领域从“人与人通信”扩展到“物与物连接”。随着 5G 建设与商用进程的全面推进，5G 网络与垂直行业应用深度融合，网络覆盖范围逐步扩大。目前，5G 网络已成为整个社会、整个国家的重要关键基础设施，其安全性受到世界各国的高度重视。

5G 在架构和协议设计之初就考虑了前几代移动通信网络中面临的安全问题，通过制定标准，5G 网络解决了前几代移动通信网络中面临的部分安全问题。但是，5G 网络在新架构、新技术、新终端、新业务方面的变革也带来了一些新的安全风险。解决新旧交织的安全风险将是 5G 网络乃至下一代移动通信网络需要面对的一个长期课题。

1.3.1 新架构安全风险

1.3.1.1 接入网安全风险

5G 接入网主要存在的风险包括：身份标识信息泄露、空口窃听等。

1. 身份标识信息泄露

5G 网络引入了公钥机制，实现了用户真实身份信息传输的隐藏。终端在初始注册时，会根据预置的公钥把 SUPI 加密成 SUCI，通过在空口中传输加密后的 SUCI，防止攻击者获取 SUCI 后破解用户的真实身份信息。从 3GPP 协议角度看，要实现身份信息加密功能，需要用户更换 SIM 卡的信息。一方面，结合现网实际情况，所有用户更换 SIM 卡的难度极大；另一方面，攻击者可能会对用户实施降阶攻击，迫使用户回落到低制式网络，从而丧失 5G 公钥机制的保护。因此，在目前多种网络制式并存的现网条件下，用户终端身份标识信息泄露的安全威胁对 5G 仍然存在。

为防止身份标识信息泄露，5G 网络仍需要从以下方面提升安全能力：一是加强对标识的全面隐藏；二是防止用户直接回落至低制式网络，以免造成 5G 安全机制失效。

2. 空口窃听

在 5G 空口可能存在的风险类型中，空口窃听风险尤为突出，是一个不容忽视的安全问题。一方面，开放的无线信道为信息泄露提供了天然的基础，任何人在开放环境中使用适当的射频工具接收无线电信号，并通过一定的技术手段便可将其解码为可利用的消息；另一方面，移动通信网络公开的标准规范给出了将接收的无线电信号解调为有效消息的途径，窃听者通过辅以标准规范便可提取用户的重要信息。

空口窃听造成的影响主要包括如下几个方面：一是信息泄露，非法用户通过多种方式（侦听、嗅探、暴力破解等）获取基站与用户间的转发数据包，造成用户标识、位置信息，甚至是语音通话内容泄露；二是数据欺骗，非法用户伪造基站发出虚假信号，诱使用户接入，并对接入的用户数据进行篡改，影响用户正常通信[①]。

空口窃听产生的根本原因：一是用户与移动通信网络间鉴权机制不够完善；二是网络安全机制所依赖的算法不再处于保密状态；三是缺少数据机密性或完整性保护。

3G 网络中，为防范发生空口窃听等风险，实现了网络和用户间的双向鉴权，但仍然存在两个方面的问题：一是用户缺少对拜访网络寄存器（visitor location register，VLR）的验证；二是加密算法较为简单。4G 网络中，为解决 3G 网络存在的问题，进一步提升了数据保护机制和密钥的复杂度，并增加了用户对 VLR 等网元的验证流程。然而，4G

---

① Yu C, Chen S, Wang F, et al.Improving 4G/5G air interface security: a survey of existing attacks on different LTE layers[J].Computer Networks, 2021 (201):108532.

网络中并没有完全实现对 IMSI 的隐藏，仍然存在用户身份标识信息泄露的风险。

5G 网络中，为进一步防范空口窃听风险，通过隐藏标识，设计更安全的算法和鉴权方式，已避免了大部分空口窃听攻击的发生，但相关风险未被完全杜绝。5G 网络中，部分广播消息和部分上下行链路单播消息未启用安全机制，非法用户利用此类消息对用户进行攻击，引发用户身份标识信息泄露和数据欺骗的安全风险。

为防范空口窃听风险，5G 网络需要全面提升物理层的安全能力。物理层安全能力是利用无线信道随机性、时变性和唯一性等特点，对信道信息进行处理和加工的一种技术手段。利用无线信道的随机性和信道状态信息（channel state information，CSI），合理地设计信道编码或预编码，提高系统的安全性，加强物理层安全，是保护 5G 网络，保障数据完整性，防止窃听者窃取信息的有效方法之一。

为进一步提高 5G 空口防窃听的能力，5G 物理层安全可以进一步从以下几方面完善。

一是降低窃听者的信道质量。一方面，通过信道加密等方式增加窃听者的窃听难度；另一方面，若窃听信道的噪声大于合法信道，那么合法接收者以可以忽略的误差来对接收信号进行解码，而窃听者则完全不能解码。只要发送者和接收者之间通信链路的信道容量大于发送者与窃听者之间监听信道的通信容量，即可实现绝对安全的传输通信。

二是完善物理层密钥协商机制。5G 网络需要进一步扩大数据加密和完整性保护机制的覆盖范围。通过进行一致性校验等方式，可进一步提高协议防篡改能力。

1.3.1.2　核心网安全风险

1. 服务化架构风险

5G 核心网架构的特点之一就是采用 SBI 取代传统的专用接口，SBI 使用基于 HTTP2 的协议和 JSON 格式传输数据，使得网元间的交互更加开放，但也在一定程度上增加了安全风险。风险一为 JSON 解析漏洞。当网元功能通过 SBI 收到 JSON 对象时，解析器可能会执行 JSON 对象中包含的所有内容，包括不受信任的 JavaScript 脚本或者其他可执行代码。攻击者可能会利用此漏洞发起恶意代码攻击，对核心网发起篡改信息、窃取信息、拒绝服务等攻击。风险二为由 JSON 解析器的脆弱性引发的。5G 网元之间的接口协议中包含很多信息元素（information elements，IE），一旦接口 API 消息中 IE 的格式和取值没有按照规定实现，比如 JSON 数据中 IE 的数量超过最大值或 HTTP2 请求的 JSON 正文包大小超过最大值时，可能会导致服务的缓冲区溢出，从而导致拒绝服务。

为降低 5G SBI 面临的安全风险，接口需要进一步提升健壮性，如增加 JSON 接口内容一致性校验、有效内容识别等策略，防范攻击者利用漏洞对核心网进行攻击。

2. 能力开放风险

5G 服务化架构除了能使网元间交互更加开放，还实现了网络能力开放功能：可以基于通用 API 框架（common API framework，CAPIF）、NEF 等网络能力开放方式，面向第三方差异化需求，在专网建设运营、MEC 等场景下，提供差异化开放能力。

5G 对外开放的能力包括两个方面：一是 5G 核心网自身业务功能，包括身份验证和授权、API 消费者的身份识别、档案管理、接入控制、策略增强、基础设施策略、业务策略、安全、路由和流量控制、协议转换及 API 到网络接口的映射等；二是 5G 网络的安全能力。为了帮助第三方应用提供商更好地构建业务安全能力，5G 网络除了可以提供开放的业务能力，还可以提供开放的安全服务能力，如接入认证、授权控制、网络防御等服务。

网络能力开放过程中存在以下安全风险。

（1）网络能力开放通信安全风险。在 CAPIF、NEF 进行能力开放通信过程中，数据加密、完整性保护、抗重放等防护手段缺失或不完善，可能引发开放请求重放攻击、开放信息泄露与篡改等安全风险。

（2）网络能力开放接口存在的安全风险。一方面，当能力开放请求认证授权及数据包合法性校验等防护手段缺失或不完善时，攻击者可能会伪装成合法请求能力开放的第三方，非授权访问网络能力开放接口，劫持能力开放连接或恶意发送配置数据，可能引发开放参数篡改、恶意调用开放接口、拒绝服务（DoS）攻击或逃避能力开放计费等安全风险；另一方面，网络能力开放接口采用互联网通用协议，会进一步将互联网已有的安全风险引入 5G 网络，攻击者可通过对向第三方开放的接口进行攻击横向入侵 5G 核心网。例如，攻击者利用协议存在的漏洞，通过一定的方式绕过认证环节，导致鉴权机制失效，进而非法入侵 5G 核心网。

（3）数据和资源安全风险。网络能力开放将终端移动状态信息、通信状态信息、漫游状态信息、位置状态信息等用户个人数据，MEC 路由分流策略配置、QoS 策略配置、切片生命周期管理等网络类能力开放数据等从运营商内部的封闭平台中开放出来，运营商对数据的管理控制能力减弱。在数据采集、传输、存储、使用、开放共享和销毁等过程中，对数据的分类分级、敏感数据保护、权限控制等手段缺失或不完善，可能引发能力开放相关的数据丢失、泄露、篡改等安全风险。

（4）安全能力无法匹配 5G 网络服务对象的安全需求。5G 网络服务对象因使用场景的不同，对安全能力也有差异化的需求。若 5G 网络在对外开放安全能力时未完全匹配服务对象所需的安全能力，将存在两方面的风险。例如，若低安全需求的对象使用了高等级的安全能力，将可能因安全机制的流程复杂增加业务时延；若高安全需求的对象使用了低等级的安全能力，将会因防护能力薄弱，无法抵挡恶意攻击。

网络能力对外开放过程中，将有以下几方面的安全需求。

（1）接口安全防护能力。数据对外开放过程中，为防范接口数据被篡改、被恶意第三方通过中间人方式获取，需通过数据加密、完整性保护、抗重放等防护手段加强接口安全防护能力。

（2）内部数据安全管理能力。为防范在对外开放能力过程中，5G 核心网内部数据被第三方获取，需进一步加强数据隔离，强化数据在生命周期中的流转安全。

（3）差异化的安全能力开放功能。5G 核心网在对外开放安全能力时，需要制定分级的安全策略。应根据服务对象的不同安全需求，提供差异化、具有适配性的安全能力。

3. 安全上下文管理风险

终端接入 5G 网络，都会建立上下文。上下文的主要要素包括：PDU 会话上下文、安全密钥、移动限制列表、UE 无线能力和安全能力等。上下文管理是保障业务顺利执行的一种重要方式，能够在业务接续、保障业务完整性方面发挥巨大的作用。上下文的安全性将影响网络运行的安全性。

5G 网络与 4G 网络部署模式不同，上下文机制存在一定的差异。5G 核心网不同部署模式包含的辅助节点不同，存在单个或多个 5G 辅助节点（secondary node，SN）。辅助节点不同，对安全上下文的要求也不相同。当一个终端向两个辅助节点注册时，两个网络必须独立维护和使用单独的安全上下文。上下文中密钥等安全数据一旦泄露，将极易被攻击者利用，发起对终端或网络的攻击。

因此，为保障 5G 核心网的安全，必须加强对上下文的安全管理，防止被篡改和泄露等安全风险的发生。

5G 安全上下文的安全管理能力主要有以下几方面的需求。

（1）完整性保护。完整的 5G 安全上下文能够有效支撑核心网各组成部分有序执行各项进程。一旦上下文的完整性遭到破坏，核心网业务执行层面可能无法获取当前的安全能力状态和执行要求，可能导致安全能力无法有效发挥作用，进而破坏 5G 核心网整体的安全性。

（2）有效的更新频率。5G 安全上下文能否及时进行更新和完善，将影响核心网网元模块的执行效率和执行结果。因此，需要设置有效的更新频率，在满足安全保护需求的同时，不影响业务性能。

（3）增强的隐私能力。5G 安全上下文中记录了核心网涉及的最主要的安全能力信息和安全机制，一旦遭到劫持或非法获取，将可能被攻击者针对特定的安全机制发起攻击，进而影响 5G 核心网整体的安全性。

1.3.2　新技术安全风险

1.3.2.1　虚拟化安全风险

5G 核心网广泛引入 NFV 技术，使得通信网络不再依赖传统的专用电信设备，转而基于通用服务器设备。传统的专用电信设备通常是软硬件一体化，技术相对封闭。基于通用的硬件资源，NFV 技术使网络、计算、存储等资源的构建更加灵活，且可弹性伸缩。NFV 技术给电信运营商带来组网便利和成本下降的同时，也会带来新的安全问题，包括物理安全边界缺失、分层解耦及跨层管理带来的信任链条变长、动态的业务及运行环境带来的管理复杂度、虚拟资源共享带来的安全问题扩散等，这些问题使传统通过物理隔离部署的安全措施不再适用[①]。

为防范 NFV 安全风险，5G 核心网有以下几方面的安全需求。

在硬件资源层，应强化物理资源的安全防护，核心硬件应具备防篡改、信任传递等能力；在虚拟化层（Hypervisor），Hypervisor 的安全管理和安全配置应采取服务最小原则，禁用不必要的服务，并严格做好访问控制，不同权限执行不同级别的操作；在虚拟机（VM）层，应加强虚拟机全生命周期的安全管理，同时具备虚拟机间的隔离机制和安全访问控制能力，尤其需要强化镜像的安全发布管理；在 VNF 层，应强化 VNF 实例化、运行、退出使用全生命周期的安全管理，对于 VNF 对外通信，应进行隔离或访问控制；在 MANO 层，应加强 MANO 安全防护，实现安全服务最小化原则。MANO 与外部实体间的通信应支持双向认证，同时 MANO 的所有操作均应记录日志，便于攻击事件的回溯排查。

1.3.2.2 SDN 安全风险

SDN 架构采用包含数据平面、控制平面与应用平面的三层结构，实现了传统网络架构中网络管理功能的集中化，是对传统网络架构的革命性创新。这种创新极大地拓展了管理、运营等方面的灵活性和开放性，可以解决数据中心网络管理、运营维护和成本等问题，但也带来了新的安全挑战和风险。一方面，SDN 的管理集中性使网络配置、网络服务访问控制、网络安全服务部署等都集中在 SDN 控制器上，使控制器容易成为攻击的对象，一旦成功对控制器实施攻击，将造成网络服务的大面积瘫痪；另一方面，SDN 的开放性使应用平面的安全威胁扩散到控制平面，进一步威胁数据平面承载的用户业务。从 SDN 架构出发，按照数据平面、控制平面、应用平面和南/北向接口等方面，梳理总结主要安全风险，如图 1-30 所示。

数据平面主要面临非法访问、恶意攻击、欺骗/假冒身份等问题，还可能存在用户配置错误和交换机流表混乱等威胁；控制平面主要面临欺骗/假冒身份、DoS/DDoS（分布式拒绝服务）攻击、控制器自身的设计及配置缺陷等威胁；应用平面主要面临恶意代码、应用程序代码的恶意篡改、身份假冒及应用程序自身的配置缺陷等威胁；南向接口主要面临窃听、控制器假冒等安全威胁[②]。对于北向接口对应用程序的认证方法和粒度，尚没有统一的规定。

为最大化规避上述安全风险，提高 SDN 安全防护能力，需要围绕数据平面、控制平面、应用平面等方面，聚焦恶意入侵、网络攻击、非法访问、身份假冒等威胁，采取必要的安全防护策略；同时，进一步加强南/北向接口协议的安全性，为 SDN 应用、数据及网络基础设施提供可靠的安全保障。

---

① 周艳，何承东. 5G 安全的全球统一认证体系和标准演进[J]. 移动通信，2021,45(1):21-29.

② 王蒙蒙，刘建伟，陈杰，等. 软件定义网络：安全模型、机制及研究进展[J]. 软件学报，2016(4):24.

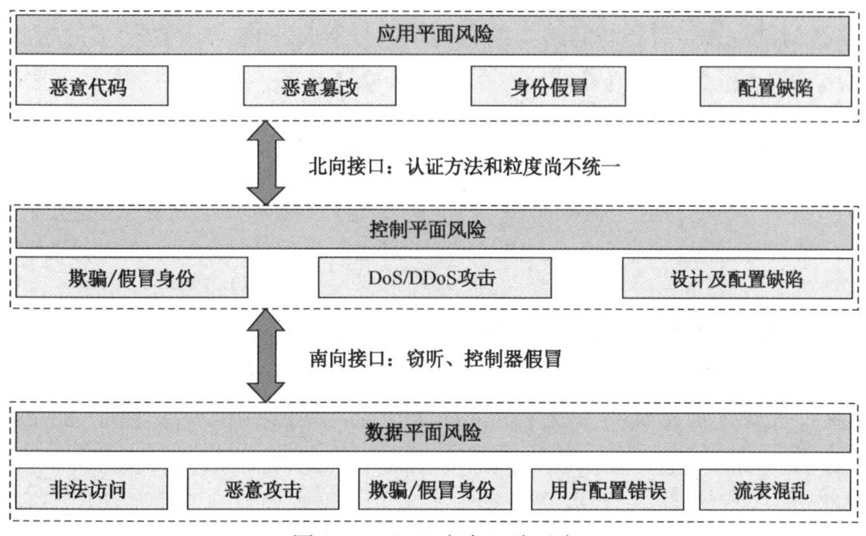

图 1-30　SDN 安全风险示意

1.3.2.3　边缘计算安全风险

随着核心网功能下沉至网络边缘，边缘应用场景越来越丰富，MEC 在带来便利和效率的同时，也带来了新的风险，引入了新的安全威胁，加大了安全管理难度。一方面，MEC 节点的计算资源、通信资源、存储资源较为丰富，会承载垂直行业应用，可能会涉及多个企业的敏感数据存储、通信应用和计算服务，一旦攻击者控制了边缘节点，并利用边缘节点进行进一步的横向或纵向攻击，会严重破坏应用、通信、数据的保密性、可用性和完整性，会给用户和社会带来广泛的新型安全威胁；另一方面，MEC 节点常常部署在无人值守的机房，且安全生命周期里具备多重运营者和责任方，给物理安全防护及安全运营管理带来了更多的挑战。此外，边缘计算节点靠近用户，引入了第三方 App，增加了暴露面，也会引入新的安全威胁风险，传统安全威胁手段在移动边缘计算场景和网络架构下更易被使用，影响范围更广。

为提高 MEC 的安全防护能力，需要聚焦基础设施、边缘计算平台、边缘计算应用等关键要素，采取必要的安全防护策略，并进一步提升网络传输安全和协议安全保障能力，强化编排管理、能力开放和终端接入的认证安全管理；同时，通过探索使用适合的边缘入侵检测技术，应对边缘网络节点面临的入侵威胁。

1.3.2.4　网络切片安全风险

网络切片是一种根据业务需求对网络功能进行定制裁剪和灵活组网的新技术，可实现网络资源的动态分配和灵活调整，能有效提高网络资源利用率。5G 网络能力以切片的形式向第三方企业、用户提供网络服务。网络切片在应用过程中主要面临以下安全风险。

（1）认证鉴权风险。不同的网络切片在应用过程中，将同时存在于 5G 核心网。因此，UE 在访问过程中，需要与网络中的各切片进行双向鉴权，并选择正确的切片进行接入。鉴权机制若不完善，极易造成下列风险：一是 UE 接入非所属切片；二是被恶意攻击者突破认证鉴权限制，造成切片数据泄露；三是恶意攻击者发起针对认证鉴权的 DDOS 攻击，造成网络资源消耗，无法对正常用户进行鉴权接入。

（2）网络切片安全隔离风险。网络切片与切片之间通过逻辑隔离的方式实现网络功能的划分，隔离措施是否完备是决定网络切片安全的重要因素。攻击者可能借助某一个切片的隔离薄弱环节访问其他切片，将可能产生资源恶意消耗、数据窃取等安全风险。此外，不同服务类型的网络切片安全等级不同，如果单一 UE 具备同时访问多等级切片的权限，就存在敏感数据从安全等级高的切片泄露到安全等级低的切片中的风险。

（3）安全策略不匹配风险。对不同的网络切片，需根据不同的应用场景设置不同的网络性能参数，同时，也需要根据不同的安全需求，提供按需的安全能力（包括策略、协议和功能等）。如果网络切片安全级别水平不够，设置的安全策略不适用于应用需求，安全机制将形同虚设，无法达到抵御安全风险的目的，恶意攻击者访问切片也将“如入无人之境”。

为避免使用多种切片的 5G 核心网面临上述安全风险，网络切片需要满足的安全需求主要包括完善的认证鉴权机制、安全隔离、差异化安全配置能力等。

（1）完善的认证鉴权机制。为了进一步保障 5G 网络切片的安全性及其网络资源分配的科学合理性，需在网络切片中加入相应的内认证机制。网络切片内认证机制的应用不仅可以提升用户在网络中的数据信息的安全性，还可以避免非认证用户对网络资源的占用。此外，为防止黑客利用 UE 合法凭证频繁访问网络制造 DoS 攻击，需要针对特定的网络切片在完成主认证之后，制定切片层面的二次认证和访问控制机制。这样 5G 网络就能够有效地满足垂直行业定制化、独立化服务的需要，实现第三方的安全交互。

（2）安全隔离。切片与切片间需要建立一套完善的安全隔离机制，保障数据在不同安全等级的切片间流转。不同用户访问同一类型的切片服务时，所需的安全等级是不同的，需要对不同用户设置不同的切片访问权限。

（3）差异化安全配置能力。为满足不同切片差异化的安全需求，5G 网络切片需要具备动态、灵活的安全配置能力；需要针对各切片服务对象的特点和安全需求，配置适宜、对应的安全策略。

1.3.3 新终端安全风险

5G 网络提供了更高速、更可靠、大规模的连接能力，将数十亿的手机、智能手环、环境传感器、工业互联网设备、城市基础设施等连接在一起，同时 5G 网络中未来将引入人工智能、深度学习、数据挖掘等技术，为海量、复杂数据的处理提供了可能。

5G 终端数量众多、差异性大，其安全风险也不容忽视，特别是在认证安全、数据安全、终端安全等方面。

1.3.3.1 认证安全风险

接入认证的作用是通过终端所提供的信息，鉴别接入者的真实身份，确定接入到网络内的终端的合法性，在一定程度上提供可追溯性，从而有效发现身份标识或身份信息错误，防范身份冒用、伪造等恶意攻击，为合法授权提供基础。

在5G终端多制式、多接入、多性能的特点下，如果接入认证效率不高、时延大、负载重，将可能导致网络性能大幅下降，无法满足实际业务需求。此外，一次认证方式已无法满足多样化终端的认证需求。例如，部分行业专网终端有更安全的认证需求，非法终端一旦连入企业专网将引发严重的核心数据安全威胁①。

为解决5G异构终端带来的认证安全风险，认证机制和认证算法都需要演化，并有以下几方面的需求和特点。

（1）认证架构向统一化方向演进。为了保证多种终端安全接入5G网络，同时满足不同终端类型和接入网的差异化要求，统一认证的接入认证框架是一个非常有前景的技术解决方案。统一认证的优势包括以下几方面：一是可靠性和可操作性是可以验证的，现有的集群式的网络环境已经对其可靠性进行了充分的时间验证；二是有利于用户体验5G效能。在运营商的网络接口处部署统一的网络和业务认证系统，以便实现一次网络认证可直接访问和使用多种业务。

统一认证的接入认证框架的引入不仅能降低运营商的投资和运营成本，而且为5G网络在未来开展的各种形式的新业务对用户的认证奠定了坚实的基础，所以5G统一认证的需求包含如下几点。一是支持多种认证协议。5G统一认证的接入认证框架应能覆盖多种认证协议，兼容多类别的认证终端；二是灵活多样的安全凭证管理。在基于多种接入技术和多样终端设备的异构网络场景中，对称安全凭证和非对称安全凭证及其管理对于统一认证的接入认证框架是必要的。

（2）认证机制将向二次认证方向发展。对于高安全需求的行业终端，核心网一次认证模式已无法满足需求，更多的行业专网将会构建专用认证授权机制，实现行业终端的增强认证。

（3）算法向低复杂度、高破解难度方向发展。在物联网、车联网场景下，大规模、低成本的物联网终端要接入网络。由于物联网终端一般没有很强的算力性能，接入认证算法的复杂性对物联网终端的性能影响较大，所以其接入5G网络的认证算法越简单，越有助于此类终端设备的部署和统一管理。算法复杂度低的接入认证是物联网等终端设备入网的基础需求。

海量接入终端类型复杂多样，安全能力差异巨大，接入技术迥异，地理分散，各种应用需求复杂，显然对接入的灵活性要求也非常高，接入认证的算法可灵活嵌入多种协议中，是异构场景下设备互联的基础。因此，灵活方便的接入特性是各类型终端统一入网的一类重要需求。

---

① 邱勤，张峰，何明，等. 5G行业专网安全技术研究与应用[J]. 保密科学技术，2021(4):6.

1.3.3.2 数据泄露风险

5G 网络在改变社会生产生活方式的同时，采集、处理和存储数据更加丰富。5G 终端采集的数据包括：个人隐私数据（如智能穿戴采集的人睡眠数据）、环境数据（如智慧家居采集的屋内温度、湿度数据）、控制数据（如联网车辆上传的刹车数据）等。由于信息类型和交互方式更多元，人与万物互联互通，很多数据容易在所有者没有意识到风险的情况下被收集和处理，因此 5G 终端数据安全成为各方关注的重点。

5G 终端数据安全风险主要包括以下两方面。一是信息泄露风险。终端中存储的标识、隐私数据被非法收集，会造成用户隐私泄露。行业专网终端被控制后，会造成运维、生产、巡检、视频等数据泄露，影响行业安全，甚至破坏社会稳定。二是数据非法篡改风险。终端内用户数据被非法入侵和篡改，导致用户业务流程中断或失效。

为有效降低 5G 终端数据存在的上述两方面的风险，需要从技术和管理角度出发，满足以下两方面的需求。

（1）用户数据加密需求。5G 终端中包含了网络用户标识、网络设备标识和应用标识，以及用户聊天、照片、应用等用户个人数据。为防止信息泄露，需采用轻量、便捷的加密方式对身份标识和敏感数据进行保护，防止终端被攻击后造成用户信息泄露。

（2）数据访问权限控制。为防止恶意程序违规篡改终端数据，终端需划分更细粒度的访问权限，对调用范围、调用内容都进行细化管理。应保证应用间的数据互访均需进行身份验证。即使恶意程序进入终端内，也会因无应用访问权限而无法接触和篡改终端数据。

1.3.3.3 终端劫持风险

5G 设备存在劫持风险，5G 设备被劫持后，会被利用发起对 5G 核心网的 DDOS 攻击，造成网络资源消耗、通信链路拥塞、核心网无法提供服务等安全风险。原因主要包括以下两方面。

（1）海量多样的设备入网方式。5G 网络的异构特性使终端设备的入网方式多种多样，难以形成统一有效的安全框架，各种接入协议可能存在安全漏洞，无法保证终端设备不被恶意劫持。

（2）设备自身无法避免的安全漏洞。5G 网络，特别是在物联网场景下，很多单一应用场景中所需的终端设备的计算能力普遍较弱，这就意味着其自我保护能力相对较弱，安全防御手段和措施也相对薄弱，设备容易被劫持。

为防止 5G 终端设备遭受劫持，主要有以下几方面的安全需求。

（1）数据加密。为了有效防止终端设备被劫持，需要对数据进行加密，防止中间人劫持数据，然后通过获取终端设备信息来实现设备劫持。

（2）鉴权需求。对接入设备的身份进行有效认证，将大大降低终端设备被劫持的风险。提升鉴权复杂度，能增加劫持设备的难度。

1.3.4　新应用安全风险

1.3.4.1　三大场景的安全风险

5G 技术的发展带来了丰富的新应用场景，极大地推动了千行百业的发展，但也带来了新的应用风险。

5G 分组数据业务可以分为 eMBB、URLLC、mMTC 三大场景，其因差异性，存在不同的安全风险。

1. eMBB 场景的安全风险

eMBB 场景下，5G 数据速率较 4G 增长了 10 倍以上，产生了如 AR、VR、超高清视频直播、大视频等对带宽有极高要求的业务场景。因数据速率大幅提升，原有安全防护系统的性能将面临瓶颈[①]。低处理性能的安全防护设备将可能出现流量拥塞，导致安全防护系统宕机，进而影响整个 5G 网络的安全。

eMBB 场景下还存在隐私数据泄露、非法内容传播等风险。AR/VR、高清视频直播、大视频等对带宽有极高要求的业务场景下衍生的海量数据往往涉及个人隐私。这类业务场景极易被非法分子利用，进行用户敏感信息窃取或非法内容传播等活动，存在较大的监管难度。

此外，高速、大流量的 5G 网络通道，在提升通信服务质量的同时，也为诈骗分子快速实施诈骗、隐藏诈骗流量提供了便利。一是诈骗分子利用 5G 消息等新型业务实施诈骗，诈骗形态有向智能化发展的趋势，给反诈工作带来较大挑战。二是从海量数据中识别诈骗信息的难度呈指数级上升，基于数据识别和数据挖掘模式的诈骗信息识别方法在海量数据场景下的有效性将大幅下降。

eMBB 场景下的安全需求包括以下三方面。一是高性能需求。传统安全设备的性能无法适用于大流量、高带宽数据的场景。现有网络中部署的防火墙、入侵检测系统等安全设备在流量检测、链路覆盖、数据存储等方面将难以满足超大流量下的安全防护需求，面临较大挑战。eMBB 场景部署安全能力前，需对数据流量规模进行评估，并根据流量对安全设备的性能进行扩容。二是大流量数据监管需求。为防范恶意人员利用 eMBB 的网络特点窃取用户隐私数据，传播暴力恐怖、虚假谣言、淫秽色情等危害国家安全、公共安全、社会秩序的信息，应加大对 eMBB 场景数据的监管力度，完善监管技术手段。三是反诈需求。为有效遏制 5G 大流量场景下的诈骗形势，需着力防范基于 5G 数据业务的诈骗模式向智能化方向发展，应根据目前诈骗形势的特点，不断创新反诈模式，使反诈工作变得更为科学、高效。

① 中国信息通信研究院和 IMT-2020（5G）推进组. 5G 安全报告[R].2020.

2. URLLC 场景安全风险

在 URLLC 场景方面，分组数据业务低时延需求造成复杂安全机制部署受限的困境。安全机制的部署，如接入认证、数据传输安全保护、终端移动过程中切换基站、数据加解密等均会增加时延，过于复杂的安全机制无法满足低时延业务的要求。

例如，在 5G 车联网应用场景下，为保证时延要求，应用场景往往采用简单的加密标准，但无法保证数据在传输过程中的机密性和完整性。如何平衡安全与传输效率仍是该场景亟待解决的问题。此外，在端到端的直连通信场景下，车联网终端间通过广播方式在专用频段上进行直通链路短距离信息交换，攻击者可能利用直连通信无线接口的开放性，进行假冒身份、数据窃听等攻击行为，给用户带来经济损失甚至人身伤害。

URLLC 场景下的安全能力应当在安全算法执行效率、复杂度、性能消耗等方面，表现得比传统安全设备更加优异；应当在不影响业务时延的基础上，实现抵挡各类攻击、抵御各类安全风险的能力。

3. mMTC 场景安全风险

mMTC 场景中的业务具有海量连接、小数据包、低功耗等特点，该场景下的终端设备分布范围广、数量众多，对时延要求不敏感，但要求网络具有支持超千亿连接的能力，满足 100 万/km^2 的连接密度要求。mMTC 场景主要的安全风险表现为分组数据来源分散、分布面广、表现形式多样、承载协议更具有行业属性，极大地增加了安全管理和安全防护难度，使得攻击者有更多的攻击路径可以利用，因此难以采用统一的端点防护措施。mMTC 场景下的终端设备普遍安全防御能力简单，易被黑客利用，一旦被攻击容易形成僵尸网络，并成为攻击源，进而引发对用户应用和后台系统等的网络攻击，带来网络中断、系统瘫痪等安全风险。

轻量化是 mMTC 场景下安全能力的主要需求。软件层面的安全能力应具有轻量化、易部署的特点，对于海量、小体积终端应具有较好的适用性。此外，从成本角度出发，轻量化、软件化的安全能力能够极大地降低部署成本。

1.3.4.2 短信业务安全风险

5G 网络的覆盖带来了更多用户终端的接入，通信业务的技术变革也为用户带来了更好的体验。与此同时，利用新型业务形式开展诈骗的模式也在不断增加，给电信网络反诈骗工作带来了更多挑战。

5G 消息作为一种新型业务，是对 5G 短信业务的一次全新升级，将作为后续上市 5G 终端必备的一项功能。5G 消息将 2G 时代电路域点对点的短信升级为基于 IP 技术的全新消息业务，5G 消息系统可支持更多媒体格式，表现形式更丰富，将给普通终端用户带来业务体验上的飞跃。

5G 消息是在普通文本消息的基础上承载高清图片、视频、语音等多媒体信息的新型消息媒体，能够帮助企业和用户实现智能、快速、精准的全面链路营销服务，同时给诈骗分子带来一些新的可乘之机。

传统诈骗短信如投资理财诈骗、低息贷款诈骗、兼职刷单诈骗等，一般利用短信的点对多发送能力，携带吸引受害者眼球的关键词及跳转网址等进行受害者筛选与诈骗。而随着5G消息承载媒体类型的丰富，5G消息可能携带语音、视频、二维码、图片跳转链接等多种媒体形式，使用仅对关键词及网址进行识别的传统短信诈骗防范手段是完全不够的，需要进一步引入多媒体识别手段，提升对语音、视频、图片等多媒体的诈骗识别能力。

同时，根据短信诈骗广撒网的特点，这种诈骗形式多使用成本较低的短信平台进行群发。因此，需加强对短信接口的分析，识别诈骗短信并屏蔽，从而保障普通消费者的权益。

第 2 章 5G 网络架构安全

2.1 概述

移动通信网络在演过程中，在网络演进和业务需求的促进下，安全设计的理念在逐步完善，很多遗留的安全风险也在新一代移动通信网络安全架构中得到消除。

2G/3G/4G 移动通信网络主要存在的安全风险包括：不同网络间的互操作安全风险、用户接入认证机制不健全、未开展用户面完整性保护、用户标识泄露、不同运营商间的互通安全风险等。

为了消除上述安全风险，5G 网络的设计中引入了大量的安全新方案，具体如下。

（1）不再与存在较多风险的 2G 网络进行互操作。

（2）增强了用户接入认证机制：考虑归属网络和漫游网络不完全可信而产生的内部攻击风险，在 5G-AKA 算法中，增加了归属网络对漫游网络的认证，消除了可能存在的漫游运营商欺骗归属运营商的风险。

（3）增强的数据安全：与 4G 网络仅对控制面数据进行完整性保护相比，5G 网络增加了对用户面数据的完整性保护，避免了从空口对用户面数据进行篡改的攻击。

（4）增强的用户隐私保护：在 2G 到 4G 网络中，虽然使用临时移动用户标识（temporary mobile subscriber identity，TMSI）保护国际移动用户标识（international mobile subscriber identity，IMSI），但 IMSI 仍然需要在开机等环节明文在空口传输，存在一定的用户隐私泄露风险。在 5G 网络中，使用了数字证书和公钥算法对 SUPI 进行保护，形成了 SUCI，且每次使用时加密的 SUCI 都不同，避免了对用户的识别与跟踪等风险。

（5）增强了运营商互通安全保护：5G 网络中不再认为运营商之间互通是可信的，基于该前提，在运营商之间增加了 SEPP（security edge protection proxy，安全边界保护网关）网元，对信令进行安全保护，避免了 SS7、Diameter 等协议被篡改的风险。

除了消除传统安全风险，5G 新架构、新技术的引入也带来了新的安全风险。针对这类安全风险，5G 网络在架构方面也进行了安全加固，包括如下方面。

（1）引入服务域安全：由于 SBI 替代了传统的专用接口，内部网元互访变得更开放、便捷，暴露面也增大了。基于核心网网元之间的互通不完全可信的考虑，引入设备间认证的安全机制，保障互访设备的真实性。

（2）强调虚拟化安全：5G 网络中对云和虚拟化安全进行了要求，避免了虚拟化引入产生的如下两方面的新风险。一是虚拟化的系统、设备自身存在安全风险；二是虚拟化的解耦能力使原本一体的设备接口暴露，增加了新的暴露面，需要安全机制保障。

目前，在全球学者、专家的努力下，以 3GPP 安全与隐私工作组（SA3）为主的多个国际标准化组织共同合作，形成了 5G 安全系列标准，消除了 5G 新架构方面面临的部分安全风险，有效增强了网络安全性，为切片和移动边缘计算等新的网络服务模式、5G 垂直行业典型场景提供了安全支撑。

本章重点从标准化角度对 5G 网络架构中的安全策略进行介绍。安全风险在网络演进过程中不断变化，安全问题是需要长期面对和研究的一项重要课题。目前遗留的安全风险仍需要全球学者、专家在后续的标准化进程中不断消除。

2.2 5G 网络安全架构

3GPP 在 TS 33.501 中对 5G 网络安全架构[①]的描述如图 2-1 所示。

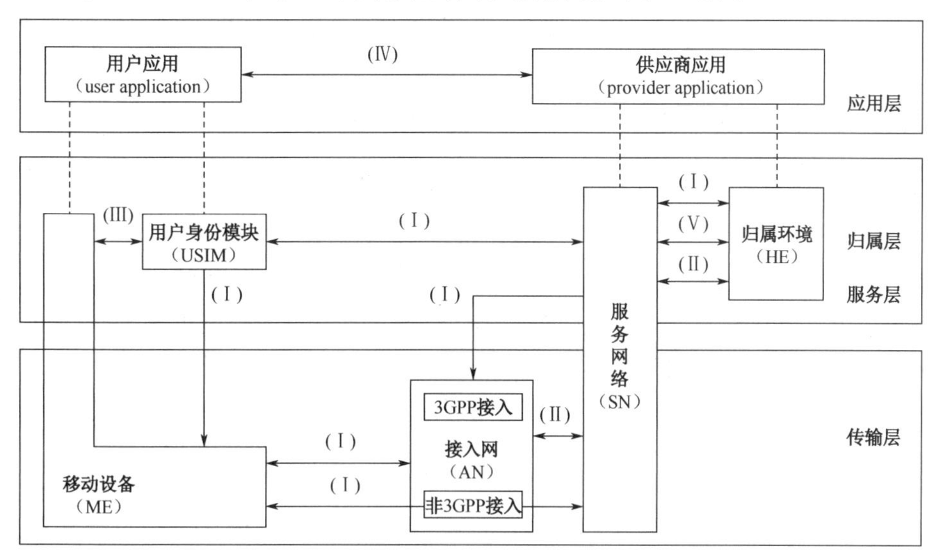

图 2-1 5G 网络安全架构

① 3GPP TS 33.501 Security architecture and procedures for 5G system.

3GPP 5G 网络安全架构囊括了 5G 网络的基础核心安全功能，包括网络接入安全、应用业务安全、网络节点间安全等重要环节，主要包含了以下五类重要安全功能。

网络接入安全（Ⅰ）：一组使 UE 能够安全地通过网络认证和访问服务（包括 3GPP 接入和非 3GPP 接入）的安全功能。其不但能够防止对（无线）接口的攻击，还能将安全上下文从服务网络传递到接入网络，以实现访问安全性。这部分安全能力主要通过 5G 网络新增的认证机制与密钥协商机制、UE 与外部数据网络的二次认证、身份标识隐藏、非 3GPP 接入安全策略等功能实现。

网络域安全（Ⅱ）：一组使网络节点能够安全交换信令数据和用户面数据的安全功能，主要包括通过加密和完整性保护提升用户面与信令数据的安全性。

用户域安全（Ⅲ）：一组能保护用户访问移动设备的安全功能，主要包括用户凭证的安全存储和处理。

应用域安全（Ⅳ）：一组能使应用程序在用户和提供者域间安全交换信息的安全功能，主要包括能力开放安全。

SBA 域安全（Ⅴ）：一组使 SBA 的网络功能可在服务网络域内与其他网络域进行安全通信的安全功能，主要包括新增 SEPP 等各类实现网络互通和能力开放的安全能力。

相比 4G 网络安全架构，5G 网络安全架构从上述五个域出发，满足了认证和授权、数据机密性和完整性保护、用户隐私、互通安全、边界信任等方面的安全需求。

2.3 5G 安全能力

2.3.1 5G 认证机制与密钥协商

为实现赋能千行百业，5G 网络充分考虑了普通用户、垂直行业客户等各方需求，以及多终端、多行业的接入趋势，在传统移动通信网络认证模式的基础上，丰富和扩展形成了目前 5G 网络的安全认证体系。

认证是对用户真实身份进行确认的过程，认证过程离不开密钥协商。密钥协商实现了双方通过公开信道的通信来共享密钥，有效地帮助完成认证过程[①]。

5G 网络的安全认证体系包括主认证、二次认证和切片认证三方面。图 2-2 为 5G 认证总体流程。

---

① 谢泽铖，徐雷，张曼君，等. 5G 网络安全认证体系研究[J]. 邮电设计技术，2022(9):32-38.

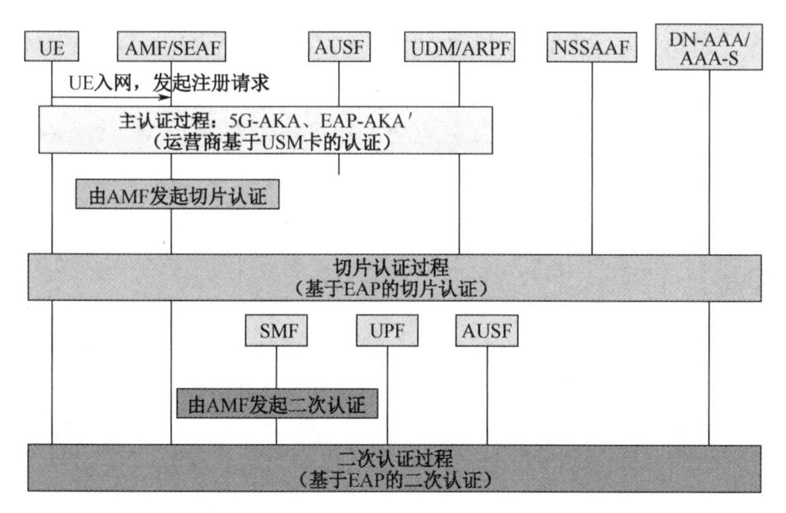

图 2-2　5G 认证总体流程

UE 入网时向核心网发起注册请求，由 5G 主认证控制 5G UE 是否可接入运营商的 5G 网络，由核心网网元 AMF、AUSF、UDM 共同完成 5G UE 与 5G 网络之间的双向鉴权认证；二次认证用来控制 UE 是否可接入垂直行业的企业网络，在用户发起 PDU 会话建立请求时，由 SMF 触发二次认证，由垂直行业客户侧的 DN-AAA 对 UE 进行认证授权；切片认证用来控制 UE 能否接入垂直行业切片，由 AMF 对 UE 发起切片接入认证流程，确保接入切片的 UE 合法。

1. 主认证①

主认证验证用户身份的合法性，避免非法用户接入移动网络或者避免攻击者通过伪基站向用户提供虚假网络服务，因此主认证是用户接入移动网络必不可少的一环。

5G 网络的主认证机制包括 5G-AKA（5G authentication and key agreement，5G 认证和密钥协商）和 EAP-AKA′（extensible authentication protocol-authentication and key agreement，可扩展认证协议和密钥协商）两种方式，涉及的网元包括 AMF/SEAF（security anchor function，安全锚功能）、AUSF、UDM/ARPF（authentication credential repository and processing function，认证凭证库和处理功能）等。

相比 4G 网络中的 AKA 认证，5G-AKA 认证加强了归属网络对 UE 的认证能力，使其摆脱了对拜访网络的依赖，实现了用户在归属地和拜访地等不同地点间认证机制的统一。

5G 网络将 EAP-AKA′ 认证方式提升到了和 5G-AKA 并列的位置。EAP 认证框架实现了 5G 网络与其他异构网络的统一接入认证需求，即在使用 5G 无线网接入的时候，也可以采用 EAP-AKA′ 认证方式。EAP 认证框架非常灵活，既可运行在数据链路层上，不

① 中国通信标准化协会. 5G 移动通信网　安全技术要求：YD/T 3628—2019 [S]. 2019.

必依赖 IP 协议，也可运行在 TCP 或 UDP 协议上。由于这个特点，EAP 具有很普遍的适用性，支持多种认证协议，如 EAP-PSK、EAP-TLS、EAP-AKA、EAP-AKA′等。这使得 5G 网络可以为各种不同类型的终端提供安全的认证机制和流程。EAP-AKA′认证和 5G-AKA 认证在网络架构上使用了同样的网元，意味着 5G 的认证网元在标准上必须同时支持这两种认证方式。

2. 二次认证

二次认证是用户获取外部数据网络的 DN-AAA 服务器认证授权的过程。UE 和 DN-AAA 之间的认证使用 EAP 认证框架，由 SMF 执行 EAP 认证的角色。

EAP 主要认证流程如下。

（1）UE 通过使用其网络接入凭证执行与 AUSF/ARPF 之间的基本认证过程以注册到网络，并且和 AMF 建立 NAS 安全上下文。

（2）UE 通过发送包含 PDU 会话的建立请求消息，发起建立新的 PDU 会话。

（3）AMF 选择 SMF，SMF 触发 EAP 认证过程，并从外部 DN-AAA 服务器得到授权。

（4）SMF 发送 EAP 请求/标识消息到 UE。

（5）UE 发送 EAP 响应，并由 SMF 将相关消息转发到 DN-AAA 服务器。

（6）DN-AAA 服务器和 UE 交换 EAP 所需的 EAP 消息。

（7）完成认证过程后，DN-AAA 服务器发送 EAP 成功消息给 SMF。

（8）在完成认证过程中，SMF 在列表中保存 UE 和 SMF 之间成功认证/授权的 UE ID 和 DNN（data network name）。

在完成上述认证后，即可按照 3GPP TS 23.502[①]开启 PDU 会话建立过程。

3. 切片认证

为满足垂直行业客户对于移动网络的不同需求，5G 网络引入了网络切片技术，为不同行业的客户提供了多个端到端的虚拟网络。为保证合法切片用户接入网络切片，在用户初始接入时，通过 NSSAI 选择 AMF。切片认证的主要应用场景为，高安全需求的行业客户根据自己的业务特点自主控制 UE 是否可以接入切片。显然，由运营商控制的主认证和网络切片选择不能满足其需求，因此 5G 网络中引入了切片认证[②]。

切片认证涉及的网元包括 AMF、NSSAAF（network slice specific authentication and authorization function，网络切片特别认证与鉴权功能）、AAA-P（可选网元）和 AAA-S（authentication authorization accounting-server，身份认证鉴权计费服务器）。

UE 要访问由 S-NSSAI 标识的网络切片，需要获得来自 PLMN（public land mobile network，公共陆地移动网络）的授权。只有在 UE 成功完成主认证（网络对用户身份的

---

① 3GPP TS 23.502: Procedures for the 5G system.

② IETF RFC 3748: Extensible authentication protocol（EAP）.

认证）后，才应授予一个授权的 S-NSSAI（允许的 S-NSSAI）。在主身份验证结束时，AMF 和 UE 可能会收到一个允许的 S-NSSAI 列表，UE 被授权访问它。对于某些 S-NSSAI，需要额外的 NSSAA（network slice specific authentication and authorization，网络切片特定的身份认证和鉴权）流程。

NSSAA 使用基于 EAP 的认证方式，其中 SEAF/AMF 承担 EAP 认证者的角色，并通过 NSSAAF 与 AAA-S 通信。如果 AAA-S 属于第三方，则 NSSAAF 通过 AAA-P 与 AAA-S 联系[①]。

2.3.2 身份标识隐藏

2G/3G/4G 移动通信网络中，通过在空口中传递 TMSI 的方式，代替直接传递 IMSI，在一定程度上达到保护用户身份信息的目的。TMSI 相当于对 IMSI 进行了初步加密。但是，当网络中没有存储与用户 IMSI 对应的 TMSI 时，就需要用户将 IMSI 发送给网络，从而保证用户鉴权可以正常进行[②]。攻击者通过利用该机制诱导用户将 IMSI 以明文形式在信道中传输，从而引发针对隐私性泄露的降维攻击。5G 网络为避免身份信息泄露，采用更严格的身份保护机制，保证接入设备的隐私安全。

1. SUPI 和 SUCI[③]

5G 核心网为每个用户分配了全局唯一的 5G SUPI，以在 3GPP 系统内使用，并在 UDM/UDR 配置。为了适应不同的协议，SUPI 有两种类型：一种为包含 IMSI 的 SUPI；另一种采用了网络访问标识符（network access identifier，NAI）格式，以网络特定标识符（network specific identifier，NSI）、全球电缆标识（global cable identifier，GCI）、全球线路标识（global line identifier，GLI）等形式体现。

SUCI 是一种保护隐私的标识符，主要用于对 SUPI 进行隐藏，避免明文 SUPI 在网络中传输时被截获或篡改。UE 应使用带有原始公钥（归属网络公钥）的保护方案生成 SUCI。

UE 通过以下六个数据字段构建完整的 SUCI[④]，如图 2-3 所示。

（1）SUPI 类型，其中：0 表示 IMSI 类型，1 表示 NSI 类型，2 表示 GLI 类型，3 表示 GCI 类型，其余为保留值。

（2）归属网络标识符。当 SUPI 类型是 IMSI 时，归属网络标识符由 MCC（移动国家代码，标识用户所在国家）和 MNC（网络运营商移动网络代码，标识用户本地归属网

① 3GPP TS 33.501: Security architecture and procedures for 5G system.

② 中国通信标准化协会. 5G 移动通信网 安全技术要求:YD/T 3628—2019 [S].2019.

③ 3GPP TS 23.502: Procedures for the 5G system.

④ 3GPP TS 23.003: Numbering, addressing and identification.

络）组成；当 SUPI 类型为 NSI、GLI 或 GCI 时，主网络标识符由一串字符组成。

（3）路由指示符，由归属网络运营商分配并在 USIM 中提供，允许与归属网络标识符一起将 SUCI 网络信令路由到能够服务用户的 AUSF 和 UDM 实体。

（4）保护方案标识符，代表 SUPI 转换为 SUCI 的过程中使用的加密算法标识，可选空方案、非空方案或本地归属网络定义的保护方案，如 null-scheme、ECIES（elliptic curve integrated encryption scheme，椭圆曲线集成加密方案）、profile A、ECIES profile B 或本地归属网络专有的保护方案。

（5）归属网络公钥标识符，代表 SUPI 转换为 SUCI 的过程中使用的归属网络公钥标识，由本地归属网络或独立非公共网络提供。核心网需要找到对应的私钥来解密获取 SUPI。

（6）输出标识，即 SUPI 加密后的输出结果，取决于所使用的保护方案，包括 null-scheme、ECIES profile A、ECIES profile B 加密方案的输出或本地归属网络专有的保护方案输出。其中，null-scheme 实现与输入一样的输出，即不对 SUPI 进行加密；ECIES profile A 分别使用 RFC 7748[①]第 6 节与第 5 节的方法进行密钥生成和共享密钥计算。ECIES profile B 使用点压缩方法。

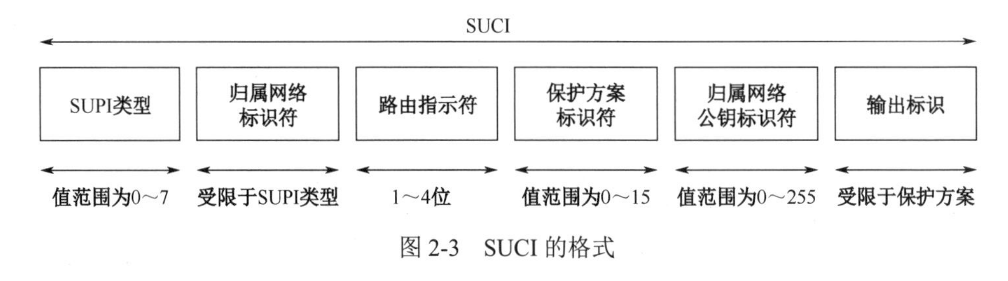

图 2-3　SUCI 的格式

2. SUCI 的计算

通常可采用 USIM 或 ME（移动终端）计算 SUCI，具体方案由 USIM 归属的运营商决定，并通过 USIM 指示。若 USIM 没有指示，则 SUCI 由 ME 计算。

若运营商决定由 USIM 计算 SUCI，则 USIM 便不给 ME 传递任何用于计算 SUCI 的参数（包括归属网络公钥标识符、归属网络公钥、保护方案标识符）且 ME 删除任何历史或本地缓存的用于计算 SUCI 的参数（包括 SUPI 类型、路由指示符、归属网络公钥标识符、归属网络公钥和保护方案标识符）。

若运营商决定由 ME 计算 SUCI，则主网络运营商应在 USIM 中提供该运营商许可的保护方案标识符列表（按优先级有序排列）。USIM 中的保护方案标识符列表中可包含一个或多个保护方案标识符。ME 从 USIM 读取 SUCI 计算信息，包括 SUPI、SUPI 类型、路由指示符、归属网络公钥标识符、归属网络公钥和保护方案标识符列表。ME 根据自身所支持的保护方案从 USIM 提供的保护方案列表中按照优先级选择保护方案。

① IETF RFC 7748: Elliptic curves for security.

若 USIM 中没有提供归属网络公钥或保护方案优先级列表，则 ME 将使用 null-scheme 方案计算 SUCI。

3. 用户临时身份标识

5G 全球唯一临时标识（5G GUTI）由 AMF 为终端分配。在业务流程中，通过使用临时标识替代使用永久标识，进一步保护用户身份。5G GUTI 只在成功激活 NAS 安全机制后才会由 AMF 通过注册接收消息，或者在 UE 配置更新过程中发送给 UE。

AMF 给 UE 发送新的 5G GUTI 主要有以下三个场景。

（1）在收到来自 UE 的"初始注册"（initial registration）或"移动注册更新"（mobility registration update）类型的注册请求消息后，AMF 应在注册程序中向 UE 发送新的 5G GUTI。

（2）在收到来自 UE 的"周期注册更新"（periodic registration update）类型的注册请求消息后，AMF 应在注册过程中向 UE 发送新的 5G GUTI。

（3）在收到来自 UE 响应寻呼消息所发送的服务请求消息后，AMF 应发送新的 5G GUTI 给 UE。新的 5G GUTI 应在当前 NAS 信号连接被释放之前发送。

4. 用户身份隐藏识别流程

在用户身份识别流程中，当服务网络无法基于 5G GUTI 获得 SUPI 时（无法识别用户端 UE），可通过向用户获取 SUCI，并对 SUCI 进行认证实现对用户的识别。

UE 仅在以下两种 5G NAS 消息中发送 SUCI。

（1）若 UE 向本地归属网络发送"初始注册"类型的注册请求消息，本地归属网络没有分配 5G GUTI，则该 UE 应在注册请求消息中包含 SUCI。

（2）若本地归属网络请求 UE 提供其 SUPI，则 UE 应在身份响应信息中包含 SUCI。

5G 网络通过上述方式，有效保证了 SUPI 的安全性，实现了用户身份标识的隐藏。

2.3.3 不可信的非 3GPP 接入安全

3GPP 规定了当 UE 通过不可信的非 3GPP 接入网络访问 5G 网络时如何保障 UE 的接入安全性。不可信非 3GPP 网络融合架构如图 2-4 所示。

非 3GPP 互通功能称为 N3IWF，非 3GPP 接入网需要通过 N3IWF 连接到 5G 核心网。3GPP 采用两种机制保障接入安全性：一是利用 2.3.1 节描述的认证机制和 3GPP vendor-ID 形成的"EAP-5G"认证机制，实现 UE 与核心网间的认证；二是建立安全的 IPsec 通道，保证传输数据的安全性。

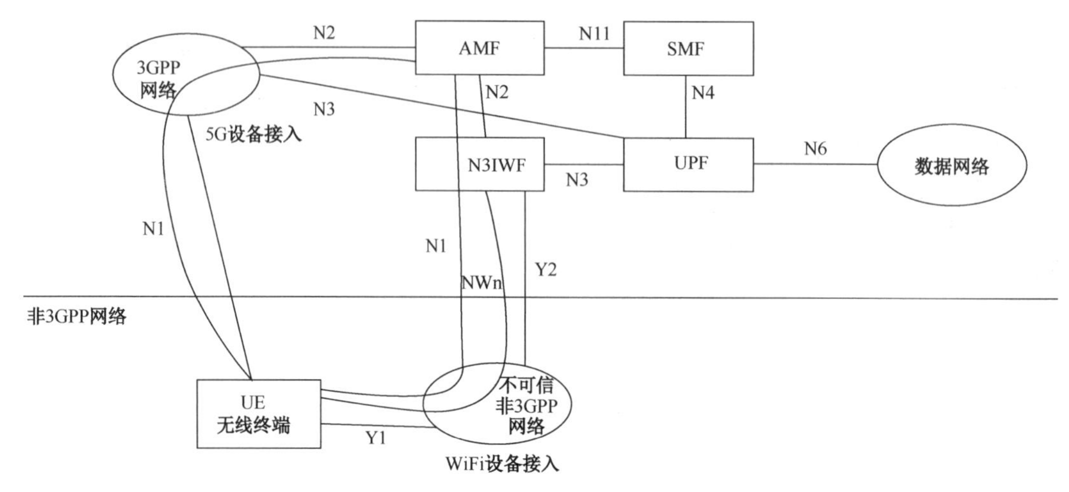

图 2-4 不可信非 3GPP 网络融合架构

涉及的主要流程包括以下七个步骤。

步骤 1：UE 利用 3GPP 范围之外的过程连接到不可信的非 3GPP 接入网络。当 UE 决定附着到 5GC 网络时，需先选择 N3IWF。

步骤 2：UE 与所选择的 N3IWF 建立 IPsec 安全连接。

步骤 3：UE 通过请求消息发起“EAP-5G”认证中所需参数的交换。

步骤 4：UE 验证 N3IWF 的证书，并确认 N3IWF 标识与 UE 所选择的 N3IWF 相匹配。如果 UE 请求了证书但在步骤 4 缺少来自 N3IWF 的有效证书，或者进行不成功的身份确认，都将导致连接失败。

步骤 5：N3IWF 选择 AMF。N3IWF 将把从 UE 接收的注册请求转发给 AMF。

步骤 6：AMF、AUSF 将验证 UE，可采用 EAP-AKA′ 或 5G-AKA 等认证方式。

步骤 7：N3IWF 收到 AMF 发出的 NAS 注册接受的消息后，将其通过建立的 IPsec 通道转发给 UE。在用户端和 N3IWF 之间的所有进一步的 NAS 消息都应通过建立的 IPsec 连接发送，至此就完成了 5G 对不可信非 3GPP 安全接入的全部流程。

3GPP 为保障不可信的非 3GPP 接入安全，所涉及的关键技术可总结为以下几点。

（1）支持对终端设备的发现和注册认证[①]。5G 网络主要根据 UE 的 USIM 卡信息提供 EAP-AKA′ 和 5G-AKA 的接入认证方式，并提供基于 NAS 信令的 5G 网络注册和业务管理。针对不支持 NAS 信令的设备接入 5G 核心网的场景，3GPP 定义了相应的方案，由设备基于非 3 GPP 的“EAP-5G”认证方式完成认证。

（2）建立安全的数据流转发通道。3GPP 通过使用 IETF RFC 7296 中定义的 IKEv2 过程来建立一个或多个 IPsec ESP 安全关联，可以实现非蜂窝网络接入到 5G 核心网的安全性。IKEv2 发起者（或客户端）的角色由 UE 承担，IKE 响应者（或服务器）的角色由 N3IWF 承担。在此过程中，AMF 从 KAMF 密钥推衍出 KN3IWF 密钥，然后将 KN3IWF

---

① 蒋一名，成刚. 5G 与 WiFi 接入的网络融合发展分析[J]. 2021,45(5): 135-139.

密钥发送给 N3IWF。UE 和 N3IWF 使用 KN3IWF 密钥来完成 IKEv2 过程中的认证。

2.3.4　控制面与用户面数据保护

5G 网络将控制面与用户面分离。控制面是负责传输控制信令的，用来控制一个流程的建立、维护及释放；用户面负责传输实际的业务数据，比如语音数据或分组业务数据。下面将从用户面和控制面两个维度分析 5G 网络的数据保护机制。

1. 5G 用户面数据保护机制

5G 用户面数据保护机制包含由 PDCP 协议实现的机密性和完整性两部分。TS 23.502 中规定，PDU 会话建立过程中，SMF 需根据安全策略配置为 PDU 会话提供用户面安全机制响应，具体措施为对属于 PDU 会话的数据无线承载（data radio bearer，DRB）启动用户面机密性和/或完整性保护。

1）机密性保护

机密性保护是指不将有用信息泄露给未授权用户的特性。机密性保护是通过加密算法来实现的，通过加密可确保信息只能被授权者看到，避免未授权用户破解消息内容。TS 33.501 中规定用户面的机密性保护使用 128 位 NEA（encryption algorithm for 5G，5G 加密算法）。

128 位 NEA 的输入参数包括一个 128 位的密码密钥 KEY、一个 32 位的 COUNT、一个 5 位的承载标识 BEARER、一个 1 位的传输方向 DIRECTION，以及所需密钥流的长度 LENGTH。上行链路的 DIRECTION 位应为 0，下行链路的 DIRECTION 位应为 1。

图 2-5 说明了使用 NEA 生成密钥流对明文进行加解密的方法，该方法通过将明文和密钥流按位异或实现明文加解密。可以通过将生成的相同的密钥流作为输入参数并与密文按位异或来恢复明文。

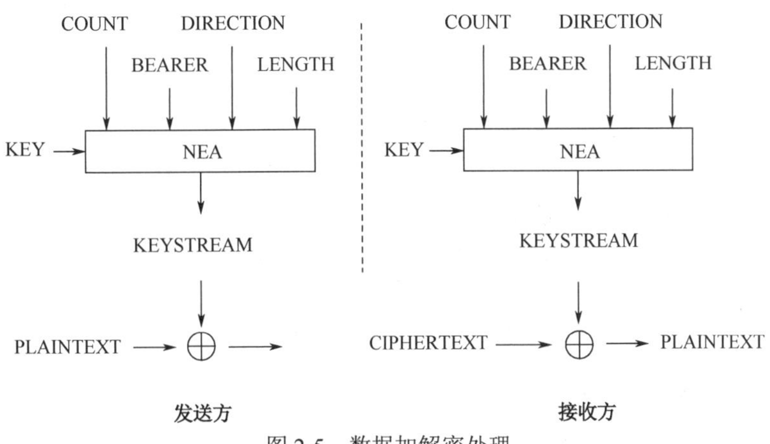

图 2-5　数据加解密处理

基于输入参数，算法生成输出密钥流块 KEYSTREAM，用于加密输入明文块 PLAINTEXT，以产生输出密文块 CIPHERTEXT。

输入参数 LENGTH 仅影响 KEYSTREAM 的长度，而不影响其中的实际位。

2）完整性保护算法

完整性保护是指信息在传输、存储和处理过程中，保持信息不被破坏、修改或丢失和信息未经授权不能改变的特性。完整性保护可以保证接收者接收的信息和发送者发送的信息完全一致，避免消息发送过程中可能引入的缺失、篡改、被附加有害数据等问题。TS 33.501 中规定用户面（UP）的完整性使用 NIA（integrity algorithm for 5G，5G 完整性算法）。

NIA 的输入参数包括一个 128 位的完整性密钥 KEY、一个 32 位的 COUNT、一个 5 位的承载标识 BEARER、一个 1 位的传输方向 DIRECTION，以及消息本身 MESSAGE。上行链路的 DIRECTION 位应为 0，下行链路的 DIRECTION 位应为 1。MESSAGE 的位长是 LENGTH。

图 2-6 描述了如何使用完整性算法 NIA 验证消息的完整性。

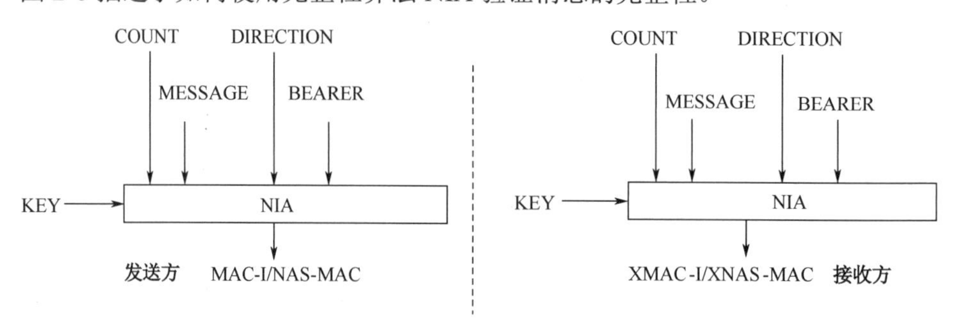

图 2-6　MAC-I / NAS-MAC（或 XMAC-I / XNAS-MAC）的推衍

基于这些输入参数，发送方使用完整性算法 NIA 计算一个 32 位的消息认证码（MAC-I/NAS-MAC），然后在发送消息时将消息认证码附加到消息中。对于完整性保护算法，接收方对接收的消息计算预期消息认证码（XMAC-I/XNAS-MAC），其方式与发送方对发送的消息计算消息认证码相同，并通过将其与接收的消息认证码（MAC-I/NAS-MAC）进行比较来验证消息的数据完整性。

3）保护机制

gNB 根据接收的用户面安全机制信息，在无线资源控制（radio resource control，RRC）消息中实现对每个 DRB 的机密性保护和完整性保护。若用户面安全机制指示为“必需”，但 gNB 不能实现用户面机密性保护和完整性保护，则 gNB 拒绝为 PDU 会话建立用户面资源，并向 SMF 指示拒绝原因。

在无线网络接入层，通过采用在 RRC 连接中重配置的方式激活用户面安全机制，流程如图 2-7 所示。

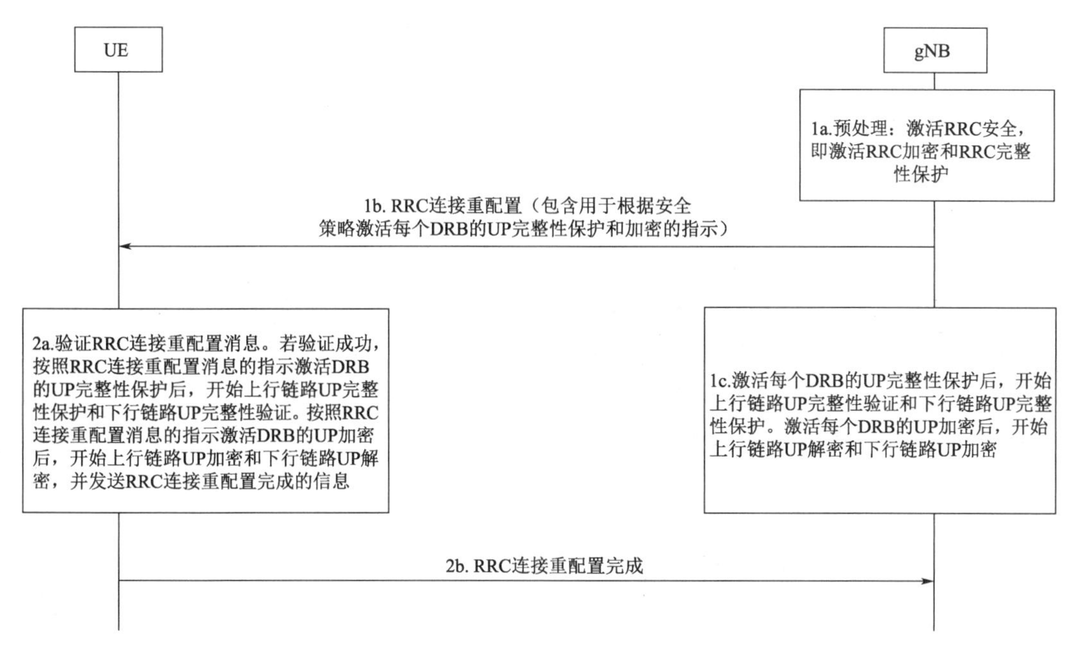

图 2-7　用户面安全机制激活流程

用户面安全机制激活流程如下。

在 gNB 开启 RRC 的安全性预处理后，gNB 向 UE 发送 RRC 连接重配置消息，消息中包含用于 DRB 的用户面安全机制信息。若 DRB 开启了用户面完整性保护或机密性保护，但 gNB 没有对应的密钥，则 gNB 生成密钥。

在 UE 收到 RRC 连接重配置消息后进行验证。若在 RRC 连接重配置消息中，DRB 已开启用户面机密性保护或完整性保护，但 UE 没有对应的密钥，则 UE 生成密钥。待 UE 成功验证了 RRC 连接重配置消息的完整性后，UE 向 gNB 发送 RRC 连接重配置完成的消息。

在用户面安全机制配置过程中，若没有为 DRB 开启用户面完整性保护，则 gNB 和 UE 就不能完整地保护无线网络接入层的 DRB 的流量；若没有为 DRB 开启用户面机密性保护机制，则 gNB 和 UE 就无法实现 DRB 的数据加密保护。因此，用户面的安全机制发挥了重要作用。

2. 5G 控制面数据保护机制

用户面保护机制实现了用户面数据的机密性保护和完整性保护，而控制面保护机制通过 NAS 保护、RRC 保护实现控制面数据的机密性保护和完整性保护。控制面的机密性保护和完整性保护算法与用户面相同，但算法使用的密钥参数不同。控制面采用 KNASenc（控制面加密/解密密钥）作为加密密钥，完整性采用 KNASint（控制面完整性保护/校验密钥）作为完整性密钥。

1）NAS 保护机制

（1）完整性保护。NAS 完整性使用 NAS SMC 流程或在 EPC 系统切换后进行激活，激活完整性保护的同时，也会激活抗重放保护（选择了空完整性保护算法 NIA0 的情况除外）。激活 NAS 完整性后，UE 或 AMF 将不接收没有完整性保护的 NAS 消息。在激活 NAS 完整性之前，只有在无法应用完整性保护的情况下，UE 或 AMF 才能接收没有完整性保护的 NAS 消息。在 UE 或 AMF 中删除 5G 安全上下文之前，NAS 完整性都应保持激活状态。完整性保护算法使用 128-NIA。

（2）机密性保护。NAS 信令消息的机密性保护为 NAS 协议的一部分。通过 NAS SMC 流程或从 EPC 系统切换后激活 NAS 机密性。一旦 NAS 机密性被激活，UE 或 AMF 不接收没有机密性保护的 NAS 消息。在激活 NAS 机密性之前，只有在无法应用机密性保护的某些情况下，UE 或 AMF 才能接收没有机密性保护的 NAS 消息。NAS 机密性应保持激活状态，直到在 UE 或 AMF 中删除 5G 安全上下文。机密性保护算法使用 128-NEA 算法。

2）RRC 保护机制

（1）完整性保护。RRC 完整性保护由 UE 与 gNB 之间的 PDCP 层提供，PDCP 以下的层不受完整性保护。激活完整性保护的同时应激活抗重放保护（完整性保护算法为 NIA0 时除外）。完整性保护算法使用 128-NIA。

（2）机密性保护。机密性保护由 UE 与 gNB 之间的 PDCP 层提供，使用 128-NEA 算法。

2.3.5 网络互通安全

为了与演进分组核心（evolved packet core，EPC）网络互通，5G UE 可以在“单注册”或“双注册”模式下工作。

如果 UE 工作在“双注册”模式，UE 维护两个独立的安全上下文，分别用于演进分组系统（evolved packet system，EPS）和 5GS（5G system）。如果 UE 从 5GS 进入 EPS，UE 和网络使用 EPS 安全上下文，遵循 EPS 的安全机制（3GPP TS 33.401）；如果 UE 从 EPS 进入 5GS，UE 和网络使用 5GS 安全上下文，遵循 5GS 的安全机制（3GPP TS 33.501）。

如果 UE 工作在“单注册”模式，则要看 AMF 与 MME 之间是否存在 N26 接口。

（1）若没有 N26 接口，当 UE 从 5GS 进入 EPS，并且存在当前的 EPS NAS 安全上下文时，使用 EPS 安全上下文；当 UE 从 EPS 进入 5GS，并且存在当前的 5G NAS 安全上下文时，使用 5G 安全上下文。若 UE 没有当前的 NAS 安全上下文，需执行 EPS AKA 或 5G-AKA/EAP-AKA′ 重新生成。

（2）若存在 N26 接口，AMF 和 MME 在 N26 接口传递 UE 信息，特别是 EPS 安全上下文，但不会传递 5G 安全上下文，主要原因包括以下方面：第一，考虑安全因素，AMF 永远不会向 5GS 以外的实体传送 5G 安全参数；第二，4G 的 MME 功能不完善，无法实现安全上下文的映射。

UE 在目标系统使用的安全上下文，主要由 AMF 负责映射。当 UE 从 EPS 进入 5GS

时，AMF 将 EPS 安全上下文映射为 5GS 安全上下文；而当 UE 从 5GS 进入 EPS 时，AMF 将 5G 安全上下文映射为 EPS 安全上下文。

在安全算法方面，通常由目标系统选择。比如，当 UE 从 EPS 进入 5GS 时，无论是在移动性注册流程中还是在切换流程中，均由 AMF 向 UE 指示选择 5G 安全算法，具体流程可参考 3GPP TS 33.501 的 8.2 节和 8.4 节。

基于上述原则，从 EPS 到 5GS 的移动性注册流程、切换流程，以及从 5GS 到 EPS 的移动性注册流程、切换流程均得到了很好的保护，有效实现了网络互通安全。

2.3.6 移动性安全

移动性是指用户能从任何地点进入一个或多个通信网进行通信的特性，通常指用户在不断进行位置移动的情况下，网络可以根据用户的业务情况及位置信息转换用户的状态，以保障通信的连续性和通信质量。

移动性管理根据 UE 的状态可以分为连接态、非活动态和空闲态。连接态的移动性管理根据执行的流程可以分为切换和重定向。非活动态和空闲态的移动性管理称为小区重选。切换是将业务从源 gNB 变更到目标 gNB 时保证业务连续性的过程，包括 NR 系统内的切换和系统间的切换；重定向是 gNB 直接释放 UE，并指示 UE 在某个频点选择小区接入的过程。以上流程涉及 UE、gNB、AMF 等多个设备的复杂的信息传递、决策、执行流程，也是需要 5G 安全保障的重要流程。移动性安全主要解决相关流程中可能的密钥推衍、更新问题，以便时刻确保网络中业务的连续性和安全性。与 EPS 不同，在 5G 中，NAS 和 AS 安全上下文是切换流程的一部分，若此过程中密钥出现问题，会导致相应流程无法进行。

接入层与非接入层的密钥推衍和更新过程不同。接入层分为水平方向推衍和垂直方向推衍；对于非接入层，在移动中，NAS 方面需要考虑的是可能的 K_{AMF} 的改变、AMF 改变时可能的 NAS 算法的改变，以及可能存在并行 NAS 连接。详细推衍过程可参见 3GPP 33.501 标准。

下面以 Xn 切换、N2 切换为例，简要描述切换过程中的密钥更新问题。

1. Xn 切换

当用户离当前基站（源基站）越来越远，离另一个基站（目标基站）越来越近时，源基站可以从用户手机上报的测量结果得到该情况，于是源基站发起了 Xn 切换流程。

Xn 切换流程相对简单，只涉及 gNB/ng-eNB 的变化，AMF 不变。只需要根据源 gNB/ng-eNB 的密钥推衍出目标 gNB/ng-eNB 的密钥，并且在目标 gNB/ng-eNB 与 UE 完成切换后，再通知 AMF 生成新的密钥。

2. N2 切换

移动过程中，在非接入层可能存在 AMF 的变化，如 N2 切换，在这种情况下，密钥推衍是保障移动安全的主要措施。

N2 切换流程较为复杂，在切换执行过程中，除了推衍传递密钥，还需要相关标识配合以完成密钥推衍更新。执行切换时，目标基站告诉源基站连接已断，源基站根据 UE 信息找到终端密钥，并用该密钥校验终端的签名，校验成功后，源基站告诉目标基站终端的密钥、安全策略，以及支持的算法等重建立连接所需的参数。

目标基站告诉终端如何推衍密钥，并使用推衍密钥对该消息进行完整性保护，但不做加密，保证终端对消息可读。手机根据指示推衍出新密钥后，使用新密钥和之前协商好的安全算法校验签名，校验成功后启用新密钥作为后续消息的保护密钥，从而建立新的连接。

5G 网络设计了一套完善的密钥更新和推衍流程，能够依据用户状态，为用户提供连续的、高安全性的密钥，从而保障了用户移动过程中的数据机密性和完整性。

2.3.7 会话管理安全

5G 核心网支持 PDU 连接业务，PDU 连接业务就是用户端和数据网络之间交换 PDU 数据包的业务，通过用户端发起 PDU 会话来实现。一个 PDU 会话建立后，就建立了一条用户端和数据网络的数据传输通道。

每个 S-NSSAI 的订阅信息可能会包含一个默认 DNN 和多个 DNN，当用户端发起 PDU 会话建立访问请求时，没有提供 S-NSSAI 的 DNN，那么服务 AMF 就会为其 S-NSSA 选择默认 DNN；如果没有默认 DNN，那么服务 AMF 会选择本地配置的 DNN 给 S-NSSAI。如果用户端在 PDU 会话建立访问请求的消息里携带的 DNN 不被当前网络支持，并且 AMF 也没能通过查询 NRF 方式选择一个合适的 SMF，则 AMF 就会拒绝这个 PDU 连接请求，携带原因值“DNN is not supported”。每个 PDU 会话支持一个 PDU 会话类型，也就是 IPv4、IPv6、IPv4v6、Ethenet、Unstructured 中的一种。

PDU 会话在用户端和 SMF 之间通过 NAS 信令进行建立、修改、释放。

网络侧也可以建立 PDU 会话，过程如下。应用服务器要建立 PDU 会话访问连接，会给 5GC 发送触发消息，进行启用请求，5GC 收到应用服务器的建立访问连接请求时会给用户端发送触发 PDU 会话建立的消息，用户端收到响应消息后会将其发给用户端上对应的应用，用户端应用根据触发消息的内容来决定何时发起指定的 PDU 会话连接。

在 TS 23.502①规定的 PDU 会话建立过程中，SMF 应向 ng-eNB/gNB 提供 PDU 会话 UP 安全策略，并且应说明是否为属于该 PDU 会话的所有 DRB 激活 UP 机密性保护和/

① 3GPP TS 23.502: Procedures for the 5G system.

或 UP 完整性保护。ng-eNB/gNB 应根据收到的 UP 安全策略为每个 DRB 激活 UP 机密性保护和/或 UP 完整性保护。如果用户平面安全策略指示为“Required”或“Not need”，ng-eNB/gNB 不能否决 SMF 提供的 UP 安全策略。如果 ng-eNB/gNB 在收到的 UP 安全策略为“必需”时不能激活 UP 机密性保护和/或 UP 完整性保护，ng-eNB/gNB 应拒绝为 PDU 会话建立 UP 资源，并向 SMF 指明拒绝原因。如果收到的 UP 安全策略为“不需要”，则 PDU 会话的建立应按照相应协议的描述进行。只有终端指示支持 ng-eNB 使用完整性保护时，ng-eNB 才能激活 UP 完整性保护。

值得注意的是，在终端与外部数据网络之间，使用 RFC 3748[①]中指定的 EAP 框架，用于终端与外部数据网络 DN-AAA 服务器之间的鉴权。SMF 应扮演 EAP 认证人的角色。在非漫游场景下，由 SMF 担任 EAP 鉴权人的角色。在本地爆发场景下，被访问网络的 V-SMF 将扮演 EAP 认证人的角色。在 home routing 部署场景中，H-SMF 作为 EAP 认证方，V-SMF 负责终端和 H-SMF 之间交换的 EAP 消息的传输。由外部 DN-AAA 服务器对终端建立 PDU 会话的请求进行认证和授权。在用户端和 SMF 之间，EAP 消息以 SM NAS 消息的形式发送。该消息通过 N1 接口被 AMF 接收，再传递给 SMF。SMF 将包含 EAP 消息的 N1 NAS 消息通过 AMF 传输到用户端。

如果用户端同时在 3GPP 和非 3GPP 接入下都建立了 PDU 会话连接，那么用户端可以请求将一个 PDU 会话从 3GPP/非 3GPP 移到非 3GPP/3GPP 去。用户端给网络发送 PDU 会话建立请求的消息时，用户端要提供 PDU 会话 ID。PDU 会话 ID 由用户端分配，且在用户端内具有唯一性。为了支持不同网络下的 3GPP 和非 3GPP 接入的切换，PDU 会话 ID 会被存储在 UDM 中。不管是在 3GPP 还是在非 3GPP 接入下，用户端都建立多条连接到同一个数据网络的 PDU 会话连接，或者建立多条连接到不同数据网络的 PDU 会话连接。

2.3.8　能力开放安全

NEF 是 5G 网络能力开放的重要接口，承载了网络功能与第三方应用程序间的交互功能。为了防止 5G 网络能力开放过程中，恶意人员利用开放接口对核心网发起攻击，5G 核心网在架构层面已设计了多种安全机制，有效地保障了接口安全性和服务对象的合法性。

5G 核心网在能力开放安全方面主要体现为北向接口安全性。北向接口是指 NEF 与第三方应用程序间的接口。北向接口安全机制包括：双向认证、机密性和完整性保护、授权认证及 CAPIF 架构。

① IETF RFC 3748: Extensible authentication protocol（EAP）.

1. 双向认证

NEF 和第三方应用程序间使用 TLS（安全传输层）协议进行双向认证，使用客户端和服务器端证书对双方身份进行合法性校验。

2. 机密性和完整性保护

NEF 与应用程序之间的接口通过 TLS 协议实现完整性保护、抗重放保护和机密性保护。

3. 授权认证

在认证通过之后，NEF 负责判定是否向发送请求的应用服务器授权。NEF 使用基于 OAuth（open authorization）的授权机制为应用服务器授权。OAuth 是一种开放授权协议，允许第三方应用程序使用资源所有者的凭据获得对资源的有限访问权限。例如：通过微信授权方式登录微博就是一种典型的 OAuth 协议使用场景，微信允许微博作为第三方应用程序，在经过微信用户授权后，通过微信颁发的授权凭证有限地访问用户的微信头像、手机号、性别等受限制的资源，以此构建微博自身的登录逻辑。在 5G 网络中，NEF 则作为上述示例中的微信角色，为发送请求的应用服务器授权，应用服务器获得授权后，可在有限范围内使用 5G 网络功能。

4. CAPIF 架构

目前，NEF 使用 3GPP TS 23.501 6.2.5.1 节中定义的 CAPIF 机制实现能力开放。CAPIF 是一种公共 API 框架，CAPIF 架构如图 2-8 所示。

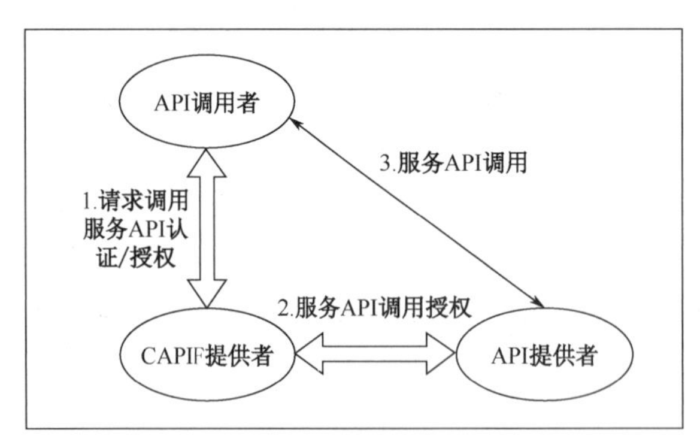

图 2-8　CAPIF 架构

其中，CAPIF 提供者模块部署在 5G 核心网内，提供 CAPIF 核心功能，负责处理 API 调用者的请求和授权，并管理 API 提供者的服务 API 集合。当外部第三方应用程序通过 NEF 与核心网交互时，将先获取 CAPIF 的认证和授权，再调用 API 接口。统一的 API 调用框架极大地提高了接口的安全性和统一管理能力。

除上述安全机制外，从传输内容的角度出发，5G 标准中规定 NEF 不允许将内部 5G 核心网的信息（如 DNN、S-NSSAI 等），以及 SUPI 发送给第三应用服务器，从而有效地保护了用户隐私和系统安全性。

总之，5G 网络安全机制在设计之初，就充分考虑了 2G/3G/4G 网络存在的安全风险。与 4G 网络相比，5G 网络不再与存在较多风险的 2G 网络进行互操作；增加了归属网络对漫游网络的认证；增加了对用户面数据的完整性保护；使用了数字证书和公钥算法对 SUPI 进行保护；增加了 SEPP 网元，提升了运营商互通安全保护。总体而言，5G 网络有针对性地设计了包含多环节的网络安全架构，在认证机制、密钥协商、身份标识隐藏、非 3GPP 接入、控制面与用户面数据保护、网络互通、移动性、会话管理、能力开放等方面进一步提升了安全性和可靠性。然而，安全问题是一个与发展伴随的长期存在的问题，现有 5G 安全机制也未能消除全部的安全风险，仍需要学者与专家不断探索和研究。

第 3 章 5G 虚拟化安全

3.1 NFV 安全

NFV 通过使用 x86 服务器等通用硬件及虚拟化技术，将不同网络功能封装成独立的模块化软件，基于通用硬件实现多样化的网络功能，并可根据业务需要进行扩容、缩容、迁移等操作。NFV 使网络设备不再依赖专用硬件，资源能够充分共享，从而降低网络昂贵的设备成本，也使网络的部署与运营更加便捷和灵活。

NFV 技术给电信运营商带来组网便利和成本下降的同时，也会带来新的安全风险，包括硬件资源安全风险、Hypervisor 安全风险、虚拟机安全风险、VNF 安全风险和 MANO 安全风险。本章将围绕 NFV 各层安全风险和安全需求，构建 NFV 安全总体架构（见图 3-1），并探讨相应的安全解决方案。

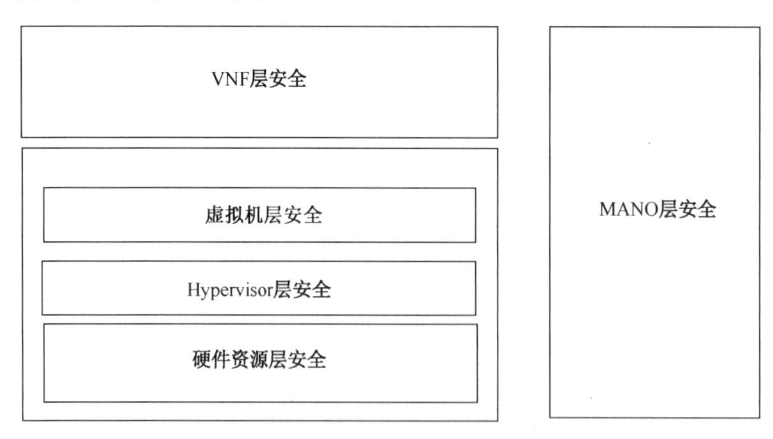

图 3-1　NFV 安全总体架构

3.1.1 NFV硬件资源层安全

3.1.1.1 核心硬件安全

硬件资源层中用于存储可信根及密钥等关键要素的硬件称为核心硬件，当前业界较为主流的核心硬件安全技术包括可信平台模块（trusted platform module，TPM）、硬件安全模块（hardware security module，HSM）等基于物理硬件的技术。

1. 可信安全

TPM是计算机主板上的一种专用硬件芯片，基于可信计算技术实现，可以安全地存储和验证平台固件、BIOS（basic input output system，基本输入输出系统）、BootLoader、OS（operating system，操作系统）内核等系统敏感组件的度量值并执行各种计算操作。TPM是系统可信引导的关键部件，是系统的信任根，通过信任的派生和传递，逐级构建一系列可信节点，最终建立包含所有固件和软件的信任链①。

TPM主要由TCG（可信计算工作组）研究并标准化，目前最新的TPM标准是TPM库2.0，并已经在ISO/IEC中发布，即ISO/IEC 11889 信息技术—TPM库。TPM技术可通过各种硬件标准实现，ETSI NFV 安全组提出了一个通用术语，即基于硬件的可信根（hardware-based root of trust，HBRT），用来指代基于硬件的TPM提出的锚定功能②。该组织同时对由主机系统实现HBRT并作为初始可信根的硬件环境安全提出要求，具体如下③。

（1）HBRT 具备物理和电子防篡改及防拆封功能，与其他硬件组件通信的物理和软件接口受到保护，以防窃听、操纵、重放或类似攻击。

（2）HBRT的抗攻击性水平可通过认证流程进行验证。

（3）若无法获得HBRT的协助或HBRT当前不包含有效密码材料，限制程序启动。

（4）及时发觉任何针对HBRT的篡改，并对HBRT进行物理保护，将HBRT在物理或逻辑上绑定到主机系统，以检测任何移除HBRT的尝试，任何尝试均会对HBRT及其所连接的主机系统硬件造成物理损坏，从而使两者都不可用。

（5）HBRT 包含唯一标识值，该值物理上链接到可用作平台标识的物理可信根。该值须存储在屏蔽位置，以防泄露和未授权使用。

（6）主机系统具备发现 HBRT 被篡改/未被篡改状态的功能，并具备相应机制和接

① Zhu S Y, et al. Guide to security in SDN and NFV: challenges, opportunities, and applications[M]. Springer, 2017:46.

② Zhu S Y, et al. Guide to security in SDN and NFV: challenges, opportunities, and applications[M]. Springer, 2017:46.

③ ETSI GS NFV-SEC 012 V3.1.1(2017-01):Network functions virtualisation（NFV）release 3;security; system architecture specification for execution of sensitive NFV components:7-8.

口，以在发生篡改事件时向授权外部服务提供有关 HBRT 被篡改/未被篡改状态的信息。

为满足上述要求，需建立基于硬件 TPM 的可信链，包括硬件检查、操作系统引导和启动，以及运行在操作系统上软件的度量，从而实现对整个平台非虚拟域的启动及运行过程的可信度量，及时发现针对 HBRT 的篡改，并利用远程鉴定服务对非虚拟域的可信状态进行验证，进而实现可信架构的建立。

基于硬件 TPM 的可信链建立过程如下。

（1）系统启动，首先运行硬件 TPM 中固化的代码 CRTM（core root of trust measurement）（唯一标识值，可视为绝对安全），并利用其对即将运行的 BIOS 代码进行度量。

（2）系统运行 BIOS，进行硬件的检查工作，并运行包含引导信息和分区表信息的主引导记录（master boot record，MBR），后续通过 Trusted GRUB 流程，实现引导过程中的"先度量，后执行"机制。

（3）GRUB 包括三个过程：stage1、stage1.5 和 stage2。stage1 单纯用来加载 stage1.5；stage1.5 运行代码来识别文件系统的驱动；stage2 运行自己的代码，操作系统开始工作后，加载预先存储的操作启动信息的配置文件，即 OS kernel。若需实现虚拟域加载虚拟机管理器（Xen Hypervisor），后续通过 IMA（integrity measurement architecture，完整性度量架构）机制来实现 OS kernel 上的度量操作。

TPM 的安全度量和报告是实现 NFV 可信机制的基础，TPM 通过度量系统的状态，将度量日志记录在度量存储日志（stored measurement log，SML）并扩展至平台配置寄存器（platform configuration register，PCR）中，并不断实现控制权的扩展。整个度量过程从 CRTM 开始，遵循"先度量，后执行"的原则，一步一步将可信链扩展至虚拟域的管理组件。

利用远程鉴定服务对非虚拟域的可信状态进行验证，从而实现可信架构的建立。通过远程鉴定组件对整个可信链中所有组件的可信状态进行判断，并可在加入不同程度的外部攻击后通过判断其可信状态的变化来验证 HBRT 的抗攻击性水平。

通常采用直接匿名鉴定（direct anonymous attestation，DAA）协议来完成远程鉴定服务中的签名和验证签名操作，使得远程挑战者可以验证 NFV 平台非虚拟域的可信状态。

基于 DAA 的远程鉴定具体实现如图 3-2 所示。

首先，远程挑战者对 TPM 平台的状态信息发出获取请求，在 TPM 平台和 DAA 的发布者（issuer）进行双向身份认证成功后，发布者为该 TPM 平台发放 DAA 证书。

其次，TPM 平台收集平台状态信息（PCR&SML），并联合 host 对消息进行 DAA 签名，然后将 DAA 签名和平台状态数据发送至远程挑战者。

最后，远程挑战者将 DAA 的签名发送至 DAA 的验证者（verifier）进行验证，成功验证后方可证明 TPM 可信①。

① 张磊. 可信网络功能虚拟化关键技术研究[D]. 南京：东南大学，2017.

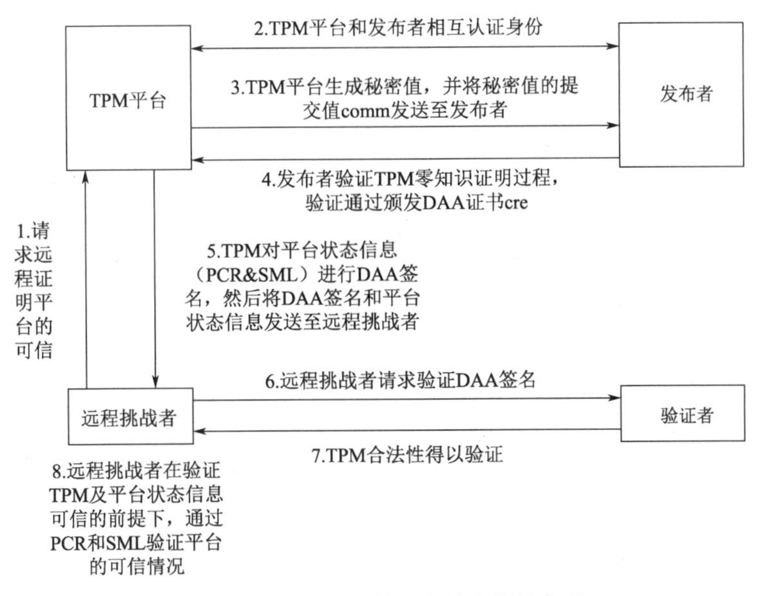

图 3-2 基于 DAA 的远程鉴定具体实现

2. 密钥安全

主机系统还应实现密钥管理功能，包括密钥生成、密钥存储、密钥删除和密码处理，具体要求如下。

（1）主机系统为不同的应用程序提供保密且独立的安全环境。

（2）密码资料存放在隐蔽位置，密钥生成过程防止窃听及物理环境篡改。

（3）密钥管理系统对敏感数据的访问权限进行管理，确保收到删除请求后完全删除过期密钥，具有可扩展性，并确保高可用性服务，支持远程管理，以允许系统的演进、安全增强和对策部署。

为满足上述要求，NFV 虚拟网元可以采用 HSM 保护和管理认证系统所使用的密钥。

HSM 是一种硬件加密系统，旨在在高度安全的环境中执行加密和解密操作。HSM 能够执行各种加密操作，保护和管理数字密钥、数字签名及其他加密文档。HSM 执行文件的加密和解密，以确保最高级别的机密性保护，防止恶意软件的攻击。HSM 可以作为专用硬件系统、内置硬件或一个插件设备，一般通过扩展卡或外部设备的形式连接到主设备。HSM 的核心功能主要围绕加密和解密，通常将其解释为一种可用于对密钥进行安全管理/存储，且可提供密码计算操作的硬件设备。具体来说，HSM 的作用如下。

（1）确保现有和最新的法规遵从性，如 UIDAI、CCA、HIPAA、eIDAS、GDPR 等，支持 RSA、ECC、AES 等先进数据加密算法的实施。

（2）通过使用 HSM 安全生成的数字证书对用户和设备进行身份验证，并提供安全生成证书吊销列表（CRL）的功能，减少与令牌丢失或令牌被盗相关的安全事件数量。

（3）生成、保护和管理加密密钥和私钥（包括用于 PKI 实施的根 CA 密钥），具备永久删除私钥且不可恢复功能；提供篡改留证、篡改抵抗两种方式的防篡改功能，前者使篡改行为会留下痕迹，后者使篡改行为会令 HSM 销毁密钥。

HSM 旨在安全地生成、使用、存储或接收数字密钥。HSM 拥有以安全为中心的操作系统，有受保护的内存、程序代码、数据闪存区、加速器及真随机数生成器（TRNG）；具备受限制的访问权限，并实现系统操作和管理角色分离的机制；在其运行时实现系统安全、认证启动或主机监测，主机无法随意访问其密钥。

基于上述作用和能力，HSM 可以帮助 NFV 主机系统实现密钥管理功能，从而保证物理资源安全。

3.1.1.2 物理控制和告警安全

为及时发现物理硬件的篡改，物理资源的主机系统应提供软件告警（如 BIOS 告警），以提示物理硬件的篡改，并具备接口来为硬件相关事件提供授权的外部服务信息。

BIOS 告警是一种常用的防止物理硬件被篡改的告警措施，主要基于上电自检（power on self test，POST）程序实现。BIOS 厂商对每个设备都给出了一个检测代码（称为 POST code，即上电自检代码），在对某个设备进行检测时，首先将对应的 POST code 写入地址为 80H 的诊断端口，当该设备检测通过时，则接着写入另一个设备的 POST code，对此设备进行测试。如果某个设备没有通过测试，则其 POST code 会在 80H 处保留下来，检测程序也会中止。自检中如果发现错误，将按两种情况处理：对于严重故障（致命性故障），停机处理，此时由于各种初始化操作尚未完成，不能给出任何提示或信号；对于非严重故障，给出提示或声音报警信号，等待用户处理。当自检完成后，系统转入 BIOS 的下一步骤：从 A 驱、C 驱、CD-ROM 或网络服务器上寻找操作系统进行启动，然后将控制权交给操作系统。

3.1.1.3 主机系统安全

应通过采取禁用不必要设备/组件/程序、配置用户访问策略、操作系统安全加固、启用安全协议策略、配置管理日志记录等安全防护措施，保障主机系统安全，具体措施如下。

（1）禁用不必要设备/组件/程序。主机系统应禁用 USB、串口及无线接口等不必要的设备，应禁止安装不必要的系统组件，禁止启用不必要的应用程序或服务，如邮件代理、图形桌面、Telnet（远程登录程序）、编译工具等，以减少被攻击的途径。

（2）配置用户访问策略。应根据用户身份对主机资源访问请求加以控制，防止对操作系统进行越权（水平权限提升）、提权（垂直权限提升）操作，防止主机操作系统数据泄露。

（3）操作系统安全加固。主机操作系统应进行安全加固，并为不同身份的管理员分配不同的用户名，不同身份的管理员权限不同，应禁止多个管理员共用一个账户。主机操作系统应设置合理的口令策略，口令复杂度、口令长度、口令期限等应符合安全性要求，口令应加密保存。应配置操作系统级强制访问控制（MAC）策略。应禁止利用主机系统的超级管理员账号远程登录，应对登录主机系统的 IP 进行限制。

（4）启用安全协议策略。应启用安全协议对主机系统进行远程登录，禁用 Telnet、FTP 等非安全协议对主机的访问。应具备登录失败处理能力，设置登录超时策略、连续多次输入错误口令的处理策略、单点登录策略。

（5）配置管理日志记录。主机系统应为所有操作系统级访问控制配置日志记录，并应支持对日志的访问进行控制，只有授权的用户才能够访问。

3.1.2　NFV Hypervisor 层安全

3.1.2.1　概述

由于 Hypervisor 处于虚拟化架构的中间层，向下需要管理基本硬件设施的虚拟和抽象，向上需要管理多个虚拟机的运行维护、资源分配、资源访问等，因此 Hypervisor 自身的安全性不容忽视。对于构建健壮的 Hypervisor，可从以下两个方向着手：一是构建轻量级 Hypervisor；二是对 Hypervisor 进行完整性保护[①]。

1. 构建轻量级 Hypervisor

在一个通用安全计算机系统中，可信计算基（trusted computing base，TCB）是构成一个安全计算机系统所有安全保护装置的组合体，通常称为安全子系统。它不仅可以为整个系统提供安全保护，自身也具有高度可靠性，是保证上层应用程序安全运行的基础。TCB 具体包括操作系统的安全内核、具有特权的程序和命令、处理敏感信息的程序、实施安全策略的软件和硬件、负责系统管理的人员等。TCB 越大，代码量越多，存在安全漏洞的可能性就越高，自身可信性就越难保障，故 TCB 越小越好。因此，轻量级 Hypervisor 的设计应尽量简单，保证 Hypervisor 只实现底层硬件抽象接口的功能，降低实现的复杂度，从而能够更容易地保证自身的安全性。

目前，针对轻量级 Hypervisor 的实现思路主要有以下几个方面：通过简化功能解决 Hypervisor 代码庞大及自身的完整性问题；采用轻量虚拟化架构为高安全需求的虚拟机应用提供更好的隔离性；提升虚拟机中 I/O 操作的安全性；确保虚拟机应用的完整性。典型的轻量级 Hypervisor 有 TrustVisor、SecVisor 等。其中，TrustVisor 为特定应用程序提供代码完整性、数据完整性和保密性管理；SecVisor 确保只有用户确认的代码才可以在内核中执行，可防御 Rootkit 等恶意代码的注入攻击。

2. Hypervisor 完整性保护

在可信计算技术中，完整性保护由完整性度量和完整性鉴定两部分组成。完整性度

① 刘宏. 云计算环境下虚拟机逃逸问题研究[D]. 上海：上海大学，2015.

量是指从计算机系统的可信度量根（通常是一个硬件安全芯片，如 TPM）开始，到硬件平台，到操作系统，再到应用，在程序运行之前，由前一个程序度量该级程序的完整性，并将度量结果通过 TPM 提供的扩展操作记录到 TPM 的 PCR 中，最终构建一条可信启动的信任链。完整性鉴定是将完整性度量结果等进行数字签字后报告给远程鉴定方，由远程鉴定方鉴定该计算机系统是否安全可信。通过这样的方式对 Hypervisor 进行完整性保护，可以确保 Hypervisor 的安全可信，进而可以从根本上提高整个虚拟化平台的安全和可信水平。

此外，还可通过以下措施来提高 Hypervisor 的防护能力。

首先是利用虚拟防火墙进行保护。虚拟防火墙能够在虚拟机的虚拟网卡层获取并查看网络流量，因而能够对虚拟机之间的流量进行监控、过滤和保护。

其次是合理分配主机资源，可以采用两种机制：一是通过限制、预约等机制，保证重要的虚拟机能优先访问主机资源；二是将主机资源划分、隔离成不同的资源池，将所有虚拟机分配到各个资源池中，使每台虚拟机只能使用其所在资源池中的资源。

再次是将 Hypervisor 安全防护扩展到远程控制台，包含以下两点：一是设置同一时刻只允许一个用户访问远程控制台，防止多用户登录造成原本权限较低的用户访问敏感信息；二是禁用连接到远程控制台的复制、粘贴功能，从而避免信息泄露问题。

最后是应当降低 Hypervisor 的权限及宿主机对资源的管理权限，使得即使逃逸攻击成功也没法获得更多资源。

3.1.2.2 访问控制

对于虚拟化层，Hypervisor 应严格做好访问控制，使不同权限执行不同级别的操作，并支持设置虚拟机的操作权限。

作为虚拟机管理器（VMM），Hypervisor 可通过提供服务接口来支撑和管理多个虚拟机的运行，还可通过限制或允许访问 CPU、内存和外设等资源来定义每个虚拟机可用的功能及分配不同的资源。例如，CPU 上的处理时间可以划分为多个时片，并根据需要分配给不同的虚拟机，一个虚拟机可以访问多个 CPU 内核。类似地，存储器和外设可以共享或分配给单个虚拟机。虚拟机无须知道或根本不知道彼此的存在，并且无法访问未提供给它们的资源，从而实现对虚拟机的隔离及访问控制。

此外，Hypervisor 还需具备安全加固能力，防止攻击者利用 Hypervisor 的漏洞取得高级别的运行权限，从而获得对物理资源的访问控制。对此，可通过构建轻量级的 Hypervisor 减少攻击面，利用 TPM 度量启动时的完整性，限制 Hypervisor 的管理权限以防止攻击蔓延，并可通过设置对共享资源的强制访问控制来限制虚拟机的访问权限，防护 Hypervisor 的安全。

综上，作为实现安全虚拟化的重要手段，访问控制技术是保证虚拟化环境中信息机密性与完整性的关键技术。访问控制实质上是使系统的主要资源得到有条件的访问，只有合法用户才能访问被授予权限的系统资源。管理人员在访问控制的基础上制定相应的安全策略，结合用户认证，禁止或允许用户对数据进行访问及控制访问范围，从而实现对关键数据资源的保护，避免非法用户使用数据及系统用户的不正确操作对系统产生不可恢复的损坏。

然而，随着虚拟化技术的发展，传统的访问控制模型已经不能满足虚拟化安全需求。以传统的基于角色的访问控制模型 RBAC96 为例，虚拟化环境中主体和客体的定义发生了变化，虚拟化主要是以用户为核心，以数据资源共享为基础的服务模式。因此，为了使传统访问控制模型适用于虚拟化环境，需要在对其重新设计和完善的同时，重新界定主体、客体角色的适用范围①。

虚拟化中的访问控制模型大多以传统的访问控制模型为基础进行重新设计和完善，并应用于虚拟化环境。访问控制一般分为三类：自主访问控制（discretionary access control，DAC）、基于角色的访问控制（role-based access control，RBAC）和强制访问控制（mandatory access control，MAC）②。

在访问控制理论中，主体、客体及访问权限是三个基本的概念。客体是指接收或者保存信息的实体，如磁盘块、内存页、文件、程序等。主体是指能够访问客体的实体，在系统中，一般将进程作为主体看待，它是用户或者应用程序访问客体的载体。访问权限则是指主体可以对客体进行访问的类别，常见的访问权限有读、写、执行、创建和删除等。

1. 自主访问控制

自主访问控制允许主体按自己的意愿将它拥有的访问权限授予其他主体。根据主体的身份和访问规则来执行访问控制，其中访问规则通常用访问矩阵（access matrix）表示。访问矩阵一般以主体为行索引，以客体为列索引，矩阵元素表示主体对客体的访问权限。访问控制列表（access control list，ACL）是访问矩阵的一个变体，它相当于将访问矩阵按列分解，这样，对于每个客体，它的访问控制列表记录着相应的主体及主体对它的访问权限。

2. 基于角色的访问控制

自主访问控制是根据主体的身份来定义访问规则的，而基于角色的访问控制增加了角色这一概念，系统不再为主体分配访问权限，而是为相应的角色分配访问权限。主体被赋予一个或多个角色，这样，它就拥有这些角色对客体的访问权限。基于角色的访问控制能很好地体现访问控制中的最小特权原则（principle of least privilege）。最小特权原则是指只为每个主体分配完成任务所必需的资源和权限，这样就能将事故、错误及未经授权行为的危害降到最低。通常角色及它所拥有的对客体的访问权限是稳定的，而根据

---

① 陈家兴，孙娟. 虚拟化安全技术研究[J]. 天津科技，2020(8):22.

② 陈家兴，孙娟. 虚拟化安全技术研究[J]. 天津科技，2020(8):22.

主体所需的资源和权限，它所赋予的角色关系会经常改变。

3. 强制访问控制

强制访问控制为客体分配一个安全标签，以表示它的敏感等级。相应地，它为主体分配一个安全级别，此安全级别对应于一个客体的敏感等级。同时，一些访问规则也被定义，以控制主体对客体的访问。它与自主访问控制最大的区别是主体并不能按照自己的意愿将相应的访问权限授予其他主体。一般通过参照控制器（reference monitor）来实施强制访问控制。参照控制器是硬件或操作系统中用来实施强制访问控制的一个控制元件，它根据安全规则和主/客体的安全参数（主体的安全级别和客体的安全标签）来决定主体对客体的访问权限。参照控制器具有如下三个特性。

（1）它对每次访问都能执行相应的控制。

（2）它本身是安全的，不会受到非法篡改。

（3）它的安全性能够证明。

3.1.2.3 网络隔离

Hypervisor 可以实现多个虚拟机共享同一个物理服务器的硬件资源，最大化利用硬件资源，同时可以将硬件相关的 CPU、内存、硬盘、网络资源全面虚拟化，并提供给上层 VNF 使用，具备计算虚拟化、存储虚拟化和网络虚拟化能力。

从安全的角度来看，Hypervisor 应该为虚拟机提供一个隔离的服务空间，并提供适当的访问控制机制，防止虚拟机之间的共享资源被未经授权访问。从网络基础设施（包括物理资源）的角度来看，对共同托管的 VNF 可访问的资源进行完全和灵活的隔离是必要的。因此，Hypervisor 管理接口流量应与其他网络流量物理隔离，以有效防止恶意网络流量。

除此之外，在租户隔离要求严格的部署场景下，即攻击者不能在同一物理资源中检测到其他共同托管的 VNF 或用户的实例，可考虑弃用现有的内存优化机制，以防止旁路攻击，可采用隐藏访问管理，利用安全数据库接口、专用资源实例和模糊化服务结构等措施，具体如下①。

（1）引入一种机制管理每个核的一组锁定缓存行，并对它们进行多路复用。在这个机制中，每个虚拟机都可以将自己的敏感数据加载到锁定的缓存行，这些数据永远不会被驱逐。

（2）为了实现基于租户级的安全隔离和策略管理，可通过与底层分布式虚拟交换机进行耦合，通过二层网络或隧道方式，将受保护的虚拟机流量牵引到虚拟安全防护产品来进行检测与防护。

---

① Firoozjaei M D, Jeong J, Jo H, et al. Security challenges with network functions virtualization[J]. Future Generation Computer Systems, 2017, 67: 315-324.

（3）端到端隔离网络虚拟化的路径隔离机制。可以在企业的物理网络基础设施上创建逻辑隔离的网络分区，同时提供与传统企业网络相同的服务。路径隔离可以分为两类：一是基于策略的路径隔离，即根据转发控制平面提供的策略和附加信息，将转发流量限制到特定目标；二是基于控制平面的路径隔离，即限制路由信息的传播，也就是只有属于同一个子网的节点才能相互通信，可通过虚拟路由转发（VRF）实现。

3.1.3 NFV 虚拟机层安全

3.1.3.1 虚拟机逃逸防范

虚拟机逃逸被认为是对虚拟机最严重的安全威胁。虚拟机逃逸是指攻击者突破 Hypervisor，获得宿主机操作系统的管理权限，并控制宿主机上运行的其他虚拟机。由此，攻击者既可以攻击同一宿主机上的其他虚拟机，也可以控制所有虚拟机对外发起攻击。由于新技术的潜在缺陷，这种攻击的可能性很大，攻击者可能渗透到管理系统（裸机型）、host OS（宿主型）或其他 guest OS 中，实现对系统的拒绝服务、越权，甚至安装 Rootkit 进行完全控制。

对于虚拟机逃逸攻击而言，其主要涉及虚拟机与 Hypervisor 之间的交互、共享资源的访问、危害宿主机上的其他虚拟机，因此可以设计针对这几个关键属性的安全预防措施，具体如下。

在虚拟化层，Hypervisor 可对虚拟机进行安全监控，在其发生逃逸、流程异常等行为时及时上报，可采用特权虚拟机方式实现。在虚拟化层，Hypervisor 引入特权虚拟机，特权虚拟机通过 Hypervisor 提供自省 API，可以通过虚拟化层内部的逻辑端口监测虚拟机的数据流量，并允许特权虚拟机对其他虚拟机的 CPU 内存、网络流量和磁盘 I/O 进行监控，从而实现对其他虚拟机的安全管理和监控。同时，该特权虚拟机可实现杀毒模块、系统监控、入侵防护、防火墙等各种安全功能，故可将其视为虚拟化层中提供安全保护功能的安全虚拟机[①]。基于 Hypervisor 的虚拟化防护如图 3-3 所示。

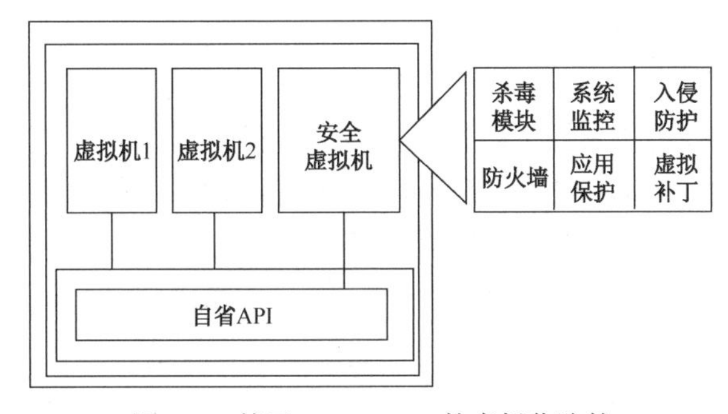

图 3-3 基于 Hypervisor 的虚拟化防护

① 陈家兴，孙娟. 虚拟化安全技术研究[J]. 天津科技，2020(8):22.

在虚拟机层，定期对虚拟机进行漏洞扫描，并对虚拟机进行加固，保证虚拟机操作系统安全和数据库安全，同时进行安全基线配置与核查。具体可采用如下方式。

（1）实时监控。对于单独虚拟机的安全监控，为保证虚拟机安全，需对虚拟机运行状态进行实时监控，目前包括内部监控与外部监控两种。内部监控由 Hypervisor 在虚拟机内部加载进行安全保护的内核模块，以达到拦截内部虚拟机事件的目的。外部监控由 Hypervisor 基于监控点进行，监测具有透明性，但需进行语义重构，对性能有一定的影响。

（2）设计虚拟机的访问控制策略。虚拟化环境中，存在的安全隐患主要为非法资源访问。作为系统安全和信息安全常用的技术手段，访问控制的设计正是针对主体与客体之间的资源访问权限问题的，从各方面保证了数据的机密性和完整性。信息系统中的访问包括打开文件、读取数据、更改数据、运行程序、发送链接等。访问控制主要限制主体对客体的访问权限，以确保系统安全。

3.1.3.2 虚拟机隔离

对于虚拟机，要求 Hypervisor 能够对分配给不同虚拟机的硬件资源进行安全隔离，同时能够对同一物理机上运行的虚拟机进行安全隔离，保护虚拟机内的敏感数据不外泄，包括 vCPU（虚拟 CPU）调度安全隔离、内存资源安全隔离、磁盘 I/O 安全隔离、内部网络安全隔离等。

1. vCPU 调度安全隔离

虚拟化层借用 Linux 内核公平调度算法，以分时复用的方式调度虚拟机的 vCPU 到物理 CPU（pCPU）上运行，每个 vCPU 寄宿在相应线程中进行调度。

每个 vCPU 对应一个 VMCS（virtual-machine control structure）结构，当 vCPU 被从 pCPU 上切换下来时，其运行上下文会被保存在对应的 VMCS 结构中；当 vCPU 被切换到 pCPU 上运行时，其运行上下文会从对应的 VMCS 结构中导入到 pCPU 上。通过这种方式，可实现各 vCPU 之间的隔离。

2. 内存资源安全隔离

虚拟机通过内存虚拟化来实现不同虚拟机之间的内存隔离。内存虚拟化技术在客户机已有地址映射（虚拟地址和机器地址）的基础上，引入一层新的地址，即“物理地址”。在虚拟化场景下，客户机 OS 将“虚拟地址”映射为“物理地址”；Hypervisor 负责将客户机的“物理地址”映射成“机器地址”，再交由物理处理器执行。

还可通过硬件协调执行区域（hardware-mediated execution enclave，HMEE）实现虚拟机隔离。HMEE 指基于硬件的一块专门用来运行特定程序代码的区域或内存，在该区域内运行的程序可免遭窃听、重放和修改。同时，利用 TPM 或 HSM 存储私钥等敏感数据，防止外泄。

3. 磁盘 I/O 安全隔离

Hypervisor 采用分离设备模型实现 I/O 的虚拟化。该模型将设备驱动分为前端驱动和后端驱动。其中，前端驱动运行在虚拟机中，后端驱动运行在 Hypervisor 中，前端负责将虚拟机的 I/O 请求传递到 Hypervisor 中的后端，后端解析 I/O 请求并提交给相应的设备完成 I/O 操作。Hypervisor 保证虚拟机只能访问分配给它的 I/O 资源。

4. 内部网络安全隔离

Hypervisor 提供 VRF（VPN routing and forwarding）功能，每个客户虚拟机都有一个或者多个在逻辑上附属于 VRF 的网络接口 VIF（virtual interface）。从一个虚拟机上发出的数据包，先到达 Hypervisor，由 Hypervisor 来实现数据过滤和完整性检查，并插入和删除规则；数据包经过认证后携带许可证，由 Hypervisor 转发给目的虚拟机；目的虚拟机检查许可证，以决定是否接收数据包。

3.1.3.3 访问控制

对于虚拟机，系统访问控制对用户账号和权限进行安全管理，并采用严格的身份鉴别技术用于主机系统用户的身份鉴别；同时限制匿名用户的访问权限，支持设置单一用户并发连接次数、连接超时限制等；采用最小授权原则，分别授予不同用户各自所需的最小权限。

虚拟机访问控制技术同 3.1.2.2 中相关内容。

3.1.3.4 镜像安全

应从镜像生成、镜像上传、镜像发布三个阶段加强镜像安全防护，具体措施如下。

（1）镜像生成安全。虚拟机镜像、容器镜像、快照等需进行安全存储，防止非授权访问；基础设施应确保镜像的完整性和机密性，虚拟化层应支持镜像的完整性校验，包括支持 SHA256、SM3 等摘要算法和签名算法来校验虚拟机镜像的完整性。应使用业界通用的标准密码技术或其他技术手段保护上传镜像，基础设施应支持使用被保护的镜像来创建虚拟机和容器。

（2）镜像上传安全。约束镜像必须上传到固定的路径，避免用户在上传镜像时随意访问整个系统的任意目录。使用命令行上传镜像时，禁止用户通过"../" 的方式任意切换目录。使用界面上传镜像时，禁止通过浏览窗口任意切换到其他目录。同时，应禁止 at、cron 命令，避免预埋非安全操作。

（3）镜像发布安全。需要通过漏洞扫描检查，至少保证无 CVE（common vulnerabilities & exposures，通用漏洞披露）、CNVD（China national vulnerability database，国家信息安全漏洞共享平台）、CNNVD（China national vulnerability database of information security，

国家信息安全漏洞库）等权威漏洞库收录公开的“高危”或“超危”安全漏洞。

3.1.4 NFV VNF 层安全

3.1.4.1 概述

NFV 的动态特性需要引入灵活可靠、能够实现自动化快速部署和资源弹性可扩展的嵌入式安全防护体系，要求安全技术和安全策略能够在 VNF 整个生命周期进行安全管理，即 VNF 安全措施的实施要聚焦从 VNF 实例化、运行到退役的安全历程。

作为 ETSI 提出的 NFV 技术架构域之一，VNF 是网元功能的软件实现，运行于 NFVI 之上，后者支持对 VNF 的资源调用。同时 NFV MANO 实现对 NFVI 和 VNF 的管理，通过管理虚拟化的硬件/软件资源，实现包括网络业务编排功能在内的 VNF 生命周期管理，如图 3-4 所示。

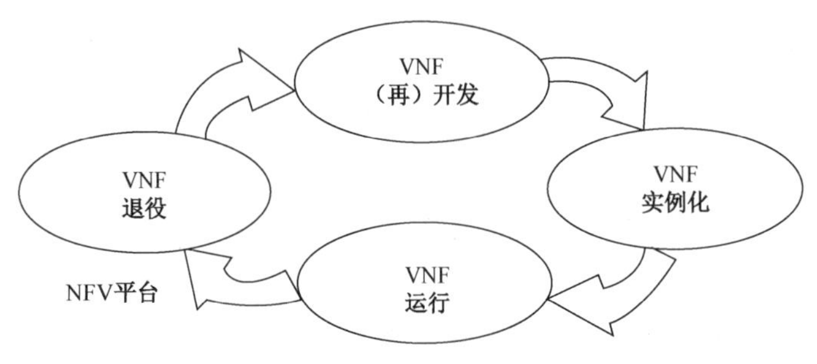

图 3-4　VNF 生命周期

VNF 生命周期描述从 VNF 实例化、运行到退役的全过程，NFV 的灵活部署极大提升了网络运维管理的效率。虚拟化网络安全是一个过程，安全管理需要深度融合为网络管理的一部分，需要更加智能和灵活地进行分析、识别和响应。当开始创建新的 VNF 时，重要的是要保证 VNF 安全启动；当克隆虚拟机镜像和移动虚拟机时，重要的是动态过程管理，保持新加入资源的安全性和运行中的 VNF 处于稳定状态；在 VNF 退出服务阶段，重要的是销毁 VNF 和防止闲置的 VNF 数据蔓延成为未知威胁的攻击目标①。

3.1.4.2 实例化安全

1. 安全启动

VNF 安全启动依赖本地认证、远程认证、属性、真实性、配置管理、证书、密钥、数字签名、特定硬件功能等多重保障，安全启动过程需要确认硬件、固件、虚拟机管理

① 苏坚，肖子玉. NFV 中虚拟化网络功能生命周期安全管理措施[J]. 电信科学，2016,32(11):127-133.

器和操作系统的有效性。

VNF 安全启动是 NFV 特有的安全和信任机制，类似于微软定义的预启动加载机制 UEFI。默认情况下，UEFI 固件只会加载那些被签名的引导程序，这个功能被称为安全引导（secure boot）或可信引导（trusted boot）。NFV 中旨在保护初始化的相关方法称为安全引导，其所要面对的主要问题是共享基础设施（包括虚拟机管理器）的 VNF 在编排过程中的特定需求，如基础设施的独享或分享、anti-affinity 功能（保持虚拟机互相独立）。

VNF 安全启动可以确保 VNFC 的启动过程完全处于可测的安全路径。在 VNF 中，VNFC 启动过程的安全路径保障需要由基础设施层延伸至虚拟机管理器层。在 VNF 环境下，安全的启动步骤依次为：硬件、虚拟机管理器和平台、VNFC 虚拟化容器、VNFC 操作系统、VNFC 应用、用于 VNFC 的部署状态。而在实际操作中，由于启动可能产生预期之外的结果，因此并非绝对安全。对于无法确保安全启动的情况，可以预配置如下处理策略。

（1）拒绝开机。

（2）允许启动，但减少权限。

（3）允许引导，但限制对其他实体、网络的访问。

（4）允许引导，同时标记为需进一步调查。

2. 身份认证

NFV 的引入在涉及 AAA 平台认证时带来新的安全问题，使用当前身份和记账的实体至少分布在两个层面——网络基础设施（识别租客）和网络功能（识别实际用户）。认证、授权和计费可能存在以下风险。

（1）在认证过程中，即使不打算调用某些身份属性，用户的相关隐私信息也面临暴露的风险。

（2）在某个特定层级，将不可验证的无关 ID 打包导致授权风险（权限扩大漏洞）。

（3）需同时按使用基础设施的虚拟化应用和网络租户的粒度要求在基础设施层所有计费点执行计费。

为了解决认证中的隐私问题，生成、生效和交换 ID 令牌的机制需要在多层多租户环境下验证用户的属性。涉及属性交换的授权过程需要可用的策略路由和构造方法，该方法不仅需要适用于用户和租户，也需要适用于 VNF 部署单元。

3. 可信计算

确保 VNF 实例化安全，要求由 MANO 对 VNF 镜像文件的完整性进行校验，并实施远程鉴定。其中鉴定是指接收并校验软件上报的完整性状态，从而确认其可信程度的过程，可通过虚拟化的可信平台模块（vTPM）实现。

vTPM 是 TPM 虚拟化解决方案之一，它使得在虚拟化环境里每个虚拟机都能获得完整的可信计算功能。当使用物理 TPM 受限时，通过 vTPM 对测量、证书和机密进行安全存储。

根据 Xen 的 vTPM 架构，vTPM 的完整功能由 vTPM 管理者与 vTPM 实例协同完成。每个 vTPM 实例都支持 TPM 1.2 标准，并有独立的 EK，需要可信计算能力的虚拟机必须与一个独立的 vTPM 实例相关联。服务器端 TPM 驱动使用户虚拟机与 vTPM 一一对应，这样客户虚拟机无法通过伪造命令包来与 vTPM 进行通信。在客户虚拟机被休眠或被迁移时，与它关联的 vTPM 也一起被休眠或被迁移，这是为了保留已存在的完整性度量结果，避免在一个新环境下重新进行完整性度量。这就需要 vTPM 在转移时不能被修改或复制。图 3-5 所示为将 vTPM 引入 NFV 的部署架构。

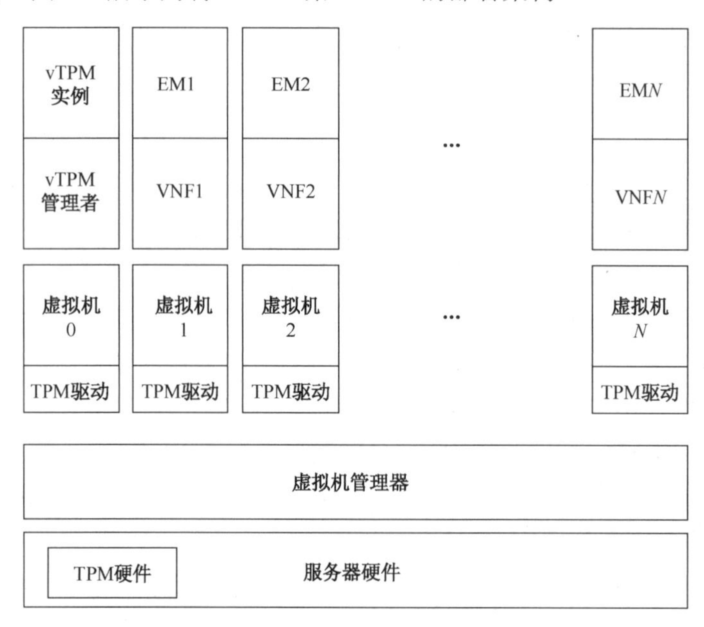

图 3-5　将 vTPM 引入 NFV 的部署架构

3.1.4.3　运行阶段安全

VNF 生命周期事件包括 VNF/VNFC 愈合、VNFC 伸缩等，如果向一个运行的 VNFC 中加入新的资源，分配内存、解除分配、添加 LUN 卷及任何底层基础设施的改变都需要 VNF 的基础设施操作，需要如下相关措施确保 VNF 安全运行。

1. 控制和授权

实例化的 VNFC 虚拟机构成特定的 VNF，并由 MANO 及其相连的虚拟机管理器协同实现对虚拟机的最终控制。在一些 VNF 生命周期运行阶段，需要在移动、销毁、加入组件、主机升级等操作前通知相关 VNFC。针对不同类型的 VNF，可以采用不同方案。例如，所有的控制通过主 VNFC 与 VNF 虚拟机管理器通信，通过 VNF 虚拟机管理器控制一组或特定的 VNFC，控制也可以由其他功能实体实现。

VNF 运行时需严格限制对 VNFC 的访问范围，并对所有访问进行认证和授权，防止关键信息被非法访问。

现存方案中运用较多的是基于角色的访问控制（RBAC）或基于属性的访问控制（ABAC），并适用于大多数部署。其中，基于属性的访问控制可以解决复杂系统中的细粒度访问控制和大规模用户动态扩展问题，而基于角色的访问控制虽然没有实现动态分配权限和细粒度的访问控制，却可以通过“角色”建立用户和资源的关系，极大简化权限的分配问题[①]。对于这两种访问控制方式，访问可根据基于密码证书的身份认证进行授权。操作的实际授权既可以通过用于 VNFC 信任链的实体（如 AAA 服务器）实现，也可以向 VNFC 提供足够的信息，使其做出关于授权的决策。

2. 动态模式管理

动态模式管理包括信任方的网络准备和存储准备。在网络准备时，一旦 VNFC 设置可信的初始 root，该 VNF 便可以与这个可信的初始 root 联系并接收密钥。但作为可信的初始 root 的实体可能无法信任该 VNFC，需要通过 MANO 及其相连的虚拟机管理器实现协同。经过协同，该实体可以唯一地识别 VNFC，知道安全启动是否完成，控制可信的初始 root 和 VNFC 之间的所有通信，与证书和密钥提供者定义信任关系，以确认身份及 VNFC 的信任，并且可以作为中间人，保证可信的初始 root 及在整个生命周期动态的信任管理。同时，MANO 及其相连的虚拟机管理器协同控制特定 VNFC 访问的存储，而另一个实体很可能也会访问该 VNFC 的同一存储并提供密钥对，因此访问受保护的证书存储应受到严格控制。

在 VNF 运行阶段，系统崩溃管理和恢复应该作为 VNF 动态模式管理的重要部分。若系统崩溃，需要确保在崩溃期间及随后的分析报告中，密钥等敏感信息不被泄露，并提前将系统崩溃和修复管理程序写入 VNF 配置中。错误的软件、硬件、配置、管理和电源事件将对 VNF 产生影响，甚至导致崩溃。VNF 崩溃事件将导致相关部件处于未知或意外状态并导致安全问题。需要事先进行编排以应对可能发生的崩溃事件，可以预配置如下处理策略。

（1）根据崩溃是否涉及外部影响（如 DoS 攻击），判断是否需要尽快缓解并恢复服务。

（2）优先级判断，即是将恢复系统并尽快还原可用性作为首要目标，还是将收集信息并分析崩溃事件作为首要目标。

（3）在崩溃发生后安全保存私人信息（如密钥和密码），随后进行报告和分析。

（4）判断事件信息是否涉及机密的硬件、虚拟机管理器、VNF、操作系统、应用程序和用户状态。

---

① 何新新，纪阳. 基于 RBAC 框架实现 ABAC [J]. 中国科技论文在线，2013(10):2.

3.1.4.4 退出服务阶段安全

VNF 退出服务时：当虚拟机销毁或迁移时，Hypervisor 在其他虚拟机重用之前清除原虚拟机释放的所有 RAM 与本地存储文件，并与 VNFM、VIM 等组件协调，管理和清除远程存储的数据；当虚拟机发生故障时，若有未清除的数据，人工清除数据。当未清除的 RAM 受到攻击时，通过限制对基础设施的物理访问来应对。

当 VNF 实例终止时，原来占用的物理内存和存储资源可能会被重新分配给其他虚拟机，因此需彻底清除 VNF 实例所占用的虚拟内存及存储资源上的信息①。针对 VNF 退出服务的安全措施主要是可靠的数据清除，具体如下。

（1）虚拟机管理器平台上的 RAM。当一个虚拟机从一个虚拟机管理器删除、销毁或迁移时，虚拟机管理器负责确保所有被释放的 RAM 由另一个虚拟机在重新使用前进行数据清除，这是虚拟机管理器平台的标准功能。

（2）虚拟机管理器平台的“本地存储”。如果 VNFCI 使用 SWAP 空间，则虚拟机管理器平台需确保它在由另一个虚拟机重新使用前已清除干净；为保证更短的访问时间，应优选本地存储数据，虚拟机管理器平台同样需确保它在由另一个虚拟机重新使用前已清除干净。

（3）远离虚拟机管理器平台的“远程存储”。由于远程存储可能用于经过迁移的虚拟机或用于不同 VNF 的长期数据存储，虚拟机管理器无法清除或根本没有清除远程存储的权限。在这种情况下，最佳方式是 VNFM 通过与 VIM 和其他 MANO 组件协商进行远程存储的数据清除。

以上三种典型存储的数据清除是基于虚拟机管理器具有直接访问本地存储的假设进行的，如果部署穿越（pass-through）技术允许托管的虚拟机（和 VNFCI）直接访问硬件或接口，则优选用于远程存储的数据清除技术。在未配置或故障的情况下，需要人工进行数据清除操作，以确保 VNF 安全退出使用。

3.1.4.5 网络隔离

对于 VNF，要求 VNF 间通信时管理平面、业务平面及虚拟存储平面之间相互隔离，在跨安全域与域间通信时进行隔离或访问控制，同时在 DC 边界部署边界防护。

1. 管理平面、业务平面及虚拟存储平面之间隔离

为了实现管理平面、业务平面及虚拟存储平面之间的相互隔离，可以在虚拟 SDN 中对 VNF 进行编排。SDN 通过控制平面协议（如 OpenFlow）提供对网络设备的远程控制。当在 SDN 中实现全网络虚拟化（NFV）时，在租户的 SDN 控制器和数据平面转发设备之间逻辑地放置一个中间层，称为 SDN 管理程序。通过这种方法，网络租户无须任何修

① 袁琦. 5G 网络切片安全技术与发展分析[J]. 移动通信，2019,43(10):26-30.

改即可使用自己的SDN控制器。特别是，虚拟化层负责可预测和无缝网络操作所需的任务，如建立控制平面和数据平面隔离及资源抽象策略。如果VNF实例化或迁移到不属于初始虚拟网络的远程服务器，SDN管理程序必须重新分配网络资源，即建立到新远程服务器的额外路径，并建立新的隔离和抽象策略。

2. 跨安全域通信隔离或访问控制

VNF在安全层面可以划分为五个安全域：暴露域、非暴露域、敏感数据域、业务管理域、平台管理域。考虑VNF基于域的划分架构，将VNF之间的认证分为两个部分：对于域内VNF之间的认证，使用基于哈希链的轻量级实现；对于跨安全域的VNF之间的认证，使用跨域证书来实现。

在跨安全域通信时，需要采取一定的措施保证信息安全。在信任域内部实施较松的安全策略，而在信任域边界实施较严格的监控、访问控制等。访问控制技术能够通过技术措施防止对网络资源进行未授权的访问，从而使计算机系统在合法的范围内使用。在云计算网络边界安全方面，访问控制主要通过在网络边界及各网络区域间部署访问控制设备（如VPC、云防火墙、边界防火墙等），在访问控制设备上制定特定的访问控制策略，依据策略执行连接操作来实现。

目前，安全域之间通信采取的网络隔离方式主要有访问控制列表、接入网关、正反向代理、堡垒机等。这些网络隔离方式同时适用于传统网络及虚拟化网络。接入网关、正反向代理可以实现应用层一级的访问控制，还可以在其上增加更多访问控制策略等模块。

3. 边界防护

需要在虚拟化设施所在DC边界部署边界防护。边界防护能够在边界处进行监测、管理和控制，检查往来信息和协议，排除恶意和非授权通信，采取技术措施或部署防护设备，如代理、网关、路由器、防火墙、加密隧道等安全设备，以提供攻击防范服务。

3.1.5 NFV MANO安全

3.1.5.1 MANO实体共有安全

应对MANO实体进行安全加固，实现安全服务最小化，如关闭不必要的服务和端口等；防止非法访问及敏感信息泄露，并保证MANO实体所在的平台可信。为满足上述要求，制定部分MANO安全加固和关键技术，具体如下。

1. 安全加固

在MANO内部，可以对NFVO、VNFM进行多项安全加固。

（1）虚拟机安全：NFVO、VNFM 基于虚拟机方式部署，以仅满足该服务器基本业务可正常运行为目的，对 guest OS 进行最小化定制，限制操作系统开放的端口、访问权限和运行服务，实现可信赖的云安全管理节点。

（2）端到端安全：NFVO、VNFM 验证操作员的权限，决定是否允许该操作员进行操作。NFVO、VNFM 收到来自 VNF 的弹性请求时，验证请求方的身份，只允许处理来自合法身份的请求。

（3）接口交互安全：NFVO、VNFM 与客户端通信采用 SSH、SFTP、HTTPS 等安全通信机制；NFVO、VNFM、VIM 之间采用基于 HTTPS 的 REST 接口交互；VNFM 与 VNF 之间采用基于 HTTPS 的 REST 接口或者 SSH 交互。

（4）镜像存储安全：NFVO、VNFM 的镜像文件存储在安全的环境中。

（5）关闭不必要的服务和端口。

（6）保证节点身份的可靠性。NFV 架构中引入了很多标准接口，比如 VIM 的 API、MANO 组件之间的互通接口，接口的开放会带来通信安全风险。部署 CA 中心来保证各个节点的身份可靠性。CA 中心是管理和签发安全凭证及密钥的网络机构，CA 中心可以向 EMS/VNF/MANO 及主机颁发证书，拥有证书后，NFV 系统的任何 API 调用均可保证其身份的有效性。VNF 北向接口出于历史原因，是使用鉴权授权方式进行身份认证的，不需要使用证书证明身份。

2. 防止非法访问

访问控制理论包括各种访问控制模型与授权理论。根据策略种类的不同，常见的访问控制模型包括基于角色的访问控制（RBAC）模型，以及基于任务和行为的访问控制（TBAC）模型。在 RBAC 模型中，根据用户身份分配权限。TBAC 采用动态授权的主动安全模型，根据用户/程序的行为实时进行权限管理。但 RBAC 和 TBAC 可扩展性不高，属于粗粒度的访问控制。为此，Goyal 等提出了基于属性的访问控制（ABAC）模型，控制策略是基于请求者和资源固有的一些属性，将网络环境等因素考虑进去，使 ABAC 具有足够的灵活性和可扩展性，同时使安全的匿名访问成为可能。

3.1.5.2 MANO 实体独有安全

为防止针对 NFVO 的 DDoS/DoS 攻击，当 VNFM 和 VIM 运行在虚拟机上时，要保证虚拟机之间的安全隔离。另外，VIM 与其管理的 NFVI 不共享硬件和虚拟资源。MANO 实体间及 MANO 与其他实体间交互实施双向认证，同时对通信内容采取机密性、完整性及防重放保护。

DDoS 攻击主要是通过恶意的服务请求来威胁服务器中断流量流的，可以通过虚拟机隔离及管理入侵防御系统（IPS）虚拟机来防止 DDoS/DoS 攻击。

1. 虚拟机隔离

虚拟机隔离技术能够有效防止 DDoS/DoS 攻击蔓延到整个云环境。虚拟机的隔离机制目的是保障各虚拟机独立运行、互不干扰。因此，若隔离机制不能达到预期效果，当一个虚拟机出现性能下降或发生错误时，就会影响其他虚拟机的服务性能，甚至会导致整个系统瘫痪。目前，对虚拟机隔离机制的研究主要集中在以下两个方向[①]。

一是基于硬件协助的隔离机制。在基于硬件协助的隔离机制中，较为经典的是基于 Intel VT-d 技术的虚拟机安全隔离架构。该架构提出通过安全内存管理（SMM）和安全 I/O 管理（SIOM）两种手段进行保护，将重要的内存和 I/O 虚拟功能从虚拟机管理域 VM0 中转移到虚拟引擎中，以实现客户虚拟机内存和 VM0 内存间的物理隔离，从而确保 VM0 和客户虚拟机的高强度隔离，为虚拟机在实际的安全隔离环境中的应用提供较高的安全保障。

二是基于访问控制的逻辑隔离机制。为增加虚拟机间隔离的有效性，通常采用访问控制的逻辑隔离机制。其中最为经典的是 IBM 提出的 sHype 虚拟机访问控制模型。该模型通过访问控制模块来控制虚拟机系统进程对内存的访问，从而实现内部资源的安全隔离。

2. 管理 IPS 虚拟机

为了防止 DDoS 攻击，并有效利用服务器资源，可根据数据包流动态部署 IPS 虚拟机。这个过程由 MANO 管理，它根据相应的策略在 IPS 虚拟机中动态扩展 VNF 资源，以抵御 DNS 流量。外部 DNS 流量通过负载均衡器定向到其中一个 IPS 虚拟机中进行过滤。然后通过 MANO 分析 IPS 虚拟机的资源，以添加或删除虚拟机。过滤后，流量被转发到 DNS 服务器。

3.2　SDN 安全

3.2.1　5G 时代的 SDN 安全思考

SDN 从体系结构上与传统网络不同，采用数据平面、控制平面与应用平面三层结构，并采用多种新型的实现技术与方法。而伴随着新型体系结构及技术的应用，这些层次内

① Köksal S, Dalveren Y, Maiga B, et al. Distributed denial-of-service attack mitigation in network functions virtualization-based 5G networks using management and orchestration[J]. International Journal of Communication Systems, 2021,34(9):e4825.

部、层次之间的通信与协议都可能成为网络攻击者的潜在目标，面临网络安全、数据安全方面的风险挑战。因此，需要从 SDN 架构出发，系统性考虑数据平面、控制平面、应用平面，以及各层次间南/北向接口的安全防护解决方案①。通过梳理现有学术界的研究及实践成果，构建 SDN 安全防护技术架构，如图 3-6 所示。

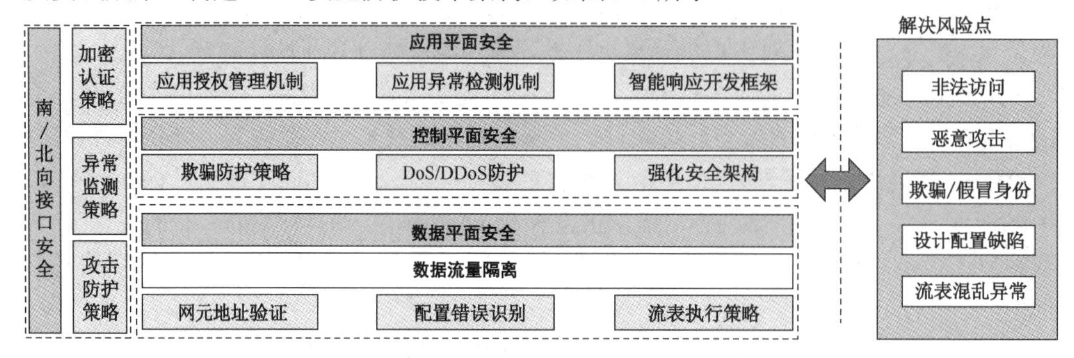

图 3-6 SDN 安全防护技术架构

3.2.2 SDN 数据平面安全

基础设施层的交换机等设备主要负责数据处理、转发和状态收集，对控制器下发的流规则绝对信任，该层面临非法访问、恶意攻击、欺骗/假冒身份等问题，还可能存在用户配置错误和交换机流表混乱等威胁。因此，需要通过隔离数据流量、加强网元地址验证、识别配置错误、强化流表执行等策略，增强交换机的安全性及防护能力。数据平面安全防护解决方案如图 3-7 所示。

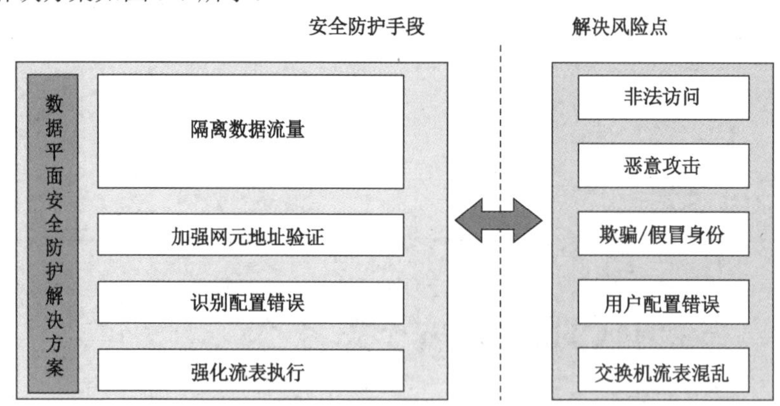

图 3-7 数据平面安全防护解决方案

1. 隔离数据流量

由于 SDN/OpenFlow 主要应用于数据中心，而在数据中心内，不同用户之间存在密

① 王蒙蒙，刘建伟，陈杰. 软件定义网络：安全模型、机制及研究进展[J]. 软件学报，2016(4):969-992.

集的网络设备资源共享。为最大化降低非法访问和恶意攻击的风险，需要保证不同用户的数据流量完全隔离。为了达到隔离不同用户数据流量的目标，FlowVisor（在OpenFlow之上的网络虚拟化平台）实现了一种特殊的OpenFlow控制器，其可以看作其他不同用户或应用的控制器与网络设备之间的一层代理。不同用户或应用可以使用自己的控制器来定义不同的网络拓扑，同时FlowVisor又可以保证这些控制器之间的数据能够互相隔离而互不影响。FlowVisor架构如图3-8所示。

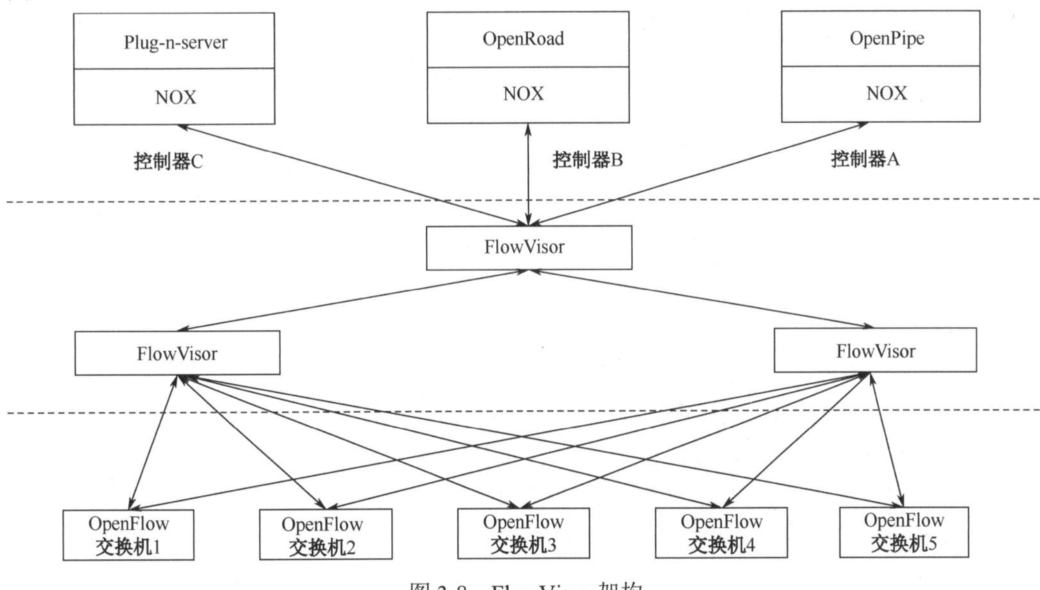

图3-8 FlowVisor架构

2. 加强网元地址验证

验证网元的地址对于防范欺骗攻击、身份假冒非常重要。Feng等从流表、控制模式和OpenFlow协议三个方面对OpenFlow进行了扩展，并设计了一个名为OpenRouter的商业OpenFlow路由器，集成了内部和外部协议并具有控制开放性，能够收集网元的地址信息作为验证条件①。Xiao等进一步提出了基于OpenFlow的使用内部源地址验证的O-CPF方法，根据集中式计算转发路径的思想，过滤具有伪造源IP的流量②。Mendonca等提出了通过与网络运营商合作来提供一种网络匿名服务（AnonyFlow），为用户在与其他端点和服务通信时高效、无缝地提供隐私保护③。此外，基于OpenFlow的SDN中的

① Feng T, Bi J, Hu H. OpenRouter: OpenFlow extension and implementation based on a commercial router[C]. In: Proceedings of the 19th IEEE International Conference on Network Protocols (ICNP), Vancouver, BC, 2011:141-142.

② Xiao P, Bi J, Feng T. O-CPF: an OpenFlow based intra-AS source address validation application[C]. In: Proceedings of CFI, Beijing, China, 2013.

③ Mendonca M, Seetharaman S, Obraczka K. A flexible innetwork IP anonymization service[C]. In: Proceedings of the 2012 IEEE International Conference on Communications (ICC), Ottawa, ON, 2012: 6651-6656.

终端主机可以映射到实际或物理 IP 地址。Bifulco 等引入了一个新的 OpenFlow 应用程序（NpoL），可以由注册用户使用，以从网络运营商获取安全的位置证明①。

3. 识别配置错误

当用户为单个流表或多个 OpenFlow 交换机写入冲突规则时，可能会出现配置错误。为有效识别配置错误问题，Al-Shaer 等提出 FlowChecker 方法，使用二进制决策图对表的配置进行编码，然后使用模型检查技术对 OpenFlow 交换机的互联网络进行建模，通过分析单个流表识别交换机内的配置错误②。Kamisinski 等提出通过对定期收集的报告进行实时分析，重点检测受损的交换机，以及丢包交换机的恶意行为；同时，提出一种使用 OpenFlow 协议的恶意交换机监控和检测系统（FlowMon），可以通过控制器来分析收集端口的统计信息和实际转发路径，以检测 SDN 中的恶意交换机③。

4. 强化流表执行

虚假控制器的无序控制指令可能导致交换机流表混乱，为此需要强化流表执行。Lara 等提出了一种基于 OpenFlow 的安全框架（OpenSec），允许网络安全运营商创建和实施以人类可读的语言编写的安全策略。用户可以根据 OpenFlow 匹配字段描述一个流，定义不同安全服务的流策略（深度包检测、入侵检测、垃圾邮件检测等）④。Wang 等提出了一种可扩展、高效和轻量级的 SDN 网络框架（OF-GUARD），通过使用数据包迁移和数据平面缓存来防止从数据平面到控制平面的饱和攻击。其中，数据包迁移检测洪泛攻击，在发生攻击时保护交换机和控制器；数据平面缓存能够存储正确的流规则，缓存未命中数据包并将伪装数据包与正常数据包区分开⑤。Matias 等提出了一种基于流的网络访问控制解决方案（FlowNAC），使用 IEEE 802.1X 的修改版本来验证用户和访问控制级别，根据用户所请求的服务授予访问网络权限。在此设计下，SDN 可以根据目标方案添加适当的粒度（细粒度或粗粒度），并将数据平面上的服务动态识别为一组流，以执行

---

① Bifulco R, Karame G O. Towards a richer set of services in software-defined networks[C]. In: Proceedings of SENT, San Diego, CA, USA, 2014.

② Al-Shaer E, Al-Haj S. FlowChecker: configuration analysis and verification of federated OpenFlow infrastructures[C]. In: Proceedings of the 3rd ACM Workshop on Assurable and Usable Security Configuration, Chicago, IL, USA, 2010:37-44.

③ Kamisinski A, Fung C. FlowMon: detecting malicious switches in software defined networks[C]. In: Proceedings of the 2015 Workshop on Automated Decision Making for Active Cyber Defense (SafeConfig), 2015.

④ Lara A, Ramamurthy B. OpenSec: a framework for implementing security policies using OpenFlow[C]. In: Proceedings of the IEEE Global Communications Conference (GLOBECOM), Austin, Texas, 2014:781-786.

⑤ Wang H, Xu L, Gu G. OF-GURAD: A DoS attack prevention extension in software-defined networks[C]. ONS, 2014.

适当的策略[①]。此外，Liu 等设计了一个双层 OpenFlow 交换机拓扑，考虑了单个交换机中流表大小的限制，以及为这些交换机配置安全策略的复杂性，以此实现安全策略；还引入了一种安全的方法来逐个更新这些交换机的配置，以便在流量分配更改时实现更好的负载平衡[②]。

3.2.3 SDN 控制平面安全

控制器是 SDN 的核心，也是安全链中最薄弱的环节。SDN 通过控制器对网络进行集中管控。接入到控制器的攻击者，将有能力控制整个网络，进而给 SDN 带来难以预估的危害。该层面临欺骗/假冒身份、DoS/DDoS 攻击、控制器自身的设计及配置缺陷等威胁。因此，需要通过加强欺骗防护、DoS/DDoS 防护等策略，同时强化安全架构来保护关键组件的安全性，避免遭受各类安全威胁。控制平面安全防护解决方案如图 3-9 所示。

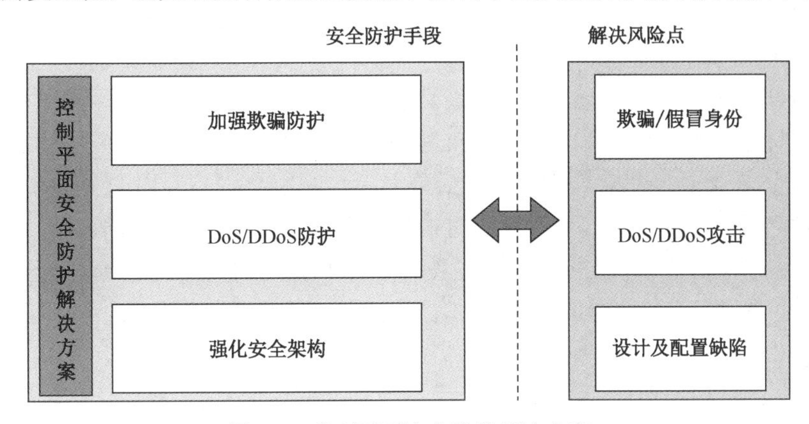

图 3-9 控制平面安全防护解决方案

1. 加强欺骗防护

为避免欺骗或假冒身份访问，可以在控制器上执行源地址的验证。例如，Yao 等提出了一种在控制器上实现虚拟源地址验证层（VAVE）的解决方案，可以验证外部数据包的地址。Matias 等在控制器中实现了地址解析映射（ARM）模块，可以跟踪授权用户的 MAC 地址。以此，控制器可以丢弃那些未被该模块验证的 ARP 响应[③]。Feng 等提出了一种基于

① Matias J, Garay J, Mendiola A, et al. FlowNAC: flow-based network access control[C]. In: Proceedings of the 3rd European Workshop on Software Defined Networks (EWSDN), Budapest, 2014: 79-84.

② Liu J, Li Y, Wang H, et al. Leveraging softwaredefined networking for security policy enforcement[J]. Information Sciences, 2016:288-299.

③ Matias J, Borja T, Alaitz M, et al. Implementing layer 2 network virtualization using OpenFlow: challenges and solutions[C]. In: Proceedings of the 2012 European Workshop on Software Defined Networking, 2012:30-35.

OpenRouter 进行 IP 源地址验证的解决方案，以此验证数据包的源地址①。Hong 等提出了一个 OpenFlow 控制器的安全扩展 TopoGuard，可自动和实时地检测网络拓扑中毒攻击，可以有效地保护网络拓扑，同时只对 OpenFlow 控制器的正常运行产生轻微的影响。

2. DoS/DDoS 防护

为实现 DoS/DDoS 防护，Tootoonchian 等提出了一种基于分布式事件的 OpenFlow 控制平面的解决方案（HyperFlow）②。其通过被动同步 OpenFlow 控制器中的网络信息，将策略定位到单个控制器，最小化控制平面对数据平面请求的响应时间；同时，支持互连独立地管理 OpenFlow 网络。Suh 等提出了面向内容的网络架构（CONA），扩展接入路由器以识别所请求的内容，代理从接入的主机接收请求并传递所请求的内容，实现了问责制，可以对抗 DDoS 等资源耗尽型攻击③。Fichera 等提出了一种针对 TCP SYNFLOOD 攻击的 OpenFlow 扩展 OPERETTA，可以在收到 TCP SYN 数据包的控制器中实现，并拒绝虚假连接请求④。Wang 等通过研究从数据平面到控制平面的饱和攻击，提出了一种轻量级、协议独立的防御框架 FloodGuard，以保护控制器免受过载。其主要包括两种技术：流规则分析结合符号执行和动态应用程序跟踪能力，以在运行时导出正确的流规则；数据包迁移通过使用速率限制和轮询调度来实现，高速缓存和处理未命中的数据包⑤。

此外，全球领先的虚拟数据中心和云数据中心应用交付与应用安全解决方案提供商 Radware 发布了 DefenseFlow，为各个机构提供全网范围的攻击缓解服务。DefenseFlow 通过 SDN 控制层收集用于攻击检测的流量信息，并按需对数据流进行安全分析和处理。同时，通过部署基于行为的实时网络攻击检测技术，网络运营者和 IT 人员以较小的成本为其网络提供 DoS 及 DDoS 保护服务。

3. 强化安全架构

增强控制器自身的安全设计，降低配置缺陷导致的错误策略。Porras 等提出了一种为控制器提供基于角色的授权和安全约束执行的软件扩展（FortNOX），可实时检查流规

---

① Feng T, Bi J, Hu H, et al. In SAVO: Intra-AS IP source address validation solution with OpenRouter[C]. In: Proceedings of INFOCOM, 2012.

② Tootoonchian A, Ganjali Y. HyperFlow: a distributed control plane for OpenFlow[C]. In: Proceedings of the Internet Network Management Workshop/Workshop on Research on Enterprise Networking (INM/WREN). Usenix, SanJose, CA, 2010: 1-6.

③ Suh J, Choi H, Yoon W, et al. Implementation of content-oriented networking architecture (CONA): a focus on DDoS countermeasure[C]. In: Proceedings of the 1st European NetFPGA Developers Workshop, ACM Press, Cambridge, UK, 2010: 1-5.

④ Fichera S, Galluccio L, Grancagnolo S C, et al. OPERETTA: an OpenFlow-based remedy to mitigate TCP SYNFLOOD attacks against web servers[J]. Comput.Netw, 2015,92:89-100.

⑤ Wang H, Xu L, Gu G. FloodGuard: a DoS attack prevention extension in software-defined networks[C]. In: Proceedings of the International Conference on Dependable Systems and Networks (DSN), 2015: 239-250.

则中的冲突，并划分了三个授权角色：人事管理员、安全应用程序和非安全相关的 OF 应用程序。约定规则是除了人事管理员，没有其他应用程序可以插入规则冲突的流①。Wen 等提出了一个包含一组特定于 OF 权限的细粒度权限系统和一个执行权限的隔离机制（PermOF），旨在保护控制器平台②。Hu 等引入了 FlowGuard，当网络状态发生变化时，它会根据网络流路径空间来判断防火墙规则的正确性，促进动态 OpenFlow 网络中防火墙策略违规的准确检测和有效解决③。Kotani 等提出了一种过滤机制来减少 packet-in 消息，实现交换机在发送由控制器预先指定的数据包输入消息之前记录数据包报头字段的值，并且过滤掉具有与记录值相同值的数据包，以此保障不会丢失重要的网络控制④。

3.2.4 SDN 应用平面安全

SDN 架构通过 SDN 控制器给应用层提供大量的可编程接口，这个层面上的开放性可能会带来接口的滥用。由于现有的对应用的授权机制不完善，容易安装恶意应用或安装受攻击的应用，使得攻击者利用开放接口实施对网络控制器的攻击。因此，需要通过完善应用授权管理机制、加强应用异常检测、采用智能响应开发框架（FRESCO）来提升应用平面的安全防护水平，降低从应用平面侧入侵的安全风险。应用平面安全防护解决方案如图 3-10 所示。

1. 完善应用授权管理机制

对 SDN 应用权限进行划分及统一管理，只授予应用能够完成其自身功能所需的最小权限。应用向控制器代理申请授权，获得相应的权限才能访问控制器。控制器代理负责维护应用权限，并将应用权限作为应用身份信息的一部分进行存储。另外，建立应用请求和权限的映射关系，在应用请求访问控制器之前对其进行权限检查。同时，在应用与控制器代理通信的过程中，记录应用的越权操作，为后续计算应用信誉值提供基础，防范信誉值低的应用风险。

---

① Porras P, Shin S, Yegneswaran V, et al. A security enforcement kernel for OpenFlow networks[C]. In: Proceedings of the 1st Workshop on Hot Topics in Software Defined Networks (HotSDN), 2012: 121-126.

② Wen X, Chen Y, Hu C, et al. Towards a secure controller platform for OpenFlow applications[C]. In: Proceedings of the 2nd ACM Workshop on Hot Topics in Software Defined Networking (HotSDN), Hong Kong, China, 2013:171-172.

③ Hu H, Han W, Ahn G, et al. FlowGuard: building robust firewalls for software-defined networks[C]. In: Proceedings of the 3rd Workshop on Hot Topics in Software Defined Networking (HotSDN), Chicago, Illinois, USA,2014: 97-102.

④ Kotani D, Okabe Y. A packet-in message filtering mechanism for protection of control plane in OpenFlow networks[C]. In: Proceedings of the 10th ACM/IEEE Symposium on Architectures for Networking and Communications Systems(ANCS),2014: 29-40.

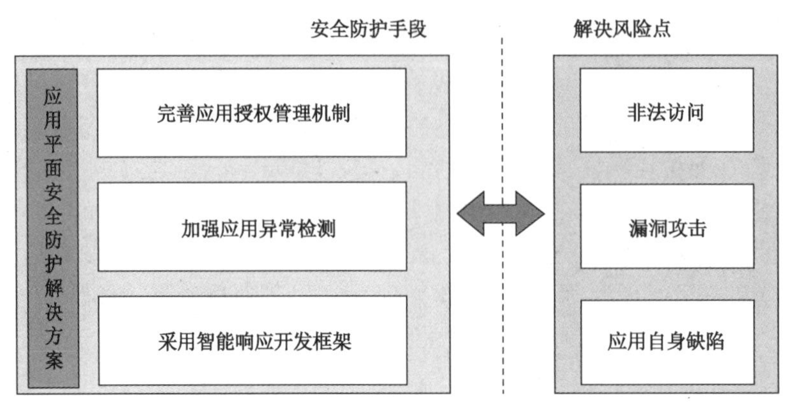

图 3-10 应用平面安全防护解决方案

2. 加强应用异常检测

保障 SDN 中一些重要应用程序的安全性也是保障 SDN 安全的重要因素之一。针对应用自身的安全性问题，Ball 等提出了一种验证 SDN 控制器应用是否正常运行的工具；VeriCon 等也提出了 NICE 检测模型，并使用该模型对真实的 Python 应用程序进行了漏洞测试和验证，以此来防止攻击者利用应用系统的漏洞获取对应用平面的控制权。

3. 采用智能响应开发框架

FRESCO 是一种智能响应开发框架，可以加快 SDN/OpenFlow 安全模块的设计和开发。其提供了一种 click-inspired 脚本语言，开发者可以利用这套语言开发及共享许多安全检测和减灾模块，也可以轻松地把这些模块组合起来，以便快速制作复杂安全服务的原型。部署完后，这些服务就可以确保控制器落实所生成的安全策略。例如，开发者可以使用 FRESCO 定义一个模块，以部署本地主机的隔离检查。同时，通过 FRESCO API，任何基于历史 DPI 的安全应用都可以在检测到主机感染时发起隔离响应，以此在安全开发的同时，最大化降低攻击所带来的安全风险。

3.2.5 SDN 南/北向接口安全

南/北向接口分别是控制平面和数据平面、控制平面和应用平面间的控制通道，存在缺乏安全防护策略、认证方法不统一等问题，易遭受恶意攻击或非法访问。因此，需要从加密认证、异常监测和攻击防护等方面加强防护策略，并进一步探索研究统一化、标准化的通信协议，增强南/北向接口安全防护水平。南/北向接口安全防护解决方案如图 3-11 所示。

1. 加密认证

为了减少中间人攻击、网络监控等安全威胁，应该保证通道的安全。加密是实现这一目标的必要条件和第一步。例如，使用 TLS、SSH 或其他方法来保护通信和控制器管理。然后，使用认证和加密方法保护来自控制器请求服务或数据应用服务的通信。此外，为防止恶意应用下发流规则影响网络正常运行，可设计证书颁发机制，建立认证中心。只有持有颁发证书，才能与控制器代理建立安全通信连接。还可利用代码检测和静态分析等方法来检测恶意应用，拒绝为恶意应用颁发证书。

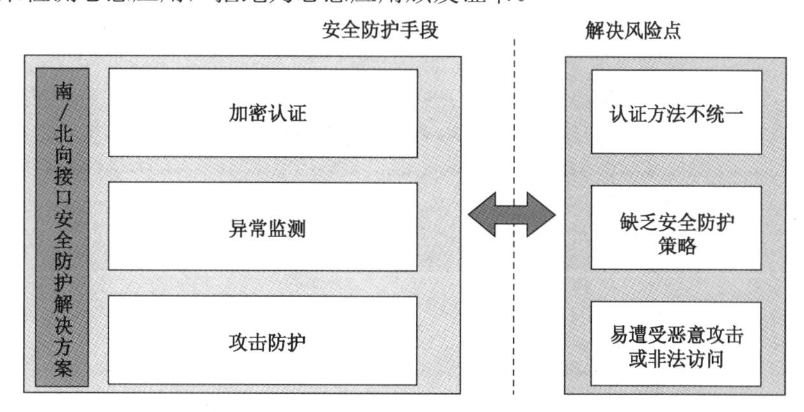

图3-11 南/北向接口安全防护解决方案

2. 异常监测

为了保护南/北向通信通道，应采用适当的监测手段来快速地检测恶意状态。例如，Liyanage等提出了基于主机标识协议（HIP）的安全控制信道架构，使用IPsec隧道和安全网关技术来保护信道，以增强交换机和控制器之间的通信，避免受各种DoS、欺骗、重播和窃听攻击等基于IP的攻击①。

3. 攻击防护

攻击必经控制通道，因此从控制通道侧防护攻击行为也十分必要。例如，Sherwood等提出了通过在控制平面和数据平面之间放置隔层来分割网络硬件（FlowVisor），FlowVisor使用OpenFlow，并且位于OpenFlow交换机、转发元素和多个OpenFlow控制器之间②。Shin等提出了一种工具（AVANT-GUARD），将连接迁移和执行触发器集成在一起并放在SDN交换机中，可以显著减少DoS攻击下的数据平面和控制平面的交互量，并解决数据平面与控制平面之间的通信瓶颈③。

① Liyanage M, Ylianttila M, Gurtov A. Securing the control channel of software-defined mobile networks[C]. In: Proceedings of the 2014 IEEE 15th International Symposium on World of Wireless, Mobile and Multimedia Networks(WoWMoM), Sydney, Australia, 2014: 1-6.

② Sherwood R, Gibb G, Yap K,et al. Can the production network be the testbed[C]. In: Proceedings of the 9th USENIX conference on Operating systems design and implementation(OSDI), Vancouver, BC, 2010: 1-6.

③ Shin S, Yegneswaran V, Porras P, et al. AVANT-GUARD: scalable and vigilant switch flow management in software-defined networks[C]. In: Proceedings of ACM SIGSAC Conference on Computer and Communications Security(CCS), ACM Press, Berlin, Germany, 2013: 413-424.

第 4 章 5G 移动边缘计算安全

4.1 概述

5G 移动边缘计算（MEC）是一种“在靠近移动通信网络边缘提供 IT 服务环境和云计算能力”的 5G 网络新型架构，实现计算及存储资源的弹性利用，向用户提供近端边缘计算服务，从而满足行业在低时延、高带宽、安全与隐私保护等方面的实际需求[①]。MEC 的出现，将传统电信网络与互联网业务进行了深度融合，减少了移动业务交付的端到端时延，发掘了无线网络的内在能力，从而提升了用户体验，给基础电信企业的运作模式带来了全新变革，促使建立了新型的产业链及网络生态圈，未来在智慧工厂、智能电网、智能驾驶、健康医疗、娱乐和数字媒体等领域具有诸多需求场景。

MEC 在带来便利的同时，随着功能下沉网络边缘、应用场景越来越丰富，也面临诸多新的安全风险，包括基础设施安全风险、平台安全风险、应用安全风险、网络服务安全风险、认证安全风险和协议安全风险。一旦出现漏洞，可能会遭受非法入侵，导致严重破坏应用、通信、数据的保密性、可用性和完整性，给用户和社会带来广泛的新型安全威胁。因此，迫切需要有针对性地提出安全防护架构及解决方案。

本章将紧密围绕上述 MEC 六大安全风险，重点聚焦非法入侵的安全威胁，构建 5G MEC 安全总体架构（见图 4-1），并分别从基础设施安全、网络服务安全、边缘计算平台及应用安全、认证安全、协议安全、边缘入侵检测等方面详细探讨 MEC 安全防护解决方案。

---

① 阿里云计算有限公司，中国电子技术标准化研究院，等. 边缘云计算技术及标准化白皮书[R]. 2018.

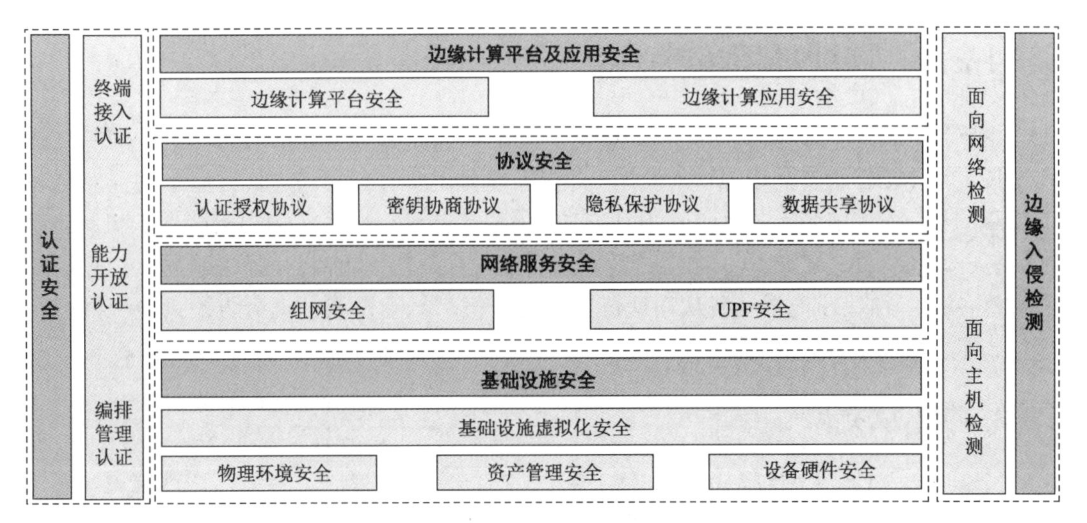

图 4-1　5G MEC 安全总体架构

4.2　基础设施安全

相比传统核心网的中心机房，MEC 边缘计算节点可能部署在无人值守的机房，物理部署地点甚至是人迹罕至的地方，机房环境复杂多样，存在受到自然灾害而引发的设备断电、网络断链等安全风险，也更容易遭受物理接触攻击。同时，MEC 基础设施主要采用虚拟化部署方式，也会存在虚拟化所面临的安全风险。为防护上述安全风险，要从物理环境安全、资产管理安全、设备硬件安全、基础设施虚拟化安全等方面加强安全防护。基础设施安全防护解决方案如图 4-2 所示。

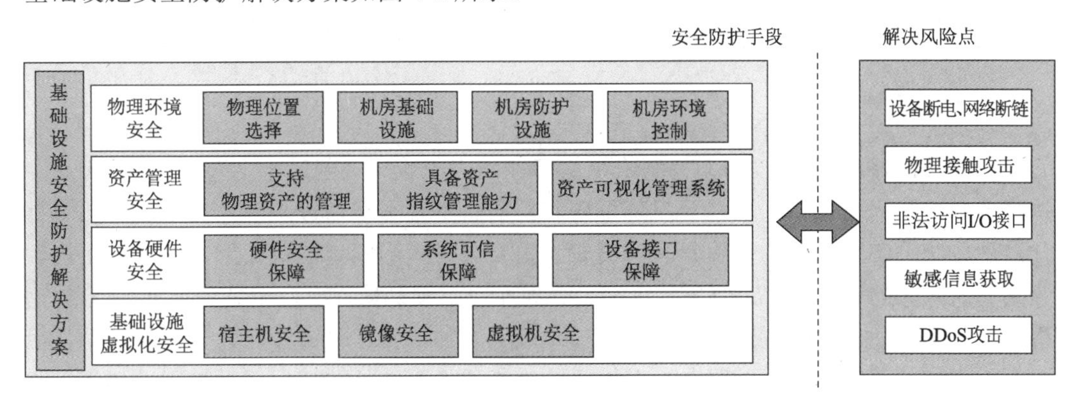

图 4-2　基础设施安全防护解决方案

4.2.1 物理环境安全

中国通信标准化协会（China communications standards association，CCSA）的安全架构中规定了 MEC 的安全边界：要求“应部署在基础电信企业可控、具有基本物理安全环境保障的机房，UPF 网元或者虚拟化 UPF 所在的基础设施应具备物理安全保护机制，包括防拆、防盗、防恶意断电、防篡改等，设备断电/重启、链路断开等问题发生后应触发告警”。MEC 物理环境至少要从物理位置选择、机房基础设施、机房防护措施和机房环境控制等方面进行安全防护①。

1. 物理位置选择

MEC 需要在一个相对密闭的环境中运行，机房应该选择一个合适的物理位置，最大程度避开雷击、地震多发区，以及爆炸、火灾、水灾隐患地点，最好选择建设在具备防震、防风和防雨能力的建筑内，避免将机房部署在建筑物的顶层或地下室，以防顶层漏水、地下室雨水倒灌或地下水渗透。如果不得已将机房部署在以上位置，应当加强防水和防潮措施。

2. 机房基础设施

MEC 机房在防雷击、防火、防水、防潮、防静电、电力供应、电磁防护等方面应满足等级保护相关要求。防雷击方面，应将各类机柜、设施和设备等通过接地系统安全接地，并采取措施防止雷击；防火方面，机房区域应采用具有耐火等级的建筑材料，并划分区域管理，区域和区域之间设置隔离防火措施；防水、防潮方面，应做好机房窗户、屋顶和墙壁渗透防护，采取措施防止机房内水蒸气结露和地下积水的转移与渗透；防静电方面，应安装防静电地板，并采用必要的防静电措施；电力供应方面，应在供电线路上配置稳压器和过电压防护设备，提供短期的备用电力供应；电磁防护方面，电源线和通信线缆应隔离铺设，避免互相干扰，对关键设备实施电磁屏蔽。

3. 机房防护措施

MEC 机房应做好物理访问控制安全措施和防盗防破坏安全措施。物理访问控制安全措施方面，机房出入口配置电子门禁系统，控制、鉴别和记录进入的人员，支持历史事件追溯。防盗防破坏安全措施方面，设备或主要部件应当固定在机架上，并在显著位置张贴不易除去的资产标志或标签；机柜具备电子防拆封功能，支持记录和审计打开/关闭机柜的行为；通信线缆应铺设在隐蔽处或难以触及的位置，可铺设在地下或管道中；应设置机房防盗报警系统或设置有专人值守的视频监控系统，实时展示报警区域的视频监控图像。

---

① 庄小君，杨波，王旭，等. 移动边缘计算安全研究[J]. 电信工程技术与标准化，2018(12):38-43.

4. 机房环境控制

MEC 机房环境控制要配置温湿度自动调节设施，使机房温湿度的变化在设备运行所允许的范围内，并具备检测、告警功能，保证及时发现机房温湿度失衡和空调漏水；配置火灾自动消防系统，能够自动检测火情、自动报警，确保火情可以及时地被发现和消除；配置双路冗余电路、UPS（uninterrupted power system，不间断电源系统）及柴油发电机等备用电力输出系统，保证机房电力供应的持续性。同时，可增加远程智能安全监控，智能感知各分布式 MEC 节点的动力、环境、安防等物理状态，及时发现物理安全的异常情况。

4.2.2　资产管理安全

MEC 基础设施为整个边缘计算节点提供软硬件基础资源，需要确保基础设施资产全生命周期过程中的安全可信，建立基础设施信任链条。因此，MEC 相关基础设施应支持物理资产的管理，实现基础设施资产的发现（纳管）、删除、变更和呈现，并具备资产指纹管理能力，视情配备资产可视化管理系统[①]。

1. 支持物理资产的管理

支持将 MEC 基础设施分类管理，实现物理资产的发现（纳管）、删除、变更和呈现，以此加强关键业务本身的资产安全防护管理能力。其中，基础设施应统一支持宿主机的自动发现；对于交换机、路由器及安全设备，应支持自动发现或手动添加资产库。

2. 具备资产指纹管理能力

资产指纹管理功能应支持采集分析、记录并展示端口、软件、进程、账户四种指纹信息，提供详细的资产盘点数据；应支持设置采集刷新频率，并能够根据所设置的频率定期采集资产指纹，以此实现对资产概况和运行状态的快速感知，及时发现安全风险。

3. 资产可视化管理系统

视情配备资产可视化管理系统，对资产日常操作流程中涉及的任务、地点、实物、时间等信息进行记录，并引入提醒告警功能。同时，支持将 MEC 基础设施分类图形化展示管理，并可自动巡检和定位隐患、类型异常设备、位置异常设备、地址异常设备等，提升安全风险预警及响应处置效率。

---

① 张滨. 5G 边缘计算安全研究与应用[J]. 电信工程技术与标准，2020(12):1-7.

4.2.3 设备硬件安全

MEC 相关设备应是可信设备，具备防止非法设备接入的能力，由 MEC 服务器提供设备可信验证能力。MEC 设备应至少从硬件安全保障、系统可信保障和设备接口保障三个方面加强安全防护。设备硬件安全防护解决方案如图 4-3 所示。

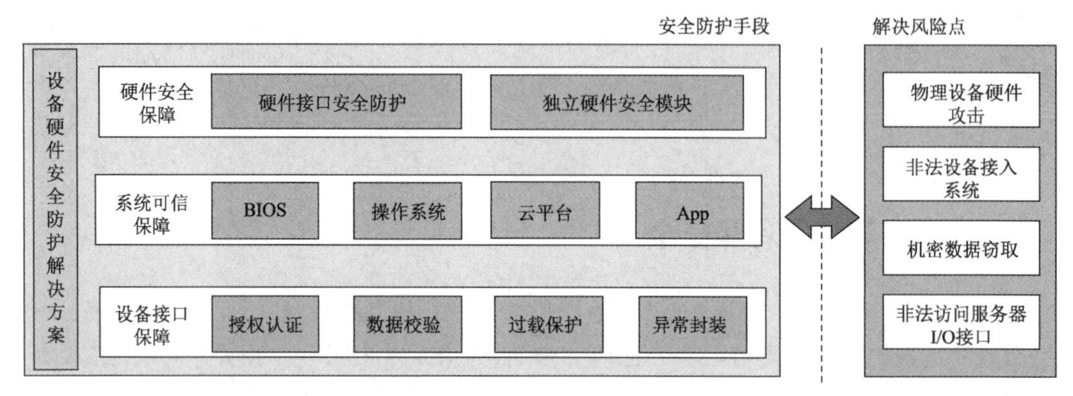

图 4-3 设备硬件安全防护解决方案

1. 硬件安全保障

一方面，硬件接口应具备固件安全管理能力，支持在设备初始上电时对固件路径进行设置，通过在启动阶段调用安全验证功能，确保对关键硬件设备和操作系统核心文件的完整性进行度量与验证后，才可正常启动；另一方面，应用独立硬件安全模块，以扩展卡或外部设备的形式直接连接到服务器，同时采用操作和管理的角色分离机制，保护和管理强认证系统所使用的密钥，实现系统安全、认证启动或主机监测，确保主机在授权下访问其密钥，以此防范硬件设备调用和管理安全风险。

2. 系统可信保障

对于 MEC 设备内的 BIOS、操作系统、云平台、App 等软硬件，为实现“可信访问/启用”的防护目标，可在 MEC 服务器主板上增加 TPM 芯片作为信任根，确保启动链安全，防止被植入后门。上电后，TPM 先于 CPU 启动，首先对 BIOS 进行可信检测，然后 BIOS 对硬盘等其他硬件进行可信检测。在启动阶段逐级度量计算哈希值，将 TPM 记录的度量值与远程证明服务器上预置的软件参考基准值进行比对，确保软件合法运行。基于 TPM 芯片的逐级可信检测流程如图 4-4 所示[①]。

---

① 陆威，王全. 利用可信计算技术增强 MEC 的安全性[J]. 移动通信，2022(4): 59-64.

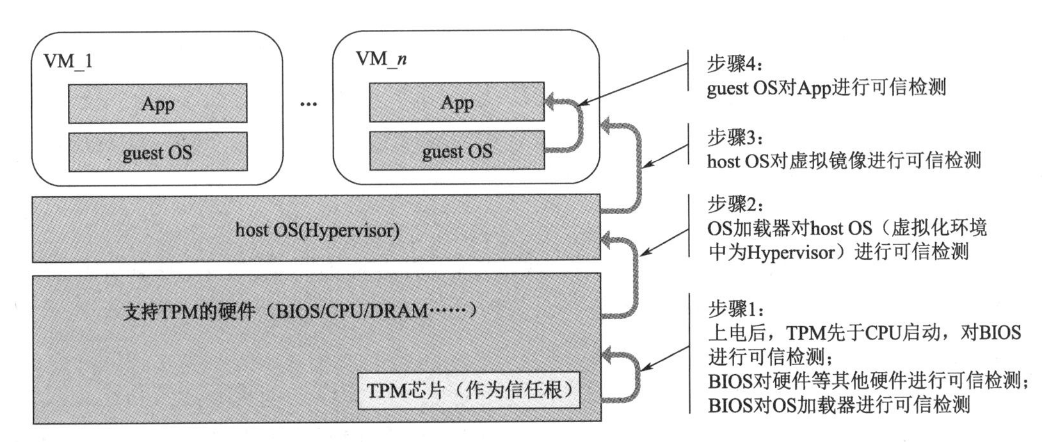

图 4-4　基于 TPM 芯片的逐级可信检测流程

3. 设备接口保障

在以最小权限原则设置访问控制策略和规则的前提下，应用授权认证、数据校验、过载保护及异常封装四类机制，并采用 HTTPS（hypertext transfer protocol secure，超文本传输安全）协议，为客户端和服务器之间的通信加密，以此保障设备接口安全。授权认证方面，可采用口令认证，通过在客户端登录成功后分配一个口令，由服务器端校验客户端口令的合法性，并拦截不一致的请求。数据校验方面，可通过客户端对所有请求接口参数做加密生成签名，将签名作为请求参数一并传到服务器端，服务器端接收请求同时做验签的操作，并拦截不一致的请求。过载保护方面，可对接口访问频率设置一定的阈值，对超过阈值的请求进行屏蔽及预警。异常封装方面，服务器端可构建异常统一的处理框架，对服务可能出现的异常做统一封装，防止程序堆栈信息暴露。

4.2.4　基础设施虚拟化安全

在 MEC 基础设施中，容器或虚拟机是主要的部署方式。攻击者可通过篡改容器或虚拟机影像，利用 host OS 或虚拟化软件漏洞，针对容器或虚拟机进行 DDoS 攻击，利用容器或虚拟机逃逸攻击主机或主机上的其他容器或虚拟机，存在极高的安全风险。因此，MEC 基础设施虚拟化安全应至少从宿主机、镜像、虚拟机等方面研提安全解决方案。

1. 宿主机安全

应通过采取禁用不必要的设备/组件/程序、配置用户访问策略、操作系统安全加固、启用安全协议策略、配置管理日志记录等安全防护措施，保障宿主机安全。具体措施如下。

（1）禁用不必要的设备/组件/程序。宿主机应禁用 USB 等不必要的设备，应禁止安装不必要的系统组件，禁止启用邮件代理等不必要的应用程序或服务。

（2）配置用户访问策略。应根据用户身份对主机资源访问请求加以控制，防止对操作系统进行越权（水平权限提升）、提权（垂直权限提升）操作，以及防止数据泄露。

（3）操作系统安全加固。主机操作系统应为不同身份的管理员分配不同的用户名及权限，禁止多个管理员共用一个账户，并设置符合安全性要求的口令策略，配置操作系统级强制访问控制策略。同时，应禁止利用宿主机的超级管理员账号远程登录，并对登录宿主机的 IP 进行限制。

（4）启用安全协议策略。应启用安全协议对宿主机进行远程登录，禁用 Telnet、FTP 等非安全协议对主机进行访问。应具备登录失败处理能力，设置登录超时策略、连续多次输入错误口令的处理策略、单点登录策略。

（5）配置管理日志记录。宿主机系统应为所有操作系统级访问控制配置日志记录，并应支持对日志的访问进行控制，只有授权的用户才能够访问。

2. 镜像安全

从镜像生成、镜像上传、镜像发布三个阶段，加强镜像安全防护。具体措施如下。

（1）镜像生成安全。虚拟机镜像、容器镜像、快照等需进行安全存储，防止非授权访问；基础设施应确保镜像的完整性和机密性，虚拟层应支持镜像的完整性校验。应使用业界通用的标准密码技术或其他技术手段保护上传镜像，基础设施应能支持使用被保护的镜像来创建虚拟机和容器。

（2）镜像上传安全。约束镜像必须上传到固定的路径，避免用户在上传镜像时随意访问整个系统的任意目录。使用命令行上传镜像时，禁止用户通过"../" 的方式任意切换目录。使用界面上传镜像时，禁止通过浏览窗口任意切换到其他目录。同时，应禁止 at、cron 命令，避免预埋非安全操作。

（3）镜像发布安全。需要通过漏洞扫描检查，至少保证无 CVE、CNVD、CNNVD 等权威漏洞库收录公开的“高危”或“超危”安全漏洞。

3. 虚拟机安全

依托 Hypervisor 采取资源隔离、安全加固、权限设置、资源监测等安全防护措施，保障虚拟机安全。具体措施如下。

（1）资源隔离。Hypervisor 要能够实现同一物理机上不同虚拟机之间的资源隔离，包括 vCPU 调度安全隔离、存储资源安全隔离、内部网络的隔离，对不安全的设备进行严格隔离，避免虚拟机之间的数据窃取或恶意攻击，保证虚拟机的资源使用不受周边虚拟机的影响。

（2）安全加固。Hypervisor 安全管理和安全配置应采取“服务最小化”原则，禁用不必要的服务。如果硬件支持输入/输出内存管理单元（input/output memory management unit，IOMMU）功能，Hypervisor 应该支持该配置项，以更好地管理虚拟机对直接存储器存取（direct memory access，DMA）的访问。

（3）权限设置。Hypervisor 应支持多角色定义，并支持给不同角色赋予不同权限以执行不同级别的操作，同时支持设置虚拟机的操作权限及每个虚拟机使用资源的限制。终端用户使用虚拟机时，仅能访问属于自己的虚拟机资源（如硬件、软件和数据），不能访问其他虚拟机资源，无法探测其他虚拟机的存在。

（4）资源监测。Hypervisor 应支持监控资源的使用情况，可以实时监测虚拟机的运行情况，有效发掘恶意虚拟机行为，避免恶意虚拟机迁移对其他边缘数据中心造成感染。

4.3　网络服务安全

MEC 架构下，接入设备数量庞大且类型众多，多种安全域并存，安全风险点增加，并且更容易实施 DDoS 攻击。MEC 节点部署位置下沉，导致攻击者更易接触边缘计算节点。攻击者可以通过非法连接、访问网络端口来获取网络传输数据。此外，传统的网络攻击手段仍然可对 MEC 传输环节造成威胁，如恶意代码入侵、缓冲区溢出、以及数据窃取、篡改和丢失等。为防护上述安全风险，至少要从组网安全、UPF 安全两方面考虑安全防护手段[①]。

4.3.1　组网安全

MEC 平台除了要部署 UPF 和边缘计算平台，还要考虑在 MEC 上部署第三方 App，如垂直行业 App。其基本组网安全要求为支持管理、业务和存储三平面物理/逻辑隔离，根据业务访问需求设置隔离区（demilitarized zone，DMZ），支持 UPF 流量隔离，以此最大化降低网络攻击引发的安全风险。组网安全防护解决方案如图 4-5 所示。安全要求及场景分析如下。

1. 安全要求

1）三平面隔离

服务器和交换机等设备，应支持管理、业务和存储三平面物理/逻辑隔离。对于业务安全要求级别高且资源充足的场景，如涉及国计民生大事的智能电网 MEC 应用场景，应支持三平面物理隔离；对于业务安全要求级别不高的场景，可支持三平面逻辑隔离，以此防范“一点攻破、全面破防”的风险。

① 工业互联网产业联盟. 5G 边缘计算安全白皮书[R]. 2020.

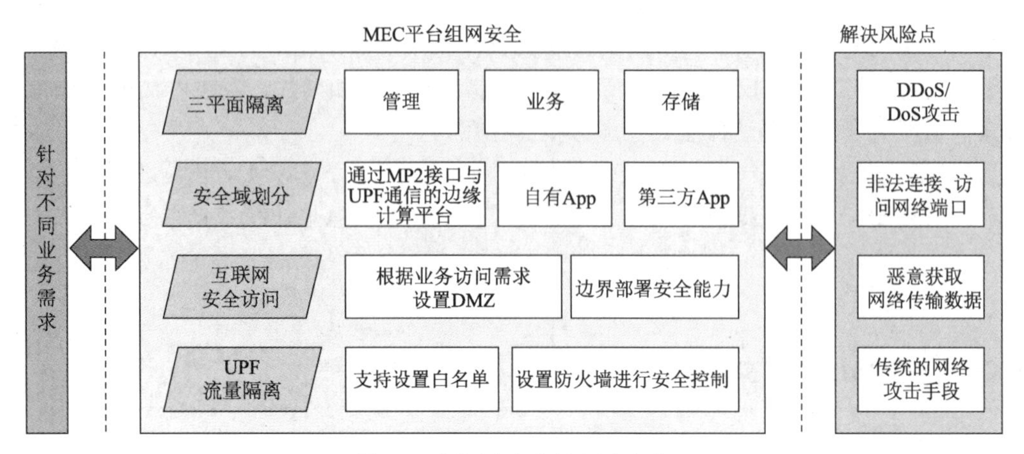

图 4-5　组网安全防护解决方案

2）安全域划分

UPF 和通过 MP2 接口与 UPF 通信的边缘计算平台应部署在可信域内，和自有 App、第三方 App 处于不同安全域，根据业务需求实施物理/逻辑隔离，将风险控制在安全域范围内。

3）互联网安全访问

对于有互联网访问需求的场景，应根据业务访问需求设置 DMZ（如 IP 地址暴露在互联网的 portal 等应部署在 DMZ），并在边界部署抗 DDoS 攻击、入侵检测、访问控制、Web 流量检测等安全能力，实现边界安全防护。

4）UPF 流量隔离

UPF 应支持设置白名单，针对 N4、N6、N9 接口分别设置专门的 VRF；UPF 的 N6 接口连接边缘云中心，应设置防火墙进行安全控制。

2. 场景分析

MEC 的组网安全与 UPF 的位置、边缘计算平台的位置及 App 的部署紧密相关，因此，还需要根据不同的部署方式进行分析。不同场景组网安全要求如下。

在广域 MEC 场景下，UPF 和边缘计算平台一般部署在运营商汇聚机房，广域 MEC 场景架构如图 4-6 所示。在运营商边缘云部署 UPF 和边缘计算平台，行业用户的 App 部署到运营商的边缘计算平台，其组网要求实现三平面隔离、安全域划分、互联网安全访问和 UPF 流量隔离四个基本的安全隔离要求。

在局域 MEC 场景下，对于安全与隐私保护高敏感的行业，一般选择将 UPF 和边缘计算平台部署在园区，局域 MEC 场景架构如图 4-7 所示。其组网要求除了包括上述四个基本安全要求，在安全域划分方面，还需要 UPF 和边缘计算平台与 App 之间进行安全隔离，以及 App 与 App 之间进行隔离（如划分 VLAN 等）；在 UPF 流量隔离方面，还应在 UPF 的 N4 接口设置安全访问控制措施，对 UPF 和 SMF 的流量进行安全控制。

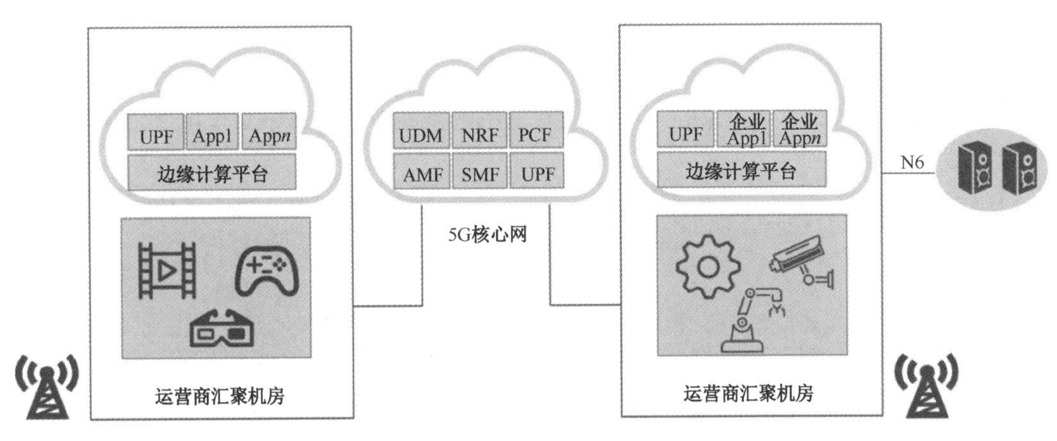

图 4-6　广域 MEC 场景架构

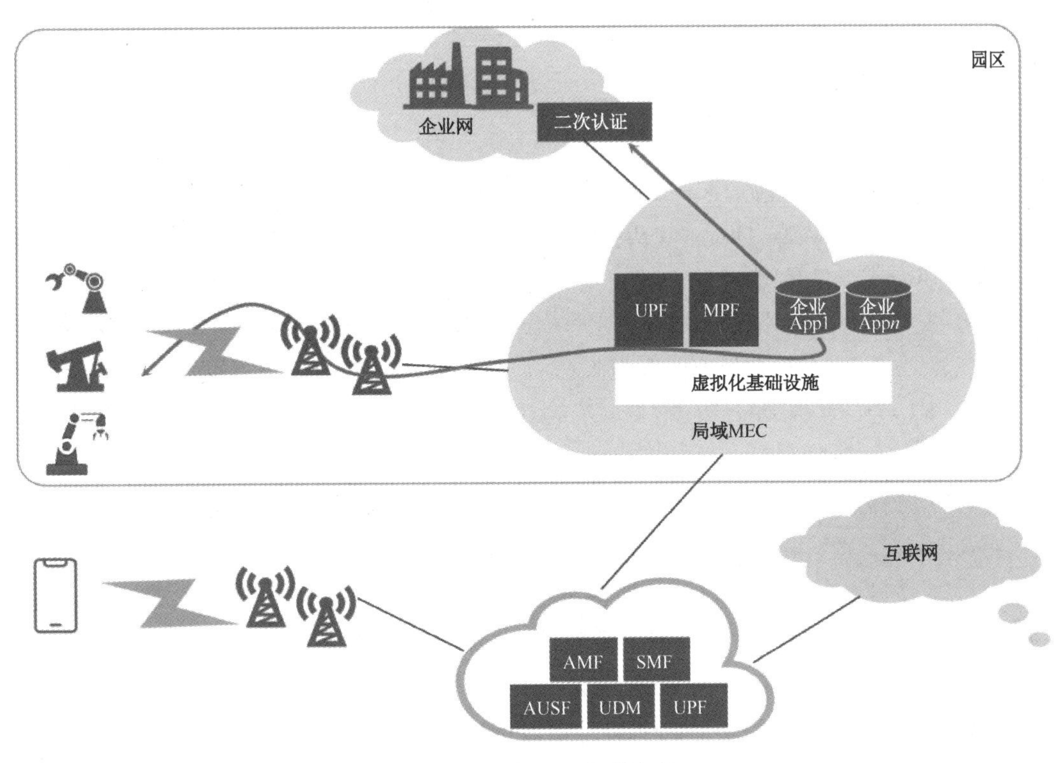

图 4-7　局域 MEC 场景架构

4.3.2　UPF 安全

核心网功能随 UPF 下沉到 5G 网络边缘，增加了核心网的安全风险。因此，部署在 5G 网络边缘的 UPF 应具备电信级安全防御能力。UPF 安全要求主要包括网络安全和业务安全。

1. UPF 网络安全要求

UPF 网络安全要求包括支持网络不同安全域隔离功能、支持内置接口安全功能和支持信令数据流量控制。

（1）支持网络不同安全域隔离功能。UPF 支持对网络管理域、核心网络域、无线接入域等进行 VLAN 划分隔离。UPF 的数据面与信令面、管理面能够互相隔离，避免互相影响。

（2）支持内置接口安全功能。位于园区客户机房的 UPF 应支持内置接口安全功能，如支持 IPSec 协议，实现与核心网网络功能之间的 N3/N6/N4/N9/N19 接口建立 IPsec 安全通道，保护传输的数据安全。

（3）支持信令数据流量控制。UPF 应对收发自 SMF 的信令流量进行限速，防止发生信令 DDoS 攻击。

2. UPF 业务安全要求

UPF 业务安全要求包括支持防移动终端发起的 DDoS 等攻击行为、协议控制功能、移动终端地址伪造检测、同一个 UPF 下的终端互访策略、UPF 流量控制、内置安全功能和海量终端异常流量检测。

（1）支持防移动终端发起的 DDoS 等攻击行为。UPF 应支持对终端发起的 DDoS 攻击的防范，支持根据配置的包过滤规则（访问控制列表），对终端数据报文进行过滤。

（2）支持协议控制功能。UPF 应具有协议控制功能，可以选择允许/不允许哪些协议的 IP 报文进入 5G 核心网，以保证 5G 核心网的安全。该功能可以通过防火墙实现。

（3）支持移动终端地址伪造检测。对会话中的上下行流量的终端用户地址进行匹配，如果会话中报文的终端地址不是该会话对应的终端用户地址，UPF 需要丢弃该报文。

（4）支持同一个 UPF 下的终端互访策略。对于终端用户之间的互访，UPF 可以根据基础电信企业策略进行配置。同时，还应支持把终端互访报文重定向到外部的网关，由网关设备来决定是禁止还是允许终端互访。

（5）支持 UPF 流量控制。UPF 应对来自用户设备或者 App 的异常流量进行限速，防止发生 DDoS 攻击。

（6）支持内置安全功能。内置虚拟防火墙功能，实现安全控制（如 UPF 拒绝转发边缘计算应用发送给 5G 核心网的报文）等。

（7）支持海量终端异常流量检测。UPF 和核心网控制面需要对海量终端的异常行为进行检测，识别并及时阻断恶意终端的攻击行为，识别被攻击者恶意劫持的合法终端。

4.4　边缘计算平台及应用安全

4.4.1　边缘计算平台安全

边缘计算平台（MEP）是基于虚拟化基础设施部署，对外提供应用的接口。其风险点存在于，攻击者或者恶意应用对 MEP 的服务接口进行非授权访问，拦截或者篡改 MEP 与 App 等之间的通信数据，对 MEP 实施 DDoS 攻击；又或者，通过恶意应用访问 MEP 上的敏感数据，窃取、篡改和删除用户的敏感隐私数据。因此，MEP 需要在做好系统安全建设的基础上，强化安全事件管理和平台基线管理，确保平台本身及上层应用安全性，避免攻击或窃取行为风险，做到风险可控、事件可溯、故障定位清晰、响应恢复迅速。MEP 安全防护解决方案如图 4-8 所示。

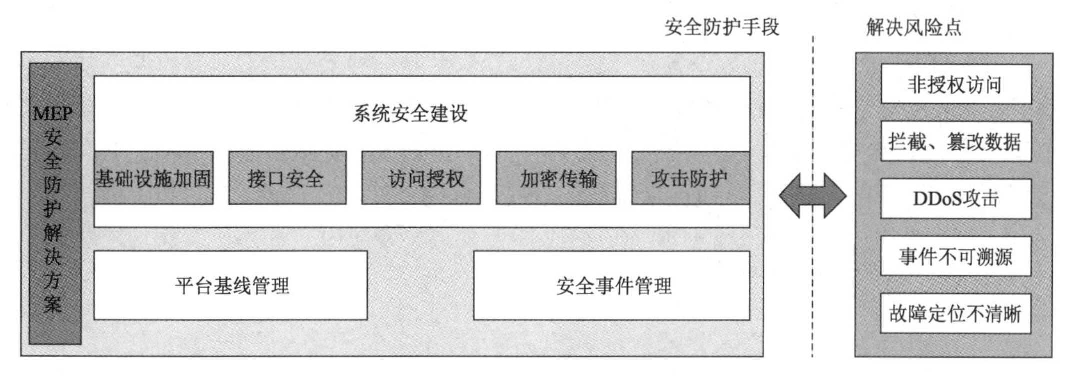

图 4-8　MEP 安全防护解决方案

1. 系统安全建设

根据 MEC 架构，MEP 本身是基于虚拟化基础设施部署的，需要采取基础设施加固、接口安全、访问授权、加密传输、攻击防护等方面的措施，为虚拟化基础设施及系统提供安全保障。

基础设施加固方面，应对 host OS、虚拟化软件、guest OS 进行安全加固，并提供 MEP 内部虚拟网络隔离和数据安全机制。接口安全方面，MEP 对外提供应用发现、通知的接口，应保证接口安全、API 调用安全。访问授权方面，对 MEP 的访问需要进行认证和授权，防止恶意的应用对 MEP 的非授权访问。加密传输方面，为防止 MEP 与 App 等之间的通信数据被拦截、篡改，MEP 与 App 等之间的数据传输应启用机密性、完整性、防重放保护。攻击防护方面，MEP 应支持防 DDoS 攻击，MEP 的敏感数据应启用安全保护，防止非授权访问和篡改等。

2. 安全事件管理

针对 MEC 系统安全事件管理，制定相关管理要求及规程，强化技术手段建设。管理方面，落实 MEC 系统安全事件的监测、发现、分析和报告原则，发现并记录事件管理活动，评估决断系统安全事态及安全弱点，及时响应处理和报告安全问题；技术方面，实现 MEC 系统中的安全事件可追溯，提高告警日志利用率，对安全事件进行预警。

通过收集物理安全设备、虚拟安全设备、应用层安全设备的相关告警日志，上报至态势感知系统进行分析，进行安全预警；同时将告警信息进行归档，方便后续日志追溯，确保快速、有效和有序地响应系统安全事件。

例如，可以通过已经部署在安全管理中心的日志审计系统，集中采集边界防火墙中的系统安全事件、用户访问记录、系统运行日志、系统运行状态等各类信息，以统一格式的日志形式进行集中存储和管理，实现对信息系统日志的全面审计，同时帮助管理员进行故障快速定位，并提供客观依据进行追查和恢复。

3. 平台基线管理

遵照 ISO 270001 信息安全管理体系标准①、信息安全技术网络安全等级保护基本要求②等安全标准，结合 MEC 基础设施及系统安全防护要求，建议设定系统最低安全要求配置，划定平台安全基线，定期开展系统安全漏洞、系统配置脆弱性和系统状态的基线检查，保证 MEP 的可靠性和安全防护能力。尤其至少要针对宿主机、虚拟机、物理网络设备、虚拟网络设备、镜像、应用软件包（网元、第三方应用）进行基线核查，确保平台本身及上层应用的安全性。

4.4.2 边缘计算应用安全

边缘计算应用（含 App）可以分为核心网功能、增值业务、第三方垂直行业业务等多种不同的业务类型，不同类型业务的安全要求和安全能力不同，尤其是第三方垂直行业的应用，涉及互联网环境，可能会给边缘计算应用引入比较大的安全风险，包括 DDoS 攻击、非法访问、权限滥用、软件漏洞、恶意消耗资源等威胁。因此，边缘计算应用安全应该从事前预防、事中控制、事后审计的思路出发，围绕应用间隔离防护、应用权限控制、应用监控、应用审计③等方面研提安全解决方案，并重点关注 App 全生命周期管控④。边缘计算应用安全防护解决方案如图 4-9 所示。

---

① 国际标准化组织（ISO）. ISO 270001 信息安全管理体系标准[S]. 2005.

② 国家市场监督管理总局，国家标准化管理委员会. 信息安全技术网络安全等级保护基本要求：GB/T 22239—2019 [S]. 北京：中国标准出版社，2019.

③ 边缘计算产业联盟，工业互联网产业联盟. 边缘计算安全白皮书[R]. 2019.

④ 罗成，冯纪强，李苏，等. 5G 安全体系与关键技术[M]. 北京：人民邮电出版社，2020.

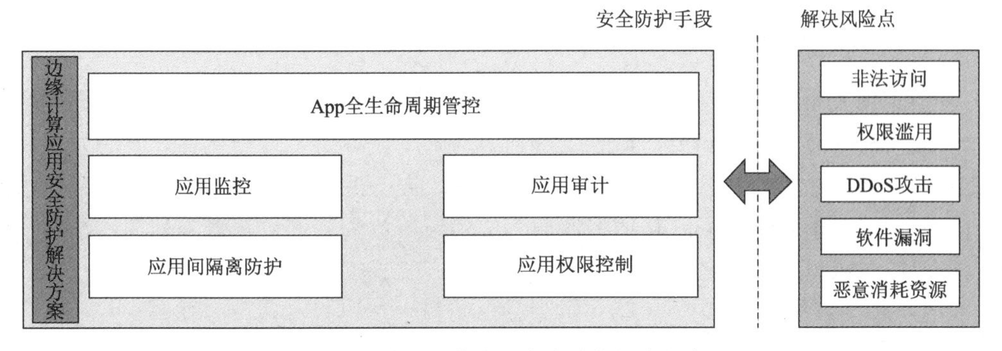

图 4-9　边缘计算应用安全防护解决方案

1. 应用间隔离防护

边缘计算应用以 VNF 的方式部署在 NFV 基础设施上，当边缘计算应用以虚拟机或容器部署时，相应的虚拟化基础设施也应支持边缘计算应用使用的虚拟 CPU、虚拟内存及 I/O 等资源与其他虚拟机或容器使用的资源进行隔离，支持 App 镜像和镜像仓库完整性和机密性保护，以及访问控制保护等，可参考虚拟层安全要求。

2. 应用权限控制

权限与访问控制用于定义和管理用户的访问权限，由于边缘计算节点通常是海量异构、分布式松耦合、低时延及高度动态性的低端设备，因此，建议提供轻量级的最小授权安全模型（如白名单技术），去中心化、分布式的多域访问控制策略，支持快速认证和动态授权的机制等关键技术，从而保证合法用户安全可靠地访问系统资源并获取相应的操作权限，同时限制非法用户的访问。

3. 应用监控

边缘计算应用通常部署在异构边缘计算节点上，需要与现场设备交互，功能单一、信息透明、安全性相对薄弱，容易被非法访问或恶意攻击，需要部署应用监控，对违反安全规则的行为及时进行警告或者阻断，实现对安全威胁的及时响应。边缘计算应用监控包括应用行为监控和应用资源占用监控，可以采用日志分析进行应用运行行为监控，通过在应用代码中埋点或安装监控工具进行性能监控。

4. 应用审计

边缘计算业务中的网络环境更加复杂，需要使用安全审计来帮助安全人员审计应用程序的正确性、合法性和有效性，将妨碍应用运行的安全问题及时报告给安全控制台。一般情况下，要定期采集各种设备和应用的安全日志并进行存储与分析，发现应用的违规、越权和异常行为，对违规操作进行研判，并开展事后追溯。

5. App 全生命周期管控

边缘计算 App 应做好全生命周期管控。其中，在 App 上线前，必须进行代码安全审计和镜像扫描，消除安全隐患；App 上线后，应对其定期进行安全评估，及时发现安全风险；App 运行时，对占用的虚拟资源应有限制，防止恶意移动边缘计算 App 故意占用其他应用的虚拟化资源；App 释放资源后，应对所释放的资源进行清零处理；App 下线后，应同步取消相应的 API 授权。

4.5 认证安全

从认证安全来看，一方面，MEC 需要开展内部系统、应用及服务的自动化配置、管理和协调，为了保障其安全有序运行，应进行编排管理认证；另一方面，MEC 为更好地为边缘计算应用提供服务，网络能力向边缘计算应用开放，在此过程中也需做好能力开放认证。此外，MEC 网络中包含大量地理分散的终端设备，终端接入认证成为一个巨大的挑战。因此，MEC 认证安全应至少包括编排管理认证、能力开放认证和终端接入认证三个方面。认证安全防护解决方案如图 4-10 所示。

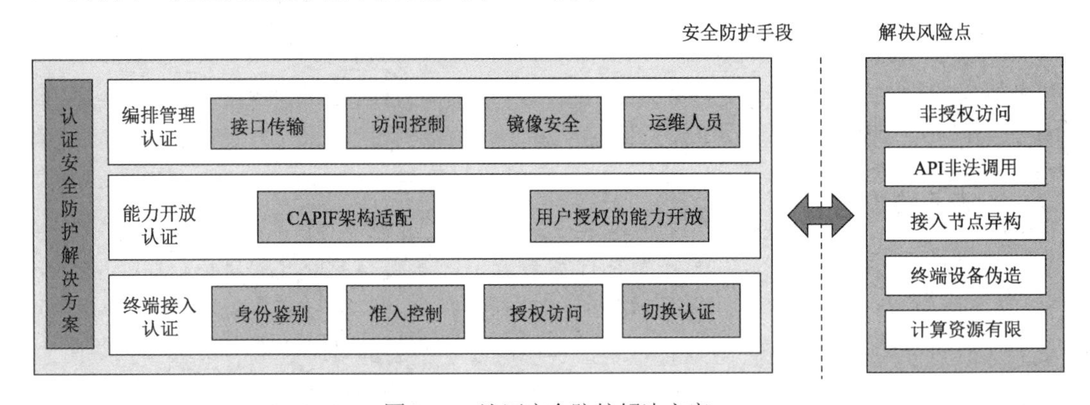

图 4-10　认证安全防护解决方案

4.5.1 编排管理认证

编排管理主要保障编排管理的可信、可用，需要做好接口传输认证、访问控制认证、镜像安全认证和运维人员认证。编排管理认证的具体措施如下。

（1）接口传输认证。对编排管理双方网元启动双向认证或白名单接入方式，提升连接的可靠性。同时，建立安全通道，对编排管理通道加密传输和解密认证，防止编排管理信息泄露。

（2）访问控制认证。通过编排管理系统部署访问控制策略，防止网元的敏感数据泄露，确保数据内容无法被未经授权的实体或个人获取；同时，远程登录移动边缘编排和管理系统网元，应通过 SSHv2 等安全协议登录并进行操作维护。

（3）镜像安全认证。对虚拟镜像及容器镜像等进行数字签名，在加载前进行验证。对镜像仓库进行实时监控，防止被篡改和非授权访问。

（4）运维人员认证。维护、管理远程接入必须通过专用 VPN 设备连接，所有的运维人员必须通过 4A 系统的堡垒机认证授权后，才能进行维护、管理操作。对维护、管理进行细粒度的分权分域访问控制，MEC App 和 MEP 的运营应隔离，第三方 App 之间的运营也应隔离，避免越权操作和数据泄露。

4.5.2　能力开放认证

为了便于用户开发所需的应用，MEC 需要为用户提供一系列的开放 API，允许用户访问 MEC 相关的数据和功能。这些 API 为应用的开发和部署带来了便利，同时成了攻击者的目标。如果缺少有效的认证和鉴权手段，或者 API 的安全性没有得到充分的测试和验证，那么攻击者将有可能非法调用 API、非法访问或篡改用户数据[①]。因此，应对 API 进行安全的管理、发布和开放，对作为 API 调用方的边缘计算应用进行认证和授权，从而保证边缘网络能力开放的安全性。

目前，关于能力开放，3GPP SA2 组定义的 3GPP TS 23.222 为 API 服务调用定义了公共 API 框架（CAPIF）的关系模型。其中，CAPIF 提供者提供 CAPIF 的核心功能，负责处理 API 调用者的请求和授权，并管理 API 提供者的服务 API 集合。

1. CAPIF 架构适配

针对 CAPIF 的部署方式不同，典型的映射有两种方式：一种是分布式，另一种是集中式。对于分布式的映射，除了 PLMN 部署的 CAPIF 核心函数，每个边缘数据网络部署有独立的 CAPIF 核心函数，负责对应数据网络中 API 调用程序（API invoker）的服务调用；对于集中式的映射，边缘数据网络的服务调用由 PLMN 中的 CAPIF 核心函数进行管理，不再单独部署分布式核心功能。有了上述映射关系之后，MEC 场景下边缘计算服务器之间进行 API 调用，或者边缘计算服务器调用 3GPP 网络开放的北向 API，均可以复用 3GPP TS 33.122 中定义的安全机制。

补充说明：3GPP TS 33.122 中规定 API invoker 能登录到 CAPIF 核心函数并对其进行认证。API invoker 和 CAPIF 核心函数使用 TLS 建立安全会话后，API invoker 向 CAPIF 核心函数发送 Onboard API Invoker Request 消息。Onboard API Invoker Request 消息应携

① 中国移动边缘计算开放实验室. 中国移动边缘计算技术白皮书[R]. 2019.

带在预配置启动注册信息期间获得的凭证，该凭证可以是 OAuth 2.0 访问令牌。若使用此令牌作为凭证，访问令牌应按照 JSON Web 规定编码和签名，并根据 OAuth 2.0、IETF AFC 7519 和 IETF IFC 7515 进行验证，也可以使用其他凭证（如消息摘要）。

2. 用户授权的能力开放

边缘计算应用服务器需要调用基础电信企业网络的能力开放，其中涉及用户设备的敏感信息，如位置信息。这些信息需要获取用户同意，且用户需要完全掌握哪些应用以什么频率获取用户或用户设备的指定信息。例如，当核心网收到边缘计算应用的用户位置请求时，可以通过信令面向用户发送位置请求，在获取用户同意后，核心网才会将获取的用户位置信息返回给相应的边缘计算应用。

4.5.3 终端接入认证

边缘计算节点面临海量异构终端接入，这些终端采用多样化的通信协议，且计算能力、架构都存在很大的差异性，连接状态也可能发生变化。因此，实现对这些终端设备的有效管理，根据安全策略允许特定的设备接入网络、拒绝非法设备的接入，是维护 MEC 安全的基础和保证。针对边缘计算节点海量、跨域接入、计算资源有限等特点，面向终端设备伪造、终端设备被劫持等安全问题，应突破边缘计算节点接入身份鉴别、多信任域间交叉认证、设备多物性特征提取等技术难点，实现身份鉴别、准入控制、授权访问、切换认证等环节能力。终端接入认证安全防护解决方案如图 4-11 所示。

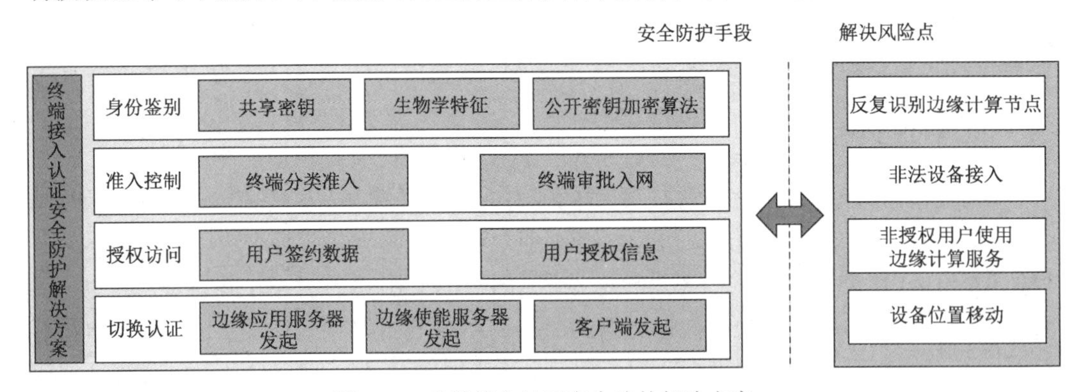

图 4-11　终端接入认证安全防护解决方案

1. 身份鉴别

边缘计算节点身份标识与鉴别是指标识、区分和鉴别每个边缘计算节点的过程，是边缘计算节点管理、任务分配及安全策略差异化管理的基础。在边缘计算场景中，边缘计算节点具有海量、异构和分布式等特点，大量差异性的边缘计算节点及动态变化的网络结构，可能会导致边缘计算节点的标识和识别反复进行。因此，能够自动化、透明化和轻量级地实现标识和识别工作是 MEC 必备的核心能力。

2. 准入控制

准入控制的代表产品有软件防火墙、802.1X 交换机、网关准入控制、ARP、DHCP、USERSAFE 网络准入控制管理系统等。面对边缘计算终端设备伪造、终端设备被劫持等安全问题，要严把准入控制关，根据安全策略允许特定的设备接入网络，拒绝非法设备接入。

（1）终端分类准入。关注终端在网络中的安全状态，分析终端在网络中发生的安全事件、终端端口迁移记录及次数、网络中终端接入类型分布等，在识别终端类型的基础上，联动安全执行管理组件，确保非授权类型的终端无法接入网络。

（2）终端审批入网。为了防止随意接入，需要设置一系列的终端接入策略，如基于交换机接口定义终端接入类型、IP-MAC 自动绑定、终端基于接入位置绑定、基于 MAC 地址自定义白名单接入终端等策略，并设置终端接入安全管控规则，通过短信、App 告警或自定义，将违反接入安全规则的终端加入冻结黑名单。

3. 授权访问

对终端设备使用边缘计算服务进行授权管理，保证边缘计算服务不被非法访问。例如，当用户访问边缘计算应用时，核心网需要获取用户签约数据，若用户未签约，则拒绝用户的访问；或者核心网与用户所访问的应用交互来获取用户授权信息，只有具备合法的授权，用户才被允许访问 5G 边缘计算服务。

4. 切换认证

边缘计算应用服务器会经常发生切换，需要考虑将必要的上下文安全地从源边缘计算应用服务器传递到其他服务器（边缘计算应用服务器或云应用服务器）以保证用户服务的连续性。常见的切换触发有四种方式：边缘计算应用服务器（EAS）发起、边缘使能服务器（EES）发起、用户设备侧应用客户端发起及用户设备侧使能客户端发起。以 EAS 发起为例，应用上下文（访问路径及认证鉴权等相关信息）通过源 EES 和目标 EES 传递到目标应用服务器，从而使目标应用服务器可以对用户设备进行认证和鉴权，并且保证应用切换过程中用户设备的业务连续性。

4.6 协议安全

安全协议是网络通信中为实现某种安全目的，通信双方或多方按照一定规则采用密码学技术完成一系列消息交互的过程协议。当前，边缘计算环境中既有与云端交换的接口协议，又有与设备端交互的接口协议，这些协议的安全特性参差不齐，多数协议在设计之初没有考虑安全性，认证、加密和隐私保护机制薄弱，无法全面彻底防范网络攻击、数据窃取或泄露的风险。因此，仍需要从认证授权协议、密钥协商协议、隐私保护协议及数据共享协议入手，强化协议之间的相互协同，实现网络通信安全。协议安全防护解决方案如图 4-12 所示。

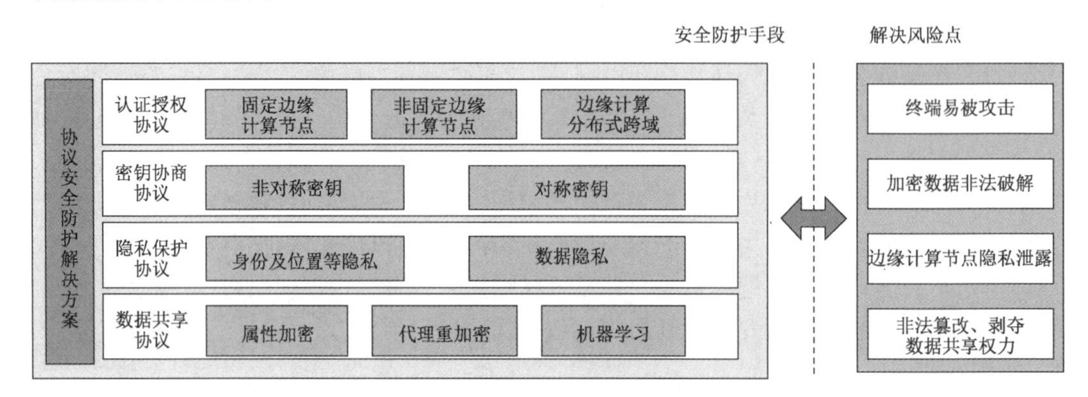

图 4-12　协议安全防护解决方案

4.6.1　认证授权协议

MEC 架构中的通信主体无论是边缘计算节点，还是终端设备，往往部署在用户端，从而起到快速收集数据及传输数据的作用。而用户端的设备更容易被窃取、中间人攻击、假冒及攻陷，这就给认证及授权带来了巨大的挑战。同时，由于用户端设备自身的性能受限，不可能在其上部署较强的安全方案。按照不同的认证结构，可将边缘计算环境下的认证划分为固定边缘计算节点认证、非固定边缘计算节点认证及分布式跨域认证三类①。

1. 固定边缘计算节点认证

固定边缘计算节点认证把性能相对较好的设备或者实体作为边缘计算节点，且其一直充当边缘计算节点。在这种模式下进行认证，一种直观的方式就是让终端和边缘计算节点都在云中心注册，云中心充当边缘计算服务器节点和终端设备的可信模块，协助完成认证，固定边缘计算节点的认证逻辑如图 4-13 所示。

① 李晓伟，陈本辉，杨邓奇，等. 边缘计算环境下安全协议综述[J]. 计算机研究与发展，2022(4):765-780.

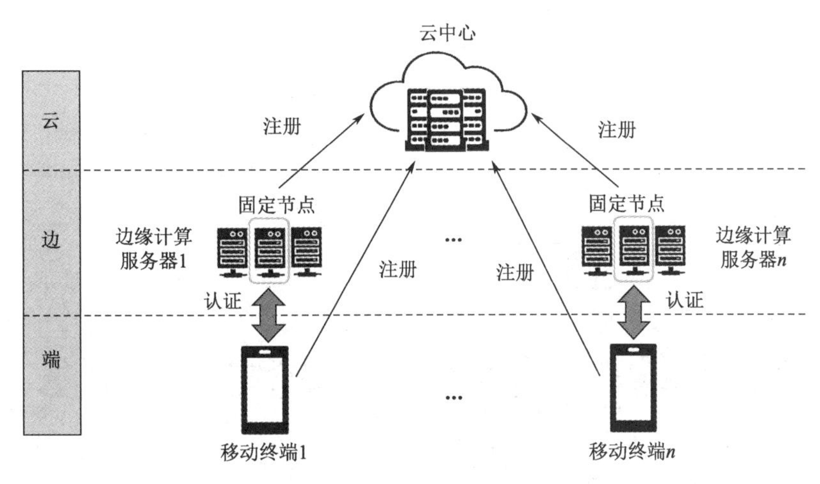

图 4-13　固定边缘计算节点的认证逻辑

2. 非固定边缘计算节点认证

非固定边缘计算节点是指在边缘计算环境中选取的边缘计算节点，可以失去其边缘计算的作用，而其他之前没有作为边缘计算节点的设备可能被视为新的边缘计算节点。在这样的架构中，边缘计算节点更加灵活，更能适应复杂的认证环境。非固定边缘计算节点的认证逻辑如图 4-14 所示。

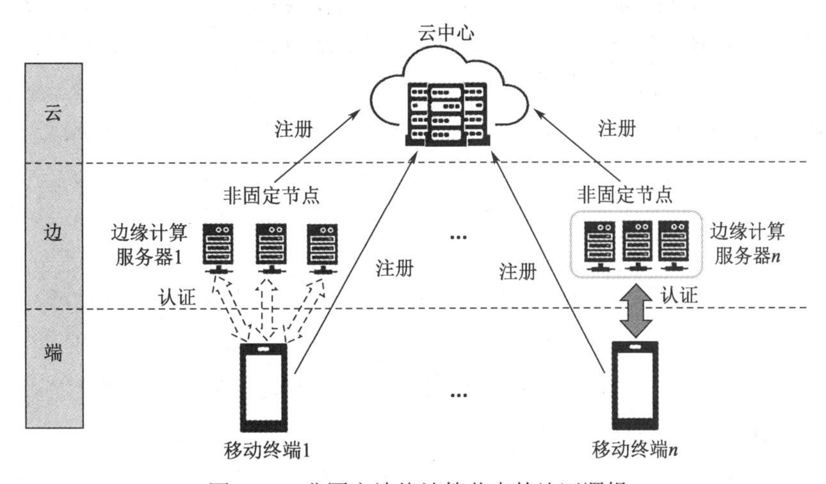

图 4-14　非固定边缘计算节点的认证逻辑

3. 分布式跨域认证

已有的分布式跨域认证协议大致可以分为以下两类。一类是将一个可信中心作为中间点，如云中心，由云中心为两个不同实体传递认证凭证，从而达成认证共识。这样的方式相对简单，但需要可信中心实时参与运行。另一类是不需要可信中心参与，终端或边缘计算节点在云中心注册得到认证凭证后，通过认证凭证自行跨域认证。这样的方式避免了可信中心因大量通信及计算消耗产生的时延，但往往终端之间需要额外的计算。边缘计算分布式跨域的认证逻辑如图 4-15 所示。

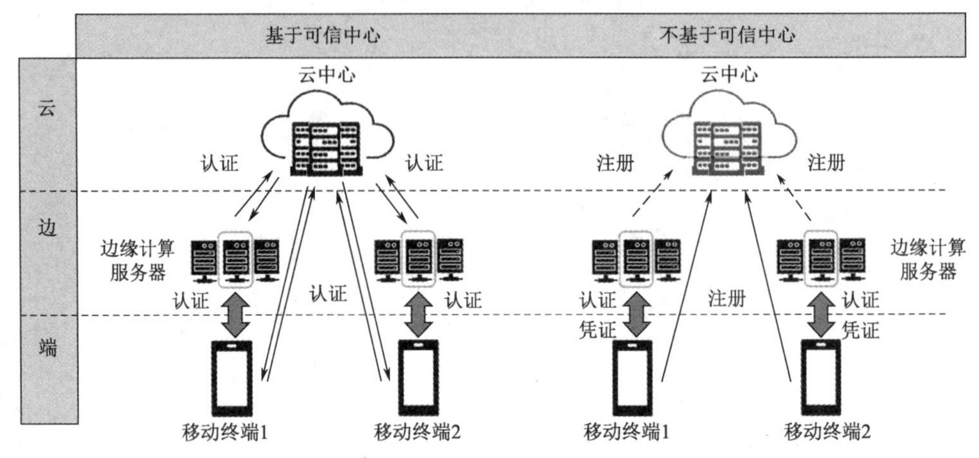

图 4-15　边缘计算分布式跨域的认证逻辑

4.6.2　密钥协商协议

认证与密钥协商往往是不可分割的，即认证后往往需要协商一个共享的密钥后才能进行安全通信。密钥协商协议用于建立规则，通信双方或多方借助密码学手段实现密钥共享，以此建立消息保密、消息完整性等安全需求所需的密钥。在已有的边缘计算环境下，密钥协商协议从本质上来说大致可以分为基于非对称密码体制的密钥协商（也称非对称密钥协商），以及基于对称密码体制的密钥协商（也称对称密钥协商）两个类别[①]。

1. 非对称密钥协商

在非对称密钥协商中，双方采用公钥的方式完成密钥协商。其核心是终端在云中心或边缘计算节点注册，云中心或边缘计算节点会颁发一个签名凭证给终端，终端通过该签名凭证完成密钥协商。这本质上相当于颁发一个没有证书的公钥给终端，终端收到该凭证后，再利用密钥协商算法完成密钥协商。

这种方式最为直观，但每次验证时都需要服务器公钥参与运行。由于边缘计算环境下存在多个不同的域，也就意味着进行密钥协商时需要验证多个边缘计算服务器的公钥，而这又涉及烦琐的数字证书管理问题。若不能及时堵塞管理漏洞，将面临信息泄露等问题。

① 马立川，裴庆祺，肖慧子，等. 万物互联背景下的边缘计算安全需求与挑战[J]. 中兴通讯技术，2019(3): 37-42.

2. 对称密钥协商

对称密钥协商本质上是以密钥分层方式来完成的，即往往由主密钥衍生出多个子密钥给边缘计算节点或者终端，设备之间通过共享的子密钥完成密钥协商。主流的对称密钥协商方式有以下两种。

一种是通过向用户设备及边缘计算设备嵌入共享密钥来完成密钥协商。由一个种子密钥衍生出不同凭证并分发给用户终端及边缘计算节点，在拥有共享密钥的情况下可以使用对称加密及消息认证码的方式完成密钥协商。但该方式仅适合在同一密钥中心下基于该中心的密钥完成密钥共享，无法完成不同密钥中心下的密钥共享。

另一种是基于哈希，结合用户口令一起完成密钥协商。在进行密钥协商时，可以采用密钥凭证结合随机数的方式，也可以采用密钥凭证结合密钥交换算法（Diffie-Hellman）的方式。该方式通过增加少量指数运算来实现前向安全属性，即攻击者获得当前用户的长期密钥后也不能计算出在该节点之前用户协商的会话密钥。

4.6.3 隐私保护协议

隐私保护协议用于建立规则，保障在通信过程中或业务流程中用户的个人隐私不会被泄露。边缘计算环境下需要对用户及终端隐私进行保护，包括用户数据隐私、位置隐私、身份隐私[①]。针对保护的信息不同，可将边缘计算隐私保护协议分为个人隐私保护和数据隐私保护两大类。

1. 个人隐私保护

边缘计算提供了本地化的资源和服务，满足了用户和设备实时处理的需求。但边缘计算环境下存在多个不同的安全域，用户在不同安全域的边缘计算网络中访问资源或请求服务时需要保证其身份、位置等隐私不被泄露。现有该类协议方案很多，归纳总结来说，大多数通过将用户身份信息进行匿名隐藏、虚拟身份，将位置信息进行加密处理来保证用户的真实身份和位置不会将用户隐私泄露给攻击者，同时保证在验证过程中不会将用户隐私泄露给验证者。

2. 数据隐私保护

边缘计算环境下，数据无论是传输到边缘计算节点，还是通过节点传输到云中心，都需要实现数据的隐私保护[②]。其主要包括以下两种方式。

一种是分离式存储。考虑“云—边—端”环境下数据存储的隐私问题，即数据存储

---

① 张佳乐，赵彦超，陈兵，等. 边缘计算数据安全与隐私保护研究综述[J]. 通信学报，2018(3): 1-20.

② 边缘计算产业联盟，工业互联网产业联盟. 边缘学习隐私计算白皮书[R]. 2022.

在云中，即使加密后处理也可能会遭受内部攻击，可对数据进行分离，由云、边、终端各自存储一部分数据，即使任意一部分数据被泄露，攻击者也不能恢复完整的数据，从而保护数据隐私。

另一种是加密传输、存储。采用同态加密、差分隐私等算法，对数据进行加密后传输或存储，每个设备从周围采集并加密数据，再将加密数据发送给边缘计算节点，边缘计算节点相互合作，在密文数据上进行分布式的多方聚合计算，在必要的情况下将聚合结果发送给云服务器做进一步的分析处理，或者将聚合结果发送给授权接收方解密。

4.6.4 数据共享协议

边缘计算技术最大的优点是提高了数据的使用和处理效率，因此，如何在边缘计算中实现安全的数据共享是一个重要的研究内容。数据共享除使用传统访问控制实现外，更多的是通过密码学方式实现。根据数据共享时使用的技术方法不同，可将数据共享协议分为基于属性加密数据共享、基于代理重加密数据共享、基于机器学习数据共享三类①。

1. 基于属性加密数据共享

数据共享权限往往通过访问控制机制来实现，而传统的访问控制不能抵抗边缘计算服务器有意无意地泄露用户数据。在边缘计算环境中引入属性加密可以解决这个问题。根据不同用户属性，将密文同属性相结合，只有满足一定属性的用户才能共享数据，从而在保证数据共享的同时，实现灵活的访问控制。

2. 基于代理重加密数据共享

代理重加密可以实现将密文由代理节点通过代理密钥转换为另一份密文，从而由他人解密。例如，终端利用对称密钥加密明文消息，然后利用代理加密机制加密对称密钥，边缘计算节点根据代理重加密密钥对加密后的对称密钥进行转换，得到新的密文。数据请求者根据自己的私钥对对称密钥密文进行解密，以获取对称密钥，最后对消息进行解密。

3. 基于机器学习数据共享

随着人工智能技术的发展，使用机器学习等方法对数据进行处理分析，从而得出更有效的信息是目前主流的数据共享方法之一。联邦学习机制是一种解决策略，其不需要集中所有数据后进行学习，更适合分布式的边缘计算环境。在边缘计算数据共享中应用联邦学习机制，可实现对密文进行学习，其在保证用户数据隐私的情况下，达到与对明文学习相同的效果，从而实现“可用不可见”的数据保护目标。

---

① 张佳乐，赵彦超，陈兵，等. 边缘计算数据安全与隐私保护研究综述[J]. 通信学报，2018(3): 1-20.

4.7　边缘入侵检测

边缘计算特殊的网络结构导致边缘网络节点容易遭受各种各样的入侵威胁。此外，边缘终端设备频繁地接入和断开及用户群体的参差不齐，会进一步增加边缘网络节点被攻击的概率。因此，需要结合传统入侵检测对象和方法积累的经验，面向边缘网络节点的特点，探索与之适应的入侵检测技术，实现主动检测边缘网络节点网络连接数据中存在的异常入侵数据，并及时发出警报，从而为边缘计算网络的安全运行保驾护航。边缘入侵检测解决方案如图 4-16 所示。

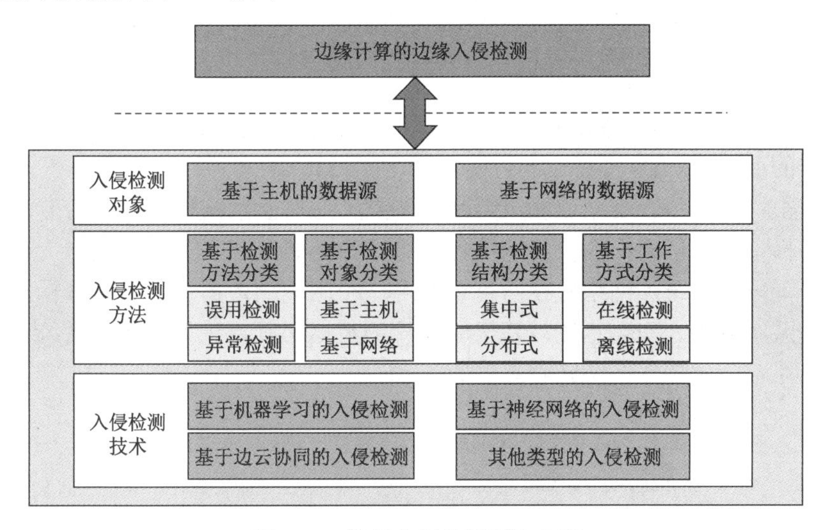

图 4-16　边缘入侵检测解决方案

4.7.1　入侵检测对象

为了检测攻击，入侵检测系统必须能够发现攻击的证据，必须能够获得攻击的“正确”数据，即受害系统遭受攻击时的反应。入侵检测对象可分为基于主机的数据源和基于网络的数据源两类。

1. 基于主机的数据源

主机数据主要包括两种类型：一是操作系统日志，即由专门的操作系统机制产生的系统事件记录；二是应用系统日志，即由系统程序产生的用于记录系统或应用程序事件的文件，通常以文本文件的方式存放。主机数据具备以下优势。

（1）精确反映事件。主机数据能精确地反映主机上发生的事情，而不用基于通过网络传输的数据包来猜测发生了什么。

（2）可靠记录事件。在流量很高的网络中，网络监视器可能丢失数据包，然而，合理部署的主机监视器可以报告发生在各台主机上的每个事件。

（3）直接收集优势。基于网络的检测数据收集机制容易遭受插入和逃避攻击，基于主机的检测数据收集机制不存在该问题，因为它只对主机具有的数据起作用。

2. 基于网络的数据源

网络数据是目前入侵检测系统最为通用的信息来源。其基本原理是：当网络数据流在网段中传播时，采用特殊的数据提取技术，收集网络中传播的数据，作为入侵检测系统的数据源。网络数据具备以下优势。

（1）性能影响较小。通过网络监测的方式获取信息，由于监视器所做的工作仅仅是从网络中读取传输的数据包，因此对受保护系统的性能影响很小或几乎没有，并且无须改动原先的系统和网络结构。

（2）自身风险较小。网络监视器对网络中的用户是透明的，降低了监视器本身遭受入侵者攻击的可能性。

（3）攻击检测优势。网络监测更容易检测到某些基于网络协议的攻击方法，典型的是通过向目标主机发送畸形的大量网络包来进行 DoS 攻击的方法。

（4）不受限于系统。网络监视器可以针对一个网段的数据进行入侵分析，与受保护主机的操作系统无关。与之相比，基于主机检测数据必须首先保证操作系统正常工作，并且需要针对不同的操作系统开发不同的版本。

4.7.2 入侵检测方法

1. 基于检测方法分类

从检测方法的角度看，入侵检测方法可分为误用检测方法和异常检测方法，适用于各类入侵检测场景，包括边缘计算环境。

（1）误用检测方法。误用检测方法基于模式匹配原理，收集攻击行为的特征，并为其建立网络入侵和系统误用特征数据库，当监控的用户行为活动与特征库中的记录相匹配时，系统就将该行为判断为入侵。误用检测方法能够降低误报率，但漏报率也会随之增加，并且攻击特征一旦有所变化，误用检测方法就会显得无能为力。

现有的误用检测方法一般分为基于专家系统的误用检测方法、基于状态迁移分析的误用检测方法、基于键盘监控的误用检测方法和基于条件概率的误用检测方法。

（2）异常检测方法。异常检测方法基于统计分析原理。首先确定正常行为所具有的特征，将其用定量的方法描述，当用户的行为活动与正常操作有偏差时，即被定义为攻击行为。但是，随着模型的不断精进，异常检测方法会消耗更多的系统资源，并且现阶段的攻击行为越来越智能化，因此，其检测未知攻击的能力逐渐减弱。

现有的异常检测方法一般分为基于神经网络的异常检测方法、基于模式预测的异常检测方法和基于数据挖掘的异常检测方法。

2. 基于检测对象分类

从检测对象的角度看，入侵检测系统一般可以分为基于主机的入侵检测系统（host-based intrusion detection system，HIDS）和网络入侵检测系统（network intrusion detection system，NIDS）[①]。

（1）HIDS。HIDS 通常是被监视系统上的软件组件，监视主机系统的操作或状态，从而检测系统事件。其通过浏览日志、系统进行的调用、文件系统的修改及其他状态和活动来检测入侵，优点是能够在发送和接收数据前通过扫描流量活动以检测内部威胁；缺点是只监视主机，需要安装在每个主机上，且无法观测到网络流量，无法分析与网络相关的行为信息。

（2）NIDS。NIDS 观察并分析实时网络流量和监视多个主机，旨在收集数据包信息，并查看其中的内容，以检测网络中的入侵行为。NIDS 的优点是只用一个系统监视整个网络，节省了在每个主机上安装软件的时间和成本；缺点是难以获取所监视系统的内部状态信息，导致检测更加困难。

3. 基于检测结构分类

从检测结构的角度看，可以将入侵检测系统分为集中式和分布式两种。集中式入侵检测系统的分析引擎和控制中心在一个系统上，不会因通信而泄露隐私，也不会影响网络带宽，但伸缩性和可配置性较差。分布式入侵检测系统的分析引擎和控制中心在两个系统上，可以通过网络进行远距离操作，适用于边缘计算场景，伸缩性和安全性较高，但维护成本也很高。

4. 基于工作方式分类

从工作方式的角度看，可以将入侵检测系统分为在线检测和离线检测两种。在线检测可以实时地监视数据的产生并对其进行分析。这种方式虽然可以实时地保护系统，但当系统规模很大时，很难保证实时性。离线检测是当入侵行为发生后，再对其进行分析。此方式可以处理大量事件，但不能及时地为系统提供保护措施。

4.7.3 入侵检测技术

入侵检测系统是能够主动检测到当前网络中是否存在入侵威胁的一种主动防御安全机制，设计合适的入侵检测系统来检测入侵行为，及时地将入侵行为报告给系统管理员，

---

① 李剑. 入侵检测技术[M]. 北京：高等教育出版社，2008.

能够有效地应对边缘网络节点面临的入侵问题。结合现有研究成果，简要将相应的入侵检测技术分为以下几种。

1. 基于机器学习的入侵检测

Peng 等于 2018 年在《无线通讯与移动计算》（*Wireless Communications & Mobile Computing*）上发表论文①，提出了一种基于决策树算法的入侵检测系统，通过对数据进行预处理，保证了数据的合理性，能有效地检测到边缘网络节点所面临的非法入侵。

Lee 等于 2020 年在 *IEEE Access* 上发表论文②，针对边缘网络节点计算能力弱于云计算的缺点，提出了一种基于 SAE 和 SVM 的轻量级入侵检测系统，其部署在边缘网络节点中，具有较高的检测精度。

2. 基于神经网络的入侵检测

Prabavathy 等于 2018 年在《通信与网络杂志》（*Journal of Communications & Networks*）上发表论文③，提出了将具有增量性质的入侵检测算法应用在边缘网络节点上，以检测非法入侵，能有效地检测边缘网络环境中受到的入侵威胁。

Almogren 于 2019 年在并行与分布计算领域的重要国际期刊《并行与分布计算学报》（*Journal of Parallel and Distributed Computing*）上发表论文④，针对物联网边缘设备上的入侵威胁，利用深度信念网络（deep belief network，DBN）的特征提取能力构建入侵检测模型，该模型相比于同类入侵检测模型拥有更好的性能。

3. 基于边云协同的入侵检测

安星硕在 2019 年完成的博士论文中⑤提出了一种边云协作的入侵检测方法，即由云服务器负责数据存储和样本筛选，而边缘网络节点负责模型训练及入侵检测，做到了边云协同合作，有效地缓解了边缘网络节点入侵检测问题及计算和存储的压力。

---

① Peng K, Leung V C M, Zheng L X, et al. Intrusion detection system based on decision tree over big data in fog environment[J]. Wireless Communications & Mobile Computing, 2018(3):1-10.

② Lee S J, Yoo P D, Asyhari A T, et al. IMPACT: impersonation attack detection via edge computing using deep autoencoder and feature abstraction[J]. IEEE Access, 2020(99):65520-65529.

③ Prabavathy S, Sundarakantham K, Mercy S S. Design of cognitive fog computing for intrusion detection in Internet of Things[J]. Journal of Communications & Networks, 2018(3):291-298.

④ Almogren A S. Intrusion detection in Edge-of-Things computing[J]. Journal of Parallel and Distributed Computing, 2019 (8):259-265.

⑤ 安星硕. 雾计算环境下入侵防御模型及算法研究[D]. 北京：北京科技大学，2019.

陈思等于 2020 年在《计算机应用与软件》上发表论文[①]，在工业控制网络中基于边云协同框架构建了入侵检测系统，该系统中训练了基于 CNN 的入侵检测模型，在分类准确率和训练时间上表现得较为出色。

4. 其他类型的入侵检测

An 等于 2018 年在《安全与通信网络》（*Security & Communication Networks*）上发表论文[②]，提出了一种基于微分博弈论的入侵检测方法，该方法通过使用博弈论来模仿边缘网络节点和攻击者之间的信息交互，使用最合适的应对方法来处理入侵。

于天琪等于 2021 年在《计算机科学》上发表论文[③]，提出了一种利用边缘网络节点训练适用于车载 CAN 网络的入侵检测模型，对边缘计算环境下车载网络遭受的 DoS 攻击和伪装攻击均取得了良好的检测结果。

---

① 陈思，吴秋新，张铭坤，等. 基于边云协同的智能工控系统入侵检测技术[J]. 计算机应用与软件, 2020(11): 280-285.

② An X S, Lin F H, Xu S G, et al. A novel differential game model-based intrusion response strategy in fog computing[J]. Security & Communication Networks, 2018(1): 1-9.

③ 于天琪，胡剑凌，金炯，等. 基于移动边缘计算的车载 CAN 网络入侵检测方法[J].计算机科学，2021(1): 34-39.

第 5 章 5G 融合应用安全

5.1 概述

5G 融合应用是指基于 5G 的高速、低时延、高可靠性等特点，将信息通信技术与其他领域的技术（如物联网、人工智能、大数据等）进行深度融合，创造出种类更多、功能更丰富的应用①。目前，业界对于 5G 融合应用的发展主要着眼于利用 5G 关键技术向垂直行业应用提供定制、高效、安全的服务。由于应用安全及数据隐私保护与行业系统的稳定性息息相关，在 5G 融合应用中，安全已成为最受关注的能力之一，其关键在于如何为垂直行业应用提供更强大的安全保障手段，如保护用户隐私、应对网络攻击、提升信息传输可信度等。

相较于 4G 和之前的蜂窝移动网络，5G 融合应用场景更加丰富，但 5G 融合应用所蕴含的新技术与多领域的深度融合，也带来了新的安全挑战，具体如下。

行业应用的不同网络性能需求催生额外的安全风险。一是在增强现实、3D 视频等 eMBB 场景中，业务对超高传输速率的需求致使网络边缘部署增加，传统的安全边界设备面临前所未有的挑战。二是在远程手术、自动驾驶等 URLLC 场景中，业务对超低时延和可用性的极致追求使网络难以承载复杂的安全算法，对网络和设备的高可靠性提出了更为严格的要求。三是在智慧城市、智能家居等 mMTC 场景中，大规模接入及万物互联的业务特点带来终端的超低功耗和超低成本需求，限制了安全特性的部署，暴露了更多安全漏洞。

行业应用的不同安全策略带来差异化的安全需求。由于 5G 融合应用所涵盖的行业需求的多样性，针对信息安全三要素（机密性、完整性和可用性，简写为 CIA）的安全策略也表现出差异化的需求。一是 eMBB 场景更注重机密性，因而通常采用高可靠、高复杂度的加密算法，保证信息不被非授权访问和获取。二是 URLLC 场景更注重完整性，

① 陆洋. 5G 融合应用发展面临的挑战与思考[J]. 信息通信技术与政策，2020, 46(10):55-58.

通常采用数字签名、数据管理等方法，保护信息在生成、传输、存储和使用过程中不被非授权篡改或非法操纵。三是 mMTC 场景更注重可用性，因此通常引入 MEC 和切片技术，将计算能力和服务环境下沉到移动通信网络边缘，按需灵活、动态地提供服务。

3GPP 5G 通用安全架构囊括了 5G 的基础核心安全功能，包括网络接入安全、网络域安全、用户域安全、应用域安全及 SBA 域安全五类重要安全功能。5G 自身的安全能力涵盖了终端身份认证和访问授权（如二次认证等）、5G 空口身份标识加密等，以增强不同应用之间的隔离和保护。通用的安全架构与自身的安全能力相互协作，构建了综合的 5G 安全体系。

此外，考虑到不同应用场景对网络能力及安全能力的需求差异，除 5G 自身提供的安全能力外，进一步衍生出了安全能力开放的需求，即通过 MEC、网络切片或运营商网络的外在安全能力对外提供衍生的安全服务，这些安全服务化能力能够响应不同应用场景的安全需求，进一步提升了 5G 的安全性。

然而，随着 5G 融合应用的发展，现有的通用安全架构和机制尽管能够满足一般的安全要求，但行业应用的不同网络性能和不同的安全策略使现有安全架构在部分业务场景中还存在适应性不足的问题。为解决上述问题，本章结合行业应用安全需求，从以下两方面开展 5G 融合应用安全解决方案设计，如图 5-1 所示。

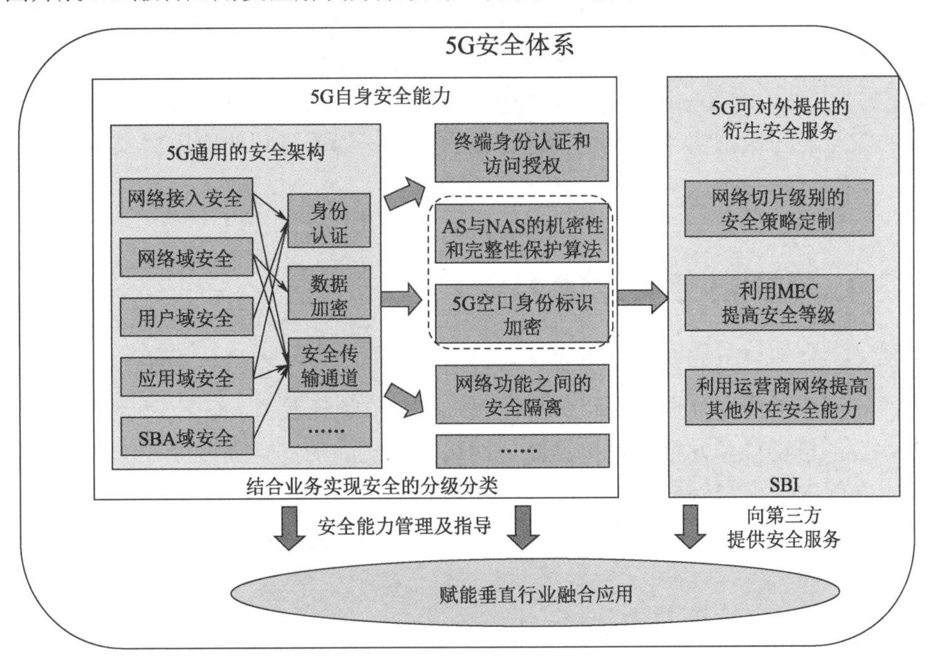

图 5-1 5G 融合应用安全解决方案

一是 5G 安全分级，支撑垂直行业应对网络安全风险。在 5G 自身安全能力的基础上，通过 5G 网络安全分级分类的方式，将通用的安全能力根据实际应用场景进行细分，支撑垂直行业网络遵从安全分级保护要求并实现行业 5G 网络的快速部署，满足特定行业的安全需求，具体见 5.2 节。

二是 5G 衍生的新技术对外提供安全服务，以实现 5G 赋能。面向不同的垂直行业，通过 MEC、NFV 等技术，将计算、存储和网络功能推向网络边缘，根据行业特点向第三方提供定制化的安全服务，实现更高效的资源管理和安全控制，针对性地应对 5G 中的低时延、大规模连接等业务需求及其带来的安全问题，具体见 5.3 节。

同时，5.4 节针对上述融合应用安全策略及技术能力，面向智能电网、智慧工厂、智慧港航及车联网四类典型场景，结合业务需求和应用实际开展具体安全解决方案的介绍与分析。

5.2 5G 安全分级支撑垂直行业应对网络安全风险

作为支撑未来万物互联的基础设施，5G 对垂直行业的安全保障能力直接决定其能否有效支撑各个行业数字化转型的使命。事实上，5G 在安全架构设计方面，已充分考虑上层应用的安全需求。针对垂直行业的安全需求，一方面，5G 本身的安全能力不断增强，如空口安全能力、安全认证能力及安全隔离能力等，以打消垂直行业应用对 5G 安全性的疑虑；另一方面，通过分级分类策略和模型，5G 可以整合自身及外在的各种安全能力，将通用的安全能力根据实际应用场景进行分级分类，为垂直行业应用提供差异化的安全服务。

5.2.1 5G 自身安全能力①

如图 5-2 所示，5G 自身的安全能力包括安全认证能力、空口安全能力及安全隔离能力等方面，涵盖了终端身份认证和访问授权（如二次认证等）、5G 空口身份标识加密、AS 与 NAS 的机密性和完整性保护算法、网络功能之间的安全隔离等具体能力，以增强不同应用之间的隔离和保护。随着垂直行业的不断发展及业务激增，差异化安全需求增加，5G 自身的安全能力不断增强，以赋能垂直行业安全应用。

5.2.1.1 安全认证能力

5G 在设计认证机制的过程中，借鉴并改进了 4G 已成熟的认证与密钥协商（AKA）认证机制，以更好地加强归属网络对认证过程的控制。

---

① 林美玉. 5G 网络赋能物联网安全[J]. 中兴通讯技术，2022, 28(6):70-74.

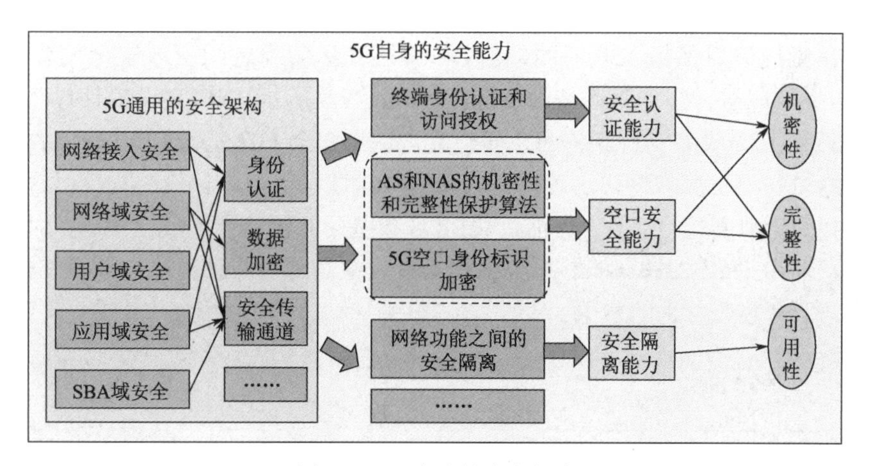

图 5-2　5G 自身的安全能力

首先，在主认证阶段，5G 延续 4G 中已广泛采用的 AKA 认证机制，以确保用户设备的合法性和数据传输的安全性。通过在认证过程中进行密钥协商，在用户设备和网络之间建立了安全通信通道，有效抵御了各种潜在的网络攻击。

其次，为实现更加统一的认证流程，5G 引入一种灵活的扩展认证协议（EAP）认证框架，可为物联网等不同类型的应用场景提供通用认证方式，使得不同的服务提供商能够更方便地接入 5G 网络。

最后，5G 还在架构上支持应用级别的次认证，可为用户在通过 5G 访问外部数据网络时提供额外的身份认证保障。例如，远程医疗、车联网等承载敏感数据的应用承载第三方，也将对用户进行身份认证，以确保只有合法用户才能够访问相关的数据资源。

上述安全认证能力的建立，能够为用户设备的连接提供全面的安全保障，并为不同领域的应用提供更加统一和便捷的认证方式，共同构筑一个安全、可靠且高效的 5G 连接环境，为垂直行业用户提供更高层次的安全性和灵活性。

5.2.1.2　空口安全能力

在 5G 中，无线空口的通信安全得到了极大的重视和加强，旨在保障用户数据的机密性和完整性。一方面，5G 在空口上引入了安全加密算法和安全边界保护代理，以确保重要信息不被窃取、篡改；另一方面，5G 还引入了一系列创新性机制，如 SUCI，以及动态数据保护机制，以加强用户隐私保护。

1. 引入安全加密算法和安全边界保护代理

5G 在无线接口领域引入多种精心设计的加密算法，如高级加密标准（AES）、祖冲之算法（ZUC）等，旨在提供卓越的通信保障，保护通信的机密性和完整性。

为迎接未来可能出现的量子计算威胁，5G 还通过增加密钥长度来大幅提升加密算法的强度，使其更能抵抗未来可能出现的量子计算等的攻击，保障通信的持久安全性。

除了在无线接口保护上取得的成就，5G 还在运营商之间引入安全边界保护代理（SEPP）设备，以进一步增强通信的安全性，如图 5-3 所示。SEPP 设备具备两大核心功能：一方面，SEPP 设备支持运营商之间建立传输层安全（TLS）通道，确保数据在传输过程中的绝对安全，敏感数据在运营商之间的传输过程中得以有效加密，可避免恶意主体的入侵和数据泄露风险；另一方面，SEPP 设备基于共同认同的安全策略，对传输的信息进行机密性和完整性保护，能够在数据传输过程中对重要信息进行实时的监测和校验，从而预防窃听和篡改行为的发生。

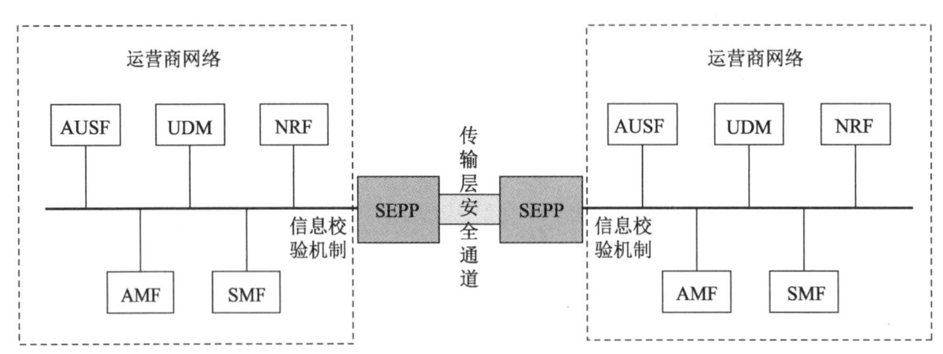

图 5-3　基于 SEPP 的安全连接

上述安全加密算法和安全边界保护代理的引入，为 5G 在无线接口保护方面建立了一套具备技术创新和应用实践的安全体系，可有效提升无线空口通信数据的安全性，从而为广大用户提供更可靠、更稳定的通信环境。

2. 引入 SUCI 及动态数据保护机制

传统的网络中，SUPI 始终在会话中出现，基于多次通信交互可能会被暴露，因此，5G 通过一系列复杂的算法和机制，确保在响应身份请求消息时，采用 SUCI 代替 SUPI。每次生成的 SUCI 都是不同的，因此攻击者无法根据单一的 SUCI 计算出真正的 SUPI。

此外，5G 中还会根据实际需求和场景的不同，动态决定是否启用 AS 与 NAS 用户面数据的完整性保护，为网络应用提供更高的定制性和适应性，能够满足各种不同场景下数据安全性的需求。

SUCI 及动态数据保护机制的引入，进一步为 5G 提供无线接口侧的数据完整性保护，通过动态调整的保护机制，为用户提供更安全、更可靠、更灵活的通信环境。

5.2.1.3　安全隔离能力

5G 网络的 SBA 为网络功能之间的相互访问带来了极大的便利性，也带来了一些安全风险，尤其是攻击者可能伪造合法的网络功能来进行恶意攻击。为有效应对 SBA 所带来的安全挑战，5G 网络不断演进并提出一套精密的授权认证机制，以确保仅经过授权的网络功能能够访问特定的服务，从而在 SBA 下实现网络功能之间的安全隔离，如图 5-4 所示。

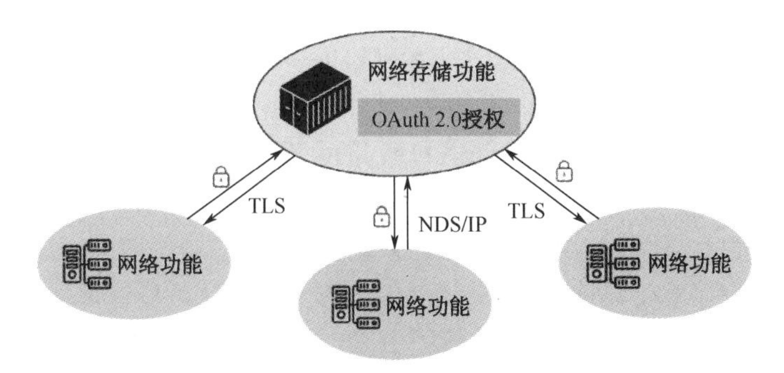

图 5-4 网络功能的安全隔离示意

首先，5G 引入网络存储功能（NRF）作为核心组件，保障合法网络功能的准确注册与发现，从而遏制潜在恶意网络功能的入侵，以确保 SBA 在整体上的安全性。

其次，在网络功能与网络存储功能之间及网络功能之间的交互过程中，采用双向认证，启用 TLS 协议等传输层安全机制，或者 NDS/IP 等网络域安全机制，有效减少中间人攻击等潜在风险，可确保交互双方的合法性和通信的机密性。

最后，5G 还引入授权机制，以进一步加强对网络功能的访问控制。网络存储功能还可以利用 5G 的服务发现流程，实现对网络功能的隐式授权，为网络中各个网络功能的访问权限提供更精细的管理。

5G 通过引入网络存储功能，实施双向认证，以及采用明确的授权机制，有效地保障了 SBA 下网络功能之间的安全性隔离，为广大用户提供了更可信赖的数字服务环境，为数字化时代的互联互通奠定了更坚实的基础。

5.2.2 安全分级能力使能 5G 垂直行业安全应用①

5G 网络作为行业系统的网络基础设施，承载了各类行业网络及垂直行业应用。为保障垂直行业的安全应用，除了要保证行业自身的信息系统网络满足要求，也需要作为基础网的 5G 网络支持行业满足安全分级保护要求，同时结合行业业务特定安全需求，提供充分的安全保障能力。一是需要明确行业网络对安全分级的要求；二是要基于安全分级框架和策略，对 5G 安全能力划分等级，以便提供符合行业需求的 5G 安全能力；三是要对 5G 安全能力进行分级映射，将具体的安全要求与上述安全能力级别对应起来；四是要提出 5G 安全能力分级模型，明确每个级别所需的安全特性、控制措施和技术要求。通过上述措施形成一套完整的 5G 安全分级方案，为不同的垂直行业提供 5G 安全分级能力。

1. 支撑行业网络的安全分级要求

无论是在国家监管层面还是在垂直行业自身安全保障层面，相关法律法规和行业标

① IMT-2020（5G）推进组. 面向行业的 5G 安全分级白皮书[R]. 2020.

准均对信息网络及系统定义了分级要求，如网络安全等级保护制度 2.0、电信网和互联网网络安全防护分级相关标准等。基础电信企业和垂直行业应用的服务提供商应当按照相关分级要求，履行法律法规和行业标准中规定的安全保护义务，部署与之匹配的安全能力，保障网络免受干扰、破坏或未经授权的访问，防止网络数据泄露或被窃取、篡改。

同时，国际电工委员会（IEC）的工控系统安全标准（IEC 62443）也定义了分级安全策略，将安全级别分为 4 个等级，分别是 S1（抵御偶然的攻击，非主动泄密）、S2（抵御简单的故意攻击）、S3（抵御简单的调用中等规模资源的故意攻击）和 S4（抵御复杂的调用大规模资源的故意攻击，对应持续的国家层面攻击），并对每个级别定义了特定的安全要求，如 S2 级要求如果行业网络部署了公钥基础设施（PKI），ICT 设备需要对接行业的 PKI 系统；S3、S4 级要求有硬件可信根。

2. 5G 安全能力分级

根据安全等级的分级安全设计要求，IMT-2020（5G）推进组发布的《面向行业的 5G 安全分级白皮书》制定了对行业 5G 安全能力集的分级策略，具体如图 5-5 所示。

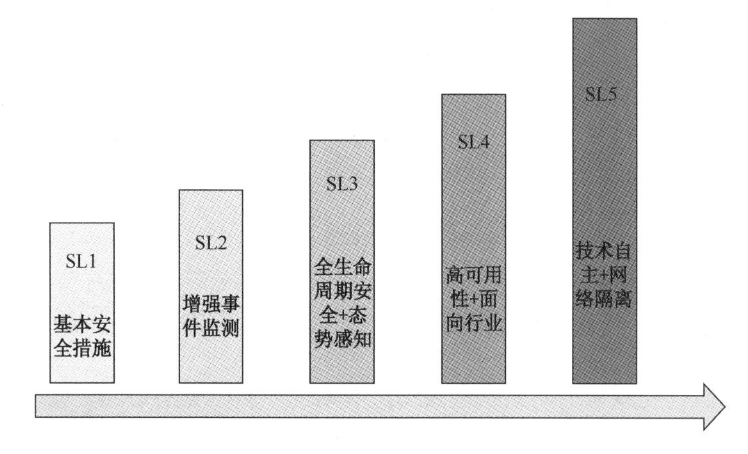

图 5-5　对行业 5G 安全能力集的分级策略

1 级（SL1）：提供基本信息安全能力，具备初步的认证授权和访问控制措施，提供基本的安全入侵检测能力，避免未经授权的访问、破坏信息完整性与系统可用性的攻击行为。

2 级（SL2）：在 SL1 级基础上，增强安全事件监测和审计，以及根据监测审计结果进行处置的能力，增加数据保护基本能力。

3 级（SL3）：在 SL2 级的基础上，增加覆盖产品全生命周期的基本安全要求，支撑行业在网络设备、网络传输及数据保护等多方面的 CIA 安全保障目标。

4 级（SL4）：在 SL3 级的基础上，全面覆盖面向行业的 5G 安全能力需求，以高可用性为目标，加强安全技术的有效性和可靠性，确保在面对多种安全威胁和攻击的情形下，网络服务降级后仍可维持核心功能的运行。

5 级（SL5）：在 SL4 级的基础上，强化技术自主可控要求，增加运行期应用动态可信和网络隔离强度要求，保障网络关键业务在攻击发生时仍然能够按照预期的方式工作。

3. 5G 安全能力分级映射

当明确行业网络的分级分类标准及 5G 网络的分级分类策略后，为提出完整的 5G 安全策略，需对 5G 安全能力进行分级映射，将具体的安全要求与上述安全能力级别对应起来，应用 5G 自身的安全能力为不同的设备或应用场景制定合适的安全性指导。

图 5-6 为《面向行业的 5G 安全分级白皮书》根据相关标准（如网络安全等级保护制度 2.0、电信网和互联网网络安全防护分级相关标准等）面向行业的 5G 安全能力划分的五个级别的安全能力集，与《中华人民共和国网络安全法》中的安全等级 1～4 级形成的映射关系。其中，深灰色部分为《中华人民共和国网络安全法》中所述行业网络分级分类标准安全等级 1～4，浅灰色部分为《面向行业的 5G 安全分级白皮书》根据安全等级分级设计要求制定的行业 5G 网络安全能力集 SL1～SL5，其映射关系表明了 5G 如何结合行业网络业务所需的安全等级，向行业网络提供安全能力集的支撑。

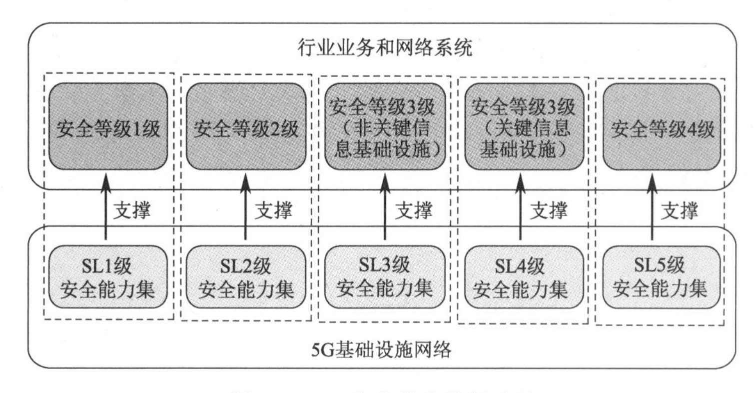

图 5-6　5G 安全能力分级映射

针对面向不同行业的 5G 承载网的定级要求，首要原则是确保作为基础设施的 5G 网络的安全要求不低于其所承载的各行业网络的定级要求，以提供垂直行业所需的基础安全能力集。举例如下。

对于定级为安全等级 3 级及以下的行业网络，推荐采用 5G SL3 安全能力集来承载。这样可以确保即使在相对较低的安全定级下，5G 网络也能提供适当的安全性能，保障垂直行业的敏感数据和通信的保密性与完整性。

对于定级为 3 级且涉及关键信息基础设施的网络，应当升级至 5G SL4 安全能力集。这将在更高的层面上保障垂直行业网络的安全，确保关键信息不受任何潜在威胁的影响。

对于定级为安全等级 4 级的行业网络，需要引入 5G SL5 安全能力集，以满足其更为严格的安全要求。这一级别的安全能力将提供高级的加密、认证和监控功能，以应对复杂的安全挑战。

4. 5G 安全能力分级模型

需基于上述分级标准和映射策略，综合考虑安全分级保护要求和行业特定的安全需求，基于网络运行保障、生命周期保障、核心技术自主可控保障三个维度，提出 5G 安全能力分级模型，以此来形成一套完整的 5G 安全分级方案，为不同的垂直行业提供 5G 安全分级能力。

一是网络运行保障。在网络安全架构的基础上，以保障 5G 基础网络的机密性、完整性、可用性和可追溯性为安全目标，包括设备的安全可信、不同网络信任域的隔离、通信的机密性和完整性保护、跨边界通信的访问控制机制、支持行为可追溯的网络运维安全等。

二是生命周期保障。从需求分析、设计、开发、发布、部署运行、升级维护等全生命周期过程保障产品的透明、可追溯、可审核，包括软件开发过程可信、生命周期管理、第三方软件开源管理等保障措施。

三是核心技术自主可控保障。面向高安行业要求，保障密码算法、操作系统等核心技术可控，以及处理器、芯片等核心部件自主可控，以避免产品内部的安全风险。

基于上述三个维度，需在国家相关安全法律法规的框架内，基于成熟的通信标准体系，综合考虑安全分级保护要求及垂直行业特定的安全需求，有机整合各类安全能力保障，形成面向垂直行业的定制化 5G 安全分级方案，为不同行业的应用提供灵活、高效、安全的 5G 安全分级能力。

5.3 5G 衍生的新技术对外提供安全服务以实现 5G 赋能

5G 网络架构的一大特点就是网络能力开放，在整合和利用现有网络资源的基础上，采用统一接口对接第三方应用，实现网络能力的对外开放。安全能力开放是网络能力开放的重要能力组成之一，如通过网络切片、MEC 等技术，使 5G 可以更加灵活、安全地对外提供安全服务，进一步实现 5G 赋能垂直行业应用，如图 5-1 右侧部分所示。

一是网络切片的安全能力开放，通过隔离不同切片资源和数据，防止恶意传播，为不同行业提供定制的安全策略，增强网络的安全性和保密性；二是 MEC 的安全能力开放，通过设备可信性认证、环境验证和网络隔离，确保网元和运行环境的可信性，同时在通信、运维和数据保护等方面提供多重安全层级，为行业应用提供强大的安全支持。

这些 5G 衍生的新技术进一步与基础电信企业及服务提供商部署的外在安全能力相结合，通过管理用户访问权限、检测入侵、扫描漏洞、分享威胁情报，以及清洗恶意流量等手段，提高网络的安全性和可靠性，保障行业应用的稳定运行，共同推进 5G 赋能行业应用安全，促进行业数字化转型和可持续发展。

5.3.1　5G 网络切片安全能力开放

5G 网络切片技术可以将同一个物理网络切分成多个网络切片，为不同的应用场景提供专用服务。除上述 5G 自身的安全能力外，5G 网络切片技术还可提供网络切片特有的安全能力，如切片认证能力、切片安全隔离能力，以及切片安全监控能力等。

同时，为了方便第三方应用更好地利用运营商的网络切片资源，5G 网络切片整合了 5G 自身的安全能力及 5G 切片安全能力，并支持向应用层开放 SBI。

5.3.1.1　5G 网络切片安全能力

如图 5-7 所示，网络切片技术特有的安全能力主要包括切片认证能力、切片安全隔离能力，以及切片安全监控能力等。

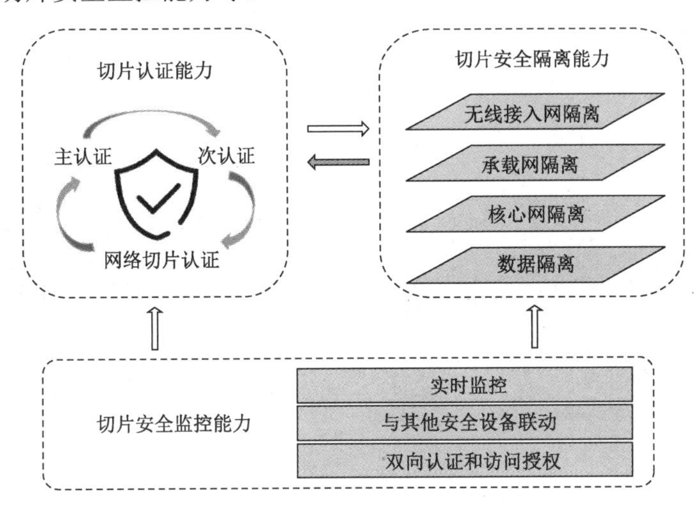

图 5-7　网络切片技术特有的安全能力

1. 切片认证能力

在 5G 网络中，当用户设备接入网络切片时，除需经过传统的主认证外，还需经过网络切片认证。其由切片使用者，如物联网应用的服务提供商自行管理和配置，以进一步强化对切片的访问控制，防止未授权用户获取切片服务。

网络切片认证的引入为切片使用者提供了更大的控制能力和灵活性，使其能够更精细地管理和控制切片的访问权限。切片使用者能够根据自身的业务需求和安全策略对用户进行认证，确保只有经过授权的用户才能够访问特定的切片服务。

在这个三级认证体系中，主认证、次认证和网络切片认证共同构成了一道坚实的安全防线。主认证作为基础，确保用户设备合法接入 5G 网络。次认证在此基础上进一步强化用户的身份认证，尤其在用户访问外部数据网络时，由承载数据网络的第三方对用户进行身份认证，增强用户的安全性保障。而引入的网络切片认证则在切片层面赋予切片使用者更大的控制权，使其能够自主管理切片的访问权限，保护切片服务的安全性。

垂直行业应用可以根据自身的安全需求，根据主认证、次认证和网络切片认证的组合方式，灵活地叠加不同的认证层级，从而实现更强大的安全能力。这种个性化的安全策略使物联网应用能够在不同的场景下为用户提供更可靠的服务，并为 5G 的发展奠定了更加稳固的安全基础。

2. 切片安全隔离能力

切片技术在 5G 网络中的安全性核心在于其强大的隔离能力。为确保切片之间的安全隔离，5G 网络在无线接入网、承载网、核心网引入了多层次的隔离机制，构筑了三级隔离体系，涵盖了切片之间、切片网络与用户之间，以及切片内部网元之间的隔离。

无线接入网隔离机制（见图 5-8）：一是为不同的切片分配专用频谱，确保不同切片之间的无线信号不会互相干扰，以实现物理隔离，从而保障数据的安全性和稳定性；二是让不同切片按需使用相同频谱，但通过逻辑隔离来确保数据的独立性；三是通过为不同切片分配独立的硬件、虚拟机，并为其配置相应的虚拟局域网/虚拟可扩展局域网（VLAN/VXLAN），实现网元之间的隔离①。

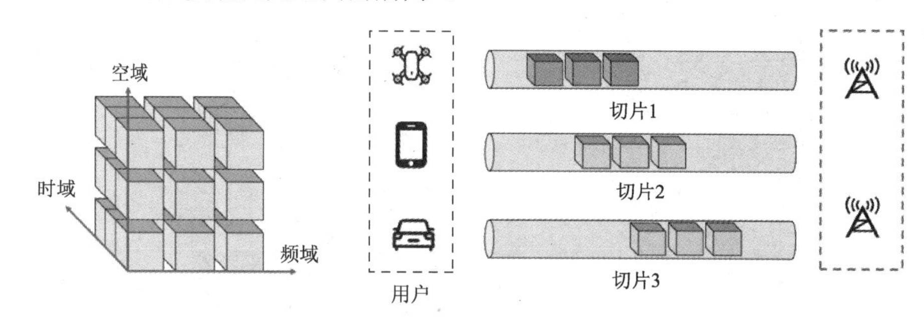

图 5-8　无线接入网隔离机制

承载网隔离机制：网络切片在承载网的隔离可通过软隔离和硬隔离技术实现②。对于软隔离方案，使用 VLAN 等技术使不同切片之间的数据传输互不干扰。对于硬隔离方案，采用以太网分片技术在时隙层面实现物理隔离，防止数据泄露和交叉干扰。

核心网隔离机制：在核心网层面，采用多重隔离手段，如图 5-9 所示。一是通过独立的物理资源隔离来确保不同切片之间的资源不会相互干扰；二是通过虚拟机或容器实现逻辑隔离，通过划分安全域并配置安全策略（如认证、授权等）来实现隔离；三是通过账号权限控制实现不同切片管理和维护之间的隔离。

---

① 毛玉欣，陈林，游世林，等. 5G 网络切片安全隔离机制与应用[J]. 移动通信，2019, 43(10):7-11.

② 李晗. 面向 5G 的传送网新架构及关键技术[J]. 中兴通讯技术，2018, (1):53-57.

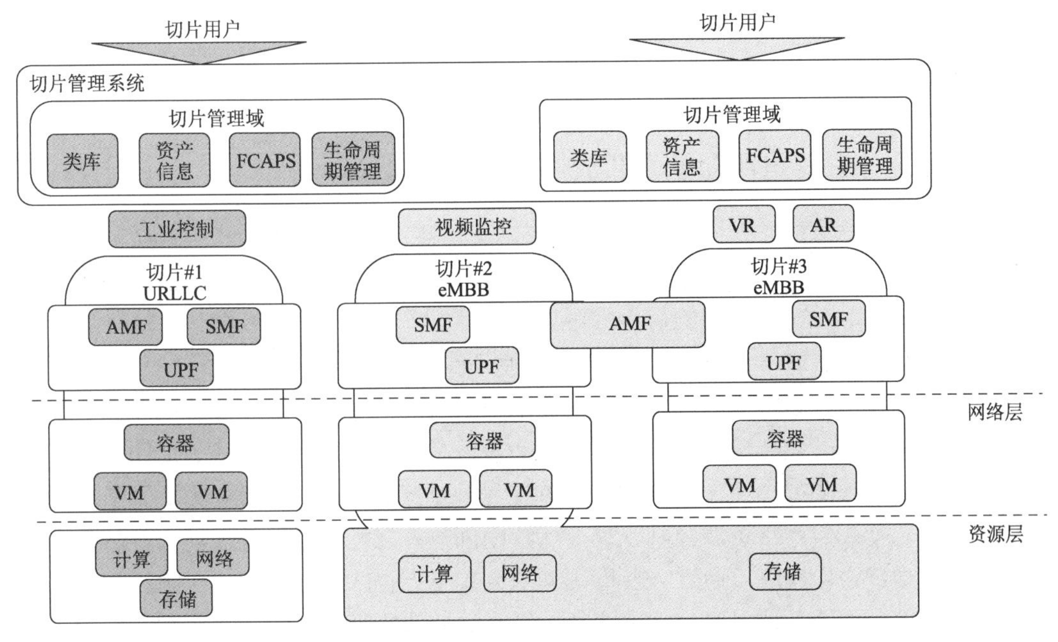

图 5-9 核心网隔离机制

5G 网络在切片技术的实施过程中，着重构建了多层次的隔离机制，从不同角度确保切片之间、切片网络与用户之间，以及切片内部网元之间的安全隔离，为 5G 的安全性和可靠性提供坚实的保障。

3. 切片安全监控能力

切片管理系统在 5G 网络中充当至关重要的角色，其功能不仅包括实时监控切片的运行状况，还包括识别潜在故障和遭受攻击的情况。同时，切片管理系统还具备与其他安全设备进行联动的能力，通过威胁应对和故障修复等措施，实现对网络安全事件的有效应对。

一是切片管理系统的实时监控功能。通过持续监控切片的运行情况，切片管理系统能够及时发现潜在的故障情况和可能的攻击威胁，有助于网络管理者快速响应，并迅速采取适当的安全措施，从而降低安全事件对网络的影响程度。

二是切片管理系统与其他安全设备之间的联动能力。通过与入侵检测系统、入侵防御系统等其他安全设备协同工作，切片管理系统能够实施威胁处置和故障修复等紧急响应措施，保障网络的连续运行和安全性。

三是切片管理系统的双向认证、访问授权及管理接口的安全保护。通过双向认证，切片管理系统能够确保只有合法的实体才能与其进行通信，防止未经授权的访问。访问授权机制能够对各种操作和访问权限进行精细控制，从而保障切片管理功能的安全性。管理接口的安全保护可防止恶意攻击者通过滥用接口来对系统进行入侵。

通过实时监控切片的运行情况，联动其他安全设备，以及实施双向认证、访问授权和管理接口的安全保护，切片管理系统能够及时察觉威胁和故障，并采取适当的响应措施，确保网络的安全性和可靠性得以长期维持。

5.3.1.2　5G 网络切片能力开放架构

作为 5G 的重要特性之一，5G 核心网的网络开放功能基于 SBA 以总线方式与所有网络功能相连，将 5G 的安全能力开放给第三方应用，可实现网络能力与业务需求的友好对接，改善业务体验，优化网络资源配置。

5G 网络的每个切片中都可能存在网络开放功能，同时，同一个切片也可能覆盖多个不同的区域，这些区域对应的控制面会部署单独的网络开放功能。

如图 5-10 所示，5G 网络通过切片的能力开放平台、切片管理系统、多个切片子网的网络开放功能（NEF）、策略控制功能（PCF）进行互联，实现安全能力的开放。开放的能力主要包括底层网络资源控制，以及切片的创建、管理、销毁等。能力开放平台中的“切片管理能力”模块，通过 API 管理模块向第三方提供开放接口，可被授权的第三方调用，将应用的服务请求映射成网络切片需求，并选择合适的子切片组件，映射为网络服务实例和配置要求，然后将指令下达给网络中的切片管理系统，切片管理系统进一步完成子切片及其网络、计算、存储资源的部署。

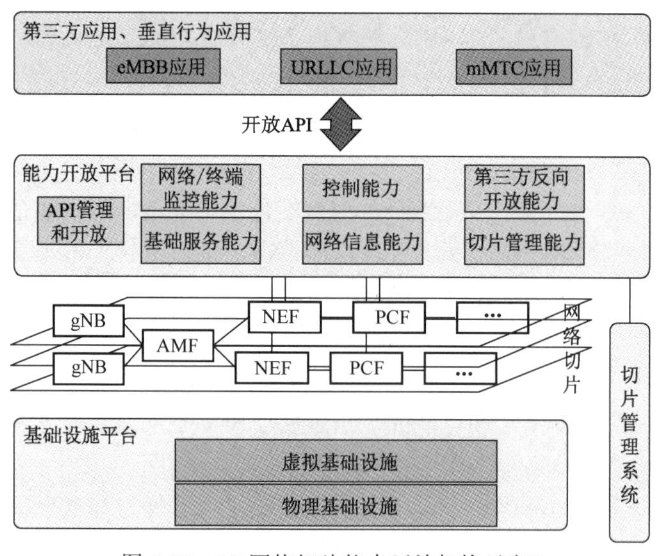

图 5-10　5G 网络切片能力开放架构示意[①]

5.3.2　MEC 技术可对外提供的安全能力

MEC 作为 5G 技术的重要组成部分，本质上是在靠近用户的位置，在网络的边缘提

① 杨红梅，林美玉. 5G 网络及安全能力开放技术研究[J]. 移动通信，2020, 4(4):65-68.

供计算和数据处理能力，以提高网络数据的处理效率。一方面，MEC 在设备可信性、网络隔离、通信安全、运维安全及产品生命周期等多个层面具备可对外开放的安全能力；另一方面，MEP 可以通过架构的设计，向第三方应用开放上述安全能力，提高精准信息及资源控制能力，提供高价值的智能服务。

5.3.2.1　5G MEC 安全能力

MEC 不仅在设备可信性、网络隔离、通信安全、边界安全、运维安全、数据保护等多个层面展现出强大的安全能力，而且在不同行业的垂直应用场景中，其安全措施也具备高度的适应性。MEC 可对外提供的安全服务架构如图 5-11 所示。

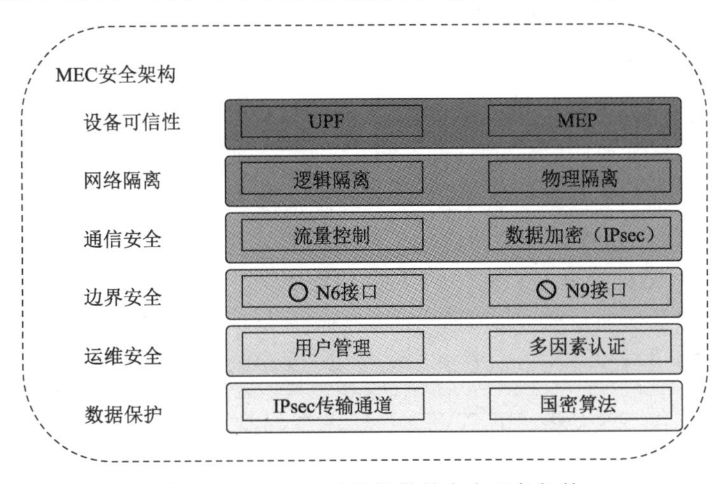

图 5-11　MEC 可对外提供的安全服务架构

一是设备可信性。MEC 通过确保设备的可信性，为网络中的各类网元如 UPF（用户面协议）、MEP（管理面协议）等提供可靠的验证和授权。这种技术手段可防止未经授权的访问及潜在的恶意操作，从而确保设备层面的安全性。

二是网络隔离。MEC 在安全隔离方面通过实施逻辑隔离或物理隔离，保障不同层面的安全性，可有效防止攻击者通过入侵一部分区域对其他区域造成影响，保护敏感信息和关键资源。

三是通信安全。MEC 采用多项技术措施，可实现设备和不同业务类别的流量控制，确保网络资源的合理分配，还可利用 IPsec 传输通道对数据传输进行加密，从而保护数据的机密性和完整性。此外，MEC 还提供了专线和隧道传输选项，进一步提升通信的安全性。

四是边界安全。MEC 通过在 N6 接口提供防火墙，阻断对外的 N9 接口，并在异常情况下开启流控机制，实现多层次的边界保护，可有效抵御外部攻击，保障网络边界的安全。

五是运维安全。MEC 采用基于 RBAC 的用户管理、多因素认证及权限分权分域等手段，保障系统管理和操作的合法性，减少内部威胁的潜在风险。

六是数据保护。MEC 提供对 IPsec 传输通道和国密算法的支持，避免数据泄露和篡改的风险，为各个行业的敏感数据提供更高层次的保护。

5.3.2.2 5G MEC 能力开放架构

MEC 多层次、综合性的安全架构为 5G 融合应用提供了稳固的安全环境，保障了不同垂直行业在数字化转型中的安全需求，是 5G 融合应用安全的重要支撑。

MEC 主要实现业务流的本地转发、分流策略控制、本地流量计费和 QoS 保证等功能。MEP 开放的信息和能力主要包括：无线负载信息、网络拥塞和吞吐量信息、QoS 能力等。其系统通常由 MEC 主机、MEC 系统虚拟化管理[边缘编排器（MEO）、虚拟化基础设施管理（VIM）、边缘计算平台管理（MEPM）]、MEC 运营管理等组成。

5G MEC 能力开放架构示意如图 5-12 所示。MEC 应用经由网络开放功能与 5G 网络互联：一方面，网络开放功能将用户设备和业务流相关的信息，如用户设备的位置信息、无线链路质量、漫游状态等开放给 MEP，MEP 基于此对 MEC 应用进行优化；另一方面，MEC 应用可以通过网络开放功能将应用的相关信息，如业务时长、业务周期、移动模式等共享给网络，网络据此进一步优化网络资源配置。

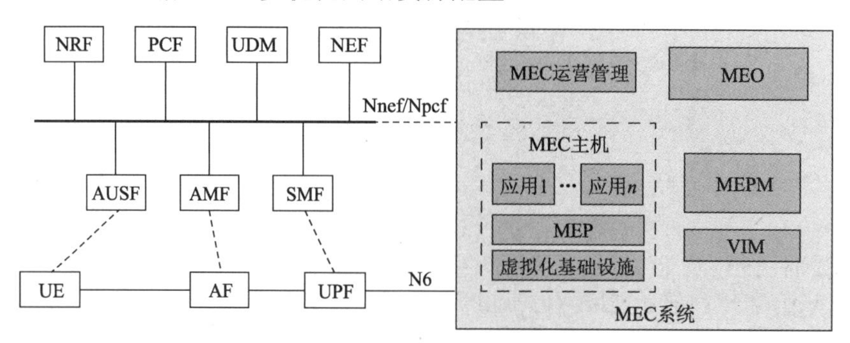

图 5-12 5G MEC 能力开放架构示意

5.3.3 基础电信企业及服务提供商部署的其他外在安全能力

在基础电信企业及服务提供商网络中，除了切片技术，还部署了一系列外在安全能力，这些能力包括但不限于认证与授权、审计、入侵检测和漏洞扫描、威胁情报共享及恶意流量清洗等，以在技术层面之外辅助提升网络的安全性和可靠性。

一是认证与授权机制。认证和授权是网络安全的基石，合法用户通过认证能够获得适当的身份验证，从而访问网络资源；而授权则确保用户在获得访问权限后，只能访问其合法权限范围内的资源。这一机制有效防止了未授权用户的入侵和恶意操作，为网络安全提供了坚实的保障。

二是审计机制。审计作为监测系统活动的手段，能够记录用户和系统的操作，从而及时发现异常行为。通过对系统活动的跟踪和分析，审计机制能够识别潜在的安全威胁，为网络管理员提供预警和应对的机会，从而保护网络的稳定和安全。

三是入侵检测和漏洞扫描能力。入侵检测系统用于监测网络中的未授权访问和异常行为，及早发现并应对网络威胁。漏洞扫描技术能够主动检测网络中的潜在漏洞，帮助网络管理员及时修补安全漏洞，提升网络的抗攻击能力。

四是威胁情报共享机制。威胁情报共享机制通过获取和共享有关新兴威胁的信息，帮助网络管理员了解当前的威胁态势并采取相应的应对措施，能够有效提高网络的整体安全水平。

五是恶意流量清洗能力。恶意流量清洗是应对 DDoS 攻击等恶意行为的重要手段，通过识别并隔离恶意流量，网络能够保持正常运行，不受恶意攻击的干扰。

这些外在安全能力不仅可以在技术层面提升网络的安全性，还可以通过安全组网和安全能力开放等方式，为不同垂直行业提供定制化的安全服务，使其能够在复杂的网络环境下保持高度的可靠性和稳定性。同时，这些安全能力的差异化服务也为垂直行业的安全应用赋予了更大的创新潜力，实现了网络与各个行业之间的有机融合。

5.4　特定场景方案

5.4.1　智能电网安全

5.4.1.1　安全解决方案

电力场景的特点在于应用覆盖领域广、业务种类多、接入设备多、应用地域和设备供应商分散，面临的安全风险也更多样化。由于终端设备的应用场景不同，通常终端的安全能力差异较大，其中大量低功耗、计算和存储资源有限的终端难以部署复杂的安全策略，因此容易被攻击，进而引发对其他用户乃至整个网络的攻击，造成系统瘫痪、网络中断等安全风险。同时，海量终端间的信息交互也面临隐私泄露、虚假消息欺骗等安全风险。

因此，在电力场景的安全解决方案设计中，需要重点应对大规模智能终端接入电网及差异化业务需求带来的安全风险，应用定制化网络切片隔离、安全监测、大规模接入认证和管理等能力，增强智能电网网络边界安全能力及数据保护能力。

一是可以利用网络分层隔离等安全隔离技术应对安全威胁跨域影响等安全风险，在明确电力业务涉及的会话强相关网元的前提下，在相应网元内部划分不同的逻辑切片，以匹配业务间逻辑隔离的需求；二是可以利用大规模接入鉴权和管理应对边界模糊等安全风险，考虑智能电网设备的密集化、海量化、异构化趋势，采用授权和免授权混合接入、确定性与非确定性混合接入等安全鉴权方式来提高安全能力；三是可以利用 MEC 及网络切片技术，将电网的多类业务按照不同切片进行业务接入与承载，在确保数据不向公网扩散的前提下，有效降低业务时延。

5.4.1.2 典型案例

1. 中国移动 5G 智能电网应用推广

中国移动、南方电网、中国信息通信研究院、华为等单位联合开展的 5G+智能电网项目，在顶层设计、关键技术、现网试点、终端模组研发、电力业务运营等方面取得全面突破（见图 5-13），获得第三届“绽放杯”5G 应用征集大赛 5G 应用安全专题赛一等奖。

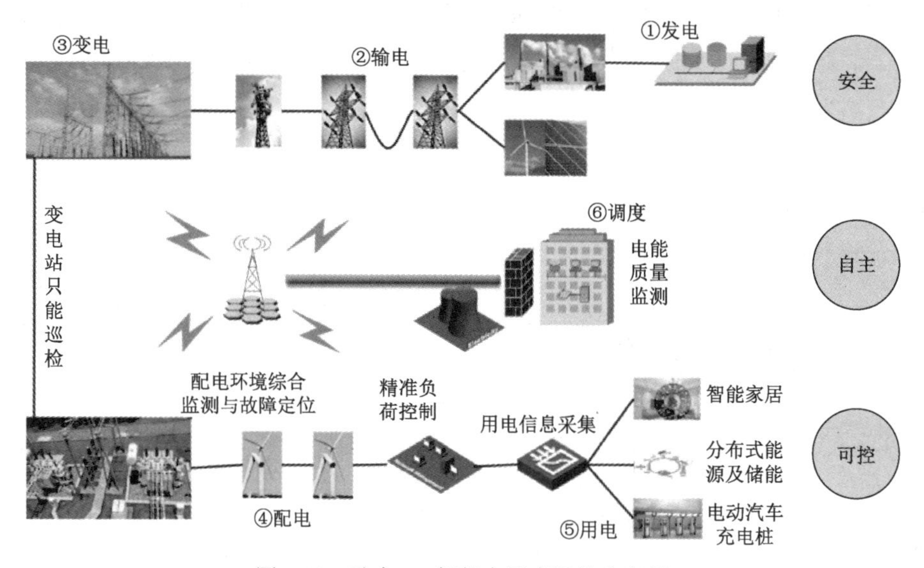

图 5-13　助力 5G 智能电网应用推广案例

来源：“XG 云数智”微信公众号。

该项目围绕安全、自主、可控的原则，集成了 RB 资源、5QI 优先级调度、FlexE 等超过 12 种创新技术，针对电力业务安全隔离、身份认证等高要求，探索并建立了一套智能电网立体防护体系。一是通过设计端到端的切片隔离技术来满足电网差异化的业务需求，满足不同电力业务之间的隔离；二是在核心网侧建设独占专享的 MEC 和核心网元，以实现与其他行业专网的隔离。

在安全方面，该项目通过物理切片、逻辑切片、专用网元、安全加固等措施建立了端到端的电力安全切片模式与防护体系；在自主方面，该项目集成多种技术，通过电能质量监测，实现业务流的自主调试；在可控方面，该项目通过切片探针技术实现了支持切片业务流的网络安全态势感知能力，并在二次认证框架下，提出了电力通信通道安全准入认证流程，可提升电力业务主站的安全保护强度。

2. 中国电力科学研究院 5G+智能电网网络安全解决方案

由中国电力科学研究院牵头开展的 5G+智能电网网络安全解决方案，获得第三届“绽放杯” 5G 应用征集大赛 5G 应用安全专题赛二等奖。

根据相关报道，该 5G+智能电网网络安全解决方案，从 5G 与电力通信网组网架构分区分域方法、5G+智能电网整体安全防护体系、5G 网络电力业务系统安全防护关键技术三个方面，解决了 5G 在智能电网中应用的关键网络安全问题。

一是通过研发 5G 安全管控系统及 5G+智能电网态势感知系统，解决了 5G+智能电网通信安全和业务安全问题及整体安全可管可控问题；二是通过研发电力 5G 安全终端管控平台，利用 5G 网络自身的安全能力实现了通信协议适配、无线链路安全防护、用户身份和网络的双向认证、用户身份保护、加密密钥分发、数据的加密和完整性保护；三是通过研发自主可控 eSIM 的电力 5G 安全模组及 5G+智能电网专用切片（生产控制切片、管理切片和信息网切片等），采用切片逻辑隔离和物理隔离技术手段，满足了不同电力场景下不同网络的安全等级需求，以及高安全、高可靠、同步授时等差异化的需求。

5.4.2　智慧工厂安全

5.4.2.1　安全解决方案

智慧工厂的特点在于业务类型多样，如管理控制类、数据采集类和信息交互类等业务类型，不同业务对网络的性能需求也不相同。同时，5G+智慧工厂场景通常基于 5G 行业专网实现相关业务，面临终端的软件及硬件安全风险、网络权限控制风险、网元隔离风险、数据泄露风险等严重安全威胁。

为应对上述安全风险，并满足各类业务的需求，智慧工厂场景下的安全解决方案需结合 5G 网络自身及衍生的安全能力，考虑端—边—管—云多个方面的安全举措，结合各层级的实际业务需求开展方案的设计。

端层关于终端安全的解决方案，主要依靠接入认证和鉴权技术来防范安全威胁，保障终端接入安全，如确保终端与网络双向鉴权、通过 5G-AKA 为归属网络提供从访问网络成功认证用户设备的证据、防止仿冒 CPE/终端接入 5G 网络等。

边层关于边缘计算安全的解决方案，主要依靠安全隔离机制，通过网络切片和 MEC 技术，做到 MEC 边缘与外部隔离，MEP 内部的无线、核心网及第三方应用三个虚拟数据中心间隔离，以及不同应用间安全隔离。

管层关于网络切片安全的解决方案，主要依靠安全隔离机制，通过切片端到端隔离、切片安全管理等措施，确保 5G 行业虚拟专网的网络层安全。例如，从无线侧、承载网侧、核心网侧进行端到端的安全隔离，可通过无线侧 IP 资源隔离、承载网灵活隔离、核心网 UPF 隔离等方法实现，同时在网络运行过程中进行切片安全状态监控、切片 ID 加密保护。

云层关于业务安全的解决方案，主要依靠跨层跨域的安全设计与覆盖，通过边界防护、数据加密、接入控制、业务应用安全保障等措施，如通过多业务控制网关动态选择接入机制、网络边界部署防火墙等，确保专网应用平台层的安全。

5.4.2.2 典型案例

中国移动山东分公司等单位联合开展了基于“端—边—管—云”安全架构的海尔 5G 智慧工厂端到端多级安全防护设计与实践，针对海尔 5G 智慧工厂一期中的 5G MEC+机器视觉、5G+AR 远程运维指导等业务场景，研究了 5G 终端安全接入认证、MEC 业务隔离与数据安全防护、5G 网络切片业务隔离与网络通道安全保障技术、业务边界防护与数据安全防护，构建了基于“端—边—管—云”安全架构的端到端多级安全防护体系，应用于海尔 5G 智慧工厂业务（见图 5-14）。该项目获得第三届“绽放杯” 5G 应用征集大赛 5G 应用安全专题赛创新奖。

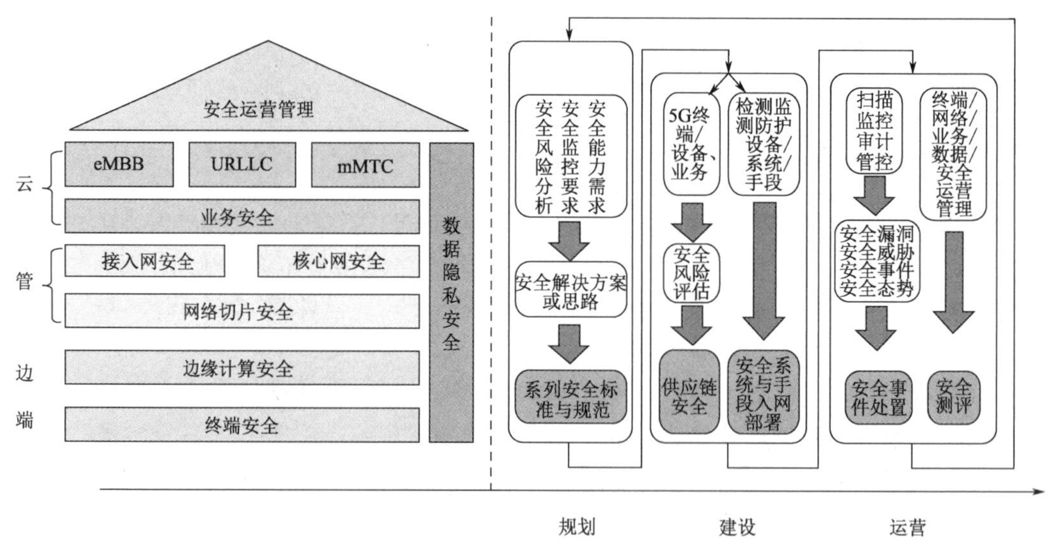

图 5-14　基于“端—边—管—云”安全架构的海尔 5G 智慧工厂端到端多级安全防护设计与实践

来源：“XG 云数智”微信公众号。

该项目以“端—边—管—云”的 5G 多层次安全防护框架定制化安全防护方案，通过划分不同层次安全域、部署安全防护设备、建设安全系统、搭建网络与业务系统间的安全通道、提供业务技术安全等多方面，针对海尔不同业务场景对安全的需求，提供端到端灵活的安全策略。

一是针对海尔 5G 智慧工厂的不同业务场景的技术应用特点、差异化安全需求，提供分级安全防护体系来满足差异化需求，采用合适的安全防护手段；二是为支持不同业务的端到端安全保护，需要灵活的安全架构，提供不同等级安全保护的网络切片；三是针对海尔对业务数据不出园区的安全要求，提供基于 MEC 的从终端到业务系统的端到端数据安全防护手段，确保仅合法终端接入，建立数据传输安全机制，提供 App 关键数据防护手段，保障 MEP 自身数据的安全。

5.4.3 智慧港航安全

5.4.3.1 安全解决方案

2021 年 2 月，国务院印发了《国家综合立体交通网规划纲要》，提出要全面推进港口和航运数字化、网络化、智能化发展，5G 智慧港航因此迎来了行业发展的政策支撑。然而，由于位置近海、移动性差、组网不灵活、特殊环境敷设困难等问题，当前我国的智慧港航发展仍存在难点，亟须通过 5G 的远距离覆盖、低时延、高带宽等特性解决上述问题，以便突破现有无线技术在安全可靠性、连接密度、传输能力等方面的局限。

该场景下的安全解决方案需从 5G 行业核心网、无线设备、承载设备等多个方面出发，通过云网融合及下沉部署，实现 5G 港口网络边缘化、网络安全可控和复杂海况的低成本覆盖；同时，还需要通过行业组网网络架构的设计，在 5G 技术条件下支持自组织网络及多跳技术，使整个网络不会因个别位置信号弱而受到干扰，从而进一步提升网络通信的可靠性，以满足复杂海况（如大雾等）环境对通信网络远距离、高带宽、低时延的需求，为港航智能化打下坚实的基础。

5.4.3.2 典型案例

智慧海事的 5G 安全网络舱项目（见图 5-15）由江苏移动、江苏海事局、北京启明星辰、华为合作，为江苏海事提供全面覆盖能力基础上的 5G 安全网络应用服务，获得第五届“绽放杯”5G 应用征集大赛 5G 应用安全专题赛一等奖。

该项目利用 5G 专网的高带宽、低时延、海量连接等创新技术保障业务的可靠性，例如：5G 专网接入，赋能海事 App 应用和高清视频监控，并结合北斗定位，通过 5G 专网实施，做了 RB 预留、QoS 隔离技术来保障海事业务的可靠承载；5G 承载网通过切片隔离技术承载海事业务，预留了 FlexE、G.MTN 交叉技术来保障业务可靠转发；预留能力今后还可合作独立频段的 ToB 网络，物理隔离 ToC 业务和海事业务。该项目融合了安全平台能力，采用了全流程流量监测、视频安全防护、势态感知等安全技术，提升了海事执法和服务的业务能力与效率。

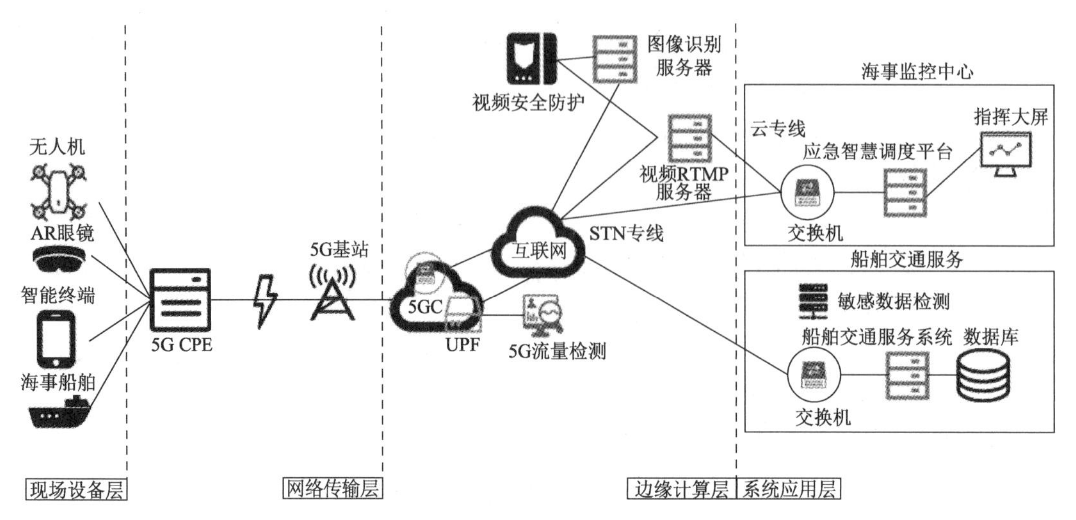

图 5-15　智慧海事的 5G 安全网络舱项目

来源："XG 云数智"微信公众号。

该项目基于 5G 独立接入网，完成了基于 2600M/4900M/700M 的网络全覆盖海事工作执法区域，建设了 5G DNN 双域专网，结合 5G 网络自身的安全能力并集中应用了 5G 技术衍生的安全能力，如网络切片安全、5G 全流量分析、终端接入安全、边缘计算安全、数据安全等最前沿的安全关键技术，建设了安全专网，以实现数据不出网、低时延、高可靠。

5.4.4　车联网安全

5.4.4.1　安全解决方案

车联网产业面临的安全风险，一是车端安全风险隐患凸显，主要表现为车载软硬件存在安全隐患和车载网络存在安全隐患；二是车联网平台服务面临的攻击威胁加剧，在线升级（OTA）平台、车辆调度等平台的用户规模逐步扩大，一旦遭受网络攻击控制，可被利用实施对车辆的远程操控，造成严重后果；三是车联网通信安全面临挑战，在车云通信场景下，通信协议存在漏洞隐患、访问接入缺乏安全认证等问题突出；四是数据违规收集和跨境风险引发关注，车联网数据全生命周期的安全保障能力不足，国家重要数据和个人敏感信息面临泄露风险。

车联网场景下的安全解决方案应通过安全能力的分级分类为车联网客户提供按需灵活的安全服务，从系统设计、基础设施层、网络连接层、应用数据层多个方面建立安全能力，进一步降低车联网设备与系统在网络侧的暴露情况和受攻击风险，从而推动车联网产业进一步发展。

一是系统设计方面。需遵从国家网络安全法规条例，建立垂直分层的立体防御体系，提供统一的安全运营平面，确保运营级车联网的基建安全，如图 5-16 所示。

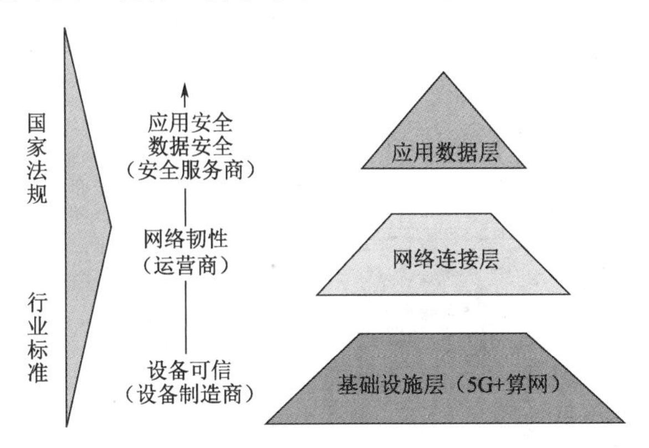

图 5-16　车联网安全解决方案系统设计

二是基础设施层方面。5G 车联网设备内生安全需基于纵深防御原则，从硬件、系统、虚拟层、业务层构建安全的软硬件环境，为业务运行提供安全保障。

三是网络连接层方面。作为连接车联网基础设施与应用的通道，网络连接层安全能力的设计，一方面，应考虑通过加密和可信编排的技术，确保流量在基础设施中转发不被窃听和篡改；另一方面，应通过接入认证等技术，为应用层业务提供完整的安全认证及应用层会话通道加密服务。

四是应用数据层方面。应用数据层应面向关键接入数据，制定特定的数据管理规范，针对共享的数据实现匹配、转发，针对隐私相关数据进行加密，针对重要敏感类数据进行脱敏，从而提供一体化的数据安全管理服务。

5.4.4.2　典型案例

“车路网云数”立体防御体系护航新基建 5G 智慧交通发展项目（见图 5-17），是由中国移动、苏州市相城数字科技有限公司、华为、中国信息通信研究院共同为苏州“MEC 与 C-V2X 融合测试床”车联网应用提供的立体防御解决方案，获得第五届“绽放杯”5G 应用征集大赛 5G 应用安全专题赛一等奖。

整个方案构建了一个安全风险分层治理、责任共担的“车路网云数”立体防御体系，以 5G+C-V2X 连接安全为核心，替代了主流的单车车端安全标准方案，通过基础设施层、网络连接层、应用数据层三个方面的协同设计，实现了车联网车路协同领域的智慧、安全发展。

基础设施层：目标是系统不被控、“运行环境”可信。在关键基础设施层面构建内生安全能力，像免疫系统一样确保系统在研发态、集成态和运维态不被植入恶意软件，确保系统安全、可信、有韧性。

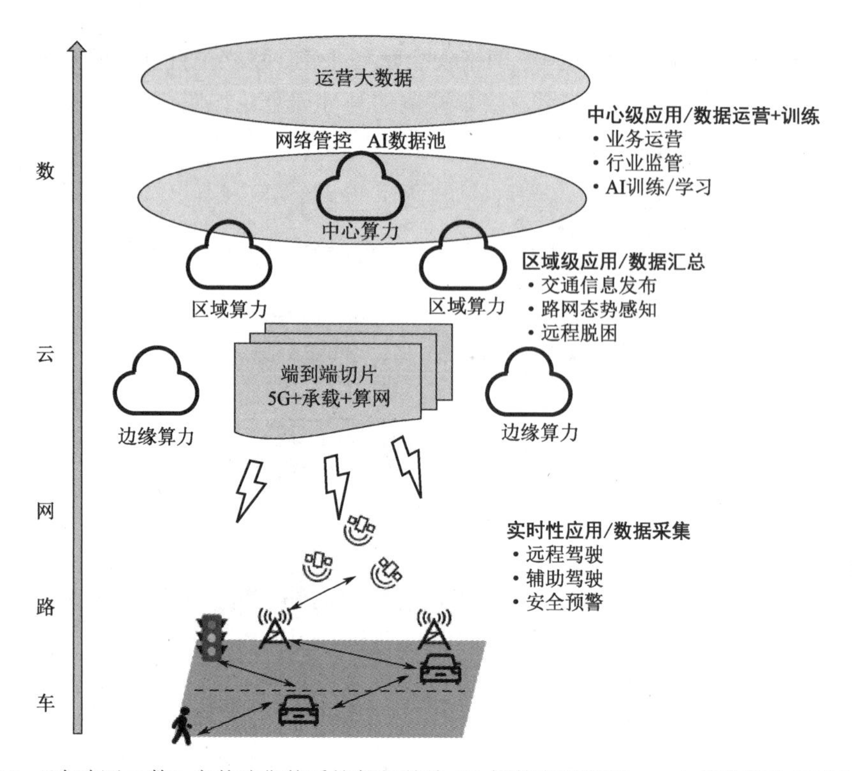

图 5-17 “车路网云数”立体防御体系护航新基建 5G 智慧交通发展——立体防御体系应用场景

来源：“绿色能源世界”微信公众号。

网络连接层：旨在实现威胁不可达、“数据路径”可信。网络连接层面为智慧交通业务，通过端到端切片建立可信和有韧性的连接，同时提供海量车端和路端设备的可信接入，按需最小授权地访问指定应用和数据，基于应用分析异常行为。

应用数据层：重点关注资产不被盗、“应用数据”可信。智慧交通应用系统支持数据分类，基于数据分列标签进行精细化访问控制，同时提供 AI 框架的安全保护，全方位落实数据安全和隐私保护。

第 6 章 5G 数据安全

基于高带宽、低时延、高速率的传输特性，5G 融合应用已在工业、医疗、教育、交通等多个行业领域发挥赋能效应。截至 2022 年 6 月底，我国 5G 融合应用已覆盖国民经济的 40 个大类，应用案例数超过 2 万个，但也给数据安全带来了全新的挑战。

一是 5G 带来数据量级、维度和内容的爆发式增长，但由于现有安全防护能力还不成熟，数据安全传输、处理、存储的能力面临严峻挑战。同时，由于 5G 将提供至少十倍于 4G 的峰值速率，数据流量大幅增加，基于 4G 网络的数据加密、数据防泄露等安全防护措施难以满足 5G 场景下的数据安全需求，尚缺乏适应 5G 新业务的数据安全防护方案。

二是 5G 网络性能的提升将极大地提高数据流动速度，对数据处理能力提出了新的要求，传统通过加密、访问控制、隔离等技术手段保护存储系统的模式已无法满足数据流动安全防护的需求，数据安全保护重点将由原来静态的数据存储系统防护转变为动态的数据流动全生命周期风险管控，需要进一步构建以数据为中心的治理方案。

三是 5G 带来数据应用跨行业、跨领域创新发展。5G 网络架构的升级、多种应用的创新部署带来了 5G 基础能力的提升，其差异化服务能力将真正带来产业互联网的新浪潮，催生新服务、新业态和新模式，同时也对与 5G 网络、技术和产品应用部署相关的企业的数据安全防护能力提出了新要求。5G 与医疗、交通、工业、教育、金融等行业深度融合，将带来具有行业特点的数据安全新风险，各行各业的数据安全防护方案需要根据 5G 网络特性及数据流量进行差异化的设计。

因此，要研究行之有效的 5G 数据安全关键核心技术及防护方案，保障海量数据的机密性、完整性和可用性，从根本上遏制数据风险，推动行业进步。

本章将主要从横向和纵向两个维度展开 5G 数据安全保护的讨论，如图 6-1 所示。横向主要讨论数据流转的全生命周期，包括数据采集、数据传输、数据存储、数据处理、数据共享及数据销毁等环节的通用数据安全保护方式。纵向从 5G 网络的特点和业务需求出发，覆盖 5G 核心网数据安全、5G 无线数据（传输网）安全、5G 终端设备数据（接入网）安全、5G 应用层数据（业务数据）安全等 5G 多个网络层级独有的数据安全方案，并讨论 5G 垂直行业的数据安全。最后，本章将介绍特定场景的安全解决方案。

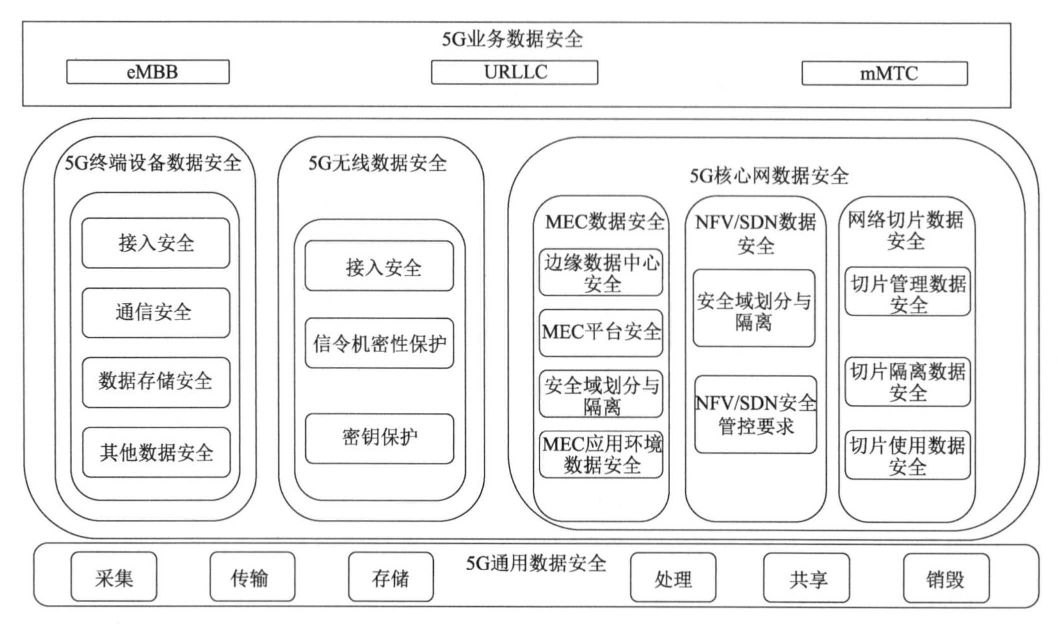

图 6-1　多维度的 5G 数据安全

6.1　典型解决方案

6.1.1　数据流转过程中的通用数据安全

通用数据安全指的是对每种数据类型都适用的数据安全保护方法。5G 数据范围、量级不断增长，数据高度分散化流动，给通用数据带来了新的安全风险。例如，异构终端设备管理域下沉、自身防护能力弱、设备暴露时间长带来的数据采集安全风险；5G 网络 MEC 功能下沉导致核心网传输路径加长等带来的数据传输安全风险；5G 控制面网元、切片管理系统中敏感数据的数据存储安全风险；用户面数据、控制面数据、管理面数据处理过程中鉴权机制不完善、访问权限不明确等带来的数据处理安全风险；5G 数据归属域复杂、行业数据共享场景多样等带来的数据共享安全风险；5G 云环境、虚拟化环境中有效销毁难度大带来的数据销毁安全风险等。

本节针对上述通用数据安全风险，深入探索可能的数据安全防范手段，按照数据采集、数据传输、数据存储、数据处理、数据共享、数据销毁等维度进行防护。各环节与各网络层级的数据类型对应如图 6-2 所示。

	数据采集	数据传输	数据存储	数据处理	数据共享	数据销毁
终端设备（接入网）	√	√	√	√		√
无线网（传输网）		√				
核心网	√	√	√	√	√	√
应用层		√		√	√	

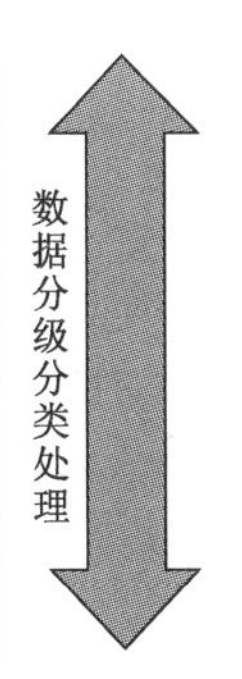

图 6-2　5G 通用数据环节与各网络层级数据类型的对应

6.1.1.1　采集安全

在 5G 网络层级中，涉及数据采集过程的主要是核心网和接入网。核心网中通常利用数据采集接口来采集底层数据，接入网中通常设有 5G 数据采集终端，通过不同的传感器采集环境数据。5G 异构终端设备管理域下沉，但终端的计算能力通常有限，导致自身安全防护能力较弱，且采集设备通常需要长期不间断地传输数据，长时间暴露在网络中易给数据采集带来较高的网络安全风险。5G 网络通过引入虚拟化技术实现了软件与硬件的解耦，并通过 NFV 技术将虚拟化网元部署在云化的基础设施上，不再使用专有通信硬件平台，因此采集接口也更易遭受病毒、木马、数据挟持等虚拟化安全风险。

做好数据采集安全保护，一方面，需要针对采集的数据，根据相关标准要求做好分类分级，并采用适当的形式进行防护。针对敏感数据，根据相关规范进行数据内容加密。针对各采集通道，做好流向控制和区域隔离，做到相互不干扰。另一方面，需要对设备、接口强化认证鉴权机制，同时加强人员管理，对设备定期进行安全检查和漏洞修复。

6.1.1.2　传输安全

数据传输环节是最为重要的数据流转环节之一，主要涉及接入网、传输网、核心网及应用层。5G 网络 MEC 功能下沉，导致核心网、传输网等各层级之间的传输路径加长，网络受到的数据传输安全风险日益突出。

保证数据传输安全，需要在数据传输阶段根据业务流程、职责界面等情况合理划分安全域，并在安全边界上配置相应的访问控制策略、部署安全措施。加强安全可靠性保障及分类分级管控，以应对 5G 网络传输数据量大、传输路径协议丰富等新型场景下的安全问题。针对跨安全域传输，通常应对敏感信息的传输通道和数据内容进行加密保护与完整性校验，并对传输过程进行详细的日志记录。

作为数据传输的特殊情况之一，数据出境因涉及国家利益，对数据安全的要求更为严格。大量的数据跨境流动，如果被非法利用，不仅会侵犯个人合法权益，也会给国家安全带来重大风险。尤其是，5G 赋能的智能电网、智慧工厂、车联网等关键领域的敏感数据在未备案的情况下跨境，也会严重威胁国家安全。确保数据跨境流动安全，是维护国家安全和推进国际数据治理的重要方面，需要从管理和技术两个方面展开安全防护。

1）从管理层面，明确跨境数据类型规范

国家必须依法采取措施对承载不同利益层次、位阶诉求的数据流动予以规范和约束，具有明显个人隐私、国家利益倾向的数据不能毫无约束、毫无保留地跨境流动，从而在保护个人信息、保障经济利益、保卫国家安全的前提下实现数据跨境流动和共享，给数据跨境安上“安全阀”。

首先，应进一步完善相应法律法规和技术规范。借鉴国际先进经验，完善数据跨境流动的制度建设，加强跨境数据流动相关立法，确立跨境数据流动治理的规范体系。国家通过科学立法明确可跨境流动的数据类型、范畴、处理方式、保护措施、风险防范等要素和内容，为数据的跨境合法流动提供判断依据，增强行为的可预见性，同时为国家对数据的跨境流动监管提供审查和执法依据，确保数据分享的安全性。

其次，构建重要数据分类分级管理机制和安全评估体系。在国家相关职能部门的监管下，明确哪些数据可以跨境流动，哪些数据不可以跨境流动。根据数据分级结果，明确最高级别的数据不允许跨境流动，低一级别的数据在一定条件下可跨境流动，最低级别的数据不限制跨境流动，集中资源对重要数据的跨境流动进行管理和保障。同时，组建数据跨境流动的安全评估体系，对数据本身进行评估。评估体系包括自评估、联审联评、安全检查、违规举报和信用管理五大机制，将安全评估作为数据出境的必经程序。

再次，形成国际合作互认的白名单，这样既有利于数据跨境流动，又能保障数据流动的安全性。参考国际通行做法，以全球数据安全倡议为基础，以国家地域为主要认定准则，结合对等原则和我国管理实际需要，梳理总结我国数据跨境现实场景和主要目的地，形成认定“以数据保护水平为原则加若干例外情况”的国际合作“白名单”。

最后，积极参与数据跨境流动国际规则的制定。数据跨境的流动规则必须是全球共同制定的，我国也要积极地参与其中，进行多方探索，构建数字贸易的国际规则体系。

2）从技术层面，加强数据跨境监测

跨境数据的异常场景大致可分为两类：一类是异常数据流量，另一类是异常数据类型。异常数据流量指的是备案的正常业务出境流量在某个时刻发生流量激增；异常数据类型指的是除备案的数据类型出境外，还有其他类型的数据传输至境外，同时包括未备案的对象将数据传输出境。可通过部署数据监测模块来对跨境数据进行监测。

一方面，基于行业数据类型和特点，分析数据敏感性的定义，在终端、云端等关键节点部署监测模块，监测相关数据流转情况；对于存在专线传输的业务数据，也在数据出口处部署检查接口，还可以使用可信执行环境，防止企业对数据进行篡改。以此实现对所有出境行为、出境目的地、出境数据内容等关键要素的全面监测，如图 6-3 所示。另一方面，在部署模块的基础上，通过部署数据防泄露系统，对出境数据、业务数据、重要数据等内容进行识别，精准匹配内置策略库，对发现的敏感数据进行告警，进而完成企业内部重要数据、个人信息数据的初次摸底，为后续详细的数据调研、数据评估功能奠定基础。

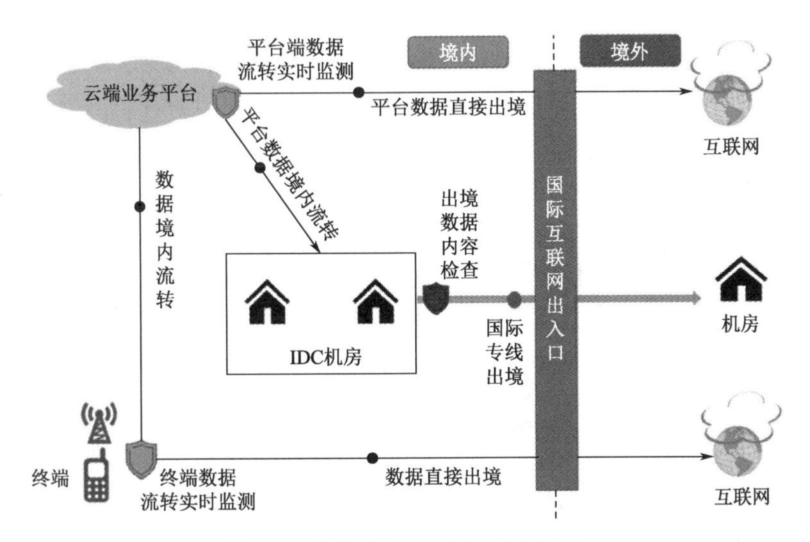

图 6-3 数据跨境监测模块部署示意

6.1.1.3 存储安全

5G 网络中涉及数据存储的主要有接入网及核心网。5G 网络赋予了终端更多的计算和控制能力，且数据逐渐呈现本地化存储的趋势，但对于终端设备来说，计算力受限导致自身安全防护能力不足，使得本地存储的数据安全性难以保障。对于核心网来说，由于 5G 控制面网元、切片管理系统中存储了大量控制层面的敏感数据，同时 5G 网络引入虚拟化技术，部分网元被部署在虚拟的云化设备上，使得核心网的数据存储安全风险日益加剧。

对于 5G 数据存储安全的解决方案，首先，要考虑底层技术的变化，根据不同数据的结构，如视频、文字、数字等，适应性地开发对应的安全存储模式，提高存储安全能力；其次，可根据数据涉敏级别，参考《信息安全技术 个人信息安全规范》(GB/T 35273—2020)、《信息安全技术 个人信息安全影响评估指南》(GB/T 39335—2020)、《5G 移动通信网 安全技术要求》(YD/T 3628—2019)、NIST Special Publication 1500（*NIST Big Data Inter-Operability Framework*）等国内外相应标准规范进行差异化安全存储；再次，对存储数据的设备及基础设施做好访问控制、安全基线、风险评估；最后，针对多租户数据的共享存储需求，建立安全策略，提供多租户数据安全管控机制。

6.1.1.4 处理安全

数据处理指的是对原始采集数据的数据融合、数据访问、信息提取、数据调用、数据修改等，涉及接入网、核心网及应用层等多个网络层级。5G 网络目前在用户面数据、控制面数据、管理面数据处理过程中鉴权机制不完善、访问权限不明确等，给 5G 网络带来了严重的数据处理安全风险。

在数据处理阶段，首先，坚持最小分配原则，处理者仅访问必要的数据，除非获得授权，否则无权访问数据；其次，针对不同类型的数据提供差异化的鉴权机制，如控制面、管理面等重要数据，一旦被攻击将大范围影响网络业务，需提供更严格的鉴权机制；再次，针对数据的高风险操作，建议由至少两名授权人员共同完成，通过分权制约、互相监督来确保涉敏数据的安全性；最后，针对接口调用数据的场景，做好接口鉴权和使用监控，对数据访问、数据修改等重要处理行为进行详细的日志记录，以便追溯追责。

6.1.1.5 共享安全

为了更好地提供服务，5G 网络支持网络能力开放，主要包括网络及用户信息开放、业务及资源控制功能开放，这也引入了新的数据安全风险（如敏感数据泄露和共享保密措施不合规等）。同时，5G 数据归属域复杂、行业数据共享场景多样等带来的数据共享安全风险也不容忽视。

为实现数据共享安全，需要从技术方面开展安全防护机制的设计。一是使用强大的加密算法对数据进行加密，确保数据在传输和存储过程中都是加密的；二是采用多因素身份认证（如密码加令牌、生物识别等）增加安全性，限制不同用户和用户组对数据的访问权限，使用最小特权原则，确保用户只能访问他们需要的数据；三是记录数据访问和操作的日志，并监测异常行为，及时发现潜在的安全威胁或违规行为；四是在共享数据之前，对敏感信息进行脱敏处理，以确保共享数据中不包含真实身份信息，并将敏感数据隔离存储，采用容器化技术，确保数据在共享过程中不会泄露或被未授权的应用程序访问。综合运用上述技术措施，可以有效地提高数据共享的安全性，保护敏感信息免受未经授权的访问和攻击。

6.1.1.6 销毁安全

数据销毁阶段和数据存储阶段相对应，主要涉及接入网、核心网等网络层级。5G 网络中云环境、虚拟化环境中数据的存储方式更灵活多变，使得数据的有效销毁难度比物理环境更大，带来了更严重的数据销毁安全风险。

为有效解决数据销毁安全问题，确保敏感信息不被恶意获取或滥用，一是对存储在物理介质（如硬盘、光盘、磁带等）上的数据，可使用专业的数据销毁服务或设备，如数据破碎机或磁带破坏器，将介质完全损毁，确保数据无法恢复；二是对硬盘、固态硬盘和闪存等可重写存储介质，使用数据擦除软件来覆盖存储区域，多次写入随机数据，以确保原有数据不可恢复；三是使用硬件加密技术，对存储介质中的数据进行加密，当数据需要销毁时，只需销毁密钥即可，从而确保数据不再可访问，对于重要的数据销毁操作，要求销毁服务提供商提供数据销毁证明，以证明数据已被安全销毁，同时，建立明确的数据销毁策略，规定数据销毁的流程和周期，确保数据不会无限期地保留；四是定期审查数据销毁策略和流程，确保其与实际需求相符，并与最新的安全标准和法规保持一致。

6.1.2　5G 业务数据安全

6.1.2.1　5G 核心网数据安全

5G 的新技术如 NFV、SDN 和 MEC 等为 5G 核心网带来了更大的灵活性和更高的效率，但也带来了数据安全方面的挑战。虚拟化和可编程性增加了网络的攻击面，跨域安全管理复杂，边缘数据安全和用户隐私保护成为焦点，同时服务链安全和物理设备虚拟化环境的协同安全也需关注。为有效应对这些挑战，5G 网络需要综合加强硬件和软件的安全，强化安全管理和监测，加强用户隐私保护，同时不断更新和完善安全策略与措施，以确保 5G 核心网中的数据安全与稳定。

1. NFV/SDN 数据安全

SDN 带来的控制面和数据面解耦能力，以及 NFV 带来的网络设备功能和网络硬件解耦能力，为基于多厂家共用 IT 硬件平台、建立新型的设备信任关系创造了有利条件，但新技术带来的业务开放性、用户自定义和资源可视化应用给 5G 数据安全带来了许多挑战。

1）NFV 带来的数据安全风险

从各层级架构看，NFV 大致可以分成硬件资源层、虚拟管理层、虚拟机层、虚拟网元层及编排管理层，如图 6-4 所示。

在硬件资源层，由于缺少传统物理边界，容易发生数据跨域泄露，同时由于存在安全能力短板效应（平台整体的安全能力受限于单个虚拟机的安全能力），能力较弱的虚拟机容易被攻击，作为傀儡机与其他虚拟机进行通信并窃取数据。

在虚拟管理层，具备管理能力的虚拟网元往往具备较高的数据读写权限，一旦被黑客攻陷，将造成严重的数据安全风险。

在虚拟机层，由于虚拟机流量安全监控困难、病毒易通过镜像文件快速扩散等，敏感数据在虚拟机中的保护难度大，这是虚拟机层数据安全面临的最大挑战。

在虚拟网元层，主要存在虚拟网元间的通信容易被窃听等风险，使得用户数据安全无法保障。

在编排管理层，由于该层主要负责对虚拟资源的编排和管理，以及对虚拟网元的创建和生命周期管理，该层被攻击后，将可能影响虚拟网元乃至整体网络的完整性和可用性，进而影响整个网络的数据安全。

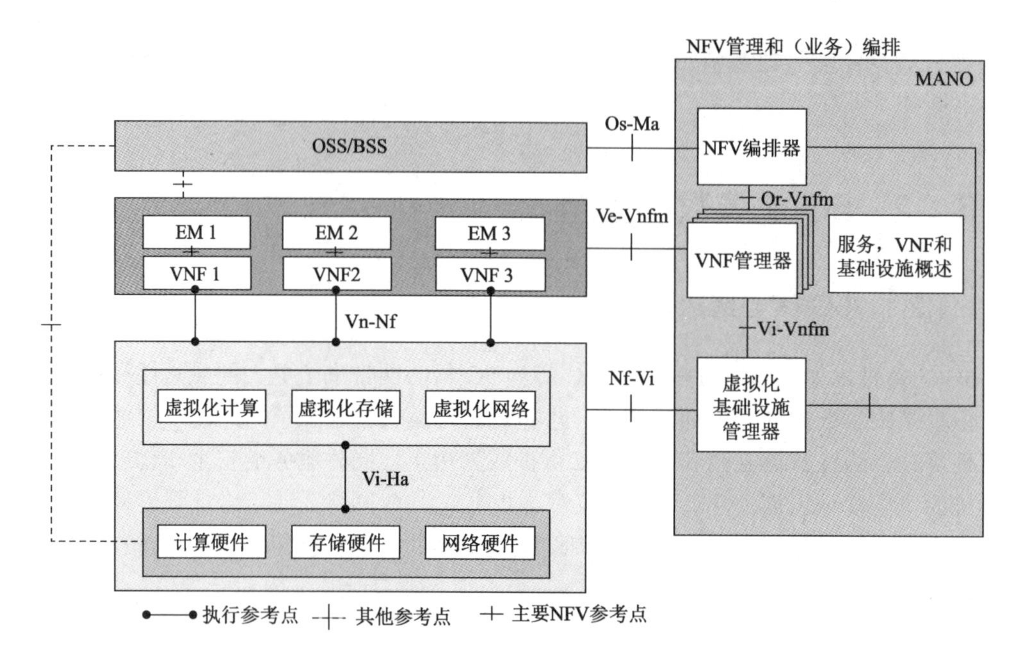

图 6-4　NFV 各层级架构示意

2）SDN 带来的数据安全风险

大多数 SDN 架构有三层：最底层是支持 SDN 功能的网络基础设施（网络单元），中间层是具有网络核心控制权的 SDN 控制器，最上层是包括 SDN 配置管理功能的应用程序和服务，如图 6-5 所示。

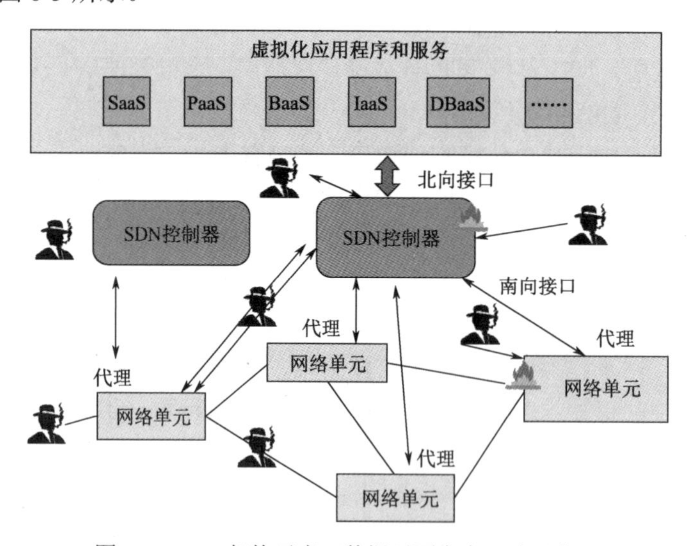

图 6-5　SDN 架构示意（数据平面安全风险显著）

SDN 的数据安全风险主要来源于数据平面。

攻击者将网络的某个节点（例如，交换机或接入 SDN 交换机的主机）作为攻击目标，攻击者可以先实现未经网络授权的访问，然后尝试攻击运行状态不稳定的网络节点，将其作为傀儡机与其他虚拟机进行通信并窃取数据。

SDN 架构中有许多南向接口协议，用于控制器与数据层的交换机进行通信。这些 SDN 南向接口均可采用多种协议，每个协议虽然都有自己的安全通信机制，但因为 SDN 技术尚未完全成熟，目前仍未实现综合安全部署方法，使得通信过程中的数据安全难以保障。

攻击者还可能通过 DDoS 攻击交换机与控制器之间的链路，并通过在交换机中添加新的流表项，使得交换机被“欺骗”，对某些特定服务类型的数据流进行拦截。攻击者还可能引入一个新的数据流，并且指导引入的数据流绕过防火墙，从而使攻击者取得数据流走向的控制权。攻击者也有可能利用这些能力来进行网络嗅探，甚至可能引发中间人攻击，造成严重的数据安全隐患。

3）NFV/SDN 数据安全建议

传统网络的安全防御主要采用边界安全防御架构，即把主要的防御设施架设在网络或系统的边界。NFV/SDN 打破了网络的原有边界，仅依赖边界防御是远远不够的，必须从边界防御架构向内在安全防御架构转变。

结合 5G 网络安全风险及 NFV/SDN 技术相关特点，建议从以下两方面做好 NFV/SDN 的数据安全防护。

一是身份认证，即确保所通信的网络实体、所调用的组件、所执行的代码等是合法可信的。可信计算的一个重要原则就是通过身份认证基础设计一个安全信任根，然后进一步建立从硬件平台、操作系统到应用系统的信任，以此实现信任的逐级扩展，从而构建一个安全可信的计算环境。该技术可以有效提高 NFV/SDN 的数据安全保障能力。

二是通信加密。通过使用安全通信协议如 TLS，对传输数据进行加密，确保数据在传输过程中的机密性和完整性。密钥管理保证密钥的安全交换和妥善保存。加密算法的选择需综合考虑对称加密和非对称加密的优势，以满足安全性和性能需求。此外，确保密钥定期更新，防止密钥泄露。这些措施能有效防止数据被窃听、篡改，为 NFV/SDN 网络提供可信的数据传输保护，保障网络和用户数据的安全。

2. 网络切片数据安全

1）网络切片带来的数据安全风险

网络切片是建立在共享资源上的虚拟化端到端 5G 专用网络，承载了各类垂直行业业务。网络切片实现了通用网络的资源共享，极大地提高了资源管理效率，但是切片中共享的通用网络接口、管理接口、切片之间的接口、切片的选择和管理过程中也出现了新的安全风险，一旦非法攻击者通过接口访问业务功能服务器，滥用网络设备，非法获取包括用户标识在内的隐私数据，如 5G 网络管理数据、控制数据、业务数据等，将给用户标识安全性、数据机密性与完整性带来危害。

用户标识安全性方面，若直接使用真实的用户标识进行用户与用户或者用户与应用平台之间的通信，一旦系统的网络切片或切片之间的接口被非法程序访问，用户的标识、真实身份及其他关联的隐私信息容易泄露，甚至导致其通信活动与内容受到攻击者的非法窃听或拦截。

数据机密性方面，网络切片使网络边界相对模糊，若网络切片管理域与存储敏感信息域没有实现隔离，一旦网络切片遭到攻击，切片中存储的敏感信息将会泄露。

数据完整性方面，网络切片基于虚拟化技术，在共享的资源上实现逻辑隔离，若没有采取适当的安全隔离机制和措施，当某个低防护能力的网络切片受到攻击时，攻击者可以将之作为跳板攻击其他切片，进而访问或破坏其数据。

2）网络切片数据安全建议

基于上述安全风险，建议从保护用户标识、安全访问和安全隔离两个方面做好数据安全防护，其中保护用户标识相关内容已在 2.3.2 节介绍，此处不再赘述，下面仅介绍安全访问和安全隔离机制。

一是加强切片管理组件的身份认证、权限管控、数据访问控制等安全措施， 防止数据非授权访问。国内外前沿机构/企业都提出基于 NFV/SDN 的多级密码安全保障机制，建立切片内、切片间的安全通道，确保数据传输的机密性、完整性及防重放攻击等。同时，研究切片内与切片间的数据转发和边界控制机制，实现子切片间数据的安全转发，并实施基于安全策略的数据流控制，防止非法或未授权数据流的越界。

二是做好切片安全隔离，对于安全要求高的行业实施物理隔离，采用专用服务器和网络设备部署切片网元，对于普通场景做好切片与多切片共享网元间的网络隔离。此外，针对不同安全需求的业务和不同敏感级别的数据传输，网络切片选取各种切片隔离机制，包括 RAN 隔离、承载网隔离和核心网隔离。其中，RAN 隔离重点针对无线频谱资源和基站处理资源；承载网隔离则通过软隔离和硬隔离实现在时隙层面的物理隔离；核心网隔离实现网络切片间、功能间、用户间的隔离。

同时，为确保不同租户的资源、数据分布在各个独立的虚拟安全切片中，业界现有研究方向可以分为两个层面：逻辑边界层面和数据层面。在逻辑边界层面，重点对租户资源的安全边界进行标识与识别，实现基于虚拟转发表的租户数据隔离与控制；在数据层面，将租户标识与租户数据进行绑定，实现公用数据与私有数据、多租户私有数据间的有效区分，限定租户数据在虚拟机间的信息流动，防止租户私有数据的泄露与聚合泄露，保障租户数据的安全。

3. MEC 带来的数据安全风险

MEC 在靠近无线接入侧增加了 MEC 节点，使应用、服务和内容本地化、近距离、分布式部署，进一步降低了业务时延，节省了回传带宽，同时引入了新的数据安全风险。

一是物理安全条件受限，数据面临被破坏、窃取的风险。MEC 节点涉及大量的控制面数据和用户面数据，根据不同业务场景，MEC 节点可部署在边缘数据中心，甚至靠近用户的现场，处于相对开放的环境中。相比在运营商核心机房部署的网络设备，MEC 节点设备更容易被入侵，导致 MEC 节点存储的数据被窃取。

二是MEC敏感信息暴露面增加，数据泄露风险增加。MEC定义了网络和第三方应用的双向API通信机制，可以把用户位置、无线网络负荷、无线资源利用率等网络信息通过API直接开放给第三方App，第三方App也可直接运行在MEC节点上。MEC节点成为新的数据暴露节点，若节点访问控制措施不严或被外部入侵，网络敏感数据存在被非授权访问等风险。

三是边缘计算数据隔离风险。在多个第三方边缘计算应用托管、入驻的情况下，应用与应用、应用与网元隔离不当，以及在多用户应用下用户与应用间隔离不当，可能导致用户访问权限越界、数据丢失和泄露等安全风险。

根据上述MEC带来的数据安全风险，应针对性地采用以下安全防护措施。

一是物理安全方面：为降低数据被破坏和窃取风险，必须采取措施限制访问权限，强化身份认证和访问控制。此外，安装视频监控和入侵检测系统，及时察觉潜在的安全威胁，并保持设备固件的及时更新，以修复已知漏洞，这些都是确保MEC节点物理安全的重要手段。

二是MEC敏感信息方面：为防止数据泄露和非授权访问，必须实施严格的API权限控制和认证机制，对敏感数据进行加密处理，并对第三方应用进行审查和监控。这些措施将有助于减少数据敏感性泄露风险，保障用户和网络的安全。

三是边缘计算数据隔离方面：多个第三方边缘计算应用在同一个MEC节点上托管时，必须确保应用与应用、应用与网元及用户与应用之间的适当隔离。采用虚拟化或容器化技术对应用进行隔离，并实施严格的访问控制策略，限制应用和用户的权限，可以降低越界访问、数据丢失和泄露等数据隔离风险。定期备份数据并建立恢复机制，也有助于应对潜在的安全问题。

6.1.2.2　5G无线接入数据安全

无线接入数据包括转发等控制类数据、用户身份位置等终端敏感信息等。由于无线网络开放的特点，无线接入数据安全风险包括针对以无线信号为载体，对信息内容进行篡改、假冒、中间人转发和重放等形式的无线接入攻击等。

一是3GPP接入方面。无线环境中可能存在伪基站，这些伪基站可以干扰无线信号，令5G终端降级接入，连接到更加不安全的2G、3G、4G网络中，从而盗取数据或发送伪造数据。此外，无线环境中广泛分布的安全性较低的物联网设备，在遭受攻击后，很可能会作为中间人窃取无线链路上其他用户的数据，同时可能对基站和核心网发起攻击，造成大规模的数据泄露事件。

二是非3GPP（如WIFI、ZigBee等）接入方面。5G所支持的非3GPP网络接入是未来异构网络融合的重要基础，但意味着接入大量的、多种类的、未知的终端设备。设备种类的多样性带来的接入鉴权复杂性，以及设备移动或频繁加入/退出网络造成的网络拓扑结构急剧变化，都使得数据安全保护难度加大。

对于 5G 终端无线接入过程中用户面数据和控制面数据的安全，可从数据完整性保护、数据机密性保护、数据可用性保护等方面进行防护。

数据完整性保护方面，5G 终端和网络设备在传输数据时，会进行数据完整性检查，以确保数据在传输过程中没有被篡改或损坏。在数据传输中，若发现数据错误或损坏，5G 网络可以使用纠正码和错误检测码等技术对错误进行检测与纠正，确保数据的完整性；并且可以采用安全的传输协议，如 TLS 协议加密数据传输，防止中间人攻击和数据篡改。

数据机密性保护方面，可以在传输过程中对 5G 网络中的用户面数据和控制面数据进行加密，确保数据在传输中不会被窃听和泄露；通过用户身份认证过程，确保只有合法的用户能够访问其数据；可以采用一些技术措施来保护用户的隐私，如基于标识符的隐私（identifier-based privacy）等；对于敏感的安全关键信息，如密钥和认证数据，采用专门的保护手段，如安全存储和加密。

数据可用性保护方面，5G 网络具有故障恢复机制，以确保即使在发生故障的情况下，用户面数据和控制面数据仍然可用；5G 网络可以根据不同的业务需求和优先级，提供不同的服务质量保证，以确保关键应用的数据可用性并采取措施防止恶意攻击和 DoS 攻击，确保网络的稳定性和可用性；通过负载均衡技术来确保网络资源的合理分配和优化，提高网络的可用性和性能。

6.1.2.3 5G 终端数据安全

5G 网络的发展使接入的终端设备数量激增，设备种类也更多样，同时由于终端靠近用户，往往可以获得许多用户敏感数据，终端设备的数据安全威胁越发凸显。

一是硬件方面，因成本和资源受限，5G 部分终端如物联网终端设备，结构简单，安全能力薄弱，甚至不具备基本的身份校验、加密完整性保护等基础安全能力，导致无法承载复杂的安全策略。

二是软件方面，5G 终端设备系统开源及第三方软件引入的固有缺陷，使其面临漏洞利用等传统系统攻击，导致数据存在被非法访问的风险。一些终端从入网到报废的整个周期始终没有操作系统补丁升级、软件升级的操作；开源的操作系统容易被黑客利用系统本身存在的漏洞；操作系统的一些接口（Telnet、SSH、FTP 等）没有默认关闭，也容易被攻击者利用来进行非法数据操作。

三是安全策略方面，5G 应用场景下终端设备移动或频繁加入/退出网络，缺少授权检测机制，安全问题异常复杂。很多恶意的终端设备试图接入网络对数据进行信息窃取、篡改及破坏，对移动通信网络的安全通信造成了很大的威胁。同时，终端缺乏有效检测手段来对终端的安全态势进行评估和判断，造成各类安全问题。例如：终端设备往往采用简单文件传输协议同步数据，该协议容易被中间人攻击，导致会话中的通信数据被窃听，对数据的机密性构成威胁。

基于上述安全风险，下面对终端设备的数据安全展开具体的安全防范措施探讨。针对 5G 网络中终端设备数据安全面临的硬件、软件和安全策略方面的风险，可以采取以下安全保护措施。

（1）硬件方面的安全保护：为物联网终端等资源受限设备加入硬件安全模块，提供基本的身份校验、加密和完整性保护功能；使用安全芯片来存储和处理敏感信息，并实施安全启动来确保设备启动时的安全状态；对于设备的物理接口和存储介质进行保护，防止非授权的物理访问和数据泄露。

（2）软件方面的安全保护：确保终端设备的操作系统和相关软件定期进行更新与升级，及时修复已知漏洞；采用安全的软件开发实践，对终端设备的软件进行严格的安全审计和代码审查；限制终端设备上的第三方软件的权限，仅允许必要的合法软件，并审查其安全性；使用数字签名等技术确保固件的完整性和来源可信，防止恶意固件的篡改。

（3）安全策略方面的安全保护：为终端设备和用户实施严格的身份验证与访问控制机制，防止未授权访问；使用安全的通信协议和加密技术，保护终端设备与网络之间的数据传输过程；采用移动设备管理（MDM）系统，对终端设备进行监控、管理和远程擦除，以应对设备丢失或被盗的情况；实施安全审计和监测机制，及时发现异常行为和安全事件，快速做出响应；提供终端用户和管理员的安全意识培训，教育其识别安全威胁和遵守安全策略。

6.1.3 垂直行业数据安全

随着 5G 融合应用加速发展，垂直行业应用尤其是工业、能源、交通等领域对网络安全性、可靠性、确定性有更严格的要求，对 5G 网络架构及技术实现提出了更高的要求。通过建设 5G 行业专网，利用网络定制化覆盖、专用安全性、性能精准优化等特性，设计专网架构并根据业务特点开展相应的技术赋能与安全配置，已成为 5G 网络服务垂直行业的新模式。在 5G 行业应用快速发展的背景下，特有的行业数据安全风险不容忽视。

垂直行业应用中，部分行业应用要求数据仅在本地存储、处理和分析，以保障行业数据的安全性，并通过本地的边缘计算节点直接处理，降低传输时延，提高 5G 应用的实时性。数据一旦本地化后，可能面临以下安全风险。

（1）数据本地疏导配置风险。利用 5G 网络的本地疏导分流（local breakout，LBO）技术，可以将本地化的行业业务数据直接疏导到本地边缘服务设备上进行处理。面对不同的数据本地疏导方式，需要行业用户具有专用网元的建设和运维能力。5G 设备的复杂性较高，一旦配置安全管理不当，将极易出现网络中断、数据流向配置不当等问题，造成数据违规出园区。

（2）本地 5G 网络管理风险。除了业务数据流量的本地化，部分行业用户也对 5G 网络控制信令提出了本地化需求，以便在公网拥塞、公网中断、公网割接等特殊场景下，实现行业应用中生产、制造等的 24 小时运行。因此，在部分行业场景下，将 5G 核心网网元进行裁剪或按需定制，进行本地化部署。而随之带来的是需要在本地园区对本地化网络进行运维管理，如果运维管理、安全防护不当，极易使本地 5G 网络成为攻击目标，也可能在运维配置中出现各类个人数据泄露、配置外泄、运行不稳定等安全风险。

为了应对上述安全风险，针对行业数据本地化安全管理，需要增强以下安全能力。

（1）增强网络配置和运营安全。行业用户需要支持通过运营商提供的业务订购入口来发起网络业务运营流程，包括业务订购、业务变更、业务退订、业务管理等流程。当用户涉及 UPF 本地流量的分流策略时，需要能够实现分流规则的快速配置，以及可以独立配置灵活多样的计费模式和质量管控方案。

（2）增强用户安全管理。为了实现用户的自管理，行业用户需要拥有用户或终端设备管理入口，能够对用户成员进行批量开通操作，包括成员添加、删除、权限变更和状态查询等。

（3）增强网络运维安全。在网络服务阶段，行业用户需要实时查询网络运行状态、网络性能指标、网络监控报警、安全态势等。

6.2 特定场景的安全解决方案

5G 技术的发展带来了丰富的应用场景，极大地推动了行业发展，同时带来了新的数据安全风险。5G 业务数据安全主要包含通用数据安全（见 6.1.2 节）和承载在 5G 网络上的垂直行业特定的数据安全两部分内容。

从应用场景角度看，5G 总体上存在以下数据安全风险。

一是管理层面，5G 融合场景下参与方较多，如智慧城市场景融合了城市运行态势数据、物联网数据等多方数据，但因归属不同，数据安全权责划分困难；同时，跨行业、跨地区、跨部门也导致数据安全监管难度加大。

二是技术层面，5G 技术架构复杂，融合行业众多且应用庞杂，导致数据保护困难；eMBB 场景高带宽并发、URLLC 场景超低时延、mMTC 场景海量终端接入等特殊需求使 5G 数据保护不适合高复杂度的安全机制，难以形成对海量终端大数据的有效保护。

下面以 5G 三大应用场景为例进行具体业务的针对性安全防护讨论。

6.2.1 eMBB 场景数据安全

在 eMBB 场景中，高速移动宽带通信所带来的数据传输和连接优势也伴随着多个数据安全问题。高速通信增加了网络欺骗的隐蔽性，攻击者可能伪造数据包或篡改通信内容，导致信息被篡改、服务中断或其他恶意行为。更快的数据传输也意味着恶意软件和病毒的传播速度加快，恶意软件可能利用高速连接快速传播和感染更多设备。

此外，eMBB 场景中涉及的多样设备，如智能手机、物联网设备等，可能因漏洞或不安全设置而易受攻击，进一步增加了设备安全风险。同时，高速数据传输可能导致网络拥塞，被黑客利用发动 DoS 攻击，进而影响服务的可用性。综上所述，为保障数据安全，必须采取措施，如数据加密、网络监测、设备更新和流量管理等，以确保用户隐私得到保护并防范潜在的安全威胁。下面主要讨论该场景下的安全解决方案，并介绍相关案例。

6.2.1.1　安全解决方案

一是针对隐私数据管控风险，从政府和法律层面建立健全专门的规章及标准，进行严格管控与指导，在 VR/AR 等 eMBB 场景典型终端设备的准入、数据处理及使用等各流程建立完善的监管手段。

二是在面向公众的 eMBB 业务场景下，建立业务流量数据内容监控与识别能力，对在 eMBB 场景下进行传输和共享的内容进行审查，防止传播非法、有害或违规内容，维护网络环境的良好秩序，在特定情况下可暂停违规或涉及数据泄露的 eMBB 业务。

三是在 eMBB 网络中设置网络安全监测和入侵检测系统，持续监控网络流量和行为，及时识别异常活动和潜在的入侵行为。一旦检测到威胁，可以立即采取措施进行应对和防范。

四是对高安全要求的业务场景，保证网元之间数据传输的安全性，可通过物理隔离或加密手段确保 5G 用户面安全，如核心网与 eMBB 业务服务平台之间可使用数据专线建立安全的数据传输通道，从而保证用户业务数据传输的安全性。

6.2.1.2　典型案例

2019 年 10 月 1 日，在中华人民共和国成立 70 周年庆活动中，中国电信为中央电视台、北京电视台提供 5G 背包+5G 专线+4K 直播技术及网络方案（见图 6-6）。该方案采用 4K 5G 背包进行直播拍摄，采用 5G 专线作为网络通道，提供端到端的网络切片保障，并采取一系列严密的安全保护措施，以确保数据的安全、可靠传输。首先，通过数据加密技术在 5G 专线传输数据时对数据进行加密处理，有效地防止数据被未经授权的人员截获或窃取。其次，采用端到端的网络切片技术，将网络资源划分为多个虚拟切片，为不同的应用提供独立的网络资源，防止因其他应用的攻击或故障影响直播传输的稳定性。在 5G 专线上设置实时网络安全监测和入侵检测系统，及时监测网络流量和行为，发现并应对潜在的安全威胁和攻击。最后，在 5G 专线入口设置防火墙和入侵检测系统，有效地阻止恶意攻击和未经授权的访问。

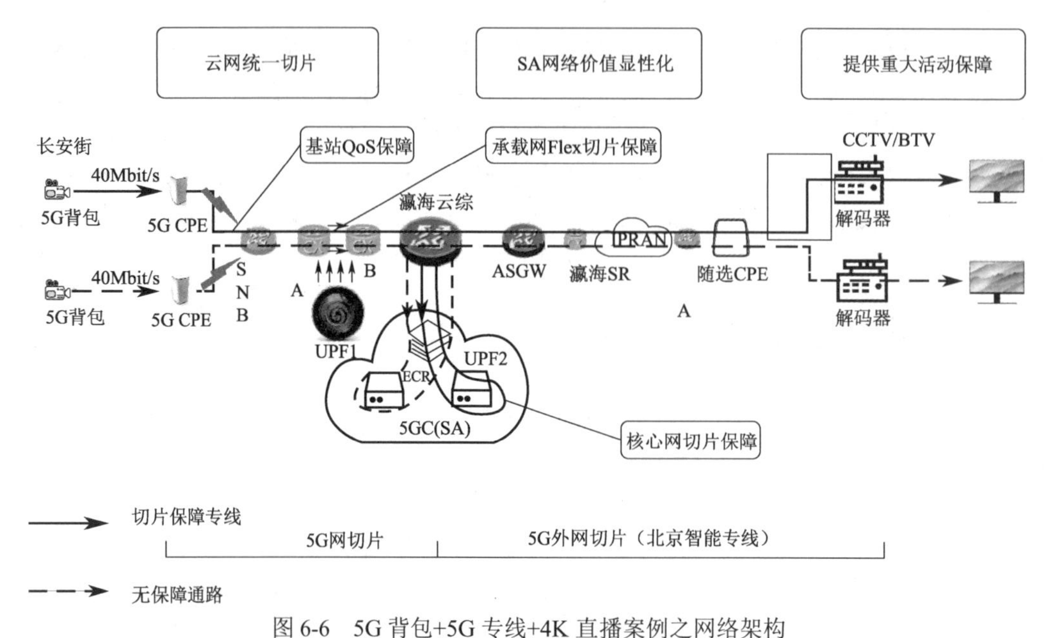

图 6-6　5G 背包+5G 专线+4K 直播案例之网络架构

来源：《中国电信 5G 行业场景案例集（第一辑）》。

6.2.2　URLLC 场景数据安全

URLLC 场景方面，工业控制、无人机控制、智能驾驶控制等典型业务的低时延需求，造成复杂安全机制部署受限。安全机制的部署，如接入认证、数据传输安全保护、终端移动过程中的切换基站、数据加解密等均会增加时延，过于复杂的安全机制不能满足低时延业务的要求。下面主要讨论该场景下的安全解决方案，并介绍相关案例。

6.2.2.1　安全解决方案

一是通过制定相关标准，对本地处理、移动切换等过程进行优化。例如：尽可能在设备本地完成数据的加密和认证等操作，减少与外部服务器的通信次数，从而降低传输时延，提高数据传输的实时性并确保数据传输的平稳切换，避免切换导致的数据丢失和中断，同时保证数据的安全性。类似地，还可以通过就近部署认证服务器来降低认证协议的复杂度，提高认证效率；针对数据传输的时延，可通过优化安全算法简化认证协议的复杂性，减少认证过程中的通信交互步骤，降低加密和解密等过程的计算复杂性，以减少数据传输安全保护所带来的额外开销；可以对数据实施端到端的加密等来进一步为复杂安全机制留出余地。

二是进一步建立适应 URLLC 低时延需求的安全机制，在满足业务场景需求的前提下，进一步提升算法安全性能，同时统筹优化业务接入认证和数据加解密等环节，尽可能在低时延条件下提升数据的安全防护能力。

三是 3GPP RAN2 在标准化过程中确定了 PDCP（分组数据汇聚协议）数据复制传输机制，以减少 URLLC 场景下高切换频率带来的数据损失，从而在传输可靠性和无线资源损耗方面取得平衡，提高数据可用性。

四是根据 3GPP 5G NR R15、R16、R17 等标准，URLLC 场景下采取了两种关键技术来优化数据传输性能。首先，通过使用“低谱效率传输技术”，将一些高谱效率的调制编码方式替换为具有更低谱效率的调制编码方式，以及将高调制阶数、低码率的调制编码方式替换为低调制阶数、高码率的调制编码方式，从而保障 URLLC 场景下的数据可用性。其次，利用“自反馈技术”，允许同时传输下行调度信令、数据和 HARQ-ACK（hybrid automatic repeat request acknowledgement）反馈，从而显著降低 URLLC 数据传输的时延，提高数据传输的高效性。

6.2.2.2　典型案例

2019 年 7 月 17 日，湖北武汉协和医院和恩施市咸丰县人民医院运用 5G 网络，成功完成全国首例“混合现实技术＋云平台”远程骨科手术。在术前会诊阶段，患者的影像信息被录入 MR（混合现实）系统（见图 6-7），并在 5G+混合现实云平台上进行会诊。通过本地处理，将一些关键的数据加密和认证操作在设备本地完成，减少与外部服务器的通信次数，降低传输时延，保障会诊的实时性。同时，在术中指导阶段，使用 5G+4K+MR 技术将手术室画面实时回传，为远程医院的专家提供实时指导。通过优化移动切换过程，确保在设备移动时，数据传输平稳切换，避免切换导致的数据丢失和中断，从而保证数据的安全性。在 URLLC 场景下，数据传输的高可靠性尤为重要。通过在标准化过程中确定 PDCP 数据复制传输机制，可以解决高切换频率带来的数据损失问题，从而在传输可靠性和无线资源损耗方面取得平衡，提高数据的可用性。

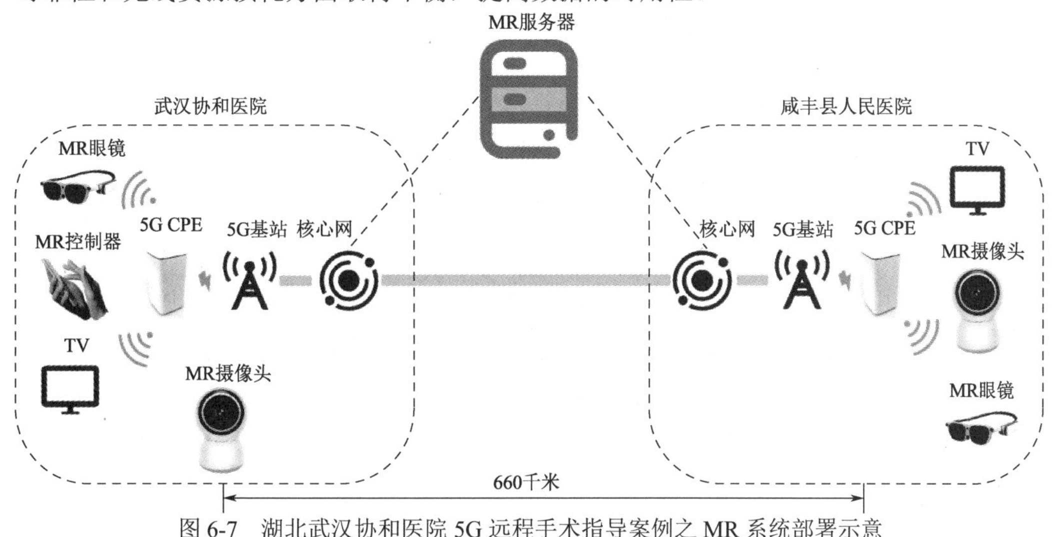

图 6-7　湖北武汉协和医院 5G 远程手术指导案例之 MR 系统部署示意

来源：《中国电信 5G 行业场景案例集（第一辑）》。

6.2.3 mMTC 场景数据安全

mMTC 场景方面，智慧工厂、智能路灯、智能水表/电表等大规模多并发机器通信业务，具有低速率、超低成本、低功耗、广深覆盖、大连接等需求。这些需求意味着这些大规模物联网设备的成本并不支持 mMTC 终端具备高计算力，难以部署复杂的安全策略。那么在泛连接场景下的海量多样化终端就很容易被攻击利用，一旦被攻击，易形成僵尸网络，成为攻击源，进而引发对用户应用和后台系统等的网络攻击，造成数据泄露，对业务场景的数据安全造成威胁。下面主要讨论该场景下的安全解决方案，并介绍相关案例。

6.2.3.1 安全解决方案

一是考虑 mMTC 的终端设备特点，需针对 5G 终端本地的关键数据，在采集、传输和存储等数据处理环节，采用轻量级的数据加密等安全手段，防止数据泄露。

二是考虑网络负载能力有限，可以采用分布式身份管理和接入认证缩短认证链条，实现快速安全接入，避免恶意节点接入网络来窃取业务场景的重要数据。

三是针对海量连接特性，采用简单高效的安全协议，如 LwM2M 协议，减少复杂的密钥管理和证书交换过程，适用于资源受限的物联网设备和大规模连接的场景。同时，该类协议还提供了必要的安全性，通过终端与网络间的双向认证，可以防止攻击者挟持网络并嗅探敏感数据，保障物联网设备和数据的安全。

四是在 mMTC 场景中划分专有切片，并在相应切片上进行单独的用户业务体验质量设置和安全配置，针对不同设备和数据敏感级别，提供差异化的安全传输能力，降低潜在的数据泄露风险。

6.2.3.2 典型案例

清华大学 5G+MEC+AI 迎新案例（见图 6-8）实现了迎新现场的高清视频流畅传输，人脸识别实时、准确，借助 5G 网络高速率、广连接的优势，体现了校园迎新的科技感。在将 4K 摄像头拍摄的高清视频实时回传到 5G 网络时，由于视频数据量大且实时性要求高，采用轻量级的数据加密手段，如 AES-128 或 ChaCha20，对视频数据进行加密保护。这样可以防止攻击者在数据传输过程中截获视频内容，确保视频的机密性和完整性。在学生人脸信息识别、比对和分析统计的过程中，采用分布式身份管理和接入认证机制，将每个学生的人脸信息和身份认证数据在终端设备本地完成处理，而不是直接上传到中心服务器。终端设备可以采用轻量级的身份认证协议，如 OAuth，以确保只有合法的用户可以访问相关信息。这样可以防止未经授权的人员接入数据，从而保护学生隐私和敏感信息。在人形机器人与新生友好互动的过程中，可以将这类交互业务划分到专有的切片上，并对不同设备和不同数据敏感级别提供差异化的安全传输能力。例如，将机器人控制和交互数据划分到一个独立的切片，并采用更强的加密算法和身份认证机制，以确保机器人的安全运行并避免操纵风险。

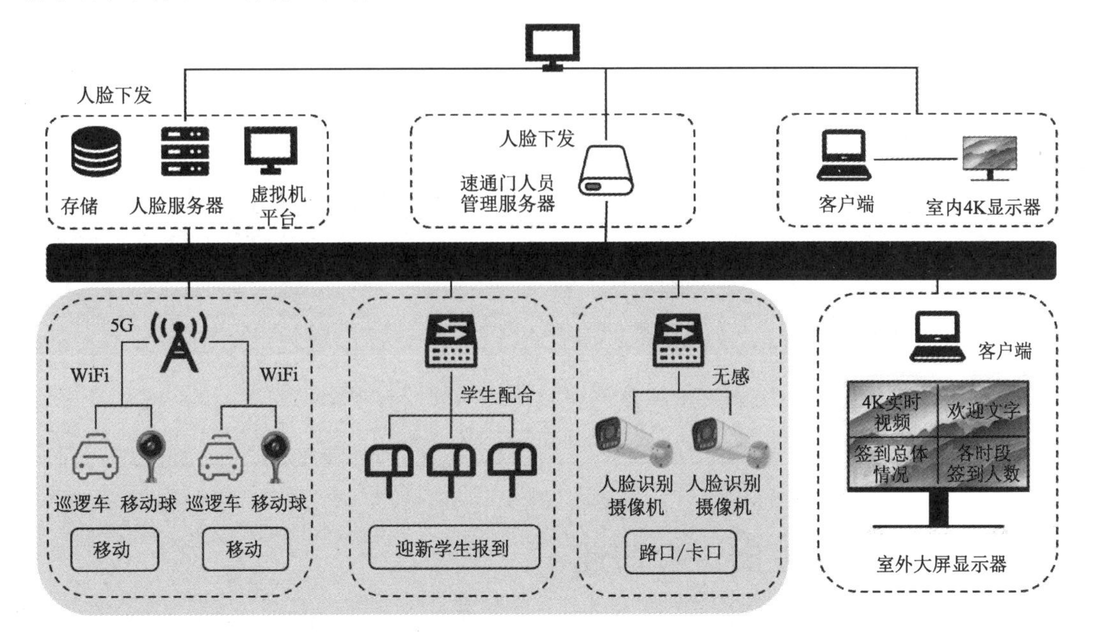

图 6-8　清华大学 5G+MEC+AI 迎新案例

来源：《中国电信 5G 行业场景案例集（第一辑）》。

第 7 章 5G 时代的安全政策

7.1 美国

7.1.1 总体发展进程概述

5G 通信技术是当前智能化时代的关键性技术，也是国际科技竞争的热点领域。美国政府早已认识到 5G 技术的重要性，在联邦和州层面均积极立法推进 5G 建设。随着 5G 配套的基础设施迅速扩展，美国政府开始关注 5G 技术的安全性、美国民众的隐私保护问题，以及中国 5G 技术蓬勃发展所带来的对美国国际领导地位的威胁，于是逐渐将关注点放到 5G 安全立法和相关战略制定的工作上。

完善的法律体系是科技发展的制度保障，前瞻的国家战略是技术进步的有力支撑。自 2020 年起，美国政府积极推动 5G 安全法案出台，适时打造国家级战略，积极削减 5G 网络安全风险。其中，主要的 5G 安全法案、国家战略和重要事件在图 7-1 中列出。2020 年 1 月，美国众议院通过了 2019 年版《促进美国 5G 国际领导力法案》（*Promoting United States International Leadership in 5G Act of 2019*, H.R.3763）、2019 年版《5G 安全和超越法案》（*Secure 5G and Beyond Act of 2019*, H.R.2881）两项法案，2 月提交了 2020 年版《促进美国无线领导力法案》（*Promoting United States Wireless Leadership Act of 2020*, S.3311），以及一项“遵守《布拉格提案》”的决议。2020 年 3 月，美国白宫正式通过 2020 年版《5G 安全和超越法案》（*Secure 5G and Beyond Act of 2020*, S.893），意在补齐美国及其盟国在 5G 安全领域的不足，同时，白宫发布了《美国 5G 安全国家战略》（*National Strategy to Secure 5G of the United States of America*），聚焦关键基础设施安全，正式制定了美国保护 5G 网络基础设施安全的框架。2020 年 8 月，美国国土安全部（DHS）网络安全和基础设施安全局（CISA）发布了《CISA 5G 战略：确保美国 5G 基础设施安全和弹性》（*CISA 5G STRATEGY: Ensuring the Security and Resilience of 5G Infrastructure in Our Nation*），聚焦供应链安全，详细阐述了美国政府将如何确保自身及其盟国 5G 技术的安全性和弹性。2020 年 9 月，美国国务卿蓬佩奥参加第二届布拉格 5G 安全会议（The Second Prague 5G Security Conference），重点关注防范产业链生态风险，意在精准打压中国。此后，美国政府逐步落实《美国 5G 安全国家战略》《CISA 5G 战略：确保美国 5G 基础设施安全和弹性》，聚焦基础设施安全，以确保美国的长期领导地位。

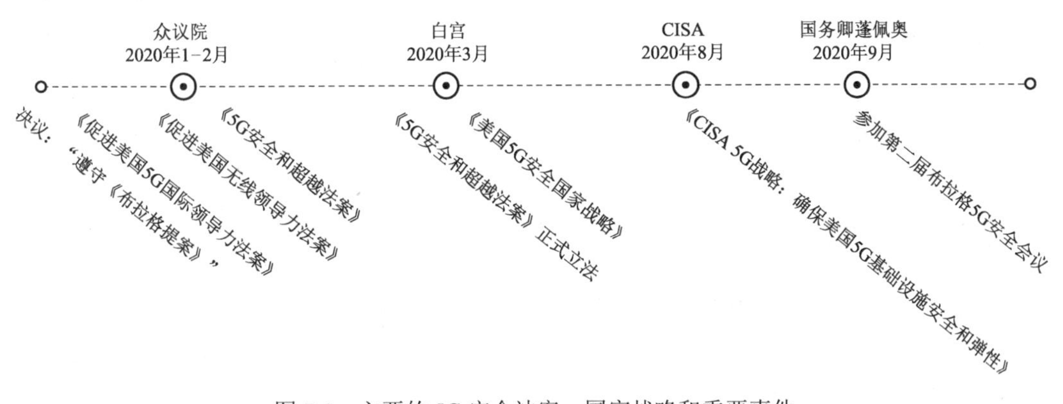

图 7-1　主要的 5G 安全法案、国家战略和重要事件

根据上述内容梳理美国政府 5G 安全的整体战略思路，如图 7-2 所示。首先，削弱所谓的来自中国的 5G 网络安全风险，重新领导 5G 产业已升级为美国国家法案和国家战略的总体目标；其次，打造以美国为主的 5G 安全生态系统，动员国家力量提升美国在 5G 安全方面的国际领导地位；再次，重点聚焦 5G 基础设施安全，制定 5G 安全战略，精准打击中国产业；最后，持续落实 5G 安全相关战略，逐步实现战略目标。

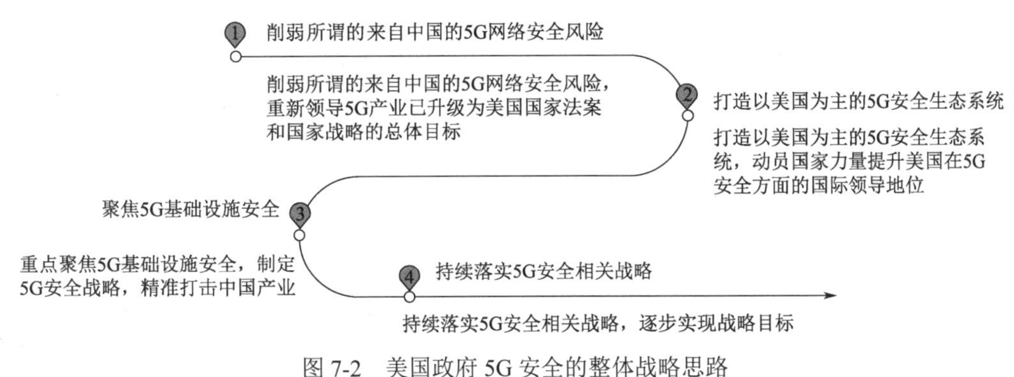

图 7-2　美国政府 5G 安全的整体战略思路

7.1.2　削弱所谓的来自中国的 5G 网络安全风险

随着中国在 5G 技术领域的蓬勃发展，美国政府看到了中国 5G 技术对美国国际领导地位的“潜在威胁”。就此，美国政府通过出台相关法案渲染“中国风险”，借力恶意散播“中国风险”，制定针对“中国风险”的发展思路，努力削弱所谓的来自中国的 5G 网络安全风险，试图从保证安全的角度获得竞争优势和国际领导地位。

7.1.2.1 《安全可信通信网络法案》

除了 5G 基础设施快速扩建后暴露的问题，和美国民众内部大量产生的隐私保护需求，还有什么引起了美国政府对 5G 安全的高度关注？答案是，由中国 5G 技术和中国企业组成的“中国风险”，是美国大力渲染的中国 5G“不可信”。

不同于欧洲国家，美国在对华态度和国际合作方面一直呈现打压姿态。自从 2019 年 5 月特朗普签署第 13873 号总统令《确保信息通信技术与服务供应链安全》（*Executive Order on Securing the Information and Communications Technology and Services Supply Chain*）以来，美国始终宣传使用中国生产的硬件会带来潜在安全风险，在其主导下的历届布拉格 5G 安全会议均提出需要对中国企业参与的 5G 网络结构和系统功能进行安全考量，试图建立排华联盟。

2019 年 6 月，美国联邦通信委员会（Federal Communications Commission，FCC）正式认定中国的华为、中兴对美国国家安全构成威胁。2020 年 3 月，美国正式通过了 2019 年版《安全可信通信网络法案》（*Safe and Trusted Communications Networks Act of 2019*, H.R.4998）。该法案意味着美国从立法上，正式禁止官方购买中国部分企业的网络设备。2020 年 8 月，美国宣布推出扩展版“清洁网络”计划（The Clean Network），目前，已有 30 多个国家和地区加入美国“清洁网络”计划，承诺排除华为等“不可信”的供应商以保护本国 5G 网络安全。

7.1.2.2 《布拉格提案》

美国政府不仅自身积极，也希望其盟国和更多的国家积极削弱来自中国的 5G 网络安全风险，并适时提供了一份多国参与并达成共识的“依据”，即《布拉格提案》。《布拉格提案》来自第一届布拉格 5G 安全会议，是一份被业界广泛认为：是美国主导，多国参与但不具约束力的文件；是美国通过重构建和维护 5G 网络架构，借力散播中国 5G 网络存在安全风险的恶意举措。

在捷克政府公开发布的《布拉格提案》中指出，通信基础设施是社会的基石，5G 网络将成为新数字环境的基石，高速低时延技术有望实现真正的数字变革，刺激增长，实现创新和福祉。在此背景下，《布拉格提案》将 5G 网络安全问题高度复杂化，全面涉及技术、法律、国家战略等非技术领域，并在此基础上提出 5G 网络安全建议和最佳实践，从政策、安全、技术、经济四个方面细化展开成多项内容进行描述[①]。《布拉格提案》提出了 10 个关于 5G 网络安全的重要性观点，如图 7-3 所示。

---

① 王德夫. 对《布拉格提案》中“安全关切”的解读与应对建议[J]. 中国信息安全，2019(6):34-37.

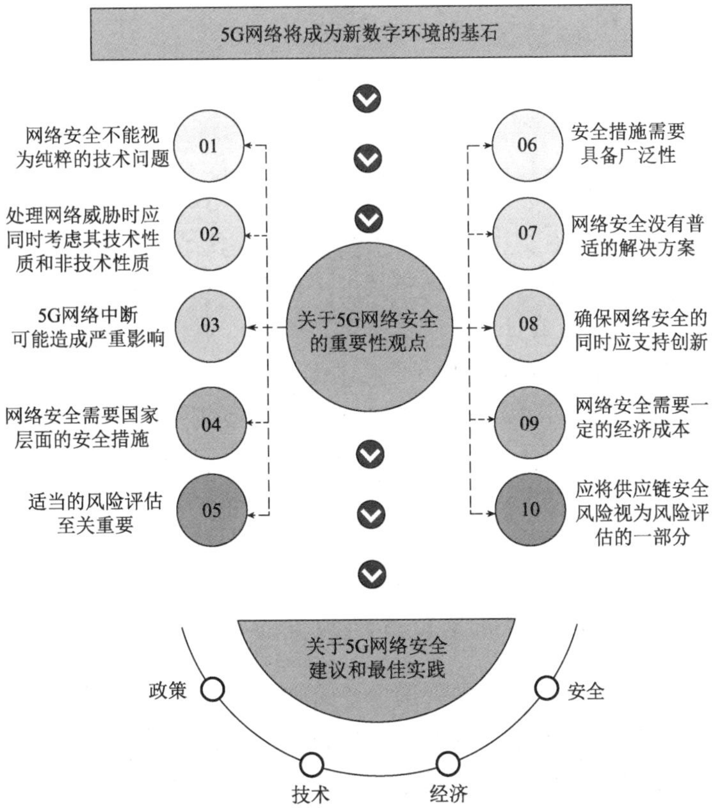

5G网络将成为新数字环境的基石

01	网络安全不能视为纯粹的技术问题
02	处理网络威胁时应同时考虑其技术性质和非技术性质
03	5G网络中断可能造成严重影响
04	网络安全需要国家层面的安全措施
05	适当的风险评估至关重要
06	安全措施需要具备广泛性
07	网络安全没有普适的解决方案
08	确保网络安全的同时应支持创新
09	网络安全需要一定的经济成本
10	应将供应链安全风险视为风险评估的一部分

关于5G网络安全的重要性观点

关于5G网络安全建议和最佳实践

政策 技术 经济 安全

图 7-3 《布拉格提案》提出的 10 个关于 5G 网络安全的重要性观点

综合《布拉格提案》的观点和多方评述①，可以整理出以下三个要点。

1. 未邀请中国，但给出了大量国际性规则

《布拉格提案》给出建议，值得肯定：各国有必要联合多领域、多部门共同开展 5G 安全风险评估，应与主要利益相关方（运营商、设备供应商等）、其他所有领域和部门（如教育、外交、研发等）等其他利益相关方共同参与评估。但值得一提的是，考虑中国在 21 世纪全球 5G 领域的技术优势，没有中国参会的布拉格 5G 安全会议不具备形成有效共识的能力，更谈不上达成共同战略。同时，单从《布拉格提案》的文字来看，其初衷是通过给出美国式国际性规则来瓦解竞争对手国家，试图将华为等中国企业的 5G 设备最大限度地排除在美国主导的 5G 安全生态系统之外。

2. 强调市场应公平和透明，但暗示中国有风险

《布拉格提案》提醒各国：在新技术方面，要着重评估 5G 网络的边缘计算、网络功能虚拟化技术带来的安全风险；在供应商方面，应该考虑第三方国家对供应商施加影响

① 杨红梅. 布拉格 5G 安全会议报告简析及启示[J]. 中国信息安全，2021(2):70-71.

的总体风险。但美国遏制中国发展的战略意图实在难以掩饰，尽管没有列出具体威胁出自哪些公司、哪些国家，但依据美国前期大力渲染的中国 5G“不可信”，种种供应链、供应商、第三国等描述，明显是企图通过打压 5G 新技术“一剑封喉”中国供应商。

3. 试图从行业标准入手排挤中国，但未能形成合力

值得注意的是，布拉格 5G 安全会议参会组织结构松散，会议议题偏碎片化，部分参与国未签署会议形成的相关文件，所形成的《布拉格提案》不具备任何约束力。《布拉格提案》出炉之后，美国政府计划将《布拉格提案》作为各国在设计、建造和管理其 5G 基础设施时应考虑的一系列建议。这符合美国排挤中国高新技术公司的一贯手段：一方面通过借力《布拉格提案》，制定美国式行业标准和运行规则，有针对性地提高技术准入门槛，主导全球行业方向；另一方面，同步联合盟友共同推动 5G 安全规则的制定，赢得国际竞争优势，以此为契机再展开对中国的政治、经济、军事的新攻略，这才是《布拉格提案》背后美国的如意算盘。

7.1.2.3 《保障美国 5G 未来：美国政策面临的竞争挑战和思考》

渲染和传播“中国风险”之余，美国也意识到自己需要调整在 5G 领域的竞争策略，围绕“速度绝不能以安全为代价，未来的 5G 网络应从一开始就通过设计来确保安全”这一中心思路，重新制定新的 5G 领域竞争策略，重申 5G 安全的重要性。

2019 年 11 月，新美国安全中心（center for a new American security，CNAS）发布了《保障美国 5G 未来：美国政策面临的竞争挑战和思考》（*Securing Our 5G Future: The Competitive Challenge and Considerations for U.S. Policy*），该报告认为：美国政府必须重新设计和调整其 5G 竞争的策略，因为“5G 竞赛美国第一”（America First in the Race to 5G）的概念并非成功的战略。国内分析解读报告也紧跟时事锐评指出，美国新政策应与盟国和伙伴密切合作，不应羡慕或试图效仿中国模式，而应通过维持和增加对基础研究的投资，为创新的活力和动力做出贡献。

《保障美国 5G 未来：美国政策面临的竞争挑战和思考》主要从 5G 蓝图、中国构成的挑战、5G 风险和安全问题、美国现有政策、政策建议和思考等方面为美国 5G 发展提供思路。同时，美国政府决定重新制定、调整 5G 领域的竞争策略，明确速度不能以牺牲安全为代价，未来的 5G 网络应当从设计就确保安全性。《保障美国 5G 未来：美国政策面临的竞争挑战和思考》认为美国新 5G 策略应包含以下五条主线。

1. 优先考虑并投资 5G，将其作为美国竞争力的基础

优先采取旨在重振美国技术领先地位的政策应对措施，鼓励私营部门投资（FCC 在 2019 年 4 月发布了 5G FAST 计划，该计划着眼于频谱问题，更新基础设施政策及使法规现代化），探索行业领导者与政府之间各种形式的合作以促进 5G 发展。优先开展并加

快推进现有举措，尤其是共享频谱及频谱重新分配（推进制定国家频谱战略，2018 年 10 月 25 日，美国总统签署了《关于制定美国未来可持续频谱战略的总统备忘录》，指示商务部长发布国家频谱战略，截至 2023 年 12 月，该战略仍未形成）。

2. 从初期设计就确保未来 5G 网络的安全性

制定严格的正式流程，为美国的 5G 网络筛选供应商和运营商，并继续促进行业与政府利益相关者之间关于降低风险并提升安全性的各种合作。为评估、缓解和管理未来 5G 网络的各种系统风险建立一个全面的框架，增强涉及高风险或非可信硬件和设备的 5G 网络与系统的安全性。

3. 包括但不限于 5G 的竞争领导力和技术创新

探寻举措打破现状并创新 5G 及其他技术，包括使用更广泛的网络虚拟化。加大对创新技术研究的支持，通过包括频谱共享等方式提供更多频谱。迫切需要努力建立和扩展健康的 5G 供应链和工业生态系统。促进发展强大的商业生态系统，使初创企业能够充分利用 5G 优势。

4. 与盟国和伙伴进行更深入的协调与协作创新

优先与盟国和合作伙伴合作，促进 5G 发展的安全和协作。确保旨在限制或挑战中国公司全球扩张和影响力的美国政策在美国国内利益相关方及国际盟国与合作伙伴之间取得平衡，有效传达且得到协调。

5. 利用 5G 的积极外部因素，减轻其对国家安全的负面影响

若中国继续成功作为全球 5G 网络的主要参与者，需要对系统性风险做好准备。评估涉及并针对 5G 的一系列行为的威胁，包括破坏关键基础设施、实施间谍活动和漏洞利用等。评估和试验 5G 在国防及军事应用中的潜力。

从上述五条主线的概述中可以发现，美国政府的核心主旨是打压中国企业，削弱所谓的来自中国的 5G 网络安全风险，而实现主旨的主要策略则是认定非可信产品、系统，联合其盟国及更多国家，通过引领打造以美国为主的 5G 安全生态系统，重振美国在 5G 领域的长期国际领导地位。

7.1.3　打造以美国为主的 5G 安全生态系统

2019 年，美国政府大力渲染、借力恶意散播“中国风险”，提倡《布拉格提案》，在国际舞台上联合盟国针对性地打压中国企业，制定针对中国的 5G 新竞争策略，计划通过建立以美国为主的 5G 安全生态系统，提升本国 5G 国际领导地位，逐步开始削弱所谓

的来自中国的 5G 网络安全风险。

2020 年，美国政府通过立法，开始有针对性、循序渐进地动员国家力量提升美国 5G 的国际领导地位。2020 年年初，美国众议院通过了三项 5G 安全法案，旨在加强美国在 5G 领域的国际领导地位，并进一步表明要提高在无线网络标准制定中的影响力，以及确保在 5G 及未来通信产业中的长期领导力。

7.1.3.1 《促进美国 5G 国际领导力法案》

2020 年 1 月 8 日，美国众议院通过了《促进美国 5G 国际领导力法案》，呼应了《布拉格提案》中提出的“要推动形成具有国际共识的 5G 安全标准和最佳安全实践，以指导 5G 网络在设计、建设、维护等全生命周期的安全部署”。

正如法案名称所示，《促进美国 5G 国际领导力法案》旨在加强美国在 5G 领域的国际领导地位，并指导美国总统组建一个跨部门工作组，以便增强美国在国际标准制定机构中的代表性和领导力，并要求工作组就以下事项提交简报至总统。

首先，明确美国及其盟国、合作伙伴应在 5G 及下一代移动通信系统和基础设施的国际标准制定机构中（如国际电信联盟），应保持参与和领导地位，应提交能提高美国在相关设备、系统、软件和虚拟网络的国际标准制定机构中领导地位的相关战略。

其次，要求美国应与其盟国、合作伙伴密切合作，应提交制定的与盟国、合作伙伴进行外交往来的战略，促进 5G 及下一代移动通信系统和基础设施的供应链与网络安全，维护美国与其盟国、合作伙伴之间电信和网络空间的高标准安全。

最后，最重要的是，要上报关于中国的情况，包括中国在与 5G 及下一代移动通信系统和基础设施有关的国际标准制定机构中的参与及其活动情况，中国在此类标准制定机构中的提议带来的安全风险，以及与美国或其盟国、合作伙伴相比，中国在此类机构中的参与范围和规模。

7.1.3.2 《5G 安全和超越法案》

2020 年 1 月 8 日，与《促进美国 5G 国际领导力法案》通过同日，美国众议院还通过了《5G 安全和超越法案》，并在 2020 年 3 月 23 日正式立法。《5G 安全和超越法案》明确要求采用政策扶持手段补齐美国及盟国在 5G 和未来网络安全领域的不足，提升美国在 5G 和未来网络的标准与产业领导力，推进美国和盟国联合研发及测试，确保中长期研发和创新领导力。

与同一日通过的《促进美国 5G 国际领导力法案》一样，根据《5G 安全和超越法案》，美国商务部、美国国土安全部等多个行政部门要制定一项覆盖整个美国政府的“安全的下一代移动通信战略”（Strategy to Ensure Security of Next Generation Wireless Communications Systems and Infrastructure），以保护美国电信网络、消费者、盟国等免受 5G 系统威胁，包括来自中国电信企业（如华为和中兴）的国家安全威胁。

该法案规定战略目标要包括：一是确保美国 5G 和未来几代无线通信系统及基础设施的安全；二是在符合美国安全和战略利益的情况下，向盟国和战略伙伴提供技术援助，最大限度地保障其 5G 和未来几代无线通信系统及基础设施的安全；三是保护美国本国公司的竞争力和消费者隐私，保障 5G 和未来几代无线通信基础设施相关标准制定机构的完整性与相关程序制定的公正性。

该法案规定战略内容要包括：一是促进美国 5G 和未来几代无线通信系统的推广；二是 5G 和未来几代无线通信基础设施的风险评估及核心安全原则的识别工作；三是在全球范围内开发与部署 5G 和未来几代无线通信设施期间，为应对美国国家安全风险而开展的工作；四是为促进 5G 和未来几代无线通信系统的发展与部署所需的工作，包括通过参与、领导制定国际标准，提升无线通信市场的竞争力。

7.1.3.3 《促进美国无线领导力法案》

2020 年 2 月 13 日，美国众议院提交 2020 年版《促进美国无线领导力法案》；2021 年 7 月 20 日，美国众议院通过了 2021 年版《促进美国无线领导力法案》（*Promoting United States Wireless Leadership Act of 2021*, H.R.3003）；2023 年 4 月 23 日，美国众议院再次通过了 2023 年版《促进美国无线领导力法案》（*Promoting United States Wireless Leadership Act of 2023*, H.R.1377），从公布的文件来看，3 版法案内容无调整。

从法案名称可以看出，《促进美国无线领导力法案》旨在促进美国在 5G 网络和下一代无线通信网络标准制定机构中的领导地位，加强美国在无线领域的国际领导地位。本法案要求美国商务部和美国国家标准与技术研究院密切协作，核心内容是打压“不可信”的公司实体和利益相关者；根据法案，美国商务部应公平地鼓励各类公司实体和利益相关者参与相关标准制定机构的工作，公平地考虑各类公司和利益相关者的技术专长，但被美国商务部认定为不可信的利益相关者除外（尽管在这种情况下，标准制定机构允许此类利益相关者参与相关工作）。

除此之外，《促进美国无线领导力法案》在定义部分，明确了“不可信”（NOT TRUSTED）是指美国商务部认为相关的公司实体和利益相关者可能威胁美国国家安全，应以一项或多项为依据：一是任何行政部门的分支机构根据适当的国家安全专业知识做出的具体决定，包括联邦采购安全委员会；二是美国商务部根据第 13873 号行政命令（有关保护信息和通信技术及服务供应链安全）做出的具体决定；三是公司实体或利益相关者是否生产或提供《约翰·麦凯恩国防授权法（2019）》（Public Law 115-2,132 Stat.1918）中所定义的电信设备或服务。

可以看到，《促进美国无线领导力法案》围绕“不可信”进一步细化了《促进美国 5G 国际领导力法案》中关于美国在无线领域的国际领导地位的内容。两项法案将共同指导美国政府提高美国在世界各通信专家组中的影响力，并要求美国更多地参与制定无线网络国际标准，以提高美国在全球通信领域的影响力。

7.1.4 聚焦 5G 基础设施安全

如前所述，2020 年年初，美国众议院通过了三项 5G 安全法案，其中的《5G 安全和超越法案》于 2020 年 3 月迅速立法，意在打造以美国为主的 5G 安全生态系统，加强美国在 5G 领域的国际领导地位，并同步计划制定 5G 安全战略配合相关法案。

5G 安全战略的核心是基础设施。美国政府全力聚焦 5G 基础设施安全，制定相关安全战略，从制定保护 5G 基础设施安全的框架入手，进一步明确防范供应链安全风险，做到在充分利用 5G 技术的同时，重点管理其重大风险，并再次借力国际会议宣传 5G 产业链生态风险，旨在精准打击中国及中国企业。

7.1.4.1 《美国 5G 安全国家战略》

2020 年 3 月 23 日，《5G 安全和超越法案》立法同日，白宫发布了《美国 5G 安全国家战略》，正式制定了美国保护 5G 网络基础设施安全的框架，同时阐明了美国要与最紧密的合作伙伴和盟国共同领导全球安全、可靠的 5G 通信基础设施的开发、部署及管理的愿景，以及向以下四个方向努力并提出了许多问题。由于《美国 5G 安全国家战略》并未做出回答，后续也无公开政府文件做出回应，本书围绕已发布的相关战略、法案及分析解读报告（CAICT 互联网法律研究中心、腾讯研究院、数世咨询）等进行研究，并尝试寻找答案。

1. 加快美国 5G 部署

在美国国家经济委员会（national economic council，NEC）的协调下，美国政府将继续与私营部门，以及志同道合的合作伙伴和盟友积极合作，以促进对于推动 5G 及超越 5G 领域的最新技术和架构的研究、开发、测试与评估。此外，美国商务部将继续制定《国家频谱战略》，为新一代的无线网络做规划。

2. 评估 5G 基础设施相关风险并确定其核心安全原则

在评估 5G 基础设施网络威胁和漏洞风险方面，美国政府将与州政府及私营部门合作，通过对全球 5G 市场、5G 功能和基础架构（包括空间和地面系统）的持续调研，评估 5G 基础设施网络威胁和漏洞给经济、国家安全带来的风险。

在制定 5G 基础设施安全原则方面，美国政府将与私营部门合作，识别、开发和推广美国 5G 基础设施核心安全原则的最佳实践，并将最佳实践经验应用于美国 5G 基础设施建设，明确核心安全原则。

3. 消除全球 5G 基础设施开发和部署过程中对美国经济与国家安全的风险

在管理美国政府基础设施（如 5G 网络）的供应链风险方面，2018 年《联邦采购供应链安全法案》（*The Federal Acquisition Supply Chain Security Act*, S.3085）创建了一个统一的方法，以保障联邦系统的供应链安全。

在解决美国 5G 基础设施中“高风险”供应商带来的风险方面，根据 2019 年 5 月 15 日发布的《确保信息通信技术与服务供应链安全行政令》（*Executive Order on Securing the Information and Communications Technology and Services Supply Chain*），禁止交易、使用可能对美国国家安全、外交政策和经济构成特殊威胁的外国信息技术与服务。美国政府将利用这些强有力的措施来解决 5G 基础设施中高风险的供应商所带来的风险。

4. 推动负责任的 5G 全球开发和部署

在制定和实施国际 5G 安全原则方面，美国政府将通过诸如布拉格 5G 安全会议参与制定国际 5G 安全原则。

在确保美国在国际标准制定和适用方面的领导地位方面，美国政府将努力维护其在国际标准制定方面的领导地位，制定及时、可靠且合理的国际标准。

在激发 5G 基础设施的市场竞争力和多样性方面，美国政府将与私营部门、学术界和国际政府合作，建立相关政策、标准、指南和采购战略，以及设计市场激励机制、问责机制和评估方案，以加强 5G 供应商的多样性，进而促进市场竞争，从而更好地维护全球网络安全。

7.1.4.2 《CISA 5G 战略：确保美国 5G 基础设施安全和弹性》

2020 年 8 月，距离白宫 3 月发布《美国 5G 安全国家战略》不足半年，另一项 5G 安全战略便接踵而来，美国国土安全部 CISA 发布了《CISA 5G 战略：确保美国 5G 基础设施安全和弹性》（以下简称《CISA 5G 战略》），旨在确保 5G 基础设施的安全性和弹性（弹性可以理解为面对风险时的应变能力）。国内分析解读报告指出，《CISA 5G 战略》与《美国 5G 安全国家战略》中定义的工作路线高度一致，二者都侧重于风险管理、利益相关者的参与，以及应对 5G 系统威胁的技术援助，以此指导 CISA 制定相关的政策、法律和安全框架，做到“充分利用 5G 技术的同时管理其重大风险”。

依据《美国 5G 安全国家战略》，以“风险管理”“利益相关者”“技术援助”三个核心竞争力为指导，《CISA 5G 战略》围绕 5G 基础设施安全提出“标准制定”“供应链”“现有基础设施”“市场创新”“风险管理”五项针对性的安全战略举措。此外，作为全面战略的补充，CISA 还发布了 5G 基础知识图表（见图 7-4），旨在对利益相关者进行 5G 相关的风险教育。CISA 表示，其设想的 5G 基础架构应“促进美国及其盟国的国家安全、数据完整性、技术创新和经济机会”，并表示将在未来几个月内，与关键的基础设施部门合作，发布特定行业的 5G 风险概况。

美国政府接连发布两项 5G 安全战略，足以见得 5G 技术在美国发展蓝图中处于核心地位。但正如《CISA 5G 战略》中所言，尽管 5G 的部署为数字时代开辟了新赛道、新技术、新模式，但也无形之中在网络空间中增加了一把随时都会落下的“达摩克利斯之剑”。

因此，网络技术发展到哪里，安全研究和应对就必须跟到哪里，这一理念尤为重要。

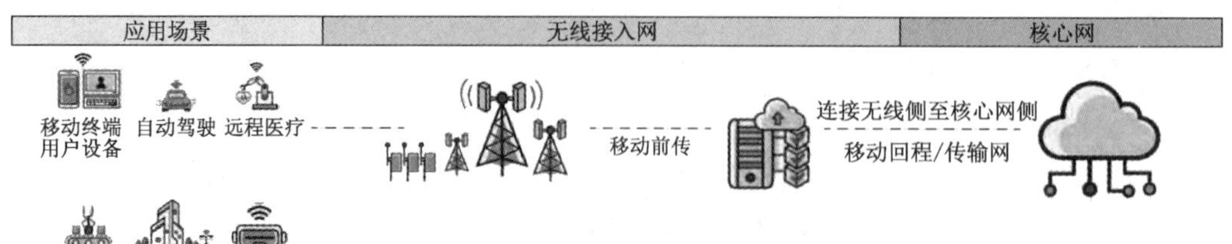

图 7-4 《CISA 5G 战略》5G 基础知识图表

7.1.4.3 第二届布拉格 5G 安全会议

美国的抢滩动作远不止在本国范围内，除在国际上继续推广《布拉格提案》外，其再度借力第二届布拉格 5G 安全会议巩固其国际领导地位，会议重点关注防范产业链生态风险。

2020 年 9 月 23 日至 24 日，第二届布拉格 5G 安全会议在线上召开，会议邀请到了美国国务卿蓬佩奥（Mike Pompeo）、澳大利亚内政大臣达顿（Peter Dutton）和欧盟委员会副主席尧罗娃（Věra Jourová）等人。本届会议重点聚焦防范基础设施建设中的供应链安全风险，将关注点从单个企业、行业风险上升至整体产业链生态风险，旨在共同合作抵制不可信供应商参与 5G 建设。

根据捷克国家网络和信息安全局公布的信息，英国在会上表示，将在计划推出的《电信（安全）法案》[*Telecommunications（Security）Bill*，详见 7.3.3.2 节] 中引入强化版电信安全框架，明确电信安全职责和对基础电信企业的要求，提高行业安全标准，以确保基础电信企业和设备供应商的安全性。该法案还将赋予政府和通信管理部门新的国家安全指导权力，以要求基础电信企业遵守针对个别高风险供应商的特定控制措施。与此同时，根据英国政府官网公布的数字基础设施部长开幕词文稿，可知英国政府将推进多元化战略规划，通过实行保护现有供应链、消除供应商准入门槛和加大投资调控的政策，解决当前电信接入网市场中缺乏有效选择和竞争的问题。

根据美国 FCC 官网公布的 FCC 部长 Ajit Pai 的赴会新闻，可知美国在会上总结了加快私营部门 5G 网络部署的 5G FAST 计划，该计划已经在投资和部署方面取得了成果。关于 5G 网络安全，美国梳理了自《布拉格提案》发布以来 FCC 取得的进展，包括：禁止使用普遍服务基金的资金采购中国供应商设备，拒绝中国基础电信企业进入美国市场等。美国还重点宣传了 2020 年 8 月推出的“清洁网络”计划的成效，赞扬了目前已加入“清洁网络”并积极推动剔除中国设备制造商产品的 30 多个国家及其基础电信企业，呼吁更多国家的电信企业加入“清洁网络”的阵营。

此外，Open RAN 技术对 5G 安全性的影响在本届会议上也受到了高度重视。英国赞赏了 Open RAN 技术的发展能够减少对大型供应商的依赖性，美国强调了 Open RAN 技术在改变 5G 网络架构、成本和安全性上的重要性。未来，美国希望能与盟国间继续展开密切合作测试、开发和部署新的技术解决方案，进一步推动电信供应市场中的多元化竞争、创新和更高的安全标准。

整体来说，可以把第二届布拉格 5G 安全会议看作西方部分国家遵循《布拉格提案》的成果总结和针对基础设施供应链采购的未来风险防范计划。尽管大会中未提及中国制造商的名字，但难以忽视以华为为首的“不可信”厂商在供应链中的重要作用，就此，*Light Reading* 评论道：第二届布拉格 5G 安全会议仍是一场针对中国 5G 供应商的“团结大会”，对美国而言，本届会议计划在对中国网络产业长期研究和深度解剖的基础上进行精准打击。

7.1.5　持续落实 5G 安全相关战略

2020 年，从《美国 5G 安全国家战略》聚焦 5G 基础设施安全，到《CISA 5G 战略》明确防范供应链安全风险，再到第二届布拉格 5G 安全会议关注防范产业链生态风险，美国政府逐渐完成了 5G 安全战略的制定，并再次借力第二届布拉格 5G 安全会议精准打压中国企业。

5G 技术与 5G 安全共生共长，把 5G 部署与开发过程中的安全风险控制到最低，是当前数字化进程中应有的战略思维和底线意识。就此，有国内分析解读报告评论指出，美国作为超级大国，在 5G 技术研发不占优势的情况下，依然接连部署抢滩 5G 安全战略建设，种种动作皆是这一理念的绝佳体现。此后，为了逐步落实 5G 安全战略，美国的抢滩动作依然在继续，并且始终有迹可循。

7.1.5.1　基础设施风险评估和最佳实践安全原则

第一个踪迹：围绕 2020 年 3 月发布的《美国 5G 安全国家战略》中第二条行动路线“评估 5G 基础设施相关风险并确定其核心安全原则”，遵循《CISA 5G 战略》，逐步实现行动路线中的两步走，即“评估 5G 基础设施网络威胁和漏洞风险”及“制定 5G 基础设施安全原则”。两步走的具体实现历程如图 7-5 所示。

1. 评估 5G 基础设施网络威胁和漏洞风险

美国政府通过 2021 年发布的《5G 基础设施的潜在威胁方向分析报告》（*Potential Threat Vectors to 5G Infrastructure Analysis Paper*）初步草案逐步完成了第一步走。

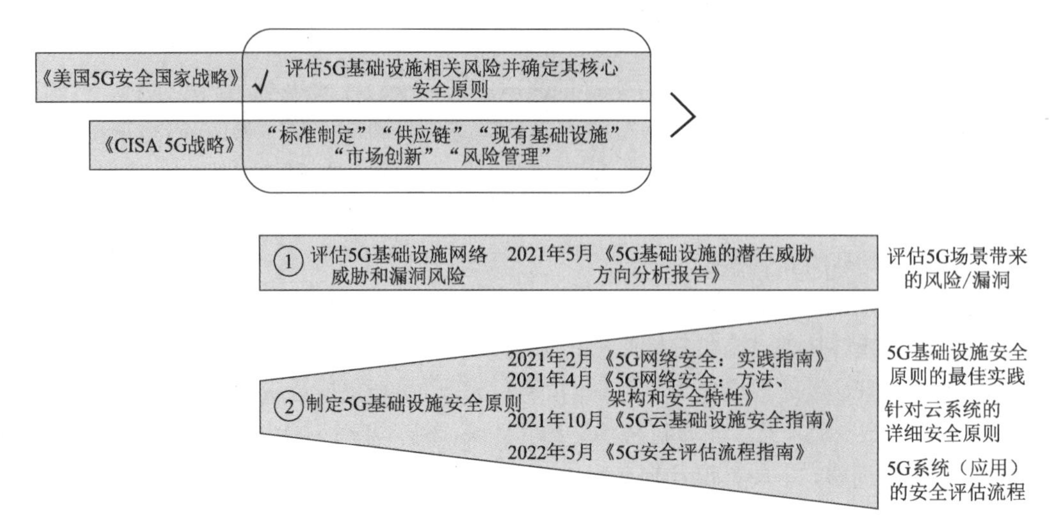

图 7-5　踪迹一两步走的具体实现历程

2021 年 5 月 10 日，美国国家安全局（NSA）、国家情报总监办公室（ODNI）和 CISA 联合发布《5G 基础设施的潜在威胁方向分析报告》，以加强对 5G 应用所面临威胁的深入了解，确保美国国家安全系统的安全和稳定。该报告分析了 5G 的三个主要威胁方向领域，即政策标准、供应链和 5G 系统架构，细化了 11 个攻击者可利用漏洞带来的风险，同时描述了 5G 威胁的示例场景，评估了这些 5G 场景所带来的风险和漏洞。

跳出报告本身，该报告由三大职能机构联合发布。中国国家工程实验室（网络安全应急技术国家工程实验室）分析：CISA 属于美国国土安全部，是国家关键信息基础设施安全保障的主管部门；美国国家安全局的主要职能是加密和解密、网络空间作战，其局长还兼任网络司令部司令；美国国家情报总监办公室主要面向情报工作，监督美国情报界并在情报问题上担任总统的首席顾问。由此说明美国将 5G 基础设施安全放在重要地位，既要维护美国在全球情报能力、网络空间作战、关键基础设施保护方面的领先优势，又要防止像中俄这样的对手超越。

2. 制定 5G 基础设施安全原则

美国政府通过 2021 年发布的《5G 网络安全的实践指南》《5G 云基础设施安全指南》的第一部分，2022 年发布的《5G 安全评估流程指南》最终实现了第二步走。

1）《5G 网络安全的实践指南》：安全原则最佳实践初稿

2021 年 2 月，美国国家标准与技术研究院（NIST）设立了 5G 安全演进项目，NIST 下属美国国家网络安全卓越中心（NCCoE）发布了《5G 网络安全：实践指南》（*5G Cybersecurity Volume A: Executive Summary*）初步草案以征求意见，这是《5G 网络安全的实践指南》三册中的第一册，处于设计和开发解决方案的早期阶段，旨在帮助 5G 运营商和设备供应商提高安全能力。

2021 年 4 月，NCCoE 发布了《5G 网络安全：方法、架构和安全特性》（*5G Cybersecurity Volume B: Approach, Architecture, and Security Characteristics*）初步草案，作为《5G 网络安全的实践指南》三册中的第二册，提出了 5G 独立组网复制推广所需的安全措施清单，旨在帮助 5G 运营商和设备供应商降低网络攻击的可能性，保障底层基础设施可信。

两册草案的发布，迈出了制定关于 5G 基础设施安全原则最佳实践方案的第一步，同时关于 5G 基础设施安全原则的制定工作也在逐步推进。

2）《5G 云基础设施安全指南》：针对云系统制定的详细安全原则

2021 年 10 月 28 日，美国 CISA 和美国国家安全局联合发布了《5G 云基础设施安全指南》（*Security Guidance for 5G Cloud Infrastructures*）的第一部分《防止和检测横向移动》（*Part1: Prevent and Detect Lateral Movement*）。它是在《5G 基础设施的潜在威胁方向分析报告》发布后针对云系统制定的详细安全原则，也是持久安全框架（ESF）四部分中的第一部分，有针对性地面向云提供商、基础电信企业和用户提出身份管理（IdAM）等建议。

有国内分析解读报告指出，从内容上看，这份指南的面向对象覆盖整个 5G 云系统，涵盖各云服务商、核心网络设备供应商、基础电信企业及用户；从进程上看，这份指南代表着“制定 5G 基础设施安全原则”工作的初步落实，也代表着政府与行业专家合作确定 5G 安全影响风险工作终于带来直接成果。

3）《5G 安全评估流程指南》：5G 系统（应用）安全评估 5 步参考流程

2022 年 5 月 27 日，美国国土安全部 CISA、国土安全部科技司、国防部（DoD）研究与工程司共同牵头，指派研究小组负责具体制定《5G 安全评估流程指南》（*5G Security Evaluation Process Investigation*）。明确任何机构将 5G 网络引入生产环境前，需进行全面的安全评估并获得运营授权（ATO），在现有风险管理框架（RMF）下为政府机构评估其 5G 系统安全水平是否符合生产要求制定了一套 5 步参考流程，分别是定义 5G 用例、确定评估边界、识别安全要求、匹配联邦指南和行业规范、识别评估与安全指南的差距。

从这份评估指南的内容可以看出，美国虽处于 5G 应用起步阶段，但基于前期在信息技术系统方面成熟的安全评估经验和技术积淀，目前已在 5G 应用安全方面进行了跨部门协作，并就 5G 安全评估流程达成了一致意见。从进程来看，这份评估指南代表着“制定 5G 基础设施安全原则”工作的持续推进。从基础设施安全原则最佳实践初稿，到云系统安全原则第一部分，再到 5G 系统（应用）安全评估流程，多线并行，努力全面达成制定 5G 基础设施安全原则的战略行动路线。

7.1.5.2 供应链风险管理和最佳实践安全指南

第二个踪迹：逐步落实《美国 5G 安全国家战略》第三条行动路线“消除全球 5G 基础设施开发和部署过程中对美国经济与国家安全的风险”，遵循《CISA 5G 战略》，逐步实现行动路线中的两步走，即“制定供应链风险管理标准，管理美国政府基础设施（如

5G 网络）的供应链风险”和“采取强有力的措施，解决美国 5G 基础设施中‘高风险’供应商带来的风险”。

根据新闻报道，2020 年年底，基础网络管理软件供应商 SolarWinds Orion 软件更新包中被黑客植入后门，2021 年 Microsoft Exchange 和 Colonial Pipeline 发生同样事件，直接威胁到美国联邦机构和美国各大公司的信息安全。由此，美国政府意识到自己的网络安全防护能力严重不足，计划迅速弥补相应政策及技术方面的安全漏洞，一切从“软件供应链”开始（见图 7-6），采取强有力的措施“提高软件供应链的安全性和完整性，优先解决关键软件问题”。

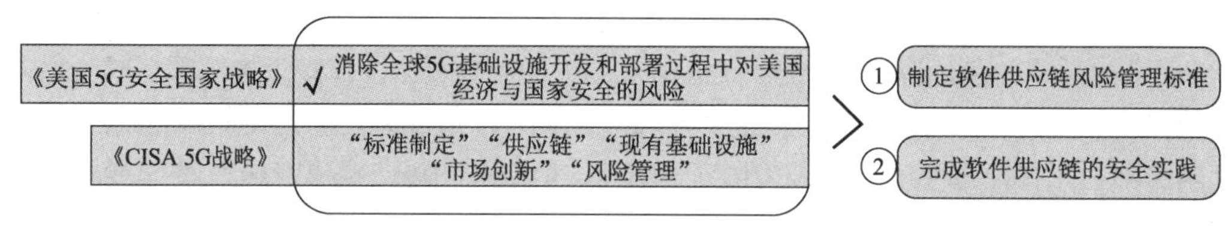

图 7-6　踪迹二两步走

1. 制定软件供应链风险管理标准

针对第一步“制定软件供应链风险管理标准”，美国政府首先应制定供应链风险管理标准，方便执行机构评估和减轻供应链风险。美国政府将利用一些强有力的措施，具体实现历程如图 7-7 所示，旨在解决 5G 基础设施中高风险的供应商所带来的风险。

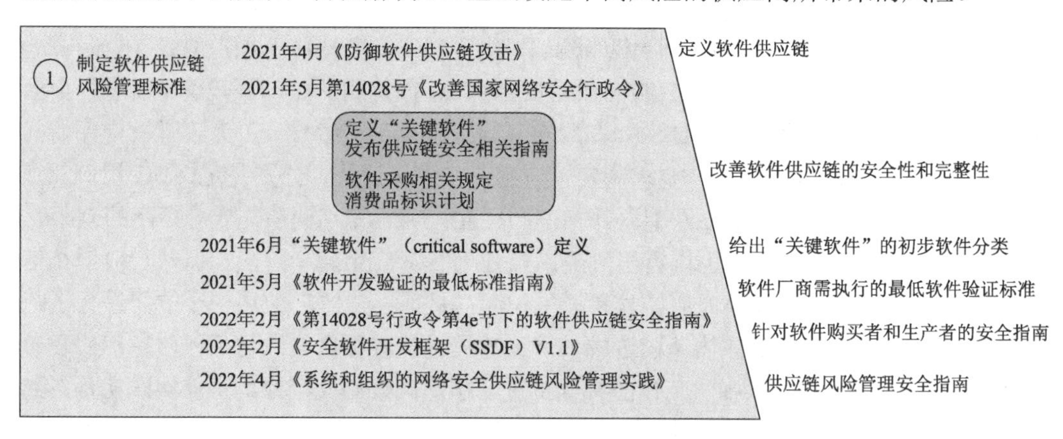

图 7-7　踪迹二第一阶段的实现历程

2021 年 1 月，美国商务部发布《确保信息和通信技术及服务供应链安全》（*Securing the Information and Communications Technology and Services Supply Chain*）的最新规则，旨在落实 2019 年 5 月 15 日特朗普政府第 13873 号总统令（《确保信息和通信技术及服务供应链安全的总统令》）中列明的相关要求，建立并完善“用于识别、评估和处理美国人与外国人之间涉及设计、开发、制造或提供信息与通信技术或服务的某些交易（ICTS 交易）”的流程和规则。2021 年 2 月，拜登签署第 14017 号行政令《确保美国供应链安全行政令》，旨在振兴和重建美国本土制造能力，同时推动半导体市场中的去中国化，以此向中国的半导体产业施压。但与此同时，针对此次对华政策，美国半导体与科技产业的巨头及联盟，并不希望拜登此行政令成为砸向自己脚背的一块石头。

1）从预防软件供应链攻击开始

2021 年 4 月底，美国 CISA 和美国国家标准与技术研究院联合发布《防御软件供应链攻击》报告，首次对软件供应链进行界定，并给出与软件供应链攻击相关的信息、关联风险及缓解措施。

2）《改善国家网络安全行政令》："加强软件供应链安全"

2021 年 5 月，拜登签署第 14028 号行政令《改善国家网络安全行政令》（E.O 14028, *Improving the Nation's Cybersecurity*），这是美国当前在网络安全方面最详细的行政命令之一。其中的第 4 节针对"加强软件供应链安全"提出了一系列要求，从四个方面采取了针对性的措施，旨在迅速改善软件供应链的安全性和完整性。其中，第二个方面的措施尤为重要，要求美国国家标准与技术研究院及其他政府机构发布风险管理相关指导文件。2021 年 5 月，CISA 和美国国家标准与技术研究院联合发布了网络供应链风险管理（C-SCRM）框架和安全软件开发框架（SSDF）指南项目，后面将详细介绍项目执行中的重要报告及其他关键指导文件。

3）逐步落实"加强软件供应链安全"，发布风险管理相关指导文件

截至 2022 年 12 月，为落实第 14028 号行政令"加强软件供应链安全"的第二个方面，美国政府发布了《软件开发验证的最低标准指南》（*Guidelines on Minimum Standards for Developer Verification of Software*）、《安全软件开发框架（SSDF）V1.1》（面对软件开发者）（*Secure Software Development Framework（SSDF）Version 1.1*）、《第 14028 号行政令第 4e 节下的软件供应链安全指南》（面对软件使用者）[*Software Supply Chain Security Guidance Under Executive Order（EO）14028 Section 4e*]、《系统和组织的网络安全供应链风险管理实践》（C-SCRM）（*NIST Cybersecurity & Privacy Program: Cybersecurity Supply Chain Risk Management*），完善风险管理相关指导文件。

2. 完成软件供应链的安全实践

在完成第一步"制定软件供应链风险管理标准"后，第二步需要"完成软件供应链的安全实践"，美国国家安全局、网络安全和基础设施安全局及国家情报总监办公室有着一系列的规划，相关规划由美国国家安全局及网络安全和基础设施安全局所主导的政企工作小组所开发的长期安全框架（ESF）主导，将产出指导美国重大网络基础设施的安全指南，其针对软件供应链总计有三部分，分别是《面向开发者的软件供应链安全实践指南》《面向供应商的软件供应链安全实践指南》《面向客户的软件供应链安全实践指南》，具体实现历程如图 7-8 所示。

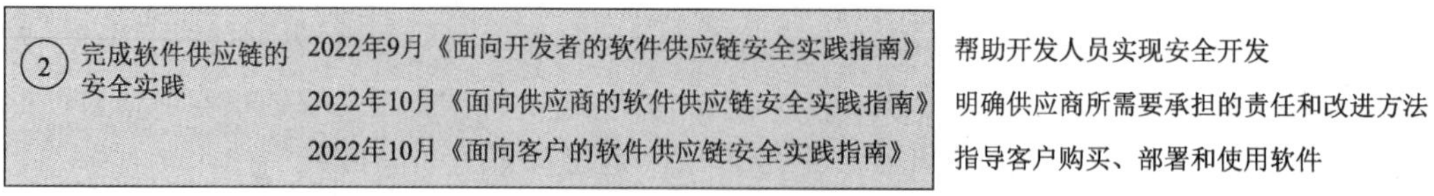

② 完成软件供应链的安全实践	2022年9月《面向开发者的软件供应链安全实践指南》	帮助开发人员实现安全开发
	2022年10月《面向供应商的软件供应链安全实践指南》	明确供应商所需要承担的责任和改进方法
	2022年10月《面向客户的软件供应链安全实践指南》	指导客户购买、部署和使用软件

图 7-8　踪迹二第二阶段的实现历程

1）《面向开发者的软件供应链安全实践指南》

2022 年 9 月，美国国家安全局、网络安全和基础设施安全局及国家情报总监办公室联合发布保护软件供应链的三部分系列文章的第一部分《面向开发者的软件供应链安全实践指南》（*Securing the Software Supply Chain for Developers*），旨在帮助开发人员通过行业和政府评估的建议实现安全开发，提出了针对开源代码管理、验证第三方组件、交付代码、组件维护、加固编译环境等方面的最佳实践，同时包含了若干威胁场景和相应的处置建议。

2）《面向供应商的软件供应链安全实践指南》

2022 年 10 月，美国政府发布了《面向供应商的软件供应链安全实践指南》（*Securing the Software Supply Chain for Suppliers*），主要提及了软件供应商在供应链中所需要承担的责任和改进方法，并适用于《安全软件开发框架（SSDF）V1.1》，以减小软件漏洞的风险。

3）《面向客户的软件供应链安全实践指南》

2022 年 10 月，美国政府发布了《面向客户的软件供应链安全实践指南》（*Securing the Software Supply Chain for Customers*），提出客户在购买、部署和使用软件时应该遵循的实践，并提供了相关攻击场景和缓解措施；同时，建议组织机构正确处理已达生命周期的或已被弃用的产品。

7.1.6　关于美国 5G 安全法规的总结

美国政府发布了大量法规及战略，但除了涉及规则、标准、盟友等关键词，更多的是主导、中国、政治化等关键词。

一是抢夺主导权。进入 21 世纪以来，争夺国际规则制定权是大国战略较量的重心。通过利益输送、安全承诺等各种手段，结交盟友、制定规则，掌握新科技创新和运用的主动权，从而限制竞争对手，使自身成为全球治理的主导力量，已经成为美国攫取战略利益的新常态。从《布拉格提案》《促进美国 5G 国际领导力法案》《促进美国无线领导力法案》等文件中可以发现，美国始终将主导世界性行业标准、运行规则等作为主要手段，通过提高准入门槛、拉拢盟友盟国，美国化 5G 技术、美国化 5G 网络安全。

二是针对性打压中国。美国认同的 5G 安全必须没有中国的参与，自 2020 年起，美国开始大肆渲染“中国风险”，并借力布拉格 5G 安全会议恶意散播，甚至在相关战略中明确要求上报中国情况；在技术上更是聚焦基础设施，严格限制中国企业进入，限制中国产品出现在供应链上，要求信息公开透明的厂商才能获得可信认证，入围 5G 市场建设。

三是政治化全球 5G 安全。美国化 5G 技术、美国化 5G 网络安全的未来只可能是全球美国化，各个国家丧失自主创新能力，时时刻刻处于 5G 领域边缘化，最终 5G 安全变为美国的一场政治游戏。而对于全世界的 5G 用户来说，5G 安全必然涉及从国家、公司到个人的各个层面，5G 安全问题也必然会长期持续地讨论下去。如果全球市场都在美国主导下，未来 5G 全球供应商的行业准入资格、技术研发、应用能力及安全能力的审查必定日趋畸形，5G 安全领域的全球经济难以“再平衡”。

7.2　欧盟

欧盟在 5G 安全政策方面的研究进程始终位居世界前列。由于欧盟的特殊性，其始终重视自上而下统一部署和自下而上协调合作，系统化推进 5G 安全工作，提升整体抵御 5G 安全风险的能力，减少外部依赖，取得自主权。

2016 年 9 月，《5G 行动计划》（*5G for Europe: An Action Plan*），着手规划 5G 试验和部署工作，标志着欧盟正式开启 5G 建设。在发展 5G 的过程中，随着各行业对 5G 网络的依赖性不断增强，以及网络攻击的多样化和复杂化，欧盟逐渐发现 5G 网络的大规模中断将引发严重的社会经济问题。2019 年 3 月，欧盟发布《欧盟—中国战略展望》（*EU-China: A Strategic Outlook*）和《5G 安全网络安全建议》（*Commission Recommendation-Cybersecurity of 5G networks*），将 5G 安全上升至战略层面，标志着欧盟 5G 安全风险评估工作正式启动。此后，结合电信网络法律要求，欧盟陆续出台指导文件，体系化推进 5G 安全工作发展，致力于全面提升欧盟抵御 5G 威胁的能力（见图 7-9）。

7.2.1　通用电信网络法律框架

按照移动通信技术的发展顺序，电信网络监管框架起步要早于 5G 安全政策。自 2016 年起，欧盟陆续出台了《网络与信息系统安全指令》（*Directive on Security of Network and Information Systems*，简称《NIS 指令》）、《欧盟电子通信准则指令》（*European Electronic Communications Code*，简称《EECC 指令》）、《外国直接投资审查条例》（*A Framework for the Screening of Foreign Direct Investments into the Union*）、《网络安全法案》（*The Cybersecurity Act*），内容覆盖建设安全统一的网络和信息系统、规范电子通信网络和服务安全性与完整性、保障供应链安全、建立网络认证框架、强化数字产品网络安全等，搭建了较为全面的欧盟电信行业通用安全框架[①]，为各成员国的 5G 安全监管指明了方向，

① 林美玉，王琦. 欧盟 5G 安全监管模式研究[J]. 信息通信技术与政策，2021(5):60.

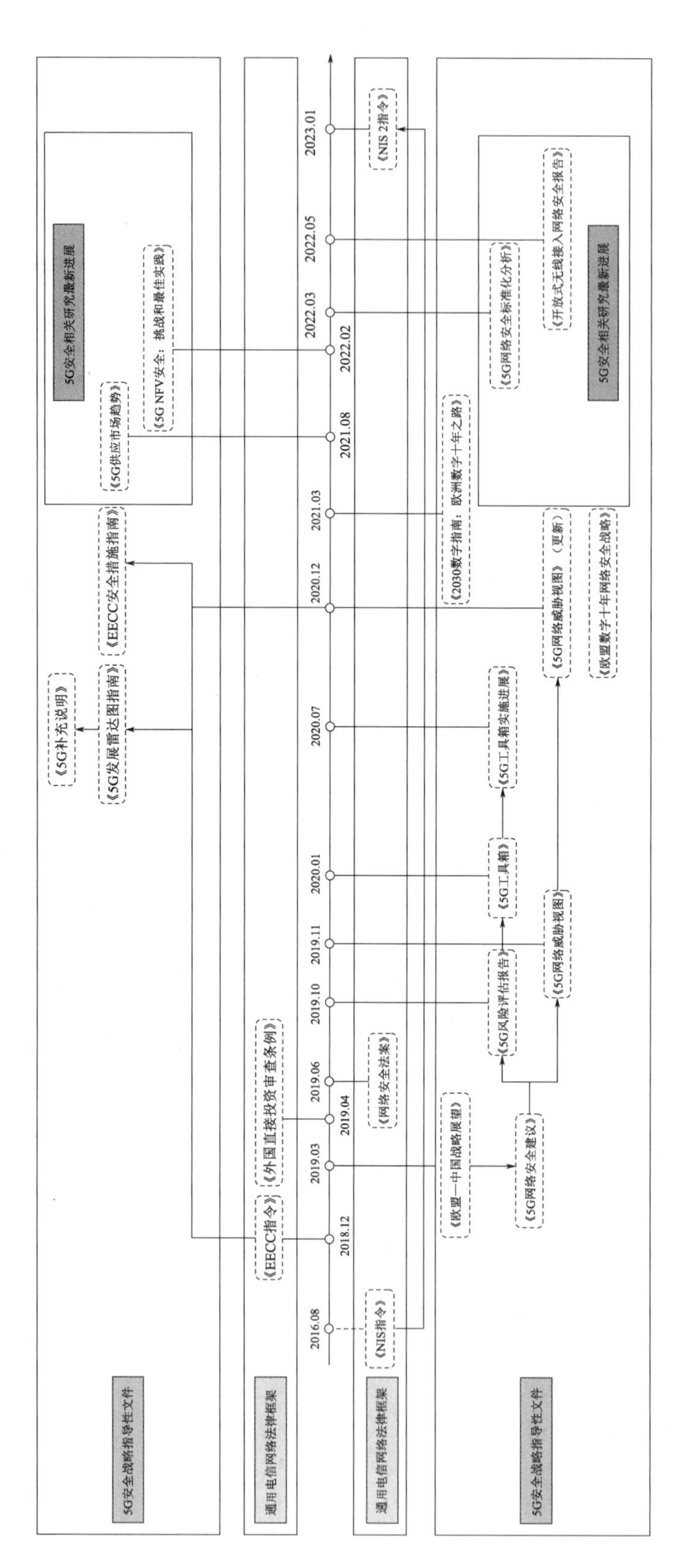

图 7-9 欧盟 5G 安全工作发展脉络

提供了法律依据。各成员国须在该框架要求的最低标准基础上，结合发展需要，对电信网络行业进行监管。

这些法律均为通用法律，普遍适用于包括 5G 在内的移动通信网络，是保障欧盟 5G 网络安全发展的重要依据。

7.2.1.1 《NIS 指令》与《NIS 2 指令》

《NIS 指令》于 2016 年 8 月生效，是欧盟第一部综合性网络安全立法，将欧盟关键网络与信息系统安全作为核心保护对象，旨在建立统一、高水平的网络与信息系统。其在立法背景（Recital）中提到，网络和信息系统及相关服务的可靠性与安全性影响着欧盟内部市场的运作、发展，有效应对网络和信息系统的安全挑战需要在欧盟层面统一措施。

《NIS 指令》主要包括以下几个方面的内容：①要求成员国制定网络和信息系统安全的国家战略，并设立网络和信息系统安全主管部门（NIS 主管部门）、联络点和计算机安全突发事件响应小组（computer security incident response teams，CSIRTs）；②成立 NIS 合作组，合作组由各成员国、欧盟委员会及欧洲网络与信息安全局（European union agency for cybersecurity，ENISA）的代表组成，支持和促进成员国之间的战略合作与信息交流；③对关键服务运营商和数字服务提供商提出安全要求，并建立突发事件上报制度。

2020 年 12 月 16 日，欧盟对《NIS 指令》进行修订，提出了更高的安全要求。2022 年 5 月 13 日，欧洲议会和欧盟成员国就《NIS 2 指令》达成政治协议。2022 年 11 月 28 日，欧洲议会通过《NIS 2 指令》，该指令于 2023 年 1 月生效。新指令在原有指令的基础上，不再依据关键服务运营商和数字服务提供商进行分类，而是根据其重要性程度分为十类核心实体（essential entities）和六类重要实体（important entities），采取不同的监管制度，如表 7-1 所示。从《NIS 指令》到《NIS 2 指令》，欧盟已经基本建立起较高水平的安全统一的网络和信息系统。

表 7-1 《NIS 2 指令》中的核心实体和重要实体

分类	实体	细分
核心实体	能源	电力、区域供热和制冷、石油、天然气
	交通	航空、铁路、水路、公路
	银行	—
	金融市场基础设施	—
	医疗	医药产品研发活动、突发公共卫生事件期间制造关键医疗器械
	饮用水	—
	废水	—
	数字基础设施	互联网交换点、DNS 提供商、TLD 注册、云计算服务提供商、数据中心服务提供商、内容分发网络、可信服务提供商、公共电子通信网络和电子通信服务

续表

分类	实体	细分
核心实体	公共管理	—
	太空	—
重要实体	邮政和快递服务	—
	废物管理	—
	化学物质	—
	食品生产、加工和流通	—
	制造业	计算机及电子、机械设备、汽车制造等
	数字提供商	在线市场、在线搜索引擎、社交网络服务平台

7.2.1.2 《EECC 指令》

2018 年 12 月，欧洲议会和理事会发布《EECC 指令》，目标是在内部市场统一部署电子通信网络和服务，从而实现超大容量网络的部署和使用，提升电子通信服务的可竞争性、互操作性、可访问性、可持续性及安全性，惠及所有终端用户。

《EECC 指令》详细定义了电信网络、服务安全及安全事件，要求各成员国通信服务提供商采取适当的技术和管理措施，确保其与安全风险相适应，包括加密措施、补救措施，最大限度地减少安全事件，同时明确了监管机构的职责。

在《EECC 指令》下，包括 5G 在内的网络服务提供商将在网络安全风险评估和安全能力建设方面接受相关主管部门的监督[①]。欧洲电子通信监管机构（the body of European regulators for electronic communications，BEREC）负责监督和协助各国的实施情况。

为了进一步落实《EECC 指令》，欧盟发布了《EECC 安全措施指南》和《5G 补充说明》，其虽无法律效力，但为各国提供了更明确的技术指引。

1.《EECC 安全措施指南》

2020 年 12 月，ENISA 基于《EECC 指令》发布了一份非约束性文件《EECC 安全措施指南》，指导成员国落实欧盟电信监管框架下安全相关的法规，为各国电信监管机构提供更加明确的技术指引。该文件作为欧盟网络安全监管的主体框架，对包含 5G 网络在内的各系统安全措施部署均有指导作用。

其列出了八个安全领域（domains）的二十九个安全目标（security objectives，SO），如表 7-2 所示，详细列举了每个安全目标下，通信服务提供商需采取的安全措施，并提供用于评估安全措施是否到位所需出示的相关证明。其中的安全措施源自现有网络和信息安全国际标准，且每类安全措施与标准均有对应。

① 林美玉，王琦. 欧盟 5G 安全监管模式研究[J]. 信息通信技术与政策，2021(5):61.

表 7-2 《EECC 安全措施指南》安全领域和安全目标

安全领域	对应标准	安全目标
D1：治理和风险管理	ISO 27001 ISO 27002 ISO 27005 ISO 27036-3	SO1：信息安全策略
		SO2：治理和风险管理
		SO3：安全角色和职责
		SO4：依赖第三方的安全性
D2：人力资源安全	ISO 27001 ISO 27002	SO5：背景调查
		SO6：安全知识和培训
		SO7：人员变更
		SO8：处理违规行为
D3：系统和设施安全	ISO 27001 ISO 27002	SO9：物理和环境安全
		SO10：供应安全
		SO11：对网络和信息系统的访问控制
		SO12：网络和信息系统的完整性
		SO13：使用加密
		SO14：保护关键数据安全
D4：运营管理	ISO 27001 ISO 27002	SO15：操作程序
		SO16：变更管理
		SO17：资产管理
D5：事件管理	ISO 27001 ISO 27002	SO18：突发事件管理程序
		SO19：突发事件监测能力
		SO20：事件报告和协调
D6：业务连续性管理	ISO 27001 ISO 27002 ISO 22301	SO21：服务连续性战略和应急计划
		SO22：事故发生后恢复能力
D7：监控、审计、测试	ISO 27001 ISO 27002	SO23：监控和日志记录
		SO24：实施应急计划
		SO25：网络和信息系统测试
		SO26：安全评估
		SO27：合规性把握
D8：威胁态势感知	ISO 27001 ISO 27002	SO28：威胁情报
		SO29：有关威胁告知用户

此外，《EECC 安全措施指南》还从监督的角度出发为监管机构提出了相关建议：一是将安全标准纳入强制或推荐标准；二是评估全行业的安全性；三是将安全措施分为基础级别、行业标准级别和先进水平级别，使通信服务提供商可结合自身情况采取适当的安全措施分阶段满足监管要求；四是可采用定期、随机或事后的方式监管通信服务提供商的安全措施落实情况。

2.《5G 补充说明》

2020 年 12 月，ENISA 还单独出台了《5G 补充说明》。作为 5G 安全措施指导文件，《5G 补充说明》结合 5G 网络情况，以前期在整个欧盟层面开展的风险评估和风险削减措施工作为基础，进一步为监管部门及通信服务提供商提供确保 5G 网络安全措施的指导。《5G 补充说明》依据《EECC 安全措施指南》，重点对八个安全域制定了专门适用于 5G 网络安全的检查清单。该检查清单将作为欧盟各成员国监管部门检查通信服务商 5G 安全能力的重要参考依据。

7.2.1.3 《外国直接投资审查条例》

2019 年 4 月，《外国直接投资审查条例》生效。其明确提出：为维护安全或公共秩序，欧盟各国有权对满足条件的外商进行审查和定期监控，以保障 5G 网络等关键基础设施的安全性，同时避免关键资产对外商的过度依赖。这也是欧盟保障 5G 供应链安全的有效工具[①]。审查的过程中可以考虑两类事项，即优先事项和附带事项，如表 7-3 所示。

表 7-3　欧盟外国直接投资审查事项

<table>
<tr><th>因素</th><th>种类</th><th>说明</th></tr>
<tr><td rowspan="5">优先事项</td><td>关键基础设施</td><td>能源、运输、水、卫生、通信、媒体、数据处理、航空航天、国防、选举、金融基础设施和敏感设施，以及对使用此类基础设施至关重要的土地和房产</td></tr>
<tr><td>关键技术和两用项目（民用、军用）</td><td>人工智能、机器人技术、半导体、网络安全、航空航天、国防、能源存储、量子和核技术，以及纳米技术和生物技术</td></tr>
<tr><td>关键供应</td><td>能源、原材料、粮食安全</td></tr>
<tr><td>敏感信息获取</td><td>个人数据，或控制此类信息的相关能力</td></tr>
<tr><td>媒体的自由和多元化</td><td>—</td></tr>
<tr><td rowspan="3">附带事项</td><td>是否直接或间接由政府控制</td><td>国家机构或武装部队通过所有权结构或资金控制</td></tr>
<tr><td>是否已参与影响其中一个成员国安全或公共秩序的活动</td><td>—</td></tr>
<tr><td>是否存在从事非法活动或犯罪活动的严重风险</td><td>—</td></tr>
</table>

7.2.1.4 《网络安全法案》

2019 年 6 月 27 日，《网络安全法案》正式施行，旨在打造欧盟范围内高水平的网络安全和信任体系，提升网络弹性。该法案的亮点在于，提升和加强了 ENISA 地位，并建立了第一个欧盟范围内通用的网络安全认证框架。

---

① 林美玉，王琦. 欧盟 5G 安全监管模式研究[J]. 信息通信技术与政策，2021(5):62.

《网络安全法案》颁布前，ENISA只是欧盟的临时性机构。该法案生效意味着ENISA成为欧盟永久性机构，且其未来在人力和财政资源方面都将得到大力支持，使其支持欧盟实现统一、高水平的网络安全全方位能力的作用得到强化。

ENISA由管理委员会、执行委员会、执行理事、咨询小组和各成员国联络员组成，在开展工作时必须遵循透明原则和保密原则。ENISA的主要任务包括五项：政策制定与执行、网络安全能力建设、市场相关任务（标准化、网络安全认证）、业务合作和危机管理，以及发布网络安全问题报告，如图7-10所示。

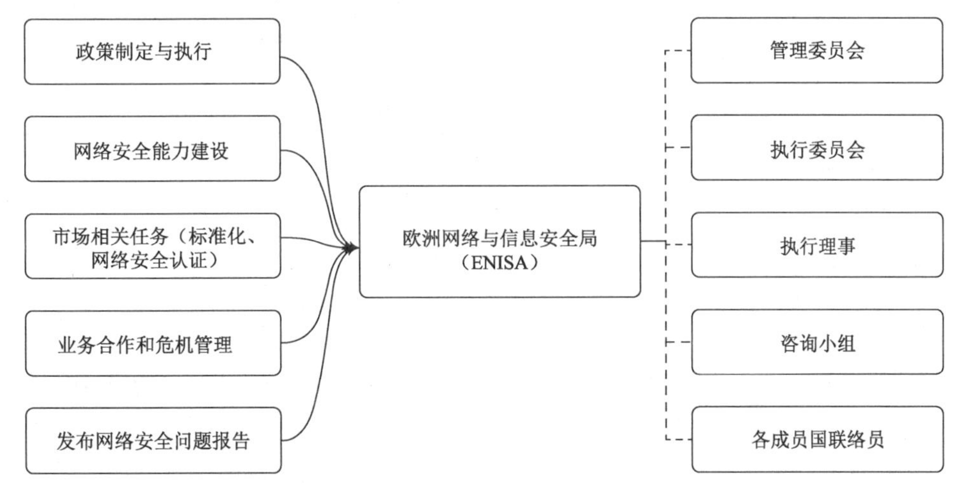

图7-10 ENISA主要职能及组织架构

此前，欧盟存在许多针对ICT产品、ICT服务和ICT程序的不同安全认证方案，但未形成适用于整个欧盟的网络安全通用框架，碎片化的认证方案加大了企业认证成本，增加了不必要的分歧，妨碍了跨国网络合作等，严重阻碍了数字单一市场的发展进程。

《网络安全法案》强调，“欧洲网络安全认证框架”是指在欧盟一级建立的一套全面的规则、技术要求、标准和程序，适用于特定的ICT产品、ICT服务和ICT程序的认证或合规性评估，为未来5G产品的标准化评估和安全性评估提供了安全可行的认证框架，奠定了可靠的法律基础。

鉴于ICT产品、ICT服务和ICT程序的多样性，网络安全认证框架能够为其量身定制基于风险评估的认证计划。《网络安全法案》明确了每个认证计划的产品和服务类别、评估类型、网络安全要求及预期保证等级，如表7-4所示。该认证框架将尽可能使用国际标准，最大限度避免因与国际标准不符而产生贸易壁垒或技术互操作性问题。此外，该认证框架仅为自愿性质，即供应商可自行决定是否进行认证。但欧盟计划后续评估需强制认证的产品和服务，并进一步通过立法推动强制性认证。

表 7-4　网络安全认证计划包含内容

网络安全认证计划	内容	说明
产品和服务类别	确定纳入认证范围的ICT产品、ICT服务和ICT程序或其类别的清单	考虑因素：①国家网络安全认证计划的可用性和发展；②成员国的法律或政策；③市场需求；④网络安全威胁形势发展需要；⑤符合欧洲网络安全认证小组（ECCG）编制候选方案的要求
评估类型	第三方认证	国家安全认证机构
	合规性自评	制造商或供应商通过发布欧盟合规声明，证明其产品或服务满足相关安全要求并对其负责。仅允许与“基本”预期保证级别相对应的低风险ICT产品、ICT服务和ICT流程相关
网络安全要求	国际、欧洲或国家标准	应优先符合国际、欧洲或国家标准
	欧盟1025/2012号条例	若上述标准不适用或不可用，则须符合第（EC）1025/2012号条例附件11中规定的技术规范
	欧洲网络安全认证框架技术规范或其他	若不存在前述规范，须符合欧洲网络安全认证框架中规定的技术规范或其他网络安全要求
预期保证等级	基础级别	表现为颁发欧洲网络安全证书或欧盟合规声明。要求ICT产品、ICT服务和ICT程序符合相应的安全要求，包括安全功能，且能够最大限度降低已知突发事件和网络攻击的基本风险。评估活动应至少包括对技术文件的审查
	标准级别	表现为欧洲网络安全证书。要求ICT产品、ICT服务和ICT程序符合相应的安全要求，包括安全功能，且能够最大限度降低已知网络安全风险及由特定攻击者（拥有一定能力和资源）制造的突发事件和网络攻击风险。评估活动应至少包括：不得存在公开的漏洞和缺陷，ICT产品、ICT服务或ICT程序具备必要的安全功能
	高等级别	表现为欧洲网络安全证书。要求ICT产品、ICT服务和ICT程序符合相应的安全要求，包括安全功能，且能够最大限度降低由特定攻击者（拥有强大能力和充足资源）制造的最高水平网络攻击风险。评估活动应至少包括：不得存在公开的漏洞和缺陷，ICT产品、ICT服务或ICT程序具备最高级别的安全功能，渗透测试评估其对熟练攻击者的抵抗能力

值得注意的是，一旦取得认证证书，将在所有欧盟成员国得到认可，相当于“一次认证，欧盟通用”。这将减少成员国间的认证分歧，降低企业认证成本；同时能让跨境企业及用户更容易地了解和熟悉特定产品或服务的安全性，促进欧盟内部市场的良性竞争，提升产品和服务质量。这在某种程度上也促使更多企业参与认证计划。

7.2.2　5G 安全战略指导性文件

自2019年起，5G安全成为欧盟关注的焦点，欧盟通过发布《欧盟—中国战略展望》（*EU-China: A Strategic Outlook*）、《5G 网络安全建议》（*Commission Recommendation: Cybersecurity of 5G networks*），部署5G安全战略，包括开展5G安全评估，明确安全风

险，并提出风险削减措施。同年，围绕这一工作重点，欧盟陆续发布《欧盟 5G 网络安全风险评估报告》（*EU Coordinated Risk Assessment of the Cybersecurity of 5G Networks*，以下简称《5G 风险评估报告》）、《5G 网络威胁视图》（*ENISA Threat Landscape for 5G Networks*）。

2020 年，针对前述 5G 安全相关风险，《5G 网络安全风险评估与消减措施安全工具箱》（*Cybersecurity of 5G networks EU Toolbox of Risk Mitigating Measures*，以下简称《5G 工具箱》）、《欧盟 5G 网络安全工具箱实施进展报告》（*Report on Member States' Progress in Implementing the EU Toolbox on 5G Cybersecurity*，以下简称《5G 工具箱实施进展》）等指导性文件相继发布，为通信服务提供商、设备制造商缓解 5G 网络安全风险提供了更为明确的技术指导①。

在上述 5G 安全评估及风险削减取得阶段性进展后，2020 年年底至 2021 年年初，欧盟发布《5G 发展雷达图指南》（*Guide to the BEREC 5G Radar*）、《欧盟数字十年网络安全战略》（*The EU's Cybersecurity Strategy for the Digital Decade*）、《欧盟数字十年网络安全战略的结论》（*Conclusions on the EU's Cybersecurity Strategy for the Digital Decade*）及《2030 数字指南：欧洲数字十年之路》（*2030 Digital Compass: The European Way For the Digital Decade*）等新战略文件，部署未来 5G 发展及网络安全工作。

7.2.2.1 《欧盟—中国战略展望》

2019 年 3 月 12 日，欧盟委员会发布《欧盟—中国战略展望》报告。在中国实力不断增强的背景下，该报告要求各成员国均有责任确保其法律与欧盟政策法律一致，致力于在深化与中国的沟通和交流，增进共同利益的同时，强化欧盟内部政策，夯实工业基础。

在 5G 网络安全方面，该报告提出欧盟《NIS 指令》《EECC 指令》《网络安全法案》三部欧盟法律是各成员国在打击网络攻击方面加强合作，在欧盟层面采取共同行动的基础。《外国直接投资审查条例》将提高欧盟对外来关键资产、技术和基础设施的认识，有利于从欧盟层面进一步消除外来威胁。由此，该报告提出了两个行动计划：一是发布 5G 网络安全建议，在欧盟层面共同解决 5G 网络的安全问题，消除关键数字基础设施潜在的安全风险；二是督促各成员国迅速、充分、有效地执行《外国直接投资审查条例》。

该报告将 5G 网络安全纳入现有欧盟关键网络信息系统安全管理体系，构建风险管理多层次联动合作机制，加大对 5G 网络攻击行为的制裁力度，推动建立欧盟统一网络安全认证制度，加强 5G 网络外商投资筛查和关键技术出口管制②。

7.2.2.2 《5G 网络安全建议》

2019 年，欧盟正式开启联盟内 5G 安全风险评估工作。3 月 26 日，欧盟委员会发布

---

① 林美玉，王琦. 欧盟 5G 安全监管模式研究[J]. 信息通信技术与政策，2021(5):60.

② 卢丹. 欧盟 5G 网络安全举措浅析[J]. 中国信息安全，2019(6):40-41.

《5G 网络安全建议》，从顶层部署 5G 安全监管工作实施路径，要求成员国首先在内部开展 5G 网络安全评估工作，同时考虑技术和其他因素，这将作为在欧盟层面协调风险评估的基础，助推采取统一的安全削减措施。该建议书提出，ENISA 应根据成员国提交的评估报告形成一份《5G 网络威胁视图》，NIS 合作组应制定《5G 风险评估报告》和《5G 工具箱》。

1.《5G 风险评估报告》

2019 年 7 月，欧盟各个成员国完成了 5G 网络基础设施的国际风险评估，并将评估结果发送给欧盟委员会和 ENISA。2019 年 10 月 9 日，NIS 合作组发布了《5G 风险评估报告》，定义了敏感资产及每类资产的风险程度，细化了资产的关键要素（见表 7-5）及风险点，全面评估了欧盟在 5G 时代面临的安全风险。

表 7-5　敏感资产及其风险程度

资产类别	风险程度	关键要素举例
核心网络功能	极高	用户设备认证、漫游和会话管理功能；用户设备数据传输功能；访问策略管理；网络服务注册和授权；终端用户和网络数据的存储；与第三方移动网络连接；核心网络功能对外部应用程序开放；终端用户设备归属于网络切片
MANO	极高	—
管理系统和支持服务（除 MANO 外）	中等/高	安全管理系统；计费和其他支持系统
无线接入网	高	基站
传输网	中等/高	底层网络设备（路由器、交换机等）；过滤设备（防火墙、IPS 等）
互联网交互	中等/高	外部 IP 网络和第三方网络

此外，根据报告选取的相关场景（见表 7-6），《5G 风险评估报告》重点提出了 5G 网络安全涉及的架构风险和生态风险。

表 7-6　风险类别及相关风险场景

风险类别	风险场景
安全措施不足风险	R1：网络配置错误
	R2：缺少接入控制
5G 供应链风险	R3：产品质量差
	R4：设备供应商单一
第三国、有组织的安全攻击风险	R5：国家干预 5G 供应链
	R6：有组织地利用 5G 网络开展攻击活动
5G 网络和其他关键系统间的依赖性风险	R7：关键基础设施或服务遭受重大破坏
	R8：由于电力供应或其他支持系统的中断而导致的网络大规模故障
终端设备风险	R9：物联网遭受攻击

《5G 风险评估报告》是欧盟 5G 安全政策发展进程中具有里程碑意义的报告，其全面评估 5G 网络存在的安全风险，据此制定的《5G 工具箱》在未来几年被视为削减 5G 网络威胁最重要的手段之一。

2.《5G 网络威胁视图》

2019 年 11 月，ENISA 发布《5G 网络威胁视图》，提出 5G 网络安全风险由传统基于 IP 的威胁与 5G 网络威胁（核心、接入和边缘）、2G/3G/4G 威胁、虚拟化技术引发的威胁相结合形成。

《5G 网络威胁视图》通过威胁分类法将 5G 涉及的风险进行第一层级的分类，再进一步聚焦 5G 网络架构，对 5G 风险进行二次归类（见表 7-7），详细将 5G 核心网架构、切片、MANO、接入网、NFV、SDN、MEC、安全架构，以及物理层架构的每个组件和接口进行了拆分，并深入分析了每部分威胁的来源。

表 7-7　5G 网络威胁的一级分类和二级分类

类别		有关说明
一级分类	①恶意预谋	针对 ICT 系统、基础设施和网络的有预期行动，目的是窃取、改变或摧毁特定的目标
	②窃听/拦截/劫持	在未经同意的情况下进行监听、中断或控制第三方通信的行为
	③物理攻击	破坏、暴露、改变、禁用、窃取或获得未经授权的访问物理资产，如基础设施、硬件或互连的行为
	④故意破坏	破坏或损毁财产/伤害有关人员的故意行为
	⑤非故意破坏	破坏或损毁财产/伤害有关人员的非故意行为
	⑥故障	造成资产（硬件或软件）的部分或全部功能故障
	⑦中断	服务意外中断或质量下降至低于要求水平
	⑧突然事故或自然灾难	造成重大财产或生命损失的突然事故或自然灾难
	⑨法律	第三方的合法行为（基于合同或其他方式），实施法律禁止行为或赔偿损失的法律行为
二级分类	①核心网络威胁	与核心网络的元素有关，包括 SDN、NVF、NS 和 MANO。大多数属于第一级
	②接入网威胁	这些威胁包括与无线媒体和无线电传输技术有关的威胁。涉及 5G 无线接入技术、无线接入网和非 3GPP 接入技术。大多数属于第一级
	③MEC 威胁	与位于网络边缘的组件有关。大多数属于第一级的①/②。
	④NFV 威胁	与底层 IT 基础设施、网络和功能的虚拟化有关
	⑤物理基础设施威胁	与支持网络的 IT 基础设施相关。大多数属于第一级的③/④/⑥/⑦/⑧。
	⑥一般威胁	通常会影响任何信息和通信技术系统或网络。一般威胁是 5G 特定威胁的结果。例如，许多 5G 特定威胁都可能会导致网络服务关闭，这一般被定义为 DoS 威胁
	⑦SDN 威胁	影响整个 5G 基础设施的 SDN 功能

2020 年 12 月，ENISA 更新了《5G 网络威胁视图》，根据 5G 发展情况，完善了上一版本中的 5G 安全漏洞和威胁评估，扩大了 5G 安全评估范围（见表 7-8），主要体现在演进风险和网络风险两个方面，为通信服务提供商和设备制造商增强了 5G 安全能力，并

提供了有力的技术指导。

表 7-8　新版《5G 网络威胁视图》补充的两类风险

风险	内容	说明
演进风险	遗留技术风险	5G NSA 网络中无法回避 LTE 威胁和漏洞
	国际（无线电接入技术）交接风险	如果存在 4G 漫游协议，但 PLMN 之间没有 5G 漫游协议，则会话将面临中断风险
	漫游风险	5G NSA 漫游：除继续使用 Diameter、SIP/VoLTE，还将使用 SS7。Diameter 和 SS7 很容易被窃听，包括语音呼叫、阅读短信和跟踪电话
		5G SA 漫游：包括 5G NSA 中 SS7 的风险。此外，要解决语音和短信窃听及跟踪威胁，必须激活 5G SA 网络之间的认证确认。但身份验证确认是否将被激活/强制执行受多个参数影响
	未能满足一般安全保证要求	EPC/5G 核心功能的安全性及核心网络本身的安全性源于关键网络组件的安全保证要求。若未能确保早期部署符合安全保证要求，会影响 5G 系统整体的安全性
网络风险	标准化	全球网络合作标准制定要考虑安全问题，如保护网络和用户免受恶意攻击。这需要运营商、供应商和其他利益相关者的共同努力，任何一个环节都不得有疏漏
	网络设计	供应商负责网络产品功能的稳定和安全，在设计过程中应符合相关安全标准，并对其交付的系统承担产品质量安全责任
	网络配置	为目标安全级别配置相应的网络，是设置安全参数和进一步加强网络安全性与弹性的关键
	网络部署和操作	配置的网络要发挥作用，部署和操作过程的安全性也至关重要

3.《5G 工具箱》

2020 年 1 月 29 日，NIS 合作组发布了《5G 工具箱》，旨在通过一套通用措施减轻整个欧盟层面的 5G 网络安全风险，要求所有成员国落实风险削减措施和行动。《5G 工具箱》将削减措施分为两大类：战略措施（strategic measures，SM）和技术措施（technical measures，TM）。此外，辅以一系列支持行动（supporting actions，SA），其能够增强这些措施的有效性。

战略措施主要包括：采取具体措施强化审查网络相关的部署和采购的监管权力、解决非技术风险（如第三国干扰风险或依赖风险）、促进可持续和多样化的 5G 供应链与价值链，避免长期的系统性依赖风险。

技术措施是指通过强化技术、流程、人员和物理等因素的安全来加强 5G 网络及设备安全的措施。技术措施在风险削减方面的有效性因实施范围和要解决的风险类型而异。

《5G 工具箱》针对《5G 风险评估报告》中总结的 9 个风险提出风险削减计划，由战略措施、技术措施及支持行动灵活组合而成，如表 7-9 所示。

表 7-9　战略措施、技术措施和支持行动

分类	具体措施	关联风险	关联支持行动
战略措施	SM01：加强国家、政府的作用	R1～R7	SA01，SA04，SA06
	SM02：对运营商进行审计并要求其提供相关信息	R1～R7	SA02
	SM03：评估供应商风险，对高风险供应商实施限制（《5G 风险评估报告》定义的敏感资产，如核心网络功能、MANO 等）	R2，R5	SA06，SA10
	SM04：给出移动网络运营商（Mobile Network Operators，MNOs）将服务和功能外包给托管服务提供商（Managed Service Providers，MSP）的限制条件，限制设备供应商在网络设计、部署、操作过程中的三线支持	R2，R5	SA06，SA10
	SM05：通过多供应商战略实现供应商的多样性	R4	SA03，SA10
	SM06：加强各成员国的网络弹性	R4	SA03，SA10
	SM07：确定欧盟的关键资产，培育多样化和可持续的 5G 生态系统	R4	SA10
	SM08：在未来的网络技术中，维护 5G 建设的多样性和欧盟发展的能力	R4	SA10
技术措施	TM01：确保基础安全要求（安全的网络设计和架构）	R1～R3，R6～R9	SA01，SA05，SA09，SA10
	TM02：评估并确保实施现有 5G 标准中的安全措施	R1，R2，R3，R6，R7，R9	SA03，SA04，SA05，SA10
	TM03：确保实施严格的接入控制	R1～R3，R5～R7	SA05，SA10
	TM04：增强 VNF 的安全性	R1，R3，R6，R7	SA01，SA05，SA10
	TM05：确保 5G 网络安全管理、运营与监测	R1～R3，R5～R7，R9	SA05，SA09，SA10
	TM06：加强物理安全	R6，R7	SA05，SA10
	TM07：加强对软件完整性、升级与补丁的管理	R1，R3，R5～R7	SA02，SA10
	TM08：严格限制采购条件，提高供应流程安全标准	R3，R6，R7	SA02，SA10
	TM09：对 5G 组网和/或供应流程实施欧盟通用认证	R3，R6，R7	SA02，SA03，SA09，SA10
	TM10：对非 5G ICT 产品和服务（互联设备、云服务）实施欧盟通用认证	R9	SA02，SA03，SA09，SA10
	TM11：增强弹性和连续性计划	R7，R8	SA07，SA08，SA10
分类	具体措施	关联措施	
支持行动	SA01：审查/制定网络安全方面的指导方针和最佳实践	SM01，TM01，TM04	
	SA02：提升欧盟和成员国层面的测试与审计能力	SM02，TM07，TM08，TM09，TM10	
	SA03：支持和推动 5G 标准化工作	SM05，SM06，TM02，TM09，TM10	
	SA04：制定在现有 5G 标准中实施安全措施的指导意见	SM01，TM02	
	SA05：通过特定的欧盟通用认证机制确保标准技术和组织安全措施有效应用	TM01～TM06	
	SA06：交流执行战略措施的最佳实践，尤其是供应商风险情况的国家评估框架	SM01，SM03，SM04	

续表

分类	具体措施	关联措施
支持行动	SA07：加强事件响应和危机管理方面的协调工作	TM11
	SA08：审核 5G 网络与其他关键服务之间的依赖关系	TM11
	SA09：加强合作、协调和信息共享机制	TM01，TM05，TM09，TM10
	SA10：由公共资金支持的 5G 部署项目应考虑网络安全风险	SM03～SM08，TM01～TM11

《5G 工具箱》要求在欧盟层面有效组合风险削减措施并统一落实，在成员国层面根据国情制定对策，确保削减计划顺利执行。各成员国采取协调一致的措施和行动削减 5G 网络威胁，能够有效降低欧盟对单一供应商的依赖，限制高风险设备供应；同时，也能削减非技术因素的 5G 网络风险。

总的来说，《5G 工具箱》现已成为欧盟及成员国开展 5G 安全工作的指导文件，在大量欧盟 5G 安全相关文件中被多次提及，要求在贯彻落实有关安全措施的同时，根据发展需要不断丰富和完善削减措施。

4.《5G 工具箱实施进展》

2020 年 7 月，NIS 合作组在 26 个成员国提交的工具箱实施进展情况的基础上，发布了《5G 工具箱实施进展》。

《5G 工具箱实施进展》总结了《5G 工具箱》的实施情况，并指出排名前三的 5G 安全主要风险为网络配置错误、缺少访问控制、通过 5G 供应链进行国家干预；同时，指出较有效的措施包括：与加大监管部门监管力度有关的措施、强化供应链管理的措施。

对此，《5G 工具箱实施进展》提出对《5G 工具箱》下一步实施的建议：各国尽快完成一些比较重要的战略措施；在供应商评估中应同步考虑国际贸易背景；加强成员国之间的交流，促进分享经验和解决方案；利用欧盟公共基金，支持 5G 网络安全的相关工作；加快欧盟成员国标准的研究，并建立欧盟范围内的安全认证机制。可见，欧盟在 5G 安全领域对加大监管部门监管力度已达成共识，同时提升了对于国际背景下供应链安全的关注度。

7.2.2.3 《5G 发展雷达图指南》

在 5G 安全评估及实施 5G 工具箱工作暂告一个段落后，2020 年 12 月 10 日，欧洲电子通信监管机构（BEREC）发布了《5G 发展雷达图指南》，对欧盟未来 5 年的 5G 发展路径与安全监管做出了顶层规划。

《5G 发展雷达图指南》聚焦于包括 5G 安全监管在内的 10 类 24 个 5G 主题，并按照重要程度将其分为高、中、低三个等级，如图 7-11 和表 7-10 所示。《5G 发展雷达图指南》主要用来识别需要重点关注的 5G 监管领域，并根据重要程度确定监管优先级。根据图 7-11，越接近中间的事项，相关性和重要性就越强；越接近基线的事项，随时间推移会越重要。不过，《5G 发展雷达图指南》并没有针对监管领域提出具体解决措施。

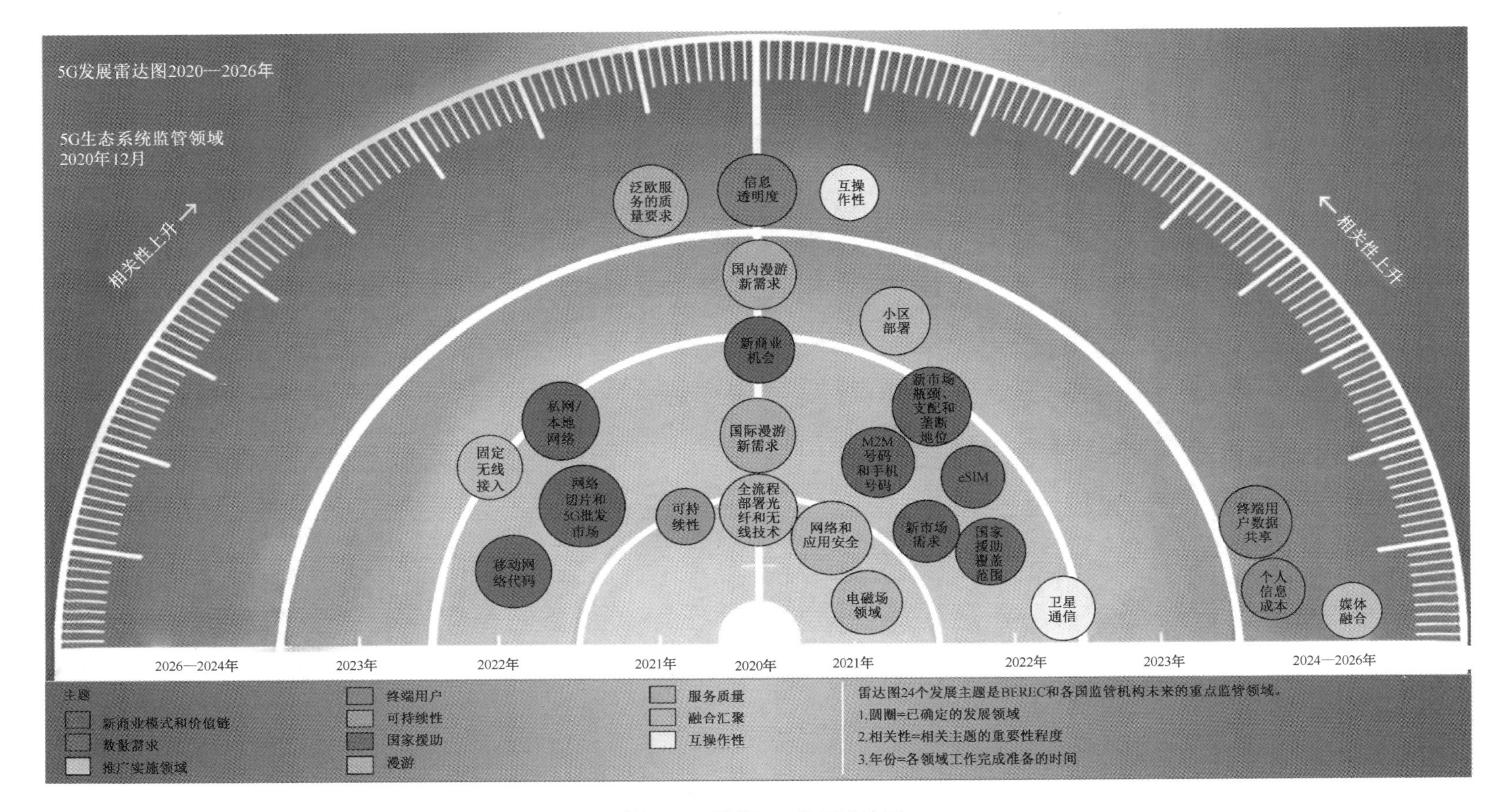

图 7-11　欧盟 5G 发展雷达图

表 7-10　5G 发展雷达图：类别和主题

序号	类别	主题	说明	趋势分析	相关程度	时间（年）
1	新商业模式和价值链	网络切片和 5G 批发市场（新商业模式）	更高的 QoS 需求可通过 5G 网络切片实现	具有特定 URLLC 和带宽需求的行业自动化及其他用例（电子健康、游戏等）会增加不同服务质量类别的服务需求，网络切片将支持其他技术解决方案。这些用例必须遵循网络中立原则	中	2022
		新商业机会	5G 可能影响现有价值链	5G 技术发展和 5G 在行业中日益增长的地位，有可能影响现有价值链，并产生除网络连接功能外的新商业模式。它们可能会在批发买家和零售终端用户对供应商/运营商的选择上产生影响	高	2022—2023
		新市场瓶颈、支配和垄断地位	5G 用例可能会增加对市场访问数据的依赖性	5G 是物联网应用程序的潜在驱动因素，有更多数据产生、存储和分析场景，形成网络效应，产生新市场主导者或强化市场主导者（如数字平台）势力，为形成垄断地位，它们具备阻碍其专有数据访问/共享的动机	中/高	2022—2023
		新市场需求	5G 允许新的市场主体进入市场	行业自动化用例可能会增加对新微型运营商（工厂运营商、校园运营商）定制 5G 服务的需求，从而形成新的商业模式，如中介机构，可与必要的网络运营商为特定行业或特定本地站点提供批发访问、捆绑或重新打包等解决方案	中/高	2022—2023
		私网/本地网络	私网/本地网络引入	私网/本地网络将在某些垂直行业/部门发挥重要作用	中	2022—2023
2	数量需求	M2M 号码和手机号码	对 M2M 和移动电话号码的需求增加	在大规模机器类通信量增加的背景下，对 M2M/IoT/MTC 通信数量的需求增加。对设备的需求也可能导致其他 E.164 号码（如移动号码）及其他类型的编号资源/标识符（如 IPv6）的增加和巨大的潜在需求	中	2022
		移动网络代码	由于本地/局域网（校园网）越来越普遍，对移动网络代码的需求增加	有足够的编号资源来满足各种网络需求（特别是校园网）的重要性提升。垂直公司和中介运营商可能希望提供自己的 SIM 卡，导致对移动网络代码的需求增加。 当 E.212 移动网络代码用于跨境物联网/M2M 应用时，可以使用 MCC 90x 下的全球移动网络代码。MCC 999 可应用于不支持互连和漫游的独立非公共网络（SNPN）	中	2022
		eSIM	使用 eSIM 支持应用程序的实现和切换	空中切换时，实现成本较低，故使用 eSIM 有利于初始设备供应和提供商之间的切换。同时，eSIM 的可用性也与设备小型化和部署在高风险和/或受限访问的物联网用例有关	中	2022
3	推广实施领域	网络和应用安全（安全方面）	网络安全：对 5G 网络有更高的灵敏度和依赖性	5G 网络或应用程序中的任何漏洞都可能被利用，对关键的基础设施和服务（如智能城市、工业自动化、电子保健、物流）造成严重损害，影响欧盟经济社会发展。 物联网环境中，5G 支持的连接设备数量增加将增加可能的网络安全攻击切入点	高	2021

续表

序号	类别	主题	说明	趋势分析	相关程度	时间（年）
3	推广实施领域	全流程部署光纤和无线技术	光纤网络	对带宽的需求不断增加，RAN 和 CN 之间的连接主要期望使用光纤等技术实现	高	2021/2022
		电磁场领域	增加对电磁场的关注	5G 技术将影响欧盟层面电磁场相关指南框架的内容	中	2021
		小区部署	千兆覆盖需部署小区	为实现千兆覆盖，小区部署是必要的。一致的网络规划和许可方法将有助于新方案的推广。但部署成本较高，可能会采取成本效益方式的部署计划，如共享基础设施或其他共同投资计划	高	2023
4	终端用户	信息透明度	5G 网络覆盖和质量的信息重要性程度提升，有助于实现知情选择	5G 引入让运营商能以更多元的方式区分产品和服务。关于 5G 覆盖范围和 QoS 的信息会变得更重要，这些信息对于 MVNOs、CAPs、物联网、垂直领域、终端用户亦是如此。尤其是为用户定制服务（网络切片）方面，服务在何时可用（如漫游情况）至关重要	高	2024
		个人信息成本（隐私方面）	终端用户可能尚未意识到在 5G 中共享其私人信息对数据经济的影响	千兆比特速率和其他增强功能可能会生成更多用户信息（包括在网络上），并加快隐私传播速度力	低	2024
		终端用户数据共享（隐私方面）	5G 生态系统中各方之间的数据交换频率提升	智能城市用例增加（根据不同用途收集数据）。5G 价值链中的数据处理参与者正在成长，但可能与终端用户没有直接关系，因此无法直接请求处理数据	低	2024
5	可持续性	可持续性（环境方面）	网络耗能日益增长，5G 可推动可持续发展	5G 系统的设计旨在确保更高水平的能源效率，但 5G 新服务会影响数据耗能，可能会产生反弹效应	高	2021—2022
6	国家援助	国家援助覆盖范围	国家援助应覆盖所有目标	将宽带覆盖范围扩大至农村地区，减小数字鸿沟	低/中	2022
7	漫游	国际漫游新需求	5G 将有助于在当前的国际漫游服务中增加新服务，如物联网	需要进一步考虑调研这些服务是否有必要调整相应法律法规，以适应市场和技术发展需要	高	2022
		国内漫游新需求	覆盖范围扩大会增加对国家漫游和基础设施共享的需求	新服务需要高水平的覆盖和 QoS，这很难由单个网络或运营商提供。因此，运营商可能需要签订国家漫游或基础设施共享协议，从而满足覆盖和 QoS 要求	高	2023
8	服务质量	泛欧服务的质量要求	5G 将影响潜在的跨国/泛欧运营商的运营	泛欧服务（如互联移动性）需要在不同国家之间进行持续的 QoS 无缝衔接，意味着需要增加对互连和漫游的 QoS 配置水平	高	2024

续表

序号	类别	主题	说明	趋势分析	相关程度	时间（年）
9	融合汇聚	固定无线接入	固定无线接入可能成为5G用例先驱	5G 固定无线接入（FWA）已成为提供千兆连接的早期5G 用例之一。随着网络容量增加，运营商会有更多机会提供具有竞争力的 FWA 服务，满足消费者的预期	中	2022—2023
		媒体融合	5G 中的广播和宽带融合	5G 背景下，随着 3GPP R14 的进步，融合可能成为一个问题，3GPP Release 主要允许通过 eMBMS（LTE 上的增强型多媒体广播和多播系统）和单播，改进国家电视服务支持能力	低	2024—2026
10	互操作性	卫星通信（新增）	卫星通信对 5G 发展起到补充作用	宽带覆盖范围扩大不仅可通过地面网络实现，卫星通信也可以作为 5G 的关键组成部分，以到达以前无法到达的地区。Satcom 可能成为 5G 部署的关键组成部分	低	2022
		互操作性	网络互操作性（包括跨境网络）	将有更多的服务提供商和本地化网络。最重要的是，无论何地，不同网络间均可互操作，尤其是通过 SDN 和 NFV 技术实现软件虚拟化时，可能需要更深入的标准化过程或 API 的实现。 缺乏互操作性会引发许多问题，如可能会阻碍端到端连接。此外，如果垂直行业希望转向新的服务提供商，无论是 WISP、MNO、MVNO、微型运营商还是固定提供商，由于 5G 能够实现网络的高度定制化，供应商锁定效应可能会成为一个更普遍的问题	高	2024

在 5G 安全监管方面，由于各领域对 5G 的依赖度加大，加之 5G 网络应用程序中的漏洞可能被利用，对关键基础设施和服务造成严重损害，影响欧盟的经济和社会发展。因此，5G 安全监管问题具备高相关性，被纳入 2021 年的工作重点，作为 BEREC 的战略优先事项之一。

7.2.2.4 《欧盟数字十年网络安全战略》

2020 年 12 月 16 日，欧盟委员会发布了《欧盟数字十年网络安全战略》，指出未来十年，欧盟经济、外交和社会面临前所未有的安全威胁局势，旨在利用监管、投资和政策手段，应对上述危机，建立全球、开放、安全的网络。

在附录中，《欧盟数字十年网络安全战略》对下一步 5G 网络安全工作计划做出安排：首先，要在国家层面完成工具箱的实施，以及解决《5G 工具箱实施进展》中确定的问题；其次，成员国将持续监测技术、5G 结构、威胁、5G 用例、应用程序及外部因素的演进，以及时识别和解决新风险；最后，欧盟层面将继续支持和补充工具箱内容，并将其融入相关欧盟政策中。

此外，欧盟还将为确保 5G 网络、投资、贸易等方面的安全工作提供持续资金支持，并且要求 2021 年年初相关单位要对详细安排达成一致：在短、中期内，一是成员国、欧盟委员会、ENISA 需采取措施确保有效缓解欧盟内部的 5G 网络风险——实施 5G 工具箱、发布最佳实践案例及提供技术指导；二是包括上述主体在内的所有利益相关方，都需要加强知识交流，提升 5G 安全能力——加强风险评估、提供财政支持及全面促进各方合作；三是上述主体及欧盟对外行动署（European external action service，EEAS）要共同努力，在提升供应链弹性的同时，促进其他安全战略目标实现——提升标准化水平、识别关键资产及依赖关系、确保 5G 市场和供应链功能合法合规、制定认证方案，并与第三国合作。

结合网络安全战略实践经验，2021 年 3 月，欧盟通过了《欧盟数字十年网络安全战略的结论》，重申网络安全工作对于加强欧盟战略自主权和数字领导力的重要性，强调未来几年需要采取行动的 9 个领域（见表 7-11）；在 5G 网络安全方面，进一步强调要在欧盟建立跨部门的安全行动中心和联合机制，对网络攻击信号进行监测和预警，强化欧盟安全风险管理和应对；同时要求成员国优先完成 5G 安全工具箱实施，承诺确保 5G 网络安全和未来每一代网络的发展。

表 7-11　需要采取行动的 9 个领域

领域序号	具体内容
1	建立欧盟安全行动中心网络，负责网络攻击的监测预警
2	定义网络联合单位，为欧盟网络安全管理框架明确重点关注领域
3	高效实施《5G 工具箱》，确保 5G 网络安全和未来每一代网络的发展
4	加快推进网络安全关键标准制定工作，有助于在提高欧盟竞争力的同时，提升全球网络的整体安全和开放水平
5	支持发展强加密技术，将其作为保护欧盟公民基本权利和数字安全的重要手段，同时保障执法及司法机关在线上和线下行使权力的能力
6	提高网络外交工具的有效性和效率，尤其是预防和打击网络攻击，其会影响供应链、关键基础设施和基本服务、民主制度进程，破坏经济安全
7	建议组建网络情报工作组，强化欧盟情报分析中心（EU intelligence and situation centre，EU-INTCEN）的能力
8	加强与国际组织和合作伙伴国家的合作
9	制定欧盟外部网络能力建设规划，提高全球网络弹性和能力

7.2.2.5 《2030 数字指南：欧洲数字十年之路》

在全球疫情肆虐的背景下，欧盟在 2021 年 3 月 9 日发布了《2030 数字指南：欧洲数字十年之路》，指出新冠疫情从根本上改变了人们对于数字化的看法和观念，展示了颠覆性创新的决定性作用。同时，新冠疫情还暴露了欧盟数字空间的脆弱性，体现在其对非欧技术的依赖，以及大量虚假信息对民主社会的影响方面。因此，《2030 数字指南：欧洲数字十年之路》目的在于塑造以人为本、可持续和更加繁荣的欧盟数字未来。

《2030 数字指南：欧洲数字十年之路》提出欧盟未来数字发展的四大支柱：技术能力和技术人员、安全可持续的数字基础设施、商业数字化转型和公共服务数字化。在 5G 安全方面，欧盟委员会将确保欧盟资助计划（涵盖欧盟的外部融资计划和金融工具）在相关技术领域符合包括《5G 工具箱》在内的安全要求。

7.2.3 5G 安全相关研究的最新进展

2021 年起，欧盟围绕 5G 供应链及相关技术安全展开更为深入的研究，陆续公布了《5G 供应市场趋势》（*5G Supply Market Trends*）、《5G NFV 安全：挑战和最佳实践》（*NFV Security in 5G—Challenges and Best Practices*）、《5G 网络安全标准：支持网络安全政策的标准化要求分析》（*5G Cybersecurity Standards: Analiysis of Standardisation Requirements in Surpport of Cybersecurity Policy*，以下简称《5G 网络安全标准化分析》）及《开放式无线接入网络安全报告》（*Report on the Cybersecurity of Open RAN*）。

与此前风险评估和工具箱一脉相承，欧盟 5G 安全工作在这一阶段呈现向精细、纵深推进的特征。

7.2.3.1 《5G 供应市场趋势》

2021 年 8 月，欧盟委员会发布了《5G 供应市场趋势》报告，旨在降低 5G 基础设施供应生态风险，提升欧洲在 5G 供应市场上的国际竞争力。该报告分析了可能影响未来 5G 供应市场发展的 8 个关键趋势，包括开放和可互操作的 5G 网络解决方案、新兴市场主体加入供应链、研究和创新投资水平、欧盟层面凝聚力和公共主动性、对市场新兴主体的政策支持、垂直市场和产业发展、5G 网络中的安全挑战，以及通用标准和开放指引。

在 5G 供应链安全领域，该报告强调，5G 网络在未来将成为公私领域的关键基础设施，未来，5G 在技术、经济、政策方面的安全挑战也会越发突出。结合 8 个关键趋势和 5G 供应链安全风险，欧盟委员会提出了 5 个未来政策方向，如表 7-12 所示。

表 7-12 欧盟 5G 供应链安全风险及未来政策方向

风险/方向	主要内容	
安全风险	技术风险	5G 网络的安全挑战主要包括可用性和完整性威胁，尤其是 5G 生态系统中关键供应商面临较高的技术风险，需要重点关注
	经济风险	成员国 5G 基础设施部署存在差异，加大了欧盟落后于全球基础设施投资和部署水平的风险，这是欧盟目前面临的较大问题
		从组件到服务对单一供应商的依赖也将加剧供应链供应商的风险
	政策风险	地缘政治冲突、缺乏信任、国家安全等因素会增加供应链的安全风险，可考虑采取新政策来限制外来供应商，缓解欧盟相关风险

续表

风险/方向	主要内容
未来政策方向	加大 5G 供应链研发投入。尤其要推动开展 5G 网络安全维度下的大小企业合作研发项目
	将标准化工作提上议程。制定全球统一的 5G 相关标准。3GPP 和 O-RAN 联盟的密切合作、5G 相关产品的欧洲认证计划均是该项工作的重要基础
	解决小型企业风险资本投入不足的问题。建议继续加强 EIC 项目（programme of the European innovation council），支持初创企业实现具有影响力的技术和科学突破，应对全球挑战
	网络公共采购过程应遵循全欧盟范围内的公共采购准则和建议，尤其要考虑中小企业和初创企业的需要。此外，要从战略性和系统性角度考虑商业采购及 5G 相关开源技术之间的潜在协同效应
	以监管框架作为重要补充。在技术方面，所有法律法规应基于技术中立原则；在安全方面，支持 5G 供应商的风险评估方案。此外，在未来的法规和标准中，考虑 5G 背景下如何提升能源效率。例如，制定 5G 技术和网络的能源效率目标，并辅以财政激励等

总体来看，《5G 供应市场趋势》提出了 2030 年时 5G 供应市场可能的发展场景，并基于多个不同维度分析了有关影响，提出了政策建议以支撑欧盟灵活应对 5G 供应市场快速变化的未来格局，对于降低欧洲 5G 供应链市场风险及把握发展机遇起到了重要作用。

7.2.3.2 《5G NFV 安全：挑战和最佳实践》

2022 年 2 月 24 日，ENISA 发布技术报告《5G NFV 安全：挑战和最佳实践》。该报告全面梳理了 NFV 面临的 60 项安全挑战，涵盖虚拟化/容器化安全、编排管理安全、访问控制安全、新旧技术兼容安全、开源软件和商用现成产品（commercial off-the-shelf，COTS）使用安全、供应链安全、合法监听七个方向，深入揭示了 5G NFV 相关漏洞、攻击场景可能会对资产带来的影响；同时，基于 NFV 部署运行环境的高度复杂性、异构性和易变性，从技术、政策和组织三个维度提出了 55 项安全控制措施和最佳实践，帮助缓解已识别的安全挑战及风险。

该报告是对《5G 工具箱》中技术措施 TM04（增强 VNF 的安全性）、支持行动 SA01（审查/制定网络安全方面的指导方针和最佳实践）的进一步深化，系统、全面地研究和梳理了 5G 中的 NFV 安全风险及最佳解决方案，为 5G NFV 设计、部署和运行安全提供了精细化、技术性指引。

7.2.3.3 《5G 网络安全标准化分析》

2022 年 3 月 16 日，ENISA 发布了《5G 网络安全标准化分析》，旨在从技术和组织角度实现 5G 标准化，从而提升 5G 生态系统的信任度和弹性。《5G 网络安全标准化分析》围绕 5G 生态系统展开，将 5G 生态系统定义为包括 5G 技术、5G 功能、与技术相关的生命周期全过程及利益相关者在内的多维空间，并指出该生态系统的核心基础是安全。其收集并分析了 140 多份文件和 150 项安全措施，并得出以下结论。

一是目前欧盟的标准、规范和指南均为通用的，在 5G 技术和功能领域还需开展针对性的定制工作；二是 5G 标准、规范和指南更大程度上适用于电信行业；三是 5G 标准、规范和指南难以涵盖技术生命周期全流程（设计、构建、测试、运行、更新、结束）；四是现有关于网络安全威胁和 IT 安全指南的知识库可用于 5G 云本地架构，该应用需要基于 API；五是若要制定统一的 5G 评价指标，需要对 5G 保护和“端到端”信任及弹性有一致的理解；六是欧盟在 5G 治理、风险管理及人力资源安全方面存在的差距较小，在其他领域（如运营管理、业务连续性管理和事故管理）则存在较大差距。

《5G 网络安全标准化分析》建议采用循序渐进的方式推动 5G 标准化，并进一步强调了需努力的方向是：以所有利益相关者共同协调实践的方式促进风险识别工作，提升评估的成熟度和完整性。

7.2.3.4 《开放式无线接入网络安全报告》

2022 年 5 月 11 日，欧盟发布了新型 5G 网络架构安全报告《开放式无线接入网络安全报告》，全面评估了 Open RAN 的安全风险。继 2019 年《5G 风险评估报告》发布之后，该报告标志着欧盟在 5G 网络安全工作方面又迈出重要一步。Open RAN 是终端设备与核心网络之间的链路，是构建 RAN 的一种新范式，旨在使基础电信企业能够在同一地理区域内使用多个不同供应商的硬件和软件。Open RAN 代表了无线网络发展的方向，为 5G 发展带来了新契机，在技术上是可行的，当然，也伴随着一系列新的安全风险。

《开放式无线接入网络安全报告》在 2019 年《5G 风险评估报告》的基础上，全面分析了 Open RAN 架构演进及生态系统变迁带来的新风险（见表 7-13，斜体为新风险）。

表 7-13　Open RAN 风险类别及相关场景

风险类别	风险场景	Open RAN 安全风险
安全措施不足风险	网络配置错误	提升
	缺少接入控制	相似/提升
	Open RAN 接口风险	—
5G 供应链风险	产品质量差	提升
	设备供应商单一	下降
	云服务/基础设施提供商单一	—
	对非欧盟供应商依赖性增加	—
	缺乏成熟技术安全规范	—
第三国、有组织的安全攻击风险	国家干预 5G 供应链	相似
	有组织地利用 5G 网络开展攻击活动	提升
5G 网络和其他关键系统间依赖性风险	关键基础设施或服务遭受重大破坏	相似/提升
	电力供应或其他支持系统的中断导致的网络大规模故障	相似

续表

风险类别	风险场景	Open RAN 安全风险
终端设备风险	物联网遭受攻击	相似
互操作性和管理	*故障发现和管理的复杂性*	—
	混合操作对性能和安全的影响	—
	资源共享（虚拟化）威胁其他网络功能	—

7.2.4 小结

基于国际组织的特殊性，欧盟 5G 安全工作建立在一系列法律、战略、政策、报告的基础上，具有较强的“泛欧性”、系统性、务实性和可持续性。并且，不同于美国以安全为由，在开展安全工作中伴随对他国的政治打压，欧盟在 5G 安全方面的政治性并不明显。为确保包括 5G 在内的 ICT 行业发展和安全的有效性，欧盟在搭建电信网络法律框架时便考虑了系统安全、网络安全、通信安全及供应链安全。在 5G 安全具体工作中，欧盟通过一系列指导文件、研究报告，建立了“泛欧风险评估—风险消减工具箱—实施效果评估”的 5G 安全风险消减体系，为欧盟有效应对 5G 网络安全风险、增强网络安全性和韧性提供了精细化指导。

7.3 英国

英国政府高度重视 5G 安全，自 2016 年起，围绕 5G 技术测试、基础设施建设、多元化供应链等多方面陆续发布 5G 相关战略，确保 5G 网络的安全部署，希望在国际网络安全中发挥主导作用（详细路径见图 7-12）。

2016 年 11 月，英国内阁办公室、国家安全和情报委员会（ISC）及财政部（HM Treasury）联合发布了《国家网络安全战略 2016—2021》（*National Cybersecurity Strategy 2016 to 2021*），将 5G 安全纳入了国家网络安全战略。2017 年 3 月，英国政府发布了《英国数字化战略 2017》（*UK Digital Strategy 2017*），明确了 5G 基础设施在数字化战略中的关键地位。2017 年 3 月，英国数字、文化、媒体和体育部（DCMS）联合英国财政部发布了《下一代移动通信技术：英国 5G 战略》（*Next Generation Mobile Technologies: A 5G Strategy for the UK*），12 月发布了该报告的升级版，支持 5G 技术开发和部署的设计蓝图，明确指出要确保 5G 网络安全部署。

为实现 5G 网络安全部署，英国政府围绕“5G 网络的可靠连接”，发布了 5G 测试平台、5G 网络架构等多个文件。2017 年 10 月，英国政府发布了《5G 测试平台和试验计划》(*5G Testbeds & Trials Prospectus*),搭建了 5G 网络测试平台,鼓励规划各类型企业开展试验,解决关键技术问题和技术挑战。2018 年 7 月,DCMS 发布了《未来电信基础设施评估》(*Future Telecommunications Infrastructure Assessment*),统筹部署基础设施建设,重点关注 5G 和全光纤网络;9 月,DCMS 发布了《5G 网络架构和安全性》(*5G Network Architecture and Security*)技术报告,为 5G 建设提供了基本标准,指明了方向。2019 年 7 月,DCMS 发布了《英国电信供应链评估报告》(*UK Telecoms Supply Chain Review Report*),考虑创建关于电信供应链的新安全框架,逐步实现 5G 网络的可靠连接。

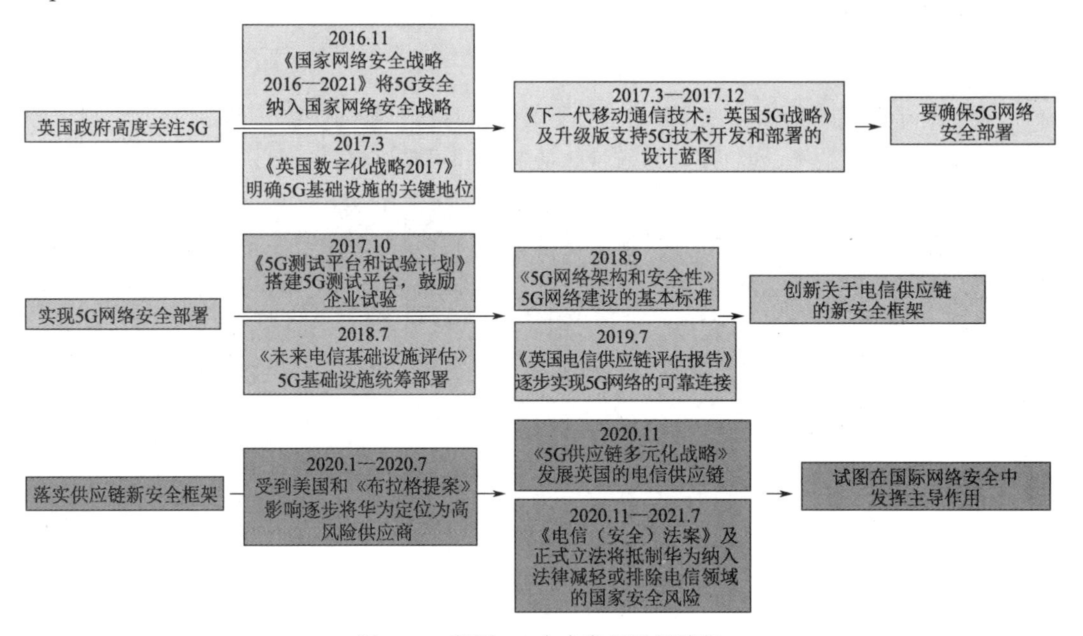

图 7-12 英国 5G 安全发展详细路径

伴随“5G 竞赛”达到高潮,受美国和《布拉格提案》的影响,英国政府开始关注供应商监管、供应链多元化等内容。2020 年 1 月,英国打破了原本在 5G 安全领域采取的平衡战略,在美国施压下对华态度逐步倒向美国。在 5G 设备使用上,英国将华为确定为“高风险供应商”,宣布将华为 5G 业务份额限制在 35%之内,并将其排除在核心网络建设之外。2020 年 5 月,英国政府与 G7、澳大利亚、韩国和印度等 10 个国家建立了 D10 5G 俱乐部,扶持 5G 设备的替代供应商,欲摆脱对中国 5G 的依赖;7 月,英国宣布停止 5G 建设中对华为设备的使用,要求 2020 年年底起停止华为 5G 设备采购和部署,2027 年之前将英国 5G 网络中的华为设备全部拆除;11 月,英国政府发布了《5G 供应链多元化战略》(*5G Diversification Strategy*)和《电信(安全)法案》(*Telecommunications (Security) Bill*),呼应“创建关于电信供应链的新安全框架”。2021 年 10 月,历时一年,《电信(安全)法案》生效,从法律层面确认了政府监督和评估电信服务商的权力,允许政府对使用高风险供应商提供的商品、服务或设施进行管制,旨在确保英国的电信供应链能够应对未来的挑战和威胁。

7.3.1　确保 5G 网络安全部署

2016—2017 年，英国政府着手调整《国家网络安全战略 2016—2021》和《英国数字化战略 2017》，开始关注 5G 网络及 5G 基础设施的安全建设，并发布《下一代移动通信技术：英国 5G 战略》，旨在从多个方面确保 5G 网络安全部署。

7.3.1.1 《国家网络安全战略 2016—2021》

2016 年 11 月，英国内阁办公室、国家安全和情报委员会及财政部联合发布了《国家网络安全战略 2016—2021》，将 5G 安全纳入国家网络安全战略，同时一改过去依赖市场推动网络安全的做法，主张采取更为主动的网络防御措施。在技术漏洞方面，该战略增加了对物联网漏洞、数字货币漏洞的关注；在安全投入方面，该战略首次亮出了“网络威慑”的战略目标，并计划投入 19 亿英镑的资金用于提升网络防御技术水平、加强网络空间建设，涵盖了开展国际行动、加大干预力度、借助行业力量、改进武装部队网络技术、提升网络攻击应对能力、启动国家网络安全中心（national cybersecurity centre，NCSC）、成立两个网络创新中心、促进网络人才培养等八方面内容[①]。在安全管理方面，该战略进一步强调了英国的所有组织，包括关键国家基础设施运营商在内，都应遵守 NCSC 设计的安全框架，通过监管和激励双管齐下，有效管理其网络风险。

7.3.1.2 《英国数字化战略 2017》

为了保障数字安全，英国政府分别于 2017 年和 2022 年出台了《英国数字化战略》，两版战略主要内容一致。2017 年 3 月 1 日，英国政府正式出台《英国数字化战略 2017》，意在加强 5G 安全基础设施建设，共包含七大方面的战略任务。2022 年 6 月 13 日，其再次出台《英国数字化战略 2022》（*UK Digital Strategy 2022*），意在加强数字经济，增加英国通信行业产值。其中“连接性：为英国建立世界一流的数字化基础设施”和“数字化基础设施”位列两版战略任务之首，明确了数字基础设施在数字化战略中的关键地位。

2017 版战略指出，强化“连接性”，必须实现国家和社会完全并充分的数字连接，方能更好地推动生产力的发展和创新。因此，2017 版战略建议将宽带和移动连接视为英国的第四大公用事业，到 2020 年完成 4G 和超高速宽带的覆盖，实施“普遍服务义务”，同时英国对下一阶段 5G、6G 的宽带和移动网络部署极具野心，认为未来高速、高质量的宽带连接将依赖更广泛的光纤网络，新增 4 亿英镑用于促进光纤供应商市场的发展。2022 版战略中展示了高速网络（superfast）覆盖率接近 100%，千兆以太网（gigabit）覆盖率超过 60%，全光纤网络（full fibre）覆盖率超过 30%。

2022 版战略指出，英国不断加强世界级基础设施建设，应在安全监管中发展不断发

① 田素梅. 英国国家网络安全中心运作效果解析[J]. 网信军民融合，2020(1):49.

掘数据资源的力量，在鼓励投资和创新数字技术中保护公民信息免受他国威胁。

7.3.1.3 《下一代移动通信技术：英国 5G 战略》

在 5G 安全技术方面，英国充分认识到 5G 技术的误用和滥用均会给全球网络空间带来新的安全风险。因此，英国自 2017 年起，通过加强顶层设计和政策协调，与产业界、研究机构等分工协作，共同推动 5G 安全技术发展。

2017 年 3 月 8 日，DCMS 联合英国财政部共同发布了《下一代移动通信技术：英国 5G 战略》。2017 年 12 月，该战略的升级版发布。该战略是英国支持 5G 技术开发和部署的设计蓝图，与英国政府发布的《数字经济战略》《数字战略》《国家网络安全战略》《政府数字战略》《政府转型战略》《大数据机遇》《现代产业战略》《物联网报告》等系列战略文件相互关联，互成体系，共同构成了英国政府对未来数字经济与数字政府发展的战略思考和战略布局①。

该战略作为英国发展 5G 的综合性和长期性政策框架，详细列出了英国发展下一代移动通信技术所要采取的措施和路径，共包含以下 7 个关键点：一是构建 5G 商业模式；二是制定适当的监管方案；三是加强地区管理和部署能力；四是提升 5G 网络的覆盖范围与容量；五是确保 5G 的安全部署；六是规划 5G 频段频谱；七是技术与标准。其中，在“确保 5G 的安全部署”方面，英国政府指出网络安全是英国的强项，应当依托网络安全促进 5G 发展。由此，英国政府在 5G 安全战略制定方面采取了与《国家网络安全战略 2016—2021》相一致的目标，具体部署包括如下几个方面（见图 7-13）。

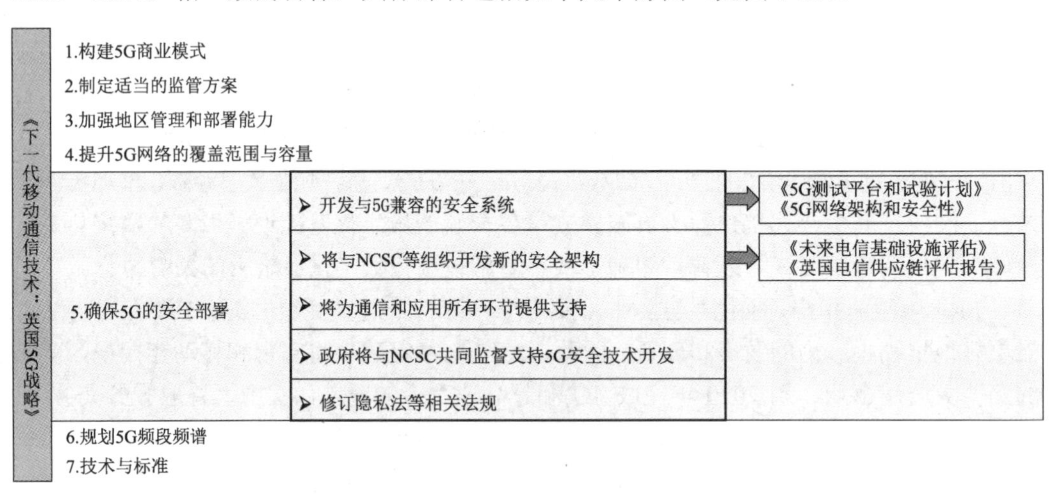

图 7-13 《下一代移动通信技术：英国 5G 战略》所列措施与路径

一是开发与 5G 兼容的安全系统（《5G 测试平台和试验计划》和《5G 网络架构和安全性》），确保网络与服务能够以安全灵活且被公众理解和接受的方式部署，扩展能力需

① 杨耀云，王玲. 浅析英国政府第五代移动通信技术发展战略[J]. 全球科技经济瞭望，2018,33(10):1-6.

满足 5G 未来对基础设施的容量要求。

二是将与 NCSC 等组织开发新的安全架构。对此，英国政府发布了《未来电信基础设施评估》，从国家层面指导 5G 安全网络连接和基础设施部署，确保了 5G 系统的安全开发。同时，英国还发布了《英国电信供应链评估报告》，鼓励基础电信企业落实开发要求，满足客户期望和 5G 服务与应用的需求。

三是将为通信和应用所有环节提供支持，促进解决方案的提出，实现在新的 5G 网络和服务形成过程中主动定位 5G 安全风险，避免重复部署设计。

四是政府将与 NCSC 共同监督支持 5G 安全技术开发。

五是在适当时候，修订隐私法等相关法规，确保充分覆盖基础安全问题。

7.3.2　实现可靠的 5G 网络连接

“5G 竞赛”序幕拉开后，英国希望从多方面确保 5G 网络安全部署。根据《下一代移动通信技术：英国 5G 战略》，英国政府先从实现可靠的 5G 网络连接，提供 5G 建设的基本标准角度入手，发布了《5G 测试平台和试验计划》及《5G 网络架构和安全性》，再从统筹基础设施建设，鼓励基础电信企业实践角度入手，发布了《未来电信基础设施评估》和《英国电信供应链评估报告》，如图 7-14 所示。

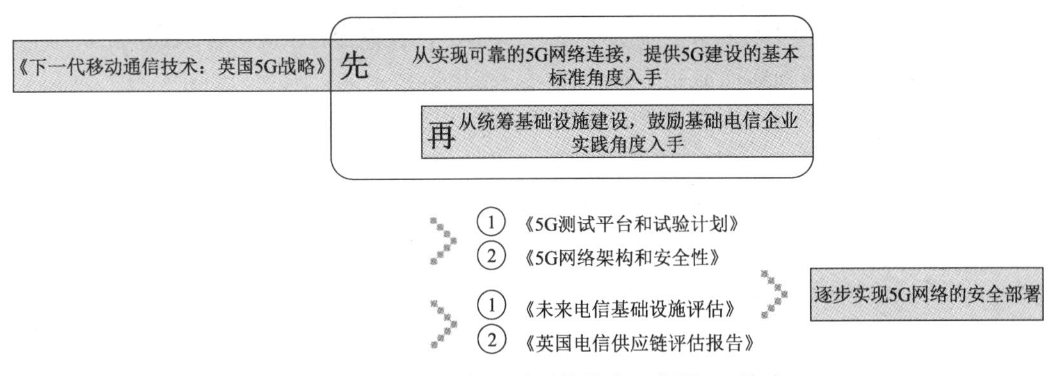

图 7-14　落实《下一代移动通信技术：英国 5G 战略》

7.3.2.1 《5G 测试平台和试验计划》

实现 5G 安全部署的关键是可靠的网络连接。考虑 5G 系统的复杂性，英国政府尝试通过多种渠道吸引投资，加大投入，并通过《5G 测试平台和试验计划》加速 5G 网络部署。该计划于 2017 年 10 月发布，鼓励有不同需求的不同类型的用户开展试验，解决关键技术问题和技术挑战，重点关注系统集成和网络安全问题，如不同的系统和服务如何在相同的网络中交互。基于该计划，英国在 2017—2018 年投资 1.6 亿英镑，用于萨里大学 5G 创新中心（5GIC，英国政府于 2012 年开始投资）、伦敦国王学院和布里斯托大学之间的联合研究项目（5G UK Exchange，于 2018 年年初实施，旨在促进 5G 初始测试网络之间的互操作性和协作性），共同开发和打造英国 5G 交换能力，确保英国处于 5G 发展的技术前沿。

此外，英国政府积极向地方项目分配资金，通过《5G 测试平台和试验计划》遴选资助项目，鼓励和支持地方政府提供更多的促进本地 5G 安全的部署。与此同时，该计划会总结 5G 相关经验，加深试验用户对不同监管制度的理解，进一步完善相关规划和监管体系，以应对 5G 基础设施发展的挑战。

7.3.2.2 《5G 网络架构和安全性》

2018 年 9 月，英国政府发布了《5G 网络架构和安全性》技术报告。作为《5G 测试平台和试验计划》的一部分，该报告介绍了 4 个测试平台，分别是 DCMS《5G 测试平台和试验计划》项目一期中的 3 个试验平台（测试交通运输应用的 AutoAir、测试在偏远地区使用 5G 的 5G RuralFirst、测试工业应用的 Worcestershire 5G Testbed）和 1 个 5G 创新中心试验台。同时，该报告还分析了 5G 网络的潜在差距和问题，评估了 5G 系统复杂性带来的安全漏洞范围，指出了 5G 中跨域、跨层、端到端的不同层次的安全需求，以期为本国试验平台建设和国际 5G 系统集成的网络、试验、平台等提供基本标准参考，为更多中小企业开辟新的机会和空间，提高 5G 部署速度与全球竞争力。

根据 EE Times 的中国板块的描述，该报告提出，在满足 5G 应用需求的同时，安全部署 5G 网络需权衡网络性能和安全性能，应使用新技术加以应对，防止传统方法损耗 5G 性能。该报告还提出，兼顾多种应用场景的新环境将面临不同的性能要求，随着新的市场参与者的预期引入，应加强多方协调与合作，如除 3GPP 定义的新 5G 架构组件技术规范文件 TS 23.501 和 5G 系统的安全架构规范文件 TS 33.501 外，还要求与非 3GPP 网络技术实现互联，做到可互操作、高效率和无缝连接，并支持接入大量不同场景，使 5G 网络具备将不同网络和技术合并在一个伞式系统下的独特属性。

因此，在面对 5G 复杂网络系统时，不仅需要全面评估风险和漏洞，识别可疑点，及时采取隔离措施，保护系统中的多个互联网络组成部分，而且要遵循端到端、跨域和跨层的安全解决方案，避免使用孤立分离的碎片化方法。

7.3.2.3 《未来电信基础设施评估》

如果说《5G 测试平台和试验计划》与《5G 网络架构和安全性》是测试 5G 网络可靠连接的重要手段，那么《未来电信基础设施评估》和《英国电信供应链评估报告》就是保障 5G 基础设施长期发展的重要举措。

5G 网络可靠连接需依托可靠的基础设施，英国国家基础设施委员会（NIC）负责统筹英国 5G 电信网络部署。英国政府认为，5G 发展并不是从一个移动标准到下一个移动标准的线性化进化过程，5G 网络应建立在现有 4G 网络之上，两者并行，构成下一代移动网络的基础设施中枢；同时，5G 演化过程需要在无线网络和固定线路网络之间进行更好的校准。因此，有效增强 4G 移动信号地理覆盖范围，平稳过渡 5G 网络是英国统筹基础设施建设的重要目标。2016 年，英国通过 50 亿英镑的私人资本投资，使陆地移动信号的覆盖范围从 48%提升至 72%，96%的房屋内部已覆盖 4G 移动信号，有效提高了移动覆盖范围和连通性。同年，英国宣布投资 11 亿英镑，发展 5G 网络和全光纤项目，为新的全光纤基础设施（full-fiber infrastructure）提供 100%的企业所得税减免；同时分地区实施地方全光纤网络计划，共计投入 2 亿英镑。此外，私营部门筹集 4 亿英镑资金设立了一项新的数字基础设施投资资金，为开发人员提供了更大规模的商业融资。

为部署 5G 和全光纤网络，英国 DCMS 在 2018 年 7 月发布了《未来电信基础设施评估》，制订了雄心勃勃的计划：到 2025 年，将再有 1500 万家庭接入全光纤宽带网络，到 2033 年，将实现全光纤网络全面覆盖。英国政府希望到 2027 年能够在全国大部分地区实现 5G 商用，走在 5G 的最前沿。而在计划执行的过程中，DCMS 意识到 5G 在为经济发展带来机遇的同时，也加大了网络安全风险，只有确保基础设施安全，5G 和全光纤网络的潜在经济与社会效益才能实现。随着技术的发展，必须建立一个安全框架，确保英国关键基础设施在现在和将来都能够保持安全、可靠。为此，DCMS 于 2018 年 11 月开始进行电信供应链审查，对英国电信网络的供应布局进行全面评估，与产业、国际合作伙伴密切合作，以确保评估结果有专家的技术建议支撑，从而能够全面了解英国的市场状态。

7.3.2.4 《英国电信供应链评估报告》

《未来电信基础设施评估》只是基础设施评估的开端，针对 2018 年 11 月开始的电信网络的供应布局评估，2019 年 7 月，英国国家网络安全中心发布了《英国电信供应链评估报告》，评估是出于对英国电信网络安全性和适应性的一系列担忧。该报告包括以下内容。

其一，5G 和全光纤网络是促进英国繁荣的关键技术。5G 和全光纤网络有望改变英国民众的工作、生活和旅行方式，为新的、更广泛的应用、商业模式和生产力的提高创造机会。

其二，5G 和全光纤网络面临安全挑战。与前几代网络相比，5G 的技术特性加大了网络的风险状况，未来为实现 5G 的全部潜力，一些“核心”功能将更接近网络的“边界”，这使得关键基础设施对 5G 基础设施的依赖程度可能更高。此外，根据 DCMS 的评估，英国将一系列恶意网络活动归咎于来自俄罗斯、中国、朝鲜和伊朗的攻击者，认为其可能试图利用电信服务设备及基础电信企业在构建和运行网络中存在的弱点，制造安全威胁。

其三，整个行业缺乏将安全风险控制到适当水平的管理机制。目前，DCMS、英国通信管理局和产业界共同应对电信安全风险。基础电信企业负责评估风险并确保其网络安全性。然而，商业发展与行业安全之间可能会存在冲突，尤其是当这些事项影响到成本和投资决策时。同样，供应商的商业模式也并不总是优先、充分考虑网络安全。因此，需要加强政策引导和执法监管作用。

其四，国家可依赖的供应商较少。电信供应链缺乏多样性，导致国家依赖单一的供应商，这对英国电信网络构成了一系列安全风险。移动和固定接入网络中的依赖风险最为明显，其供应来源主要由三个全球参与者主导（华为、爱立信和诺基亚等企业，其中华为是英国市场的领导者）。

国内分析解读报告指出，此次评估结果表明，虽然英国已经制定了相关的制度，以减轻英国电信面临的安全风险，但随着向下一代网络的发展，针对在此次评估中确定的安全风险，需要制定强有力的政策予以应对，创造一个“可持续以及多元化”的电信供应链。根据评估的结果，DCMS 将在现有基础上为 5G 和全光纤网络建立一个新的、更强大的安全框架。此外，DCMS 表示将定期审查新的安全框架，并在相关威胁、风险和技术发生变化时进行更新。

7.3.3 严格对待高风险供应商

根据《英国电信供应链评估报告》，英国电信供应链新安全框架将由建立多元化供应链、电信安全要求、电信安全立法、防范供应商安全风险四部分组成。随着“5G 竞赛”达到高潮，在英国政府对华态度逐渐发生改变的背景下，2020 年 11 月，英国政府发布了《5G 供应链多元化战略》和《电信（安全）法案》（于 2021 年正式生效），严格对待高风险供应商，以期英国电信供应链能够应对未来的挑战和威胁，如图 7-15 所示。

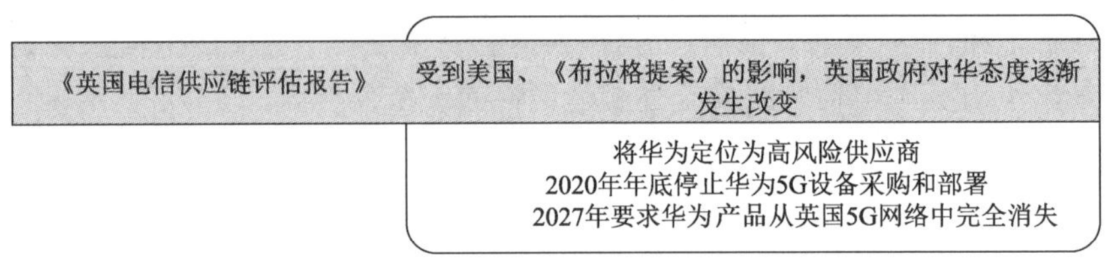

图 7-15 落实《英国电信供应链评估报告》：创建电信供应链新安全框架

7.3.3.1 《5G 供应链多元化战略》

受《布拉格提案》的影响，英国打破了原本在 5G 安全领域采取的平衡战略。2020 年 1 月，英国首相鲍里斯·约翰逊授予华为 35%的市场份额。2020 年 3 月，英国政府发布了修正案，完全禁止华为进入英国电信网络，但是这项修正案在议会下院的投票中被否决。2020 年 5 月，《泰晤士报》称，英国正在寻求建立由 10 个“民主国家”组成的联盟，组成“D10”俱乐部，成员包括七国集团（G7）国家及澳大利亚、韩国和印度。英国希望这一计划可以建立 5G 设备和其他技术的替代供应商池，避免依赖中国企业。但据环球网报道称，虽然诺基亚和爱立信是全欧洲仅有的 5G 基础设施供货商，但两者的建设速度和性价比均不及华为。

英国这一计划发布也被认为与美国对华为的最新制裁有关，美方一直在敦促特别是“五眼联盟”国家的领导人，避免使用华为的技术或设备。2020 年 6 月，据《国际金融报》报道，英国对华为的态度并未发生较大改变，英国政府对是否允许华为在英国进行 5G 建设仍持观望态度。2020 年 7 月，根据英媒《每日电讯报》，NCSC 表示无法保证华为的 5G 安全，将华为定位为高风险供应商，2020 年年底停止华为 5G 设备的采购和部署，2027 年要求华为产品从英国 5G 网络中完全消失。

至此，英国正式明确对华态度，并在继 2017 年发布《下一代移动通信技术：英国 5G 战略》之后，于 2020 年 11 月 30 日发布了《5G 供应链多元化战略》，旨在发展英国电信供应链，确保其能够应对未来的挑战和威胁。《5G 供应链多元化战略》包括以下三个核心计划。

一是支持现有供应商在短期内保持应变能力和市场供应能力，确保长期弹性和稳健性。鼓励并使供应商能够在全球供应链中分配其运营能力，确保它们能够灵活地满足不断增长的需求；提高组件供应链多样化的能力，以建立更大的抗冲击或市场中断能力；开展相关研发活动，确保诺基亚和爱立信保持在电信市场的前沿；根据长期市场趋势调整技术路线，确保两家企业在新兴功能中发挥关键作用。

二是吸引新供应商进入英国市场，增强抵御能力和竞争能力。为英国长期使用和提供 2G、3G 和 4G 网络服务制定清晰的路线图；与英国通信管理局合作，确定和解决与频谱相关的障碍，确保频谱的有效使用和分配；制定并引入有关性能和弹性要求的适当监管调整，阻止基础电信企业将新供应商整合到其网络中；考虑为基础电信企业提供商业激励措施，以帮助抵消向新供应商过渡并将其整合到其网络中增加的成本。

三是加速开放接口解决方案的开发和部署。英国政府提供 2.5 亿英镑初始资金支持，基于现有实验室和实验平台的研发，专注于寻找可扩展的解决方案，以整合可互操作的接口；将运营商和供应商聚集在一起，在代表性网络中测试和演示设备，形成最终技术规范；在包括农村地区、郊区和密集城市站点在内的一系列地点进行 Open RAN 试验，以测试和证明 Open RAN 网络的性能；测试、演示平台在开放接口部署新的 5G 功能、应用和场景时的有效性，以及测试和开发互补技术，如人工智能、云和其他形式的网络虚拟化。

7.3.3.2 《电信（安全）法案》

随着对中国企业的抵制行为，以及对供应链风险的高度重视，英国在法案方面也有所动作。2020 年 11 月，《电信（安全）法案》发布。该法案主要围绕减轻或排除电信领域的国家安全风险，直接将抵制华为写进法律。对此，英国政府解释，在过去两年，俄罗斯、中国、朝鲜和伊朗等国家受到的网络袭击不断增加，因此急需保护英国本国免受该类网络侵害。《电信（安全）法案》从法律层面确认了政府监督和评估电信服务商的权力，禁止使用对国家安全构成威胁的电信设备；同时，英国还将采取措施鼓励更多供应商进入市场以取代中国企业，开发新技术并打开市场。

2021 年 7 月，英国议会对《电信（安全）法案》的审议完成上议院二读。2021 年 10 月，《电信（安全）法案》正式生效，成为世界上最严格的电信安全法规之一。该法案相较于《通信法 2003》（*Communications Act 2003*）做出多处修订。根据中华人民共和国商务部公布的信息，英国《电信（安全）法案》主要修订内容包括如下方面。

一是明确英国公共电子通信网络及服务运营商（如沃达丰、O2、EE 和 Three 等企业）在维护电信网络运行安全（包括数据安全）等方面的责任，要求企业采取措施识别并减轻正在发生或潜在的安全风险，及时向英国政府有关部门报告并向有关用户和公众通报相关情况。

二是英国政府有关部门基于维护国家安全的考虑，可视情况要求基础电信企业采取特定措施减轻危害风险，包括禁止或限制有关基础电信企业安装和使用特定供应商提供的商品、服务及有关设施。

三是英国政府只要认为关乎国家安全，即可自主制定需排除的特定供应商名单，且无须事先同特定供应商磋商或告知特定供应商，亦无须向议会报备。

另外，该法案还规定，非经英国政府有关部门许可，相关基础电信企业及特定供应商不得向任何人提供政府有关决定及要求。

随着《5G 供应链多元化战略》和《电信（安全）法案》的发布与实施，英国新 5G 框架逐步建立，在严格对待高风险供应商的背景下，英国国家网络安全理念发生转变，从关注新兴技术到主张全社会方法（whole of society approach）和网络弹性（resilience）[①]，正如英国数字化、文化和媒体大臣道登（Oliver Dowden）所说，“只有在安全且有弹性的情况下，5G 才能带来好处。英国政府正试图在国际网络安全中发挥主导作用。”

7.4 韩国

就 5G 发展而言，韩国政府认识到只有引领全球创新，才能抢占新市场。2017 年 4 月，韩国科学与信息通信技术部（ministry of science and ICT，MSIT）正式宣布，由该部的部长任主席的 5G 战略推进委员会（5G strategy promotion committee）决定：委员会下属的 5G 标准研究组开始启动韩国国家级 5G 标准的制定，标志着韩国正式进入 5G 时期。

① 吕梓. 英国网络安全战略的演变与评析[J]. 情报杂志，2022,41(6):37-44,71.

2019 年 4 月 3 日，韩国成为世界上首个 5G 商用化的国家。在 5G 安全领域，作为全球与数字化联系颇为紧密的国家之一，韩国政府将包含 5G 安全在内的强大网络安全体系视为在第四次工业革命中取得成功的先决条件，其对网络安全的态度也由消极防御逐渐转变为积极出击。

虽然韩国尚未出台 5G 安全专门性法规，但近年来其不断出台信息通信网络安全相关的战略规划，从通用网络安全政策，到聚焦 5G 网络安全要求，再到 5G 基础设施安全、5G 信息安全、5G 供应链安全等，整体呈现“通用—特殊—多角度”的发展趋势。

7.4.1　通用电信法律规范

韩国的通用电信法律框架由《广播法》（*Broadcasting Act*）、《无线电波法》（*Radio Waves Act*）及《电信基本法》（*Telecommunications Basic Act*）组成，在 5G 通信场景中同样具有法律效力。

《广播法》自 1950 年发布后，至 1979 年已进行了 9 次修改，但其与 5G 安全相关性不强。《无线电波法》于 1997 年 12 月 13 日发布，最近一次修订是在 2021 年 11 月 17 日。在安全领域，该法规定了为安全或外交目的或为国际、国家活动等使用特定的无线电频率；每个被授权人、基础电信企业或任何其他使用无线电设施的人应遵守科学与信息通信技术部规定及公开通知的通信安全相关事项，如指定通信安全负责人和完成通信安全教育。2008 年 2 月 29 日，韩国最新《电信基本法》生效，其规定了韩国电信服务及运营的基本法律框架，旨在通过对无线电通信的有效管理增强公众安全。在电信安全方面，该法要求经营者应充分考虑确保重要电信安全的事项。同时，只有为国家安全、犯罪预防、救灾等目的，基础电信企业才可向接收方披露发送方的身份等。

7.4.2　《国家网络安全战略》

2019 年 4 月 3 日，韩国政府制定了第一个《国家网络安全战略》（*National Cybersecurity Strategy*），提出了网络安全发展的三大目标、三大原则和六大支柱，旨在建立包括 5G 在内的强大网络安全基础，确保韩国能够有效应对复杂多样的网络攻击，如表 7-14 所示。时任韩国总统文在寅在《国家网络安全战略》前言中提到：“政府将不遗余力地创造一个开放、安全的网络环境。在此呼吁国民们共同努力，使韩国成为一个领先的网络安全国家。”该战略将 5G 的设计部署和反无人机措施确定为政府最重视的领域，是韩国网络安全和国家安全的新重点，并赋予很高的发展优先级，《国家网络安全战略》也因此被广泛认为是韩国三十多年来制定的最重要、最有效的网络安全政策。

表 7-14　韩国《国家网络安全战略》核心内容

战略	内容	说明
三大目标	确保国家稳定运行	加强国家核心基础设施的安全性和弹性，使之能够在网络威胁下持续稳定运行
	及时响应网络攻击	加强安全能力，抵御、尽早发现和快速阻断网络威胁
	建立强大的网络安全基础	培育公平自主的网络生态系统，提升网络安全技术、人才和行业竞争力
三大原则	平衡个人权利与网络安全	—
	依法开展安全活动	—
	建立参与合作体系，鼓励个人、企业和政府参与网络安全活动，与国际社会密切合作	—
六大支柱	确保国家关键基础设施安全	提升核心基础设施的安全性和抵御网络攻击的弹性，确保关键服务的持续稳定供给，包括加强国家信息通信网络安全、改善关键基础设施网络安全环境、开发下一代网络安全基础设施
	增强网络攻击防御能力	提升有效预防和遏制网络攻击、及时应对安全事件能力，包括确保对于网络攻击的威慑能力、加强抵御大规模网络攻击的能力、制定全面和积极的网络攻击对抗措施、增强网络犯罪应对能力
	建立基于信任和合作的安全治理	立足面向未来的，基于个人、企业和政府之间的相互信任与合作的网络安全框架，包括推进公私军事合作体制建设、建立健全全国信息共享系统、夯实网络安全法律基础
	促进网络安全产业发展	为网络安全产业打造创新生态系统，确保对国家网络安全的关键技术、人力资源和产业的核心竞争力，包括加大网络安全投资、加强保安队伍和保安技术的竞争力、为网络安全公司营造发展环境、建立网络安全市场公平竞争原则
	培育网络安全文化	社会应认识到网络安全的重要性，践行基本安全规则；政府应该在实施政策和促进公民参与的同时，尊重公民的基本权利，具体包括：提高网络安全意识，加强网络安全实践，平衡基本权利与网络安全
	加强国际合作	加强国际伙伴关系，丰富双边和多边合作体系，引领制定国际规则，成为网络安全领先的国家

7.4.3 《国家网络安全基本规划》

为进一步落实《国家网络安全战略》，韩国科学与信息通信技术部于 2019 年 9 月 3 日发布了《国家网络安全基本规划》（*National Cybersecurity Basic Plan*），以应对 5G 超级互联社会发展所面临的国家网络安全风险，建设国家信息共享系统，增强民官军联合应对能力①。该规划概述了未来两到三年要完成的 100 项任务，其中一半以上侧重于网络攻击应对和国家基础设施安全；表达了改善通信安全环境、提升核心基础设施安全性、

① 刘雨辰. 韩国《国家网络安全战略》解读[J]. 军事文摘，2020(7):63.

提升网络威胁应对力量，以及加强个人、企业和政府的互信与合作，打造综合网络安全管理系统的愿景。

7.4.4 《5G+战略》

在首次实现 5G 商业化之后，2019 年 4 月 8 日，韩国科学与信息通信技术部发布了《5G+战略：实现创新式增长》（*5G+Strategy to Realize Innovative Growth*）（简称《5G+战略》），从国家层面建立了 5G+战略，集中精力部署和发展 5G，通过整合先进设备和创新服务，连接所有 5G 基础设施，创造安全便捷的 5G 环境，引领全球 5G 市场，实现从“世界第一”到“世界最好”的跨越。该战略提出了韩国 5G 四类十项核心领域、五类核心服务及 5G 发展的三大方向和五大任务，如表 7-15 所示。

表 7-15　《5G+战略》主要内容

项目	核心内容
5G 核心领域	网络和终端：网络设备、5G 智能手机
	智能设备：VR/AR 设备、可穿戴设备、智能 CCTV
	无人驾驶车辆：无人机、机器人、5G V2X
	安全和计算：信息安全、边缘计算
5G 核心服务	沉浸式内容体验、智慧工厂、无人驾驶车辆、智慧城市、数字医疗保健
5G 主要方向	建立 5G+战略性产业支持体系
	建立公私上下游产业联合发展模式
	创造 5G 服务安全环境
5G 主要任务	加大公共领域投入和应用：验证和扩展 5G+核心服务、支持 5G 创新需求、引入 5G 公共服务、打造 5G 智慧城市
	鼓励民间资本参与 5G 发展：为 5G 网络私人投资提供税收优惠，建设 5G 基础设施测试验证平台，加快中小企业 5G 技术商业化，支持 5G 内容市场发展，支持重要行业生产创新
	完善相关制度：发展计划与技术相衔接，增加无线电资源并完善相应法律，建立最安全的 5G 使用环境，针对 5G 融合服务的实施创新监管，缩小数字鸿沟，强化信息保护
	建立 5G 工业基础：发展全球安全先进技术，增强信息安全领域的竞争力，发展 5G+韩国技术，鼓励创立 5G 公司，培养 5G 人才
	支持海外扩张：推动 5G 服务的全球化，引领全球 5G 标准化，参与国际合作

在安全方面，《5G+战略》聚焦提升 5G 基础设施、网络和信息的安全。

（1）关于 5G 基础设施安全。要求将 5G 核心设施确定为关键信息和通信基础设施，开发 ICT 融合安保系统，建立网络安全综合系统。此外，通过建立测试验证环境，加强中小企业 5G 网络设备的可靠性和安全性。并且，要在“无人机测试场”安装测试和验证设备，测试 5G 通信和安全性能。

（2）关于 5G 网络安全。要开发通信事故的预防、准备、响应和恢复系统，强化网络安全风险的预防和响应机制，确保 5G 网络的稳定性。将检查对象扩大到所有关键通信设施，提高检查频次，并针对设施间迂回输电线路安全制定强制性要求。同时，建立电信公司间的合作关系，如在发生网络安全事故期间，开放移动通信漫游和 WiFi 系统，以及要完善事故预警机制，如修订预警触发标准。

（3）关于 5G 信息安全。应建立包括保护用户信息和加强权利保障在内的信息安全原则，并增强信息安全行业的竞争力。在验证 5G 网络保护技术和 5G 拓展应用后，加大信息安全领域的研发投资，通过基于 5G 的无人驾驶车辆、智能设备安全和量子信息通信等技术，研发安全模型，支持开发与信息安全相关的 5G 融合应用安全产品和服务。

7.4.5 《韩国新政》

受新冠疫情影响，远程办公和远程医疗等在线服务爆发式增长，韩国对信息通信技术的依赖达到了前所未有的高度。因此，2020 年 7 月，韩国政府颁布了适用于公共领域（不包括军事部门）和私人领域的《韩国新政》（*Korean New Deal*），目的在于克服新冠疫情后的经济停滞，改变韩国经济和社会模式，刺激经济增长。其具体包括三大项目：数字新政、绿色新政和强大安全网。其中，与 5G 移动通信网络有关的内容主要体现在“数字新政”部分。

“数字新政”旨在通过扩大基于信息通信技术的数字化服务能力（如电子政务基础设施服务），促进和传播数字创新与活力。网络安全主要与“数字新政”中“在经济中加强数据、网络和人工智能的整合”项目有关。该项目又分为以下两个子项目。一是“打造应用 5G 和人工智能的智慧政府”：以区块链技术为基础试点，在政府大楼建成 5G 基站，到 2025 年实现公共信息系统向云计算过渡；面向公众的服务系统，如披露公共信息的主页，将被转移到私有云中心；公共管理系统将被重置，并集成到公共安全云中心，增强网络安全功能。二是“推进网络安全”：政府将面向企业，为中小企业提供必要的安全投资，以加强威胁诊断和网络防御能力，改进响应机制，尤其要填补非接触式服务漏洞；面向公民，大力支持重要公共设施的软件、网站检查、远程安全检查和安全措施，加强人们日常生活的网络安全；面向产业，政府正在推动区块链等新技术的应用，培育人工智能安全公司，振兴网络安全产业生态系统。

但《韩国新政》始终使用的是 5G 网络安全的上位概念“网络安全”，并未明确提及 5G 安全，唯一提到的是大力发展融合科技（包括 5G 技术）的安全模型。于 2021 年 7 月 14 日颁布的《韩国新政 2.0》（*Korean New Deal 2.0*）中提到了修改个人信息保护法案及其他保障数字经济转型的法案，但也未明确提及 5G 安全政策。不过，其至少为 5G 网络安全的发展指明了方向。

7.4.6　5G 供应链安全情况

为积极应对 5G 供应链安全风险，韩国政府对各个基础电信企业使用的 5G 网络设备的市场份额做出了规划与调整。2019 年 6 月，韩国政府正式发布未来 7 年的增长计划，该计划是在 MSIT 的组织和主持下，在包括韩国三家基础电信企业[SK 电讯（SK Telecom）、韩国电信（KT）和 LG U+（LG Uplus）]，以及来自三星电子和 LG 电子移动部门的负责人的参与下推出的，旨在提升韩国企业在 5G 网络设备和智能手机方面的全球市场份额。上述参与者承诺，到 2026 年，在全球 5G 网络设备市场上，其 5G 网络设备将占据 20%的市场份额。此外，与会韩国企业还承诺，到 2026 年，将努力在全球 5G 智能手机市场达到 30%的市场份额。

不同于日本政府对 5G 供应商所采取的强硬态度，韩国政府并未对使用华为产品的基础电信企业进行干预。韩国官员表示，私营电信公司是否使用特定企业的设备由该公司决定。华为 5G 设备与国防网络隔离，威胁很小①，由于三大基础电信企业正在大力投资 5G 以满足政府的政策目标，韩国政府认为禁止使用华为产品可能被认为是不合理的要求。

事实上，韩国三大基础电信企业主要采用三星电子的 5G 基站主设备，三星的上游供应链采购以国产化为主，因此韩国国内的光模块、滤波器、天线射频及 5G 手机相关的上游模组、HDI 板等大多由三星集团的子公司或三星的长期供应商提供，使用华为 5G 设备的企业不超过 10%。

7.5　日本

7.5.1　5G 发展概况

日本是 3G、4G 时代的领先者，尽管近些年来在 5G 前沿研发方面略显乏力，在商用化进程中落后于美国、韩国，但仍积极推进 5G 技术落地，提出“后 5G”战略，力求通过“后 5G”技术强化未来竞争力②。

日本政府邮电部下属的无线工业和商贸联合会（ARIB）从 2013 年起设立 5G 研究组“2020 and Beyond Adhoc”，分两个工作组分别研究“服务与系统概念”“系统结构与无线接入技术”两部分的内容。由此，日本 5G 技术战略布局正式拉开帷幕。2016 年，日本总务省总务相开始制定 5G 战略，计划在 2020 年实现 5G 投入实际应用并推进研发。2019 年，日本政府发布 IT 新战略计划，希望在东京奥运会上实现 5G 商用，并于 2025 年

---

① 余晓光，翟亚红，余滢鑫，等. 5G 安全国内外形势与政策分析[J]. 信息安全研究，2021,7(5):476-484.

② 熊菲. 5G 国际发展态势及政策动态[J]. 中国信息安全，2019(6):31-33.

之前，在全国范围内普及 5G 网络。

近年来，日本 5G 产业逐渐呈现出在 5G 手机、基站等基础设施的原材料等产业上游优势明显、推行“5G 公网+5G 专网”双轨发展战略等特点。在 5G 供应链方面，作为美国的长期盟友，日本也将矛头指向中国，以“对日本产生安全风险”为由，反对采购华为设备，企图在 5G 领域与中国对抗。

7.5.2 5G 安全措施

7.5.2.1 5G 网络安全

日本非常重视包括 5G 在内的网络安全工作，但尚未形成专门立法，5G 安全相关工作部署主要在其网络安全相关政策法律中得以体现。

1.《国家网络安全战略》

自 2013 年以来，日本陆续发布了四版《国家网络安全战略》，旨在构建与时俱进、世界领先的网络安全防御体系，详见表 7-16。在《国家网络安全战略》和《电信事业法》（*Telecommunications Business Law*）的指导下，2014 年 11 月，日本颁布了《网络安全基本法》，将网络安全战略上升至法律高度，同时明确网络安全的基本概念、基本原则、各主体职责、基本措施等事项，并建议成立网络安全战略本部，对网络安全战略的制定提出具体要求。

表 7-16 日本网络安全战略及核心内容

日本网络安全战略	核心内容
2013 版《国家网络安全战略》	确保关键信息基础设施安全，维护网络空间安全，降低互联网使用风险，促进经济发展，保障民生
	重要基础设施运营商须完善风险评估标准，建立迅速报告机制，强化联合应对网络攻击的能力（如演习），强化供应链风险应对能力
2015 版《国家网络安全战略》	重新评估网络安全形势，确定了日本网络安全的体制和未来方向，被安倍称为“未来网络安全政策的指南针”和“日本安全保障的重要战略支柱”①
	立足于由日本主办的第 42 届七国集团峰会、2020 东京奥运会和东京残奥会等重大国际活动，提出确保国家网络安全是这些活动取得成功的必要前提
	保护关键信息基础设施，持续审查关键信息基础设施的保护范围，确保信息共享的及时性和有效性，为关键信息基础设施行业提供特定政策支持；要提升政府机构的网络安全应对能力，加强信息系统防御能力，提升组织响应能力的弹性

① 韩宁. 日本网络安全战略[J]. 国际研究参考，2017(6):35.

续表

日本网络安全战略	核心内容
2018版《国家网络安全战略》	考虑2020年将举办东京奥运会和东京残奥会，以及2020年后的网络安全发展态势，要求明确2020年东京奥运会及以后的工作方案，建立一个新的信息共享/协作框架，促进各方信息共享和合作，提升对大规模网络攻击的应变能力
	要求制定供应链风险网络安全框架，建立供应链网络安全系统
2021版《国家网络安全战略》	推进数字化转型和网络安全工作
	确保网络空间公共性、互联互通的整体安全
	加强网络安全工作的主动性，确保国家安全

可以看到，日本网络安全政策涵盖的内容非常广泛，需要政府部门之间各司其职、相互配合。在信息和通信服务领域，由总务省内务与通信部（ministry of internal affairs and communications，MIC）负责评估信息和通信服务领域的网络安全状况，提升包括5G在内的通信网络安全。

2.《5G专网引入指南》

在“5G公网+5G专网”的双轨发展战略中，5G专网是指，允许基础电信企业以外的垂直行业（包括地方政府、企业等）采用独立频段部署5G专用网络。MIC下辖的电信局负责5G专网管理，该局先后出台了一些关于5G专网的相关报告和指南，旨在形成区域5G专网解决方案，支持5G应用。

2019年9月11日，电信局发布《5G专网概述》（*Overview of Local 5G*）报告，在此基础上，同年9月28日至10月28日，电信局发布了《5G专网引入指南》（*Introduction Guidelines of Local 5G*），并向社会征求对该文件的修改意见。随后，电信局于2019年12月17日正式发布了《5G专网引入指南》，指出5G专网是一个新系统，除了基础电信企业在全国范围内提供5G服务，它还允许各种实体（如本地公司和地方政府）灵活构建和使用类似网络。由于独立5G专网可与公网隔离，当自然灾害发生导致公网通信故障时，5G专网可以有效减少公网通信故障对部署5G专网单位的影响，最大限度提升5G专网安全。

3.《物联网/5G安全综合措施》

2020年8月，为进一步加强应对5G网络安全风险的能力，MIC发布了《物联网/5G安全综合措施》（*IoT/5G Security Comprehensive Measures*，以下简称《措施》），明确了MIC将与政府部门、机构及私营公司合作，共同促进5G安全的研究与发展，促进信息共享。《措施》针对5G软/硬件漏洞有关问题提出了多项措施，要求政府和基础电信企业均要确保5G安全。

在5G软件漏洞方面，由于5G网络的特殊性，为确保网络基础设施功能，不仅要考虑基站和核心网络的安全，还要考虑包括MEC在内的每个组件的安全。有必要建立一套监测机制，确保 5G 网络每个组成部分的安全，并将监测结果告知关键基础设施的供应商及 5G 网络的其他建设者或使用者，以便其根据监测结果及时做出调整。此外，5G 安全是重要的国际政策，未来会通过向国际组织提出制定 5G 安全准则建议等方式，加强与其他国家的联系和合作。

在 5G 硬件漏洞方面，硬件漏洞不仅存在于设备的软件中，还可能存在于集成电路的设计过程中。为此，MIC 自 2017 年起，通过收集大量的电路设计图纸，利用人工智能对可能存在漏洞的芯片进行类型化处理，开展硬件漏洞检测技术研发。为应对 5G 网络风险，从解决供应链风险角度来看，未来会继续利用大数据及人工智能技术，推动硬件漏洞检测的研发工作。

总体来看，《措施》为 5G 软/硬件安全提供了技术和监管思路，有利于加强公私合作，规避跨域 5G 网络风险，提升 5G 供应链安全。

7.5.2.2 5G 供应链安全

近年来，日本试图构建“内强外韧”的供应链体系。2018 年 12 月 6 日，日本要求其政府及公共事业不得采购华为 5G 设备；10 日，四大基础电信企业均表态不会使用华为 5G 设备。2019 年 12 月 12 日，日本政府正式宣布，若电信公司采购的设备来自“不会对日本构成安全风险的国家”，将可享受 15%的减税优惠。日本政府认为，华为设备具有潜在的泄露敏感信息的可能，以及其他与间谍活动相关的风险。在政府的压力下，基础电信企业 NTT Docomo 和 KDDI 均表示在 5G 网络升级中不再使用中国设备。此外，华为在日本唯一的设备用户，也决定使用诺基亚和爱立信提供的设备，替换其 4G 通信网络基础设施中的华为设备。

7.6 俄罗斯

7.6.1 5G 发展概况

由于欠缺自主研发能力，俄罗斯的 5G 发展水平落后于欧美国家。根据 GSMA 智库报告，预计到 2025 年，俄罗斯 5G 基站总数将达到 4600 万个，相当于连接总数的 20%。根据这一预测，俄罗斯的 5G 水平将高于全球平均水平，但仍落后于美国、韩国和中国等领先 5G 市场。

虽不在 5G 发展的第一梯队，但俄罗斯非常重视安全问题。政策上，影响力较大的是于 2017 年 7 月 28 日发布的《俄罗斯联邦数字经济规划》，这是第一个实质性的 5G 基础设施发展计划。也正是在该规划发布后，部署 5G 网络成为俄罗斯的头等要务。该规划明确了 2024 年前俄罗斯数字经济发展的五个重点领域：法律监管体系建设、专业能力教育和培训、提升研究和技术能力、信息基础设施建设、信息安全。同时，该规划将数字经济发展进程分为三个阶段有序推进（见表 7-17）。

表 7-17　俄罗斯信息基础设施建设、信息安全发展规划

领域	2017—2018 年	2019—2020 年	2021—2024 年
信息基础设施建设	确定 5G 网络部署的频率资源，批准数据中心部署总体方案。为企业投资信息基础设施（包括卫星通信网络、数据中心、“端到端”数字平台和空间数据基础设施）创造条件	所有公路覆盖无线通信网络，所有人口超过 100 万的城市实现 5G 网络部署；建立“端到端”数字平台，部署收集、处理、存储和向用户提供空间数据的现代化基础设施	97%的家庭和 100%的医疗、教育和其他公共基础设施实现宽带接入，5G 网络广泛商业化等
信息安全	在数字空间保护公民权利和自由	建立包括最新技术领域在内的数字经济安全基础设施框架，确保俄罗斯的数字主权	成为信息安全领域的世界领导者之一

在信息基础设施建设方面，发展通信网络是俄罗斯的重要任务之一。在信息安全方面，规划明确“依靠国家自主技术，实现 5G 数据存储、处理及传输安全，确保个人、商业及国家利益得到保障”这一目标。其要求确保俄罗斯国内信息和电信基础设施的统一性、可持续性和安全性，同时为俄罗斯在信息安全服务和技术出口领域的领先地位创造条件。

然而，由于国家安全、市场主体、供应链、部署成本等问题，俄罗斯 5G 部署工作进展比计划要慢得多，引入 5G 的时间计划从 2021 推迟至 2024 年。

7.6.2　5G 安全政策法律

俄罗斯目前尚未建立专门针对 5G 安全的法律法规，但其一直非常重视关键信息基础设施安全和信息安全（网络安全），并在相关安全领域制定了通用法律，未来 5G 基础设施和信息安全问题也将受这些法律的约束。

7.6.2.1　5G 关键信息基础设施安全

除了基本安全要求，俄罗斯还要求根据重要程度对关键信息基础设施进行分类。这种分类不仅关乎国家对不同基础设施采取的保护标准，还会对外国投资类型产生影响。此外，其还设置了破坏关键信息基础设施的刑事责任。

第 187-FZ 号联邦法律（《俄罗斯联邦关键信息基础设施安全法》）旨在确保关键信息基础设施在受到计算机攻击时能够稳定运行。关键信息基础设施架构安全原则要求有关设施满足合法性、连续性，具备抵御计算机攻击的能力。此外，该法律还引入关键信息

基础设施对象分类制度，对重要的基础设施实施国家控制；要求联邦政府制定关键信息基础设施安全标准，组织开展安全评估，建立监测、预防和消除计算机攻击后果的相关手段等，以及拥有关键信息基础设施主体的权利和义务。

第 193-FZ 号联邦法律修正了《俄罗斯联邦国家机密法》，规定在构成国家机密的信息清单中，列入关于关键信息基础设施安全措施及其保护状态的情况。该法还修订了《俄罗斯联邦通信法》，要求使用统一电信网资源，以确保关键信息基础设施重要设施运行的程序由俄罗斯联邦政府批准，基础电信企业在电信网络中安装用于及时发现计算机攻击风险的设备时，须符合该法的有关规定。

第 194-FZ 号联邦法律（《俄罗斯联邦关键信息基础设施安全刑法》和《俄罗斯联邦刑事诉讼法》相关修订）规定了破坏关键信息基础设施的刑事责任，如故意对关键信息基础设施造成不良影响，非法访问关键信息基础设施中的有关信息，违反关键信息基础设施中的相关存储、处理或传输规则等。

2018 年 1 月，《俄罗斯联邦关键信息基础设施安全法》出台，其对关键信息基础设施按重要性划分等级，设置了重要性标准参数表。其指出，对涉及国家安全的电信基础设施，只能由俄罗斯本国企业竞标，采用俄罗斯标准；外国企业只能竞标地区经济和社会发展的民生类电信基础设施，设备购置和技术标准由双方协商确定①。

7.6.2.2 5G 信息（网络）安全

在多重国防安全威胁背景之下，俄罗斯将信息安全提升到国家利益高度。普京总统在 2016 年 12 月 5 日签署的《俄罗斯联邦信息安全学说》总统令中，强调信息安全是国家安全的重要组成部分。前述 2017 年 7 月通过的第 187-FZ 号联邦法律，也重申预防俄罗斯信息资源受到网络攻击的重要性②。

俄罗斯还非常重视武装部队信息安全。为保护军事秘密安全，俄罗斯组建军事专用网络，将 3.4～3.8GHz 的 5G 频段范围用于军事、情报和安全③。

1995 年颁布的《俄罗斯联邦通信法》《俄罗斯联邦信息、信息化和信息保护法》（这两部法律在 2019 年 4 月进行了修正）和 2019 年 11 月颁布的《俄罗斯联邦网络主权法》等一系列法律，是俄罗斯在信息安全法体系方面的通用框架，为未来 5G 信息（网络）安全政策立法提供了充分依据。

7.6.2.3 5G 供应链安全

华为、爱立信和诺基亚是俄罗斯三大主要供应商。2014 年克里米亚危机后，在西方

---

① 肖洋，朱文清. 俄罗斯通信基础设施投资风险与规避路径[J]. 海外投资与出口信贷，2022(4):39.

② 张冬杨. 俄罗斯数字经济发展现状浅析[J]. 俄罗斯研究，2018(2):156.

③ 段伟伦，韩晓露. 全球数字经济战略博弈下的 5G 供应链安全研究[J]. 信息安全研究，2020, 6(1):46-51.

经济制裁的背景下，俄罗斯基础电信企业选择与中国通信设施公司开展合作，取得了良好的合作成果。在当前俄乌冲突背景下，诺基亚、爱立信宣布退出俄罗斯市场后①，华为已成为俄罗斯 5G 建设的主要供应商②。

俄罗斯在 5G 建设上被动局面的背后，是其没有一家企业具备大规模生产 5G 设备的经验。俄罗斯工业部曾经根据设备进口替代需求，拟定了一份批准供应商名单，发现其中并无可以替代的俄罗斯本土企业。因此，俄罗斯希望在 2020 年年底前解决供应商的问题，从联邦预算中划拨约 215 亿卢布用于俄罗斯通信设备的生产，并对 5G 通信设备制造、网络建设和服务开发等工作进行了分工，由俄罗斯国家技术集团（Rostec State Corporation）负责研发和制造 5G 通信设备，俄罗斯电信公司（Rostelecom）③负责构建网络和开发服务。目前，俄罗斯已成立相应的财团来研发软件、硬件和电子组件，俄罗斯国家技术集团下属子公司也已开始研发俄罗斯本土 5G 设备④。

此外，按照《俄罗斯联邦关键信息基础设施安全法》，外国企业只能对民生类的基础设施进行投资，不得参与涉及国家安全电信基础设施的竞标活动，这也表现出俄罗斯对 5G 供应链安全的重视。

7.7　中国

2018 年 12 月，中央经济工作会议确定 2019 年重点任务时提出：加强人工智能、工业互联网、物联网等新型基础设施建设（以下简称新基建）。这是新基建首次出现在中央层面的会议中。此后，党中央多次会议强调要加快新基建建设，推动 5G 全面发展。5G 在 4G 的基础上带来的新架构、新技术、新特点，受到国内各界广泛关注。在 5G 安全方面，我国并未将其上升到政治高度，而是将其视为技术问题，秉持技术先行原则，从技术角度客观分析风险，提出技术解决方案，致力于推动 5G 安全的全球互信。在政策上，我国以 5G 安全保障体系建设方向指引为主，不过多限定和干预具体安全技术方案，鼓励各单位、各行业根据相关指南，制定安全标准，降低对技术创新和应用产生的制约。在法律上，我国以《中华人民共和国国家安全法》（以下简称《国家安全法》）为指导，由《中华人民共和国网络安全法》《中华人民共和国数据安全法》《中华人民共和国个人

① 肖洋，朱文清. 俄罗斯通信基础设施投资风险与规避路径[J]. 海外投资与出口信贷，2022(4):37.

② 蓝庆新，汪春雨，尼古拉. 俄罗斯数字经济发展与中俄数字经济合作面临的新挑战[J]. 东北亚论坛，2022(5):120.

③ 俄罗斯电信行业存在四大基础电信企业：Mobile TeleSystems (MTS)、Megafon、Vimplecom (Beeline) 及 Rostelecom (Tele2)。

④ 段伟伦，韩晓露. 全球数字经济战略博弈下的 5G 供应链安全研究[J]. 信息安全研究，2020(1):49.

信息保护法》（以下分别简称《网络安全法》《数据安全法》《个人信息保护法》）共同构成网络安全、数据安全、信息安全基础性法律框架，作为5G安全上位法依据。

此外，我国在通信领域具有较大影响力的单位，如IMT-2020（5G）推进组、中国信息通信研究院、三大基础电信企业，以及华为、中兴等重要供应商纷纷发布相关报告、白皮书，推动制定5G安全相关标准，为5G安全建设工作提供参考思路。

7.7.1 5G安全政策保障体系

随着5G安全成为全球关注热点，我国开始部署5G安全工作，陆续发布了《工业和信息化部关于推动5G加快发展的通知》《推动5G安全体系建设》《5G应用“扬帆”行动计划（2021—2023年）》《“十四五”信息通信行业发展规划》等政策文件，整体上从“现状—风险—措施”的逻辑出发，较为周延地涵盖了基础设施安全、设备安全、技术安全、产业生态安全、供应链安全、业务安全等5G安全风险，并提出了解决方向，引导开展5G安全工作，目标是构建我国5G安全保障体系。

1.《工业和信息化部关于推动5G加快发展的通知》

2020年3月，工业和信息化部印发《工业和信息化部关于推动5G加快发展的通知》，在第四部分强调要从加强5G网络基础设施安全保障、强化5G网络数据安全保护和培育5G网络安全产业生态三个方面入手，着力构建5G安全保障体系，如表7-18所示。

表7-18 强化5G安全措施

5G安全类型	核心内容
加强5G网络基础设施安全保障	构建5G关键信息基础设施安全保障体系，强化5G核心系统、网络切片、移动边缘计算平台等新对象的网络安全防护力度
	建立风险动态评估、关键设备检测认证等制度和机制
	试点开展5G安全监测手段建设，完善网络安全态势感知、威胁治理、事件处置、追踪溯源的安全防护体系
强化5G网络数据安全保护	围绕5G典型应用场景，健全完善数据安全管理制度与标准规范
	建立5G典型场景数据安全风险动态评估评测机制，强化评估结果运用
	合理划分网络运营商、行业服务提供商等各方数据安全和用户个人信息保护责任，明确5G环境下的数据安全基线要求，加强监督执法
	推动数据安全合规性评估认证，构建完善技术保障体系，切实提升5G数据安全保护水平
培育5G网络安全产业生态	加强5G网络安全核心技术攻关和成果转化，强化安全服务供给
	推进国家网络安全产业园区建设和试点示范，加快培育5G安全产业链关键环节领军企业，促进产业上下游中小企业发展，形成关键技术、产品和服务的一体化保障能力
	创新5G安全治理模式，推动建设多主体参与、多部门联动、多行业协同的安全治理机制

2.《推动 5G 安全体系建设》

2020 年 8 月 25 日，国家发展和改革委员会发布《推动 5G 安全体系建设》一文，在分析我国 5G 发展现状和面临风险的基础上，提出要全面推进 5G 安全体系建设（见表 7-19），推进数字经济高质量发展。

表 7-19 《推动 5G 安全体系建设》中的 5G 安全风险和安全体系

分类		核心内容
5G 安全风险	技术发展与业务应用风险	SDN、NFV 等虚拟化技术的大规模运用增加安全风险
		海量异构接入增加供给面与攻击机会
		个人隐私泄露风险增加
	供应链风险	部分 5G 基站、光传输设备、终端的核心元器件和原材料依赖美国、日本、韩国等国家的供应商
		美国限制华为采购基于美国某些软件和技术直接生产的半导体产品
5G 安全体系	推进 5G 基础设施建设与融合创新	加快制定推动 5G 技术发展与基础设施建设政策措施
		优化 5G 基础设施建设审批流程，融入安全理念
		加强 5G 技术与人工智能、工业互联网、物联网、车联网等技术的融合创新
	加大 5G 技术研发力度和资金支持	强化在 5G 基础与前沿领域的研究，着力提升我国 5G 竞争力和抗风险能力
		构建全局感知、联动处置、预警防护、威胁监测的 5G 安全保障框架
		建立覆盖端到端的 5G 安全标准体系框架，从 5G 技术要求、安全监测评估、管理实施指南等方面开展标准制定与研究工作
		加强跨界合作、技术赋能，降低 5G 能耗水平和用能成本
		推动政府和社会资本合作模式在 5G 新基建领域的运用
	加强 5G 供应链安全管理	加强我国 5G 全球供应链系统建设和风险管理，根据 5G 供应链安全风险的来源、严重程度，构建有弹性、可持续的 5G 供应链
		坚持自主创新与开放合作相结合，加强国际交流与合作，共同推进 5G 及其演进技术的发展
		鼓励企业、高等院校、研究机构、政府部门积极参与 5G 国际标准的研究与制定，提升我国在 5G 国际标准制定方面的影响力

3.《5G 应用“扬帆”行动计划（2021—2023 年）》

2021 年 7 月，工业和信息化部等十部门共同发布《5G 应用“扬帆”行动计划（2021—2023 年）》，旨在为经济社会各领域的数字化转型、智能升级、融合创新提供坚实支撑。该计划中专门提到要开展 5G 应用安全提升行动，提升 5G 应用安全管理能力，如表 7-20 所示。

表 7-20　5G 应用安全提升行动重点内容

总体目标	到 2023 年年底，打造 10～20 个 5G 应用安全创新示范中心，树立 3～5 个区域示范标杆，与 5G 应用发展相适应的安全保障体系基本形成
5G 应用安全工作计划	**核心措施**
加强 5G 应用安全风险评估	构建 5G 应用全生命周期的安全管理机制，指导企业将 5G 应用安全风险评估机制纳入工作流程
	规划建设运行安全管理和技术措施，与 5G 应用同步实施
	做好 5G 应用及关键信息基础设施的监督检查，提升 5G 应用安全水平
开展 5G 应用安全示范推广	鼓励打造 5G 应用安全创新示范中心
	研发标准化、模块化、可复制、易推广的 5G 应用安全解决方案
	开展 5G 网络安全技术应用试点示范和推广应用，推动最佳实践重点行业头部企业落地普及
	在 5G 应用中推广使用商用密码，做好密码应用安全评估
提升 5G 应用安全评测认证能力	建设与国际接轨的 5G 安全评测机构
	构建 5G 应用与网络基础设施安全评价体系，开展 5G 应用与基础设施安全评测和能力认证
强化 5G 应用安全供给支撑服务	推动 5G 安全科技创新与核心技术转化
	推动 5G 安全技术合作和能力共享，鼓励跨行业、跨领域制定融合应用场景的安全服务方案
	加强 5G 安全服务模式创新
	加强 5G 网络安全威胁信息发现共享与协同处置

4.《“十四五”信息通信行业发展规划》

2021 年 11 月，工业和信息化部在《“十四五”信息通信行业发展规划》中强调，在全面推进 5G 网络建设的过程中，要全面加强网络和数据安全保障体系与能力建设，持续提升新型数字基础设施安全管理水平，打造国际领先的 5G 安全保障能力，加强 5G 安全政策供给和标准规范指引；同时，强化网络安全产业供需对接，积极营造安全可信的网络生态环境，在重点领域、重点城市寻求 5G 网络安全解决方案，如表 7-21 所示。

表 7-21　5G 安全能力建设要求

5G 安全	核心内容
打造国际领先的 5G 安全保障能力	建立完善 5G 网络、设备、应用安全评测体系，打造国际一流水平的 5G 安全检测实验室
	强化企业主体地位和作用，加强标准规范指引，全面提高 5G 应用安全水平，形成 5G 应用安全保障生态
	面向 5G 大连接融合应用场景，健全物联网卡全生命周期安全监管机制，全面构建基础安全管理体系
加强 5G 安全政策供给和标准规范指引	建成与国际接轨的 5G 安全评测体系，打造国际化 5G 安全测评中心，形成端到端的 5G 关键设备和产品安全监测认证能力
	打造 5G 应用安全示范创新中心，在工业、能源、交通、医疗等 10 个重点行业的头部企业推广普及 5G 应用安全解决方案

续表

5G 安全	核心内容
强化网络安全产业供需对接	加快推动 5G、工业互联网、车联网、物联网、智慧城市等重点领域的网络安全解决方案部署
营造安全可信的网络生态环境	加快推动建设城市安全 5G 网络智慧大脑等，防范重点城市网络安全风险

7.7.2 基于网络安全的法律治理体系

于 5G 而言，我国目前尚未形成 5G 领域的专门立法，均为通用法律。根据法律位阶，《网络安全法》《数据安全法》《个人信息保护法》共同构成了 5G 安全领域的上位法基础；《中华人民共和国电信条例》（以下简称《电信条例》）、《关键信息基础设施安全保护条例》为行政法规，法律效力仅次于前述三部一般法律；此外，还有《网络安全审查办法》等部门规章，以及《公共互联网网络安全威胁监测与处置办法》《网络产品安全漏洞管理规定》等部门规范性文件。

《网络安全法》首次正式明确了关键信息基础设施的概念并提出了关键信息基础设施安全保护的原则要求。国务院于 2021 年专门发布了《关键信息基础设施安全保护条例》，对关键信息基础设施安全保护的适用范围、关键信息基础设施认定、运营者责任义务、安全保护保障与促进、法律责任等提出了更具体、更具操作性的要求，为科学有效开展关键信息基础设施保护工作提供了重要基础规范。

根据《网络安全法》等法律法规，工业和信息化部于 2017 年 9 月 13 日制定印发了《公共互联网网络安全威胁监测与处置办法》，对公共互联网上存在或传播的、可能或已经对公众造成危害的网络资源、恶意程序、安全隐患或安全事件监测处置，并建立网络安全威胁信息共享平台，集成合力维护网络安全。同时，工业和信息化部、国家互联网信息办公室（以下简称“国家网信办”）、公安部于 2021 年 7 月 12 日联合印发了《网络产品安全漏洞管理规定》，目的在于维护国家网络安全，保护网络产品和重要网络系统的安全稳定运行；规范漏洞发现、报告、修补和发布等行为，明确网络产品提供者、网络运营者，以及从事漏洞发现、收集、发布等活动的组织或个人等各类主体的责任和义务；鼓励各类主体发挥各自技术和机制优势，开展漏洞发现、收集、发布等相关工作。

为进一步落实《国家安全法》《网络安全法》《数据安全法》等法律法规要求，国家网信办联合相关部门发布了新版《网络安全审查办法》，自 2022 年 2 月 15 日起施行。新办法聚焦国家数据安全风险，明确了数据处理活动，以及运营者赴国外上市的网络安全审查要求，为构建完善国家网络安全审查机制，切实保障国家供应链安全提供了有力抓手。

总体来看，5G 安全工作虽有较强的政策导向性，但仍未形成专门立法，造成相关法律分散于多个法律规范中，在实施中容易产生法律法规竞合、权责划定不清、针对性不强等问题。随着 5G 快速发展，其带来的安全风险种类也将进一步增加，目前法律尚且存在诸多空白，恐不足以应对由此引发的安全问题。然而，5G 已成为未来几年内数字化发展的重要趋势，也被很多国家纳入国家战略，并出台专门性立法予以重点关注和发展，作为提升国际竞争力的核心武器。因此，我国也有必要尽快将 5G 安全政策上升至法律层面，指导未来的 5G 发展实践。

7.7.3 5G 安全白皮书及有关报告

早在 2013 年，工业和信息化部、国家发展和改革委员会、科技部联合成立了 IMT-2020（5G）推进组（以下简称“5G 推进组”）。自 2017 年起，5G 推进组单独或与中国信息通信研究院联合发布了《5G 网络安全需求与架构白皮书》（2017 年 6 月）、《5G 安全报告》（2020 年 2 月）、《5G 智慧城市安全白皮书》（2020 年 5 月）、《面向行业的 5G 安全分级白皮书》（2020 年 10 月）、《5G 安全知识库》（2021 年 12 月），致力于评估 5G 风险，推动 5G 关键技术研究。

《5G 安全报告》是我国 5G 安全领域研究的重要成果，旨在提出 5G 安全理念和应对思路措施，加强各方互信合作，推动 5G 安全发展。该报告已传播至六十余个国家，在国际社会上产生了广泛的影响。报告提出，5G 网络在延续 4G 网络特点的基础上，在核心网和接入网均采用了新的关键技术，包括服务化架构、网络功能虚拟化、网络切片、边缘计算、网络能力开放等，实现了技术创新和网络变革，同时在一定程度上也带来了新的安全威胁和风险，对数据保护、安全防护和运营部署等方面提出了更高要求。这些风险可通过事前、事中、事后环节采取相应技术解决方案和安全保障措施，进行缓解和应对。例如，加强开源第三方软件安全管理，使用云化/虚拟化隔离措施，完善应用层接入到边缘计算节点的安全认证与授权机制，加强网络开放接口安全防护能力，强化安全威胁监测与处置等。报告还对 5G 的三大典型场景及产业生态开展了安全分析，提出要以发展、系统、客观、合作的理念看待 5G 安全，建构 5G 安全框架及未来展望。

此外，全国信息安全标准化技术委员会也在 2021 年发布了《5G 网络安全标准化白皮书》；2022 年，中国通信学会组织制定了《5G 数据安全防护白皮书》。这些文件均为开展 5G 安全工作提供了重要参考，如表 7-22 所示。

表 7-22 5G 推进组等发布 5G 安全相关白皮书概况

发布时间	发布单位	文件名称	相关内容
2017.06	5G 推进组	《5G 网络安全需求与架构白皮书》	目的：旨在推动业界尽快形成 5G 网络安全框架，达成产业共识，指导 5G 安全国际标准及后续产业发展
			5G 安全总体目标：提供统一的认证框架，按需提供安全保护、隐私保护、NFV/SDN，引入移动网络的安全、切片安全、能力开放安全
			5G 网络安全架构八大域：网络接入安全、网络域安全、首次认证和密钥管理、二次认证和密钥管理、安全能力开放、应用安全、切片安全、安全可视化和可配置
			提出 5G 安全标准化建议，将 5G 网络安全架构设计、256 比特密钥长度对称密码算法的国际标准化作为下一步的重点工作

续表

发布时间	发布单位	文件名称	相关内容
2020.02	中国信息通信研究院、5G 推进组	《5G 安全报告》	目的：旨在提出 5G 安全理念和应对思路措施，更好地加强各方互信合作，推动 5G 发展与安全
			界定“5G 安全”的概念：5G 安全既包括由终端和网络组成的 5G 网络本身的通信安全，也包括 5G 网络承载的上层应用安全
			从关键技术安全、应用场景安全、产业生态安全三个维度详细分析了 5G 安全风险
			5G 安全应秉持发展、系统、客观、合作四大理念
			5G 安全风险化解思路和措施建议：应对和解决 5G 安全问题，可基于现有 4G 安全管理框架和技术保障措施，针对新的安全风险和不确定性，采取针对性的完善措施
2020.05	5G 推进组	《5G 智慧城市安全白皮书》	目的：旨在明确 5G 智慧城市的安全需求，并提出对应的安全参考架构和安全实施建议
			5G 智慧城市安全需求包括：终端层安全需求、边缘计算层安全需求、网络层安全需求、行业平台/技术中台层安全需求、应用层安全需求，并在此基础上提出安全参考架构
			提出 5G 智慧城市安全发展建议：在梳理国内外 5G 智慧城市安全政策和标准的基础上，提出要加强安全顶层设计和统筹协调、安全技术攻关和标准研制，以及安全生态共建和协同发展，促进 5G 智慧城市安全发展
2020.10	5G 推进组	《面向行业的5G 安全分级白皮书》	目的：致力于通过 5G 网络安全分级支撑垂直行业应对网络安全风险，指导垂直行业建设和部署符合自身需求的网络安全能力，提升垂直行业的网络安全水平
			行业应用安全挑战：垂直行业高业务价值引发更多攻击风险，行业安全需求差异化挑战及新业务（eMBB、URLLC、mMTC）带来的威胁
			行业应用安全需求：终端身份安全和访问授权、网络分域和安全隔离、数据机密性和完整性保护、无线接口通信保护、隐私保护、网络韧性、网络设备安全可信、技术自主可控、产品生命周期安全
			面向垂直行业提供 5G 安全分级能力：制定对行业 5G 网络安全能力的分级策略，即根据能力从低到高依次分为五级（SL1～SL5），形成 5G 安全能力分级模型
			行业应用 5G 网络安全分级能力建议：根据具体应用场景划分行业等级，建议与现有安全认证标准协同（NESAS/SCAS）
2021.05	全国信息安全标准化技术委员会	《5G 网络安全标准化白皮书》	目的：旨在为 5G 技术安全应用、5G 产业融合安全有序发展提供标准化技术支持
			介绍 5G 网络安全风险：终端安全、IT 化网络设施安全、通信网络安全、行业应用安全、数据安全和网络运维安全风险
			提出 5G 网络安全标准框架和标准化工作推进建议，提出化解上述六大类风险的标准研制方向
2021.12	中国信息通信研究院、5G 推进组	《5G 安全知识库》	目的：旨在成为全行业的 5G 安全最佳实践综合性技术指导文件
			梳理 5G 终端、接入网、核心网、MEC、切片、数据、应用等安全最佳实践经验
			制定面向 5G 网络基础设施和典型行业应用的最优安全措施集
			提出面向运营商、设备商、垂直行业等不同主体的 5G 安全措施落地部署方式
			从 5G 网络和应用两个维度促进全行业在 5G 安全需求、安全能力和安全措施等方面形成共识

续表

发布时间	发布单位	文件名称	相关内容
2022.04	中国通信学会、中国移动、中国信息通信研究院、华为等	《5G 数据安全防护白皮书》	目的：旨在构建适应我国发展阶段和基本国情的 5G 数据安全治理体系，提升 5G 数据安全保障能力
			定义 5G 数据安全：在 5G 网络特性和融合应用场景下，保障数据生命周期的安全与处理合规
			5G 数据安全面临风险：在通用数据安全方面，包括数据采集、传输、存储、处理、共享、销毁中所涉的风险；在核心网数据安全方面，包括 NFV/SDN、网络切片、MEC 中的数据安全风险；在无线接入数据安全方面，存在 3GPP 和非 3GPP 接入攻击等风险；在终端设备数据安全方面，包括软/硬件、安全策略风险；在 5G 业务数据安全方面，包括三大 5G 新业务场景下存在的数据泄露风险
			针对前述数据风险，提出 5G 数据安全防护体系架构

另外，三大基础电信企业及重要企业如华为、中兴通讯等也纷纷发布 5G 安全相关白皮书和报告（见表 7-23），共同为我国 5G 安全工作提供思路，同时为世界 5G 安全工作贡献中国力量。

表 7-23　重要企业等发布 5G 安全白皮书概况

发布时间	发布单位	文件名称	相关内容
2019.05	华为	《华为携手业界共同保障 5G 安全》	目的：提升 5G 安全水平，保证 5G 安全风险可控
			5G 大部分威胁与 4G 基本一致，但需考虑新业务、新架构、新技术给 5G 网络带来的安全风险
			5G 安全标准更加完善。5G 安全架构是 4G 安全架构的延续，分为应用层、归属层、服务层、传输层，且四层之间相互隔离；5G 安全特性有所增强，5G 独立组网更有利于强化安全，5G 非独立组网可以通过标准制定和实践进一步提升其安全性；5G 安全评估将逐步实现标准化
			华为保证 5G 设备的安全性和网络韧性。基于 3GPP 统一安全标准，重视产品研发、设计、测试阶段中的安全问题，拥有业界领先的接入网安全措施、高于标准的核心网安全保障，致力于构筑高韧性网络部署和网络运营，提供端到端的用户隐私保护措施，全方位打造安全可信的高质量产品
			在监管方面，政府应鼓励开发具有风险控制机制的新技术，确保能够平衡 5G 安全与发展需求
2019.05	中兴通讯	《5G 安全白皮书》	目的：构建安全灵活的 5G 网络
			重新定义 5G 基础设施：5G 基础设施不再局限于纯粹的流量承载，而是在 SDN/NFV、MEC 等新技术的支撑下，提供基于切片定制的按需网络服务
			在 5G 技术方面，分析可定制化的切片安全、边缘计算安全、安全能力开放
			5G 安全不仅是一个技术问题，同时对监管与安全提出更高的要求，如新的法律框架与监管模式、额外的安全评估与认证要求等。基础电信企业需面向产业互联网，重构 5G 网络的安全治理体系、运维体系、客服体系，提供可持续、可信、安全的网络服务

续表

发布时间	发布单位	文件名称	相关内容
2019.05	中兴通讯	《5G 安全白皮书》	5G 设备供应商是 5G 供应链重要的组成部分，中兴通讯通过建设一流的产品安全治理体系，提升 5G 产品和服务的安全性
2020.10	中国移动、中兴通讯、中国信息通信研究院等	《5G+工业互联网安全白皮书》	目的：针对智能制造、电网、矿山、港口等工业垂直行业在引入 5G 后的普适性安全需求，为 5G+工业互联网应用场景的安全防护提供参考
			5G 赋能工业互联网的新安全挑战集中在网络安全、控制安全、数据安全、接入安全和应用安全五个方面
			提出一体化 5G+工业互联网安全参考架构
			为 5G+工业互联网定制场景化安全能力：提供差异化切片隔离方案；通过减少数据传输路由节点，在 5G 网络中采用 FlexE 交叉技术来实现网络设备之间的信息传递，进一步降低端到端的通信时延，提升网络传输速度；设置多重机制提供企业端到端的数据安全保障；通过零信任架构增强海量终端的接入安全；通过态势感知保障网络整体安全
2022.08	中国移动、中国电信、中国联通、中国信息通信研究院等	《5G-Advanced 安全技术演进白皮书》	目的：旨在引起业界对 5G-Advanced 安全的深入思考和持续关注，共同努力，护航 5G-Advanced 安全发展
			分析 5G-Advanced 安全演进的驱动力和需求，阐述了从被动防御转变为主动防御、从静态防护转变为动态编排的安全演进趋势，提出“安全可信，动态防御”的 5G-Advanced 安全目标
			详细介绍了 5G-Advanced 安全关键技术：SBA 安全增强技术、网络智能化安全增强技术、数据安全与隐私保护增强技术、零信任访问控制技术、可信计算技术、量子安全技术、可信内生安全技术、卫星和移动网络融合安全技术、基于区块链的身份管理技术

7.8　小结

随着 5G 逐渐普及和商用，全球化背景下的 5G 安全问题也成为各国关注和竞争的焦点。各国陆续出台安全战略、法律法规、指导文件，剑指 5G 新技术下对经济社会带来的潜在威胁，意图扫清本国 5G 发展障碍，引领时代潮流。然而，由于各国在政治形态、历史背景、科技能力、国际地位等方面存在差异，其 5G 安全政策也各有侧重。

美国将 5G 安全上升至政治高度，将 5G 安全作为国家重要战略。高调行事、拉帮结派，利用其法律和技术优势假借安全问题对他国进行变相的政治打压，是美国的一贯作风。

欧盟对待 5G 安全的态度则相对中立，在制定 5G 安全战略、规划的过程中，以自上而下和自下而上相结合的方式，基于成员国普遍的风险评估情况，在欧盟层面形成 5G 安全威胁消减工具箱，体现了循序渐进的体系化发展特点。

英国原本采取较为均衡的发展策略，但受脱欧的影响，以及美国强硬政治压力和《布拉格提案》的影响，在 5G 安全问题上逐渐倒向美国，意欲将中国设备排除在外。

韩国在 2017 年便正式进入 5G 时期，领先于全球大多数发达国家。虽然韩国并未形成 5G 专门法律，但其对于 5G 基础设施安全、5G 网络安全和 5G 信息安全相当重视。在供应链方面，其对于华为的态度也比较客观。

日本在 5G 安全技术上落后于前述国家，但仍在积极发展推进 5G 落地，解决 5G 软硬件问题。由于其长期追随美国，作为美国的盟友，日本亦反对采购中国设备。

相对于其他国家，俄罗斯因缺乏自主研发能力而在 5G 发展上略显乏力。长期以来，俄罗斯将 5G 安全问题与刑事领域、国家机密紧密结合，虽然俄罗斯一直在培育本土企业，但目前来看，华为仍是俄罗斯 5G 建设的主要供应商之一。

中国并未将 5G 安全上升为政治问题，而是较为单纯地将其视为技术问题。近年来，中国在 5G 安全问题上，始终受到欧美等国家的政治打压和贸易制裁，但中国仍然立足于“人类命运共同体”，以更高的站位和更加广阔的胸怀，研究 5G 安全个性与共性问题，致力于推动和实现全球 5G 安全互信。

第 8 章 5G 安全测评

5G 技术门槛高、应用领域广泛，产业链涵盖系统设备、芯片、终端、操作系统、应用软件等各个环节。为了满足包括基础电信企业、通信设备供应商，以及政府信息安全监管机构等通信领域利益相关者在内的不同诉求，行业普遍意识到，应基于统一、有效的通信行业网络安全评估标准开展安全测评，避免碎片化评估带来的高成本，这对基础电信企业、通信设备供应商、政府信息安全监管机构、应用服务提供商等利益相关方都具有积极的参考价值。

开展 5G 安全测评，一方面，可以为通信设备供应商提供统一、科学、客观、可验证的技术测评，支撑基础电信企业 5G 设备选型、网络安全建设和运营，提升我国移动通信网络产品的安全水平，降低可能的安全风险，保障通信基础设施安全运行，为垂直行业应用安全解决方案提供评估认证和指引；另一方面，可通过推动测评结果的国际互认，助力 5G 全球产业链健康发展，提振全球产业界对 5G 产品安全性的信心。

8.1 电信设备安全测评现状

8.1.1 概述

我国 5G 发展在技术标准、产业体系、部署应用等方面具备领先优势，但也面临一些挑战。一方面，我国缺乏完善的 5G 安全测评认证体系，无法有效地发现网络安全隐患；另一方面，某些国家以不符合安全标准为由禁止采购我国的电信设备和服务，不仅损害了我国企业的经济利益，而且影响了市场和用户对我国企业的信任。从 5G 发展和安全保障的需求及当前国际形势来看，我国急需建立与国际标准化组织互信互认的 5G 安全测评认证体系。

目前，国际上获得广泛认可的安全测评认证体系分别是基于信息技术安全评估通用准则（the common criteria for information technology security evaluation，CC）的测评认证体系和基于全球移动通信系统协会（global system for mobile communications assembly，GSMA）网络设备安全保障计划（network equipment security assurance scheme，NESAS）的测评认证体系。而在国内方面，信息安全测评认证体系主要基于中国合格评定国家认可委员会（China national accreditation service for conformity assessment，CNAS）来开展。下面将对这三个体系进行详细介绍。

8.1.2 基于 CC 的测评认证体系

CC 是国际公认的信息技术产品安全性评价规范。CC 最初由美国、英国和加拿大等西方国家制定并维护，后授权 ISO/IEC 使用和维护，并升级为国际标准 ISO/IEC 15408。CC 的目标是减少重复性认证工作，重视证书的互认，对评估实验室要求较高，需严格按照 CC 规定的程序执行。

CC 适用于包括硬件和软件在内的所有信息技术产品，并没有专门针对评测网络设备安全性提出具体的要求，而是通过提供一套覆盖信息技术产品各类安全功能要求和安全保障要求的通用组件及标准化描述，构建了一个抽象程度较高、可用于对各类计算机相关产品或信息技术产品的安全功能进行评估的通用框架和方法论，具有很强的扩展性和普适性。

8.1.2.1 基于 CC 的安全测评框架

CC 的主要思想和框架充分体现了评估对象（target of evaluation，TOE）、安全目标（security target，ST）、保护轮廓（protection profile，PP）和信息技术安全评估通用方法（common methodology for information technology security evaluation，CEM）四个核心概念，这是 CC 开展认证评估的基础。

1. TOE

CC 的抽象层次较高，制定过程中为了尽可能覆盖更广的 IT 产品范围，提出 TOE 的概念来明确被评估的对象。TOE 是指一组包含配置说明的软硬件集合，在特定情况下，可以是某个 IT 产品、某个 IT 产品的某一部分或某组 IT 产品的集合等，如软件应用、操作系统、集成系统等。

2. ST

ST 一般由开发者针对某个特定的 TOE 进行制定，包含安全问题定义、安全目的及安全要求三部分。其中，安全问题定义需要基于预期的 TOE 部署环境，从 TOE 涉及的资产出发，梳理分析 TOE 可能受到的安全威胁，规划安全策略；安全目的是指针对提出的每个安全问题，通过一种简单抽象的方式描述相应的安全措施和解决方案，以确保所有安全威胁都可以被应对，每个安全策略都可以被有效实施，每个安全假设都可以被满足；安全要求是指基于 CC 提供的安全功能组件和安全保障组件，对安全目的进行细化及标准化描述。其中，安全功能要求（security function requirement，SFR）是对安全目的的转化，一个 SFR 代表一种当前安全产业界应用最广泛的技术或方法的规范描述，至少可支撑一个安全目的；安全保障要求（security assurance requirement，SAR）则从开发、设计、生命周期支持、安全功能测试、脆弱性发现等角度出发，提供对产品安全性进行评估验证的方法，为产品安全性提供保证，增强其可信度。

3. PP

PP 也包含安全问题定义、安全目的及安全要求三部分，编制过程与 ST 类似。但与 ST 的不同在于，ST 只针对某个特定的 TOE，而 PP 针对某一类 TOE，提出其应该满足的最核心的 SFR 和 SAR。

PP 一般由监管机构、认证机构、第三方测试机构、产品开发者、产品使用者共同编写，可用于对某类产品的安全问题、安全目的及安全要求进行标准化规定。开发者可基于 PP 提供的通用模板，结合产品的具体实现方式对 PP 进行细化，从而制定针对某个特定 TOE 的 ST。

4. CEM

CEM 作为 CC 的配套标准，对评估行为和测试活动进行标准化描述，可将 CC 中的安全保障要求进一步细化为最小的评估行为集合，将安全性评估方法细化为具体的评估任务；同时，支撑构建了针对 TOE 安全性进行评估的方法，为实际工作的实施提供了指导，提升了评估规范性，为实现评测结果的一致性、可重现性和互认奠定了基础。

PP 为某类 TOE 描述安全要求，ST 为某一特定的 TOE 描述安全要求，ST 和 PP 之间存在多对多的映射关系，即相同的 PP 可以作为模板被实例化为不同的 ST，一个 ST 可以基于多个 PP 并结合特定需求进行编制。针对特定 TOE 的安全性进行评估时，需要先编制 ST，再基于 CEM 制定具体的评估方法。

8.1.2.2　基于 CC 的互认机制及流程

基于 CC 的互认机制主要分为准备、测试评估和认证三个阶段，参与方来自产品开发者、测试评估者及认证机构三个主体。

1. 准备阶段

产品开发者需要针对特定产品的实现情况编制 ST 文件，基于 CC 明确阐述 TOE 所面临的安全问题、需要达到的安全目标及采取何种安全功能和安全保障进行防护，并提供开发测试、配置管理、操作指南等涉及产品全生命周期管理控制的文档作为评估证据。

2. 测试评估阶段

来自授权实验室的测试评估者根据 CEM 和产品开发者提供的 ST 及相关文档制定具体的评估方法与任务，指导 TOE 安全性评估工作的具体实施，验证 TOE 安全功能在设计和实现过程中的充分性与正确性，编写符合 CEM 要求的评估报告、评估过程文档及评估证据。整个过程主要包括安全目标评估活动（ASE）、开发评估活动（ADV）、指导性文档评估活动（AGD）、生命周期支持评估活动（ALC）、测试评估活动（ATE）、脆弱性评估活动（AVA）和组合评估活动（ACO）。

3. 认证阶段

认证机构对测试评估过程进行监督，并在评估结束后，审核评估者提供的评估报告及相关文档，编写认证报告并颁发 CC 证书。CC 证书由证书授权机构颁发，其认证结果会得到签署了通用准则互认协议（common criteria recognition arrangement，CCRA）的国家的认可。目前，加入 CC 体系互认的国家共计 31 个。其中，有 17 个国家具备 CC 证书颁发资格，设有满足 CCRA 所要求的评估能力并得到授权的评估实验室，可进行证书的颁发并接受互认；另外的 14 个国家只能接受和认可来自上述国家颁发的认证结果。

CC 认证由 CC 许可的实验室负责评估。目前许可的实验室共 78 家，主要来自 CCRA 国家。中国既不是 CCRA 会员，也没有获得 CC 许可的实验室。

8.1.2.3 小结分析

CC 作为信息技术产品安全性评估的通用标准，提出了一个优秀的安全性评估模型和方法，对产品开发及生命周期管理的安全构建提供了保障，极具指导意义。CC 抽象层次高、覆盖范围广，评估框架考虑了不同的评估范围、评估深度和评估技术手段，却对某些组件的定义缺乏详细的描述，没有明确建议或指定威胁建模和测试方法的具体细节，容易导致产品开发者、测试评估者及认证机构对于组件的理解、选取与细化方式出现分歧。直接基于 CC 的评估方法开展 5G 设备安全测评认证，必将带来测试评估复杂度高、评估结果一致性差等问题。为了避免碎片化评估及其带来的高成本、减少重复评估认证的次数，需要专门针对通信领域的网络产品制定一套安全要求和测试用例。

8.1.3 基于 GSMA NESAS 的测评认证体系

为了协助基础电信企业确定网络设备的安全水平，降低商业风险，GSMA 与负责制定全球通信技术标准的 3GPP 合作发展了 NESAS，针对网络设备产品制定统一业界共识的安全基准，提供可衡量、可对比、可操作的通用方法，为设备供应商和基础电信企业提供安全保证。GSMA 建议政府和基础电信企业共同努力，在国际测试和认证制度上达成一致意见，以保证大众对移动通信网络安全的信任，并促进设备供应商之间的良性竞争。

8.1.3.1　基于 GSMA NESAS 的 5G 安全评估框架

NESAS 主要包括审计评估和测试评估两个部分，NESAS 定义了设备厂商产品开发及产品全生命周期流程评估框架等审计评估的相关规范，同时引用了 3GPP 制定的网络设备安全测试标准，即 SCAS（security assurance specification）系列标准作为测试评估的要求。其文档结构如图 8-1 所示，主要包括以下两部分。

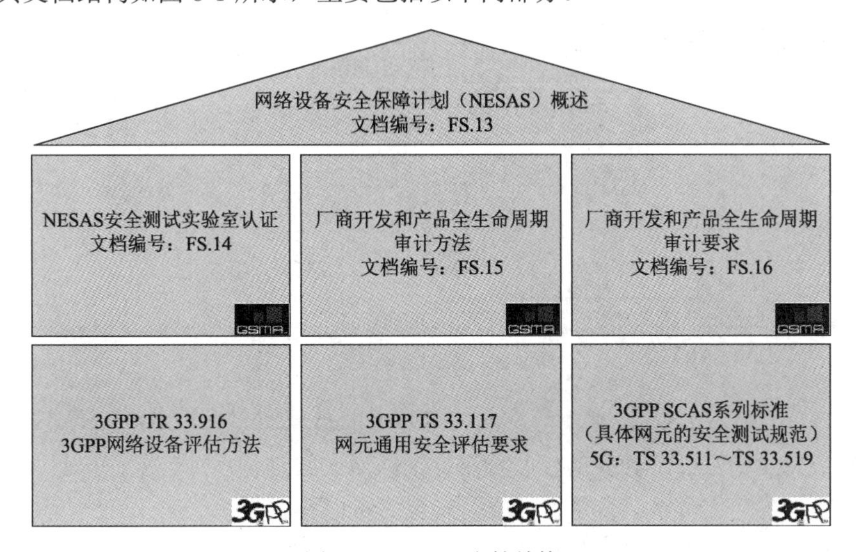

图 8-1　NESAS 文档结构

一部分是 GSMA 制定的 FS.13（网络设备安全保障计划概述）、FS.14（NESAS 安全测试实验室认证）、FS.15（厂商开发和产品全生命周期审计方法）和 FS.16（厂商开发和产品全生命周期审计要求），用于审计设备生产过程的安全性；另一部分则是 NESAS 引用的 3GPP SCAS 系列标准，包括通用安全保障需求、网络产品安全保障方法论和针对 5G 网元功能发布的安全测试要求及用例，用于测评 5G 网络设备本身的安全性。从本质上看，SCAS 系列标准是 3GPP 联合监管方、测评方、开发方、使用方和各通信领域利益相关方，在 CC 方法论的基础上，针对网络设备产品编写的统一 PP 文档，对产品面临的安全问题、安全目的和安全要求进行标准化规定，拉通安全需求，统一安全共识并建立安全基线标准，为开发方构建安全功能，提供安全保证，为评估方明确安全评估任务提供具体指导。

通过 NESAS 框架下的安全审计和检测，设备厂商可以对产品的安全能力进行证明，基础电信企业使用符合标准安全基线要求的产品进行 5G 网络建设，在一定程度上可以保障 5G 网络基础设施满足安全基线要求。

8.1.3.2　基于 GSMA NESAS 的安全测评流程

GSMA NESAS 构建了基于 3GPP SCAS 评估测试结果的评估机制，规范了安全测试实验室资质认可、产品开发与全生命周期管理审计的方法和流程，如图 8-2 所示。测评机制涉及开发方、测试评估方和审计方三个主体，测评流程主要分为以下四个步骤。

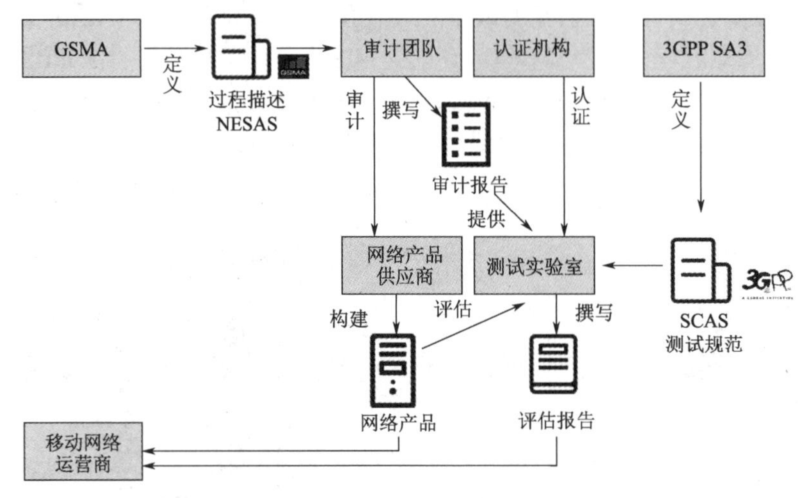

图 8-2　NESAS 测评流程

（1）开发方根据 GSMA 提出的产品开发及全生命周期安全要求提供合规性证明。

（2）GSMA 指定一个独立的权威性审计团队对文档进行审计，验证产品在开发制造与投入使用的整个生命周期中是否集成了安全的考虑和机制。

（3）通过审计后，获得 ISO/IEC 17025 认可和 GSMA 认可的安全测评实验室将基于 3GPP SCAS 系列标准对开发方提供的网络设备进行安全测评，主要关注安全功能一致性与潜在的脆弱性。

（4）安全测评实验室依据测评结果出具测评报告，供基础电信企业采购及后续运维参考。

8.1.3.3　基于 GSMA NESAS 的欧盟 5G 设备安全认证框架

随着网络和信息系统、电子通信网络和服务逐渐成为社会经济发展运行的重要组成部分，数字化和连接性的增加带来了与网络安全相关的更大风险。2019 年 6 月 27 日，欧洲议会和欧盟理事会第 2019/881 号条例《关于欧洲网络与信息安全局信息和通信技术的网络安全》（以下简称《欧盟网络安全法》，CSA）正式生效，明确了欧洲网络与信息安全局（ENISA）的工作目标、职责和组织事项，并建立了统一的欧洲网络安全认证框架（cybersecurity certification framework），通过“一次认证”实现了欧盟成员国之间的安全能力互认。此项工作由 ENISA 统一协调，其将与欧洲网络安全认证小组（ECCG）合作，负责设计产品和服务的认证方案。此前，欧盟尚无统一的网络安全认证制度，主要依靠各成员国自行组织认证，由于成员国认证制度、依据的技术标准不统一，相同产品或服务在不同成员国之间需重复认证。

欧盟网络安全认证将建立关于 ICT 产品和服务（含云安全、IoT 安全、5G 安全等）的测评认证体系，逐步由自愿性采用向强制性认证过渡。ICT 产品制造商或 ICT 服务提供者可自愿向其选择的评估机构申请对其产品或服务进行认证。ENISA 将每五年审查一次通过的各项认证方案，以确保这些方案继续符合《欧盟网络安全法》的目标。任何现有的国家网络安全认证方案都将被新的全欧盟网络安全认证框架取代。然而，全欧盟范围的认证方案仍将由成员国指定的国家监督机构负责。符合认证框架的 ICT 产品和服务将由合格评定机构按照以下三个保证级别之一进行认证，即基本（basic）级安全，充分（substantial）级安全和高级（high level）安全。证书的最长有效期为五年，并可续期。

德国联邦信息安全办公室（BSI）已经公开支持基于 GSMA NESAS 测评认证体系开展的 5G 设备安全认证，并牵头联合 GSMA 制定与基线安全需求相适配的 NESAS-CSA 框架，推动其成为欧盟 5G 设备安全认证的统一标准。2020 年 3 月，德国联邦信息安全办公室正式提案 NESAS-CSA 全盘架构，保留基于 3GPP SCAS 的技术规范，主要针对基于 GSMA NESAS 审计规范的上层认证机制进行修订，以适配欧盟统一认证的实施和管理。

NESAS-CSA 框架引入证书来取代目前检测实验室出具的测评报告，对产品的标准符合性进行明确声明。因此，NESAS-CSA 框架重新定义了安全检测实验室的认证需求和流程、产品测试认证流程和管理机构组成及职责，整个认证机制在原有的流程上修订了以下三个环节。

（1）删除 GSMA 组织范围的相关内容，由欧盟政府层面主导认证框架治理小组，依据 ECCG 的职权范围明确其职责。

（2）引入国家认可机构，依据 ISO/IEC 17065/17024 明确制定对审计或评估人员（包括审计员、评估测试员和认证人员）资质的认可机制和流程。

（3）引入国家安全认证机构，依据 ISO 17025 对第三方检测实验室进行认证授权。一旦审计方和测试方获得资质认可与认证授权，将有权颁发证书，实现 5G 安全测评结果在欧盟范围内的互认。

需要注意的是，由于 NESAS 体系技术规范部分仅提出了单一的安全基线要求和测试规范，不能直接满足 CSA 多级别（基础级、充分级、高级）认证的需求，因此，BSI 目前正推动 NESAS-CSA 框架作为欧盟 5G 安全认证的基线标准，后续考虑向高级别安全认证增强。

8.1.3.4　小结分析

基于 NESAS 的测评认证体系从移动通信领域利益相关方的实际需求出发，是对 CC 测评认证体系的简化。SCAS 系列标准的制定借用了 CC 提供的评估方法模型，将评估目标限定在网络产品，并对每类网络产品建立了凝聚产业界共识的统一安全基线要求和测试用例，显著提高了网络产品的安全测试评估效率。此外，欧盟也在推动基于 NESAS 的

5G 安全认证基线标准。我国应在欧盟网络安全认证框架下，与欧盟开展基于 NESAS 体系的设备安全认证研究合作，共同制定符合中欧利益的网络安全认证方案，实现 5G 设备安全测评结果的互认。

8.1.4 基于 CNAS 的测评认证体系

CNAS 作为国内合规的认可机构，是根据《中华人民共和国认证认可条例》的规定，由国家认证认可监督管理委员会（CNCA）批准设立并授权的国家认可机构，统一负责对认证机构、实验室和检验机构等相关机构的认可工作。CNAS 对认证机构的认可主要依据 ISO/IEC 认证体系开展，CNAS 在国内认可的认证机构主要包括中国网络安全审查技术与认证中心（原中国信息安全认证中心）等，CNAS 对检测实验室的认可依据实验室认可体系开展（如 ISO/IEC 17025/17020 等）。目前，国内得到 CNAS 认可的检测实验室包括中国信息安全测评中心、中国泰尔实验室等。

8.1.4.1 基于 CNAS 的信息安全认证框架

在信息安全认证方面，CNAS 目前主要依据国家标准 GB/T 18336—2008（对标国际标准 ISO/IEC 15408 体系）进行认可，即与基于 CC 的测评认证体系基本保持一致，在技术层面遵循同样的测评准则和方法论。检测的产品主要是 IT 类网络产品和安全产品，包括防火墙、安全路由器、网络隔离卡与线路选择器、安全操作系统、智能卡 COS、安全数据库系统、安全审计产品、网络脆弱性扫描产品、网络恢复产品、数据备份与恢复产品、入侵检测系统等。同时，CNAS 也依据 3GPP SCAS 系列标准对 5G 网络设备安全开展认可。

8.1.4.2 基于 CNAS 的信息安全认证流程

CNAS 认证流程分为意向评审阶段、正式申请阶段、文件评审阶段、现场评审阶段、认可批准阶段及实施认证阶段。第一步，申请方通过来访、电话、传真及其他电子通信方式向 CNAS 秘书处表示认可意向。第二步，申请方在自我评估满足认可条件后，按 CNAS 秘书处的要求提供申请资料，并交纳申请费用。CNAS 秘书处审查提交的申请资料，做出是否受理的决定并通知申请方。第三步，CNAS 秘书处受理申请后，将安排评审组长审查申请资料。只有当文件评审结果基本符合要求时，才可安排现场评审。第四步，评审组依据 CNAS 的认可准则、规则、要求、实验室管理体系文件及有关技术标准对申请人申请范围内的技术能力和质量管理活动进行现场评审。现场评审应覆盖申请范围所涉及的所有活动及相关场所。现场评审时间和人员数量根据申请范围内场所、项目、标准、规范等数量确定。第五步，CNAS 秘书处将对评审报告、相关信息及评审组的推荐意见进行符合性审查，CNAS 秘书长或授权人根据评定结论做出认可决定。第六步，实验室获得 CNAS 认可，标志着其建立了符合国际标准的质量管理体系，具有按照有关国际标准进行安全测试的技术能力。只要实验室严格按照质量管理体系工作，实验室的技术能力就能得到保证，可以出具相应的测试结果。实验室所提供的安全测试服务可以声称符合相关认证标准的要求。

8.1.4.3 小结分析

从近期来看，国内可以依据 3GPP SCAS 国际标准要求申请 5G 网络设备安全检测认证相关能力的 CNAS 认可，在国内开展 5G 设备安全测评并出具测试报告，为基础电信企业设备采购提供参考和指引。目前，中国信息通信研究院安全研究所已获得了 5G 基站、AMF、SMF、UPF、UDM、NRF、AUSF、NEF、网络关键设备安全测试能力的 CNAS 认可。但是，从长远来看，我国作为通信技术强国，也是 5G 设备出口大国，只有建立国际互信互认的 5G 安全测评认证体系，才能为我国 5G 设备的安全性提供有力证明，我国需要积极参与到国际 5G 设备安全测评认证体系中。

8.1.5 总结

前面提到的基于 CC 的测评认证体系虽然已经较为成熟，但没有针对 5G 设备安全的专门标准，并且只能在 CCRA 成员国之间实现互认，而我国未加入 CCRA 互认，企业无法在我国境内申请 CC 安全认证，国内颁发的信息安全认证证书仅在国内有效，在国际上也未获认可。而基于 GSMA NESAS 的测评认证体系相对开放，对我国来说，所面临的技术壁垒和政治风险较低。并且在 2021 年，中国信息通信研究院安全研究所已经正式成为获得 GSMA 认可的 NESAS 国际安全测试实验室，为推动 5G 设备安全测试结果，建立国际互认奠定了基础。此外，德国联邦信息安全办公室也在牵头联合 GSMA 推动 NESAS-CSA 成为欧盟 5G 安全认证统一标准。综上，对我国来说，可基于国内已有的 CNAS 测评认证体系，借鉴 GSMA NESAS 测评认证体系建立我国 5G 设备安全的测评认证体系，快速满足我国企业对 5G 产品国际安全测评认证的需求，并推动国内 5G 设备安全测评认证体系与 NESAS 体系的对接，以及评估报告与结果的国际互认。

8.2 5G 设备安全测评框架

8.2.1 概述

本节综合考虑国际国内相关标准内容，全面分析梳理了 5G 安全测评工作的关键问题，结合目前国内外在 5G 设备安全测评方面已经开展的工作，总结完善了 5G 设备安全测评总体框架。如图 8-3 所示，对于一个完整的测评周期，主要分为五个部分，分别为测评机构、测评对象、安全要求、测评方法及流程、参考文档。

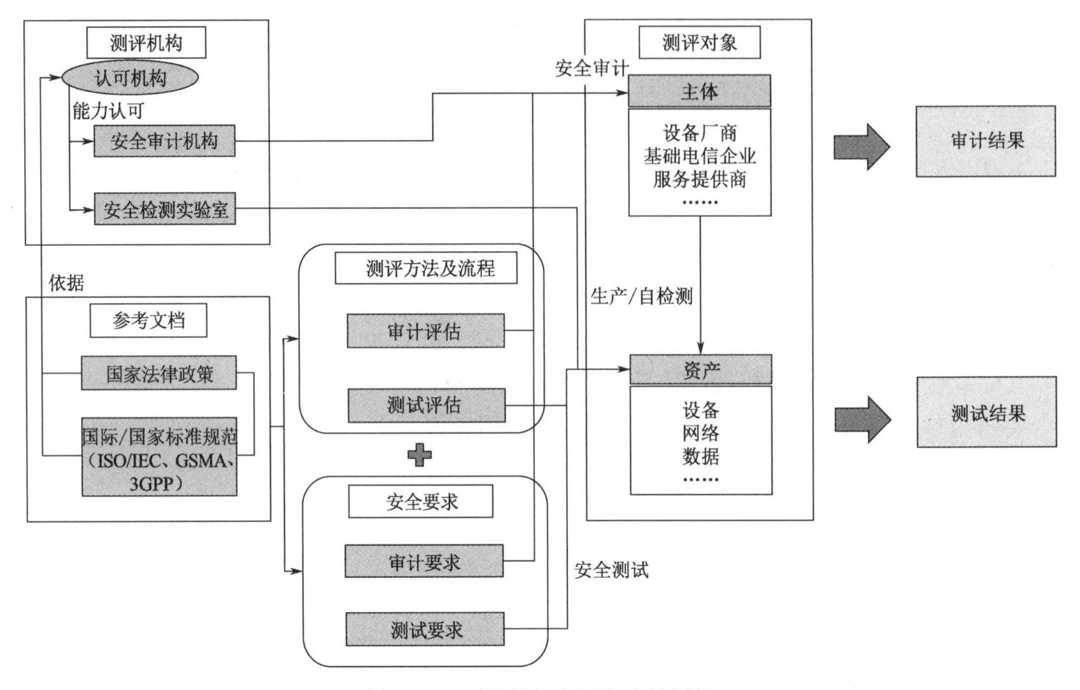

图 8-3　5G 设备安全测评总体框架

（1）测评机构：指开展 5G 设备安全测评的相关机构。依据提供的验证能力不同，测评机构通常分为安全审计机构（auditor）和安全检测实验室（test lab）。安全审计机构主要对 5G 参与主体的市场、人员、流程、运营、维护等安全管理进行审计，确保参与方在网络运维、产品开发、人员管理、市场交易、文档管理等过程中符合安全管理规范的要求。安全检测实验室主要对 5G 资产开展技术检测，确保 5G 资产符合安全技术规范要求和参数要求。安全审计机构和安全检测实验室由专门的认可机构进行能力认可后，方可进行审计和检测。通常国内合规的认可机构为 CNAS。

（2）测评对象：指被测评的对象，包括主体和资产两种。主体主要是指参与 5G 过程的参与方，包括终端厂商、电信设备厂商、网络产品厂商、基础电信企业、互联网信息服务提供商等，接受安全审计机构开展安全审计。资产主要是指组成 5G 架构的各种 5G 终端、5G 网络设备（基站、核心网网元等）、基础电信企业相关支撑平台与系统、网络服务、应用服务相关业务平台、个人/网络/应用数据等，接受安全检测实验室开展安全检测。

（3）安全要求：测评机构对测评对象开展安全测评时，需要通过测评方法确认测评对象是否满足一定的安全要求，是否具备抵抗攻击的能力。审计过程和测试过程的安全要求存在一定的区别。在某些场景下，部分安全要求往往没有绝对的定义，需要测评人员依靠经验来判断。

（4）测评方法及流程：主要包括审计评估和测试评估两种方式。审计评估是对设备厂商、基础电信企业等主体所提供的产品和服务进行审计，对产品来讲，审计内容包括产品设计、开发、采购、运行、升级、报废等完整生命周期过程的安全性；对服务来讲，审计内容包括服务目标、流程、质量、稳定性等。测试评估一般是基于预定标准的安全测试，采用通用或专门研发的测试工具或仪表，通过实地或远程的方式接入被测对象，通过制定的操作流程，对网络、设备、应用等对象潜在的安全隐患进行技术检测，判断被测对象是否符合标准规定的安全要求。

（5）参考文档：指开展5G设备安全测评过程中的参考文档，包括国际/国家安全测评相关标准规范、国家发布的安全政策和法律等。一般来说，具备法律效力认证的认可机构会引用参考文档开展机构和实验室认可，安全审计机构和安全检测实验室会引用参考文档开展安全审计和安全测试。

8.2.2 测评对象

借鉴GSMA NESAS测评认证体系，国内5G设备安全测评主要关注两个方面：一是对5G产品与服务供应商的开发和生命周期过程的安全审计；二是对网络设备的安全测试。测评的对象主要包括主体和资产两种。

（1）主体：指参与5G基站和核心网设备设计、研发、生产、集成的实体，主要包括华为、中兴通讯、诺基亚、爱立信、大唐电信等设备厂商。对主体进行测评的主要目的是测评其是否对其产品、网络和服务进行了安全管理，产品提供者在产品设计、开发、测试、使用、交易等环节，网络运营者在网络设计、规划、建设、使用、运维等环节，服务提供者在服务设计、实施、质量管理等环节是否遵循必要的安全性规定，是否落实相关安全要求。对主体的安全审计偏重安全管理，重点关注实施过程。

（2）资产：指组成5G网络的设备，主要包括5G基站、核心网网元，以及操作系统、Web服务器、网络设备等通用部分。对资产进行安全测评的主要目的是通过测试工具、具体的测试用例来测评网络运营者、产品提供者和服务提供者的网络、产品与服务是否满足安全性要求，比较关注资产外在表现的抵抗内部和外部入侵、渗透、攻击的安全能力。

8.2.3 测评方法

5G设备安全测评方法主要包括审计评估方法和测试评估方法，各方法说明如下。

（1）审计评估：对设备厂商所提供的产品和服务进行审计，对产品来讲，审计内容包括产品设计、开发、采购、运行、升级、报废等完整的生命周期过程的安全性；对服务来讲，审计内容包括服务目标、流程、质量、稳定性等。

（2）测试评估：一般指采用通用或专门研发的测试工具或仪表，通过实地或远程的方式接入被测对象，通过制定的操作流程，对网络、设备、应用等对象潜在的安全隐患进行技术检测，判断被测对象的反应情况是否符合标准规定的安全要求。依据从对象收集的信息，对评估对象整体的安全能力给予评价。

每种方法适用于不同的测评内容。一般来说，审计评估方法主要作用于主体，测试评估方法主要作用于资产。每类方法是一个集合体，其中包含很多具体的方法。以测试评估为例，具体的测试评估方法包括但不限于：扫描测试、模拟攻击、代码审计、模糊测试、抓包分析等。在开展审计评估、测试评估的过程中，针对不同的主体和资产，可在国内法律条例的指导下，依据国际和国内已有的标准规范及个性化需求开展测评。后续章节中将主要围绕 5G 设备生命周期安全审计及设备安全测试两个维度介绍具体的测评方法。

8.2.4 测评流程

5G 设备安全测评的过程如图 8-4 所示。

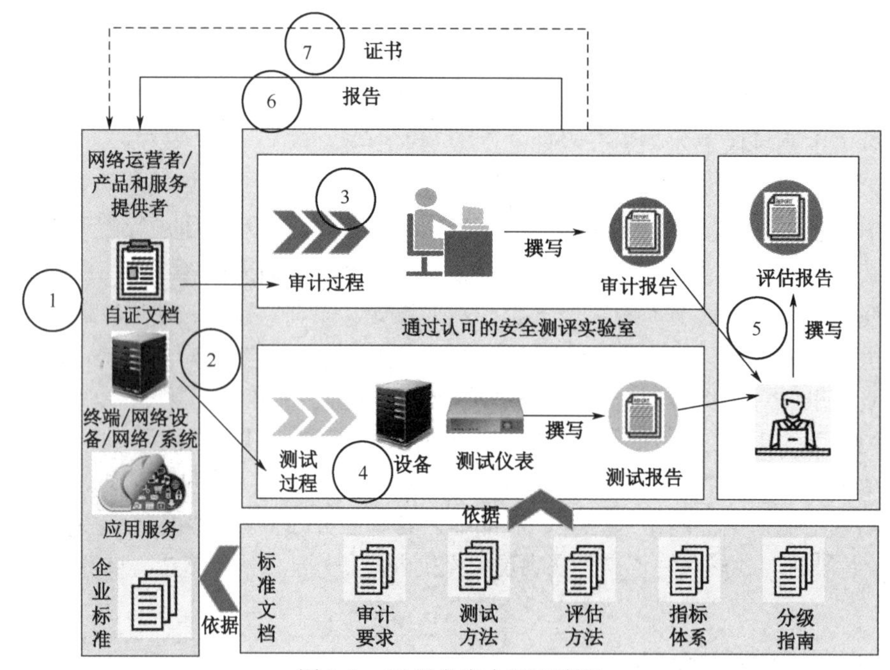

图 8-4　5G 设备安全测评流程

（1）主体（网络运营者、产品和服务提供者）依据国际和国内安全测评标准文档及企业标准文档，对本身的设计、生产、交易、运营、资产管理过程，以及人员管理、制度履行等过程进行安全性自评估，并准备自证文档。在必要情况下，企业可以提前对所拥有的资产进行安全测试，增强自身安全能力的可信程度。

（2）主体向通过认可的安全测评实验室提起安全测评请求。一方面，主体将自证文档提交给实验室，实验室依据所提供的文档，对主体开展安全审计；另一方面，主体将资产和自证文档递交给通过认可的安全测评实验室，或向实验室申请主体测评所需的环境，由安全测评实验室开展测评。

（3）实验室依据国际/国家/行业标准文档，对责任主体提供的自证文档进行审计，责任主体应提供必要的人员和技术配合，并能提供额外需要的细节文档说明，最后由实验室出具审计报告。

（4）实验室对主体的资产进行安全测试，通过测试仪表测试是否满足安全要求，对安全指标进行衡量，并出具测试报告。

（5）实验室依据国际/国家/行业标准文档，以及审计和测试结果，对资产的安全性进行评估，并出具评估报告。

（6）实验室将审计报告、测试报告和评估报告反馈给提交测评申请的主体。

（7）如果主体对测评结果有疑问，可以在一定期限内向实验室提出复议，说明质疑的条目和理由。实验室应给出解答和澄清，必要时可进行复测。

8.3 5G 设备的产品生命周期安全审计

8.3.1 审计范围

一般来说，安全的产品在开发制造及投入使用的整个生命周期中都应集成安全的考虑和机制。移动通信网络设备的生命周期过程涵盖了从初始产品概念到产品结束的所有活动，其中，产品开发流程主要包括产品规划、设计、实施、测试与验证、发布、交付等环节；除了产品开发流程，其还包括版本更新、修复等环节，具体产品生命周期过程如表 8-1 所示。

表 8-1 产品生命周期过程

序号	过程	描述
1	产品开发流程	包含产品规划、设计、实施、测试与验证、发布、交付等环节
2	首次商用引入	产品从第一个被接受用于实时商业网络的发布版本开始其商用生命周期
3	更新	产品通过次版本或主版本进行更新。这个阶段通常是上述的一个发布周期
4	次版本发布	主要修复在早期版本中发现的漏洞和其他错误，通常只引入一些微小的特性增强和体系结构更改
5	主版本发布	在修复早期版本中发现的漏洞和其他错误时，可能会引入较大的特性增强和体系结构更改
6	结束	这一过程将不再提供网络产品的更新。由于这一过程发生在维护网络产品的合同和法规要求停止之后，其通常标志着网络产品生命周期的结束

在 5G 设备的整个产品生命周期中，主要关注以下几个方面的安全。

（1）源代码安全：源代码是指用于创建网络产品二进制软件的代码，也包括在网络产品软件中，不一定编译为二进制的脚本。源代码包括应用软件、软硬件平台和集成 API（如有）。软件平台包括操作系统和虚拟化管理软件。

（2）软件包安全：软件包通常是在主动开发和维护阶段通过构建源代码创建的，并需要接受测试、验证及发布决策。每个网络产品在生产后包含多个软件包的组合。

（3）已完成产品（成品）的安全：成品通常包括两种，即一种是在网络产品上安装的软件镜像，通常由一个或多个软件包编译而成；另一种是集成整个网络产品的硬件要素，通常也包括进入制造过程的某个版本的软件镜像。

（4）安全文档：用于指导网络产品设计和源代码开发的文档，是网络产品设计和开发过程中的交付件。一种常见的安全文档类型包括设备供应商在网络产品设计和开发过程中创建的安全文档，如原理图或架构设计文档，以及安全配置和运行网络产品所需的信息。

（5）运营产品安全：运营产品是指基础电信企业正在现网使用的网络产品，在设备厂商首次交付后可以用新的软件镜像进行更新。

（6）产品开发支持系统的安全：支持系统常用于管理网络产品开发过程中的活动、文档和源代码，贯穿整个生命周期。常见的支持系统类型是产品构建环境，包括网络产品编译过程使用的编译环境和工具，如操作系统、编译脚本、构建工具等。

8.3.2 审计目标

对 5G 设备厂商的产品开发和生命周期过程进行审计的安全目标是确保资产免受所暴露的风险的影响，为基础电信企业提供保障。安全审计目标包括的内容如表 8-2 所示。

表 8-2 安全审计目标包括的内容

序号	安全审计目标	消减的威胁或风险	描述
1	源代码更改控制	• 恶意开发	降低漏洞被故意引入的风险
2	专用网络产品的软件不存在漏洞	• 源代码自身缺陷	降低漏洞意外发生的风险
3	发现的漏洞得到适当和及时的处理	• 源代码自身缺陷 • 第三方源代码缺陷 • 未处理的漏洞 • 存在有漏洞的软件镜像 • 第三方组件的生命周期终止	减少因已知漏洞而产生的机会窗口
4	敏感文件不被泄露	• 敏感文档泄露	保护敏感信息不被潜在的攻击者窃取
5	编译和构建环境受到保护，不受篡改	• 构建篡改 • 第三方组件的生命周期终止	降低通过编译环境替换构建工具或操纵参数给网络产品引入漏洞的风险

续表

序号	安全审计目标	消减的威胁或风险	描述
6	第三方组件中新发现的漏洞应尽早识别	• 无意识的漏洞	确保已知的漏洞可以在合适的时间内被运营产品缓解，使漏洞不被发现
7	安装前验证软件完整性	• 不可信的软件镜像	防止恶意篡改的软件被意外安装
8	识别软件加载版本	• 有漏洞的旧版本软件镜像	防止旧版本的软件被意外安装在运行的网络产品中，避免重新引入漏洞
9	及时告知基础电信企业可用的安全修复	• 无意识的修复	确保基础电信企业了解可用的补丁，并能够应用它们，以避免不必要地扩大其网络中的漏洞窗口
10	安全设计	• 设计缺陷	默认安全从一开始就被纳入设计中，确保漏洞可以通过网络产品的安全设计来消除
11	安全测试	• 恶意开发 • 设计缺陷	网络产品的安全性测试是为了确定漏洞、非预期行为、未指定行为和针对未定义输入的健壮性
12	员工教育	• 源代码自身缺陷	参与设计、工程、开发、实现和维护的人员充分了解 IT/网络安全问题，以便他们可以构建安全的网络产品
13	网络产品的客户文档应是准确且最新的	• 错误文档	与安全事项相关的客户文档被交付给基础电信企业客户时，应该是准确的，并描述了网络产品的实际功能和属性
14	对于所有安全问题，基础电信企业客户都可向设备厂商提供的具体接口人求助	• 无法联络设备厂商	设备厂商与客户之间应具备一个明确的沟通渠道，让客户知道在遇到安全问题或事故时应联系谁
15	持续改进	• 设计缺陷	对已查明的安全问题进行分析，以确定如何防止这些问题再次发生
16	确保第三方组件的质量和可用性	• 第三方源代码缺陷 • 无意识的漏洞 • 未处理的漏洞	降低将脆弱的、不受支持的第三方组件集成到网络产品中的风险

8.3.3 审计要求

为了对供应商开发过程和产品生命周期进行审计，实现 8.3.2 节中提到的安全审计目标，下面参考 GSMA NESAS FS.16 规范提出了必须满足的安全审计要求。下面的概述要求均可视为基线要求，每项要求应建立相应的过程/控制来满足，并有证据显示其操作的正确性。

8.3.3.1 设计安全

5G 设备应在整个开发过程和生命周期内通过设计实现安全。因此，架构和设计决策应该基于一组安全原则，这些原则将贯穿整个开发过程和产品生命周期。设计安全的目标是通过稳健且持续应用的原则来限制安全风险的影响，包括但不限于：安全架构原则（域分离、分层、封装）；安全设计原则（最小特权原则，攻击面最小化，集中参数验证和集中安全功能，准备错误和异常处理，隐私设计）。在设计阶段，应对网络产品进行威胁分析，以识别潜在威胁并采取相关消减措施。

8.3.3.2 实现安全

（1）源代码审查：5G 设备供应商应确保按照适当的编码标准对专用于网络产品的新源代码和更改后的源代码进行适当的评审。如果可行，还宜通过使用源代码分析工具和适当的自动化工具来实现审查。目标是降低可能在网络产品中引入漏洞的软件问题的风险。

（2）源代码治理：5G 设备供应商应确保在没有适当治理的情况下，不会将任何更改引入网络产品。目标是防止未经授权的更改，并减少意外或未经授权的更改的可能性，确保对任何更改都有独立的控制线。

8.3.3.3 构建安全

（1）自动化构建过程：5G 设备供应商应使用自动化构建工具，以最少的人工干预来编译源代码和存储构建日志。目标是确保构建是可重复的、确定的，并且涵盖了设备供应商定义的安全流程。

（2）构建环境控制：5G 设备编译构建环境的所有数据（包括源代码、构建脚本、编译工具、编译环境）均应直接来自版本控制系统。目标是确保可重复产生相同的二进制文件，并且对于任何修改都有一个清晰的审计跟踪。

8.3.3.4 测试安全

5G 设备供应商应进行安全测试，包括安全功能的验证、正面和负面测试，以及网络产品的漏洞测试。漏洞测试应针对未定义/未预期的输入测试网络产品的健壮性。目标是确保在交付网络产品之前，安全功能已得到验证，检测和消减潜在的漏洞。

8.3.3.5 发布安全

（1）软件完整性保护：5G 设备供应商应建立和维护软件完整性保护方法，以确保网络产品的交付在受控条件下进行。基础电信企业应获得相应能力，用于识别接收的软件包是否真实。基础电信企业的目标是能够检查软件包和相关文档的完整性。

（2）唯一软件发布标识：所有发布的软件包版本都应具备唯一的标识。目标是确保所有软件都是可识别的，并且完全相同的软件使用相同的唯一标识符。

（3）资料准确性：客户文档应包含所有安全相关方面的最新信息，并反映网络产品在自身或软件升级时的当前功能。目标是确保网络产品文档反映交付的网络产品版本。

（4）安全资料：随网络产品发布的文档应包含安全配置和运行网络产品所需的所有最新信息。目标是确保基础电信企业能够以安全的方式配置网络产品，包括确认默认配置是否安全。

8.3.3.6　运营安全

（1）安全接口人：5G 设备供应商应提供安全问题接口人，并告知客户和第三方漏洞披露者。该联络点应能在设备供应商组织内找到合适的人员/部门，以处理客户/第三方漏洞披露者提出的安全问题。目标是确保设备供应商及时、安全地将收到的请求转发给相关部门，并确保请求方或通知方收到及时的答复。

（2）漏洞信息管理：5G 设备供应商应具备可靠的流程，用于及时发现所使用的第三方组件中新披露的潜在漏洞，并评估这些漏洞是否会导致网络产品漏洞。目标是减少第三方组件导致网络产品不支持、不可用或易受攻击的影响。

（3）漏洞修复流程：5G 设备供应商应建立流程，以处理在已发布的网络产品（包括第三方组件）中发现的或与之相关的漏洞。漏洞应得到适当处理，及时将补丁/软件升级分发给所有受影响的基础电信企业，以便在商定的时间表内履行现有维护合同。目标是减少网络产品变得脆弱或第三方组件变得不受支持、不可用或易受攻击的影响。

（4）漏洞修复独立：为便于部署，5G 设备供应商应提供独立于修改网络产品功能的补丁/软件升级的漏洞修复和升级。目标是确保安全补救措施能够快速、独立地交付，不受功能交付计划的影响。

（5）安全修复沟通：流程应确保在补丁发布时，与有维护协议的基础电信企业沟通可用的安全相关补丁信息。目标是确保及时通知基础电信企业可应用任何安全修复。

8.3.3.7　通用安全

（1）版本控制安全：在整个网络产品生命周期中，5G 设备供应商应采用版本控制系统，对硬件、源代码、构建工具和环境、二进制软件、第三方组件及客户文档进行版本控制，以确保能够跟踪上述要素所有变更的授权和完整性。

（2）变更跟踪：5G 设备供应商应建立全面、文档化和跨网络产品线的程序，以确保对开发及产品生命周期阶段随时出现的需求与设计变更进行系统的、及时的管理和跟踪。目标是确保网络产品中所有受影响的网络产品组件可以采取一致的方式做出所有变更。

（3）员工培训：5G 设备供应商应对参与网络产品设计、工程、开发、实施、测试和维护的所有人员进行持续教育，以确保他们掌握最新的安全知识，并具有较强的安全意识。目标是确保所有工作人员对与其职责相关的安保事项保持高水平的认知。

（4）信息安全管理：在整个生命周期内，5G 设备供应商应采用信息分类处理方案，避免敏感信息（如安全漏洞、签名密钥等）泄露。目标是确保敏感信息得到识别、分类和管理。

（5）持续改进：5G 设备供应商必须对其开发的流程和产品生命周期有一个持续改进的过程，该过程必须包含对安全缺陷的根因分析。由此产生的改进应纳入相关设计或流程。目标是持续改进流程并降低漏洞再次发生的可能性。

（6）第三方组件的采购和生命周期管理：5G 设备供应商应制定流程，以确保第三方组件在产品生命周期内的质量。设备供应商应选择受支持的第三方组件，并应避免使用生命周期已结束的组件。目标是降低设备供应商在其供应链中采购和使用易受攻击、受污染和不受支持的第三方组件的可能性。

8.3.4 审计方法

5G 设备供应商可定义各自的流程，描述如何将安全性融入产品的设计、开发、实现和维护过程，并对流程的合规性进行自我评定。安全审计机构则会依据 5G 设备供应商所提供的内部流程与审计要求一致的证明，包括公司内部的管理制度文件、企业内部标准、报告及日志记录、合理的最佳实践证明等材料，采用面谈、检查记录、数据收集和分析等方式进行审计，并记录每项要求的评估和结果细节，以及所执行审计步骤的清单。若安全审计机构在审计后认为该 5G 设备供应商的内部流程符合审计要求，则可发布审计报告，为基础电信企业采购设备提供参考和指引。值得注意的是，为保证报告的权威性，通常需要相关机构具备一定的资质，获得权威机构的能力认可。在国内，实验室或机构通过 CNAS 能力认可后，方可进行审计和检测。

8.4 5G 设备安全测试内容及方法

为了确保 3GPP 定义的各个网元的安全性，3GPP 定义了一系列针对 5G 设备的安全风险描述、测试用例及加固措施的技术报告（TR）和技术规范（TS），即 3GPP SCAS 系列标准。目前，3GPP SCAS 系列标准已经成为国内外针对 5G 设备开展安全测试的主要依据。本节在 3GPP SCAS 系列标准定义的安全要求基础之上，结合设备安全需求和我国基础电信企业的实际需求情况，总结了 5G 设备安全检测内容及方法，主要包括通用安全、5G 基站安全、5G 核心网网元安全三个部分。引用的 3GPP SCAS 系列标准规范清单如表 8-3 所示。

表 8-3　引用的 3GPP SCAS 系列标准规范清单

标准号	标准名
TR 33.805	网络产品安全保障方法研究与选择
TR 33.916	网络产品安全保障方法论
TR 33.926	3GPP 网元产品威胁和重要资产
TS 33.511	5G 基站 gNB 安全保障规范
TS 33.512	AMF 网元（接入和移动性管理功能）安全保障规范
TS 33.513	UPF 网元（用户面功能）安全保障规范
TS 33.514	UDM 网元（统一数据管理功能）安全保障规范
TS 33.515	SMF 网元（会话管理功能）安全保障规范
TS 33.516	AUSF 网元（鉴权服务功能）安全保障规范
TS 33.517	SEPP 网元（安全边缘保护代理功能）安全保障规范
TS 33.518	NRF 网元（网络存储功能）安全保障规范
TS 33.519	NEF 网元（网络开放功能）安全保障规范
TS 33.520	N3IWF 网元（非 3GPP 互通功能）安全保障规范
TS 33.521	NWDAF 网元（网络数据分析功能）安全保障规范
TS 33.522	SCP 网元（服务通信代理功能）安全保障规范
TS 33.326	NSSAAF 网元（网络切片特定认证和授权功能）安全保障规范

8.4.1　通用安全测试内容

5G 设备通用安全测试框架如图 8-5 所示，主要分为技术基线安全、操作系统安全、Web 服务器安全、网络产品安全、基本脆弱性测试及其他安全需求六个部分。

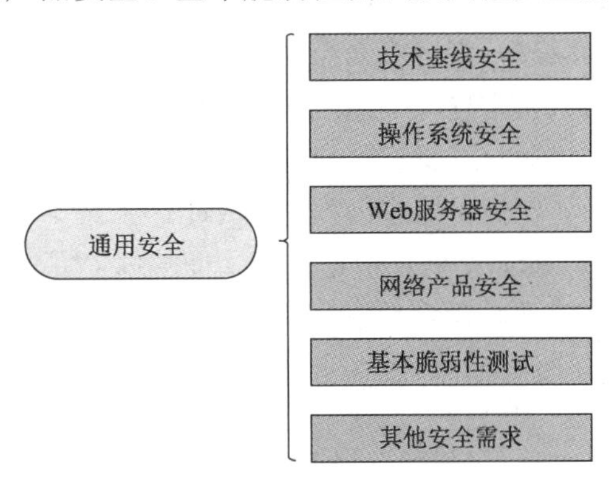

图 8-5　5G 设备通用安全测试框架

8.4.1.1　技术基线安全

技术基线是所有网络设备都要满足的一组通用的安全需求，其主要目的是保证网络设备的机密性、完整性和可用性。技术基线安全测试要求包括一般安全测试要求及加固安全测试要求两部分，如图 8-6 所示。其中，一般安全测试要求主要包括数据和信息保护、可用性和完整性保护、认证和授权、会话保护、日志安全等。加固安全测试要求主要包括不必要或不安全的服务/协议、服务受限可达、没有未使用的软件/功能/组件、特权用户远程登录受限、文件系统授权权限，主要是确保减少网络产品脆弱性的暴露面，尤其是确保所有网络产品默认配置（包括操作系统软件、固件和应用）的合理性。

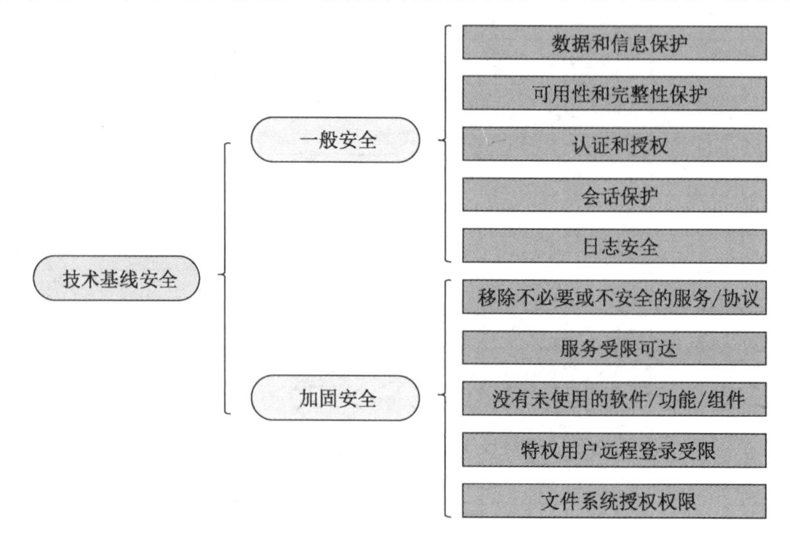

图 8-6　技术基线安全测试要求

1. 一般安全测试要求

1）数据和信息保护

应按照以下要求实施足够的安全措施来保护敏感数据。在某些情况下，可能需要根据数据类型或其他因素采取进一步措施来加强。

（1）保护系统内部的机密数据。当系统未处在维护模式时，用户和管理员（包括但不限于操作系统用户、人机用户、机机用户等）无法查看系统功能使用的具有机密性的内部数据的明文。这些功能包括本地或远程的 OAM CLI 或 GUI、日志信息、告警、配置文件出口等。具有机密性的系统内部数据包括认证数据（如 PINs、加密密钥、cookies）和有利于攻击者但系统管理不需要的系统内部数据，如错误信息的堆栈痕迹。

（2）数据和信息的存储保护。对于（永久或临时）存储的敏感数据，为了防止被恶意操纵，读取访问权限应受到限制。具体有以下三个原则：对于存储需要清楚地访问身份识别和身份验证数据的系统，不应该以明文的方式存储敏感数据，应对其进行干扰或加密存储；对于存储不需要明文访问敏感数据（如用户密码）的系统，应对敏感数据做哈希处理；对网络设备中存储的文件进行校验或加密保护。

（3）数据和信息的传输保护。数据和信息的传输需要使用加密保护的网络协议。这些网络协议应该用行业接受的算法来实现，且不应使用有已知漏洞或安全替代方案的版本。

（4）记录个人数据访问日志。在某些场景下，可能需要以明文方式查阅低风险的个人资料。在这种情况下，日志应该记录对该资料的查阅过程，包括查阅者、查阅内容等，但不以明文方式透露个人资料信息，防止信息暴露用户身份，从而导致其个人隐私遭受侵犯。

2）可用性和完整性保护

（1）过载情况下的系统处理。对于由 DoS、流量增加而达到拥塞阈值引发的过载情况，系统应提供相关安全措施来处理，避免系统的可用性受到部分或完全损害。潜在的保护措施包括：限制每个应用程序的可用 RAM；限制 Web 应用程序的最大会话数量；限制数据集的规模；限制每个进程使用的 CPU 资源；定义进程处理优先级；限制用户在特定时间范围通过一个 IP 地址进行交互的数量和规模。如果无法防止过载情况的发生，即出现过度过载，系统应该采取可控的方式应对过度过载情况，使得系统以可预测的方式继续正常工作。设备供应商应提供网络产品过载控制机制的技术说明。对应这个需求的相应测试项，将检查这些描述是否提供了足够的细节，以便评估者理解该机制是如何设计的。

（2）通过规定的存储设备启动。验证网络产品只能从规定的存储设备启动，不能从外部存储设备（如 USB/光盘等）启动。

（3）系统对意外输入的健壮性。在数据（包括所有输入系统的数据，如用户输入、数组中的值和协议中的内容）传输到系统的过程中，首先应该验证这些数据的合理性，包括数据的长度和格式规范、接收数据的协议错误处理、复杂数据的递归次数限制，避免白名单或者取值范围之外的数据输入。

（4）网络产品软件包的完整性保护。在安装/升级阶段，网络产品应支持通过加密手段（如数字签名）进行软件包完整性验证。对于完整性检查不合格的软件，不得进行安装。应建立一种安全机制来保证只有经过授权的个人才能启动和部署软件更新。

3）认证和授权

（1）认证策略。一是未经认证和授权成功，不能使用系统功能。测试在没有用户身份和至少一种身份验证属性（如密码、证书）成功验证的情况下，网络服务、通过管理控制台的本地访问、操作系统等系统功能被禁用。二是账户应明确用户标识。网络产品应支持为每个用户（个人或者机器账户）分配单独账户，其中机器账户可以是应用程序或系统。默认情况下，网络产品不允许使用组账户或组凭据，也不允许多个用户共享同一个账户。测试时应确认网络产品的文档不在多个用户之间使用组账户、组凭据或共享同一个账户；网络产品不支持与账户无关的凭据；网络产品的默认设置无法使用组账户或组凭据。三是账户至少有一种身份验证属性的保护。为保护系统上的各种用户和机器账户不被滥用，通常使用身份验证属性与用户名结合来实现对授权用户的明确认证和识别。身份验证属性一般有加密密钥、令牌、密码。测试时应确认所有账户都受到至少一种身份验证属性的保护。四是删除或禁用预定义的账户。应删除或禁用所有预定义或默认的账户。如果无法采取此措施，则应锁定账户的远程登录。在任何情况下，禁用或锁定的账户都应配置复杂密码，以防止在配置错误的情况下未经授权使用此类账户。例外情况是，默认账户仅在所涉及的系统内部使用，以及系统上的一个或多个应用程序运行所需的账户，对于此类情况，应禁止远程访问或登录。五是预定义或默认的认证属性应被修改或禁用。身份验证属性（如密码或加密密钥）会被生产者、供应商或开发人员预先配置在系统中。此类验证属性应通过在第一次登录系统时自动强制用户更改，或者由供应商提供有关如何手动更改的说明。

（2）密码策略。一是密码结构设置。网络产品的密码应该满足以下复杂度和要求，即绝对长度至少为 8 个字符，至少需包含以下列出类别中的三项：包含一个大写字母（A～Z）；包含一个小写字母（a～z）；包含一个数字（0～9）；包含一个特殊符号（如@）。测试时应验证密码结构是否可以根据复杂性标准进行配置。二是密码更改。如果将密码用作身份验证属性，则系统应提供允许用户随时更改其密码的功能。系统应根据密码管理策略强制执行密码更改。特别的是，在初次登录或密码到期的情况下，系统应强制修改密码。三是防暴力破解和字典攻击。如果将密码用作身份验证属性，则应实施防止暴力破解和字典攻击的保护措施，以避免密码泄露。具体有：每次输入错误的密码后，应该增加延迟，延迟的时间根据输入错误的次数递增或加倍；当输入错误的次数达到一定数量后，强制关闭该账号；使用验证码防止自动尝试（多用于 Web 程序服务）；设置密码黑名单等。四是隐藏密码显示。密码不能够明文显示，防止被任意观察者看到和误用。

（3）身份认证。一是网络产品管理和维护界面。网络产品的管理应支持相互认证，可以依靠接口本身使用的协议或其他手段来实现相互认证机制。二是连续登录失败尝试的策略。允许的用户连续登录失败的次数是有限的。默认定义应小于或等于 8，通常为 5。在用户连续登录失败的次数超过允许用户登录的最大次数后，将设置阻塞延迟，如双倍延迟，或 5 分钟、10 分钟延迟。网络设备可以支持永久锁定账户，即可以通过配置对超过最大允许连续登录失败次数的账户进行无限（永久）锁定。但不可永久锁定管理账户，只能通过增加延迟暂时锁定。

（4）授权和接入控制。一是授权策略。账户和应用程序的授权应配置为其执行任务所需的最低限度。对系统的授权应限制在，用户只能访问在工作过程中所需使用数据的级别。还应分配适当的权限给访问操作系统或应用程序的组件，或者由其生成的文件（如配置和日志记录文件）。除了访问数据，应用程序和组件所需要使用的权限应该尽可能低。不建议使用管理员或系统权限运行应用程序。二是基于角色的访问控制。网络产品应支持基于角色的访问控制（RBAC）。基于角色的访问控制系统使用一组控制手段来确定用户与域和资源的交互方式。域可以是故障管理（FM）、性能管理（PM）、系统管理员等。RBAC 系统控制如何允许用户或用户组访问各个域，以及它们可以执行什么类型的操作，即特定操作命令或命令组（例如，查看、修改、执行）。网络产品支持 RBAC，尤其是对用于网络产品管理和维护的 OAM（对象权限管理器）的权限管理，RBAC 应该包括通过网络产品控制台界面对配置数据和软件的操作的授权。

4）会话保护

系统应具有允许已登录用户随时退出的功能。当退出时，用户 ID 下的所有进程终止。仅在调试时，允许登录用户的进程在会话结束后继续运行。运维管理用户会话应在一段空闲时段后自动中断，超时重置取决于用户会话类型。

5）日志安全

（1）安全事件日志：安全事件的日志内容应包括发生的事件和唯一的系统参数（如主机名、IP 或 MAC 地址），以及事件发生的确切时间。例如，对于每个安全事件，日志条目应包括用户名、时间戳、执行的操作、结果、会话长度超过或达到的值。安全事件日志的访问权限应受到访问控制，只有特权用户才能访问日志文件。

（2）日志集中存储的传输。网络产品的日志功能应支持将日志文件安全上传到中心或正在进行日志记录的外部系统。其传输协议应该遵循数据和信息传输保护协议。

2. 加固安全测试要求

这部分提出的要求旨在通过减少网络产品的漏洞面来保护网络产品（包括基于服务的体系结构中的网络功能），确保所有默认的网络产品配置（包括操作系统软件、固件和应用程序）都是合理有效的。

（1）移除不必要或不安全的服务/协议。设备供应商的网络产品应仅运行其操作所需的、不存在任何已知安全漏洞的协议处理程序和服务。在默认情况下，FTP/TFTP/Telnet/rlogin/RCP/RSH/HTTP/SNMPv1/SNMPv2/SSHv1/TCP/UDP small servers（echo、chargen、discard 和 daytime）/Finger/BOOTP 服务器/Discovery 协议（CDP，LLDP）/IP identification service（Identd）/PAD/MOP 服务应初始配置为禁用状态。特殊情况下（如远程诊断），操作人员可能需要重新启用被禁用的协议。

（2）服务受限可达。网络产品应限制服务的可达性，即服务只能到达其被需要的接口。在服务有效的接口上，其可达性应仅限于合法的通信对端。该限制应依据包过滤在网络产品上实现，而不能使用防火墙等网络侧手段。例如：管理服务（如 SSH、HTTPS、RDP）应仅限于到达管理网络的接口，以隔离管理流量和用户流量。

（3）没有未使用的软件/功能/组件。①网络设备的运行或者功能不需要使用的软件不应该被安装，如已经安装，应该将其卸载。②在安装软件和硬件的过程中，所激活的系统操作不需要的软件功能应单独删除、卸载或者配置为永久停用。运行或系统功能不需要的硬件功能（如未使用的接口）也应永久停用。③网络设备不应使用其供应商、生产商或开发人员不再支持的软件和硬件组件，如已达到生命周期的或不再受支持的组件不应该应用在网络设备中。

（4）特权用户远程登录受限。为防止权限滥用，保证系统安全，根用户或同等最高权限用户只能在系统控制台登录，不允许远程登录。测试时应验证根用户或同等最高权限用户不被允许远程登录系统。

（5）文件系统授权权限。测试时应验证只有被授权修改文件、数据、目录或文件系统的用户才有特权修改文件、数据、目录或文件系统。

8.4.1.2 操作系统安全

操作系统安全测试要求也包含一般安全测试要求及加固安全测试要求两部分，如图 8-7 所示。其中，一般安全测试要求主要包括可用性和完整性、认证和授权、UNIX 操作系统特定需求等。加固安全测试要求主要包括缓解 IP 欺骗、内核网络函数最小化、禁止移动媒体自启动、SYN 泛洪预防、防止缓冲区溢出、限制外部文件系统安装。

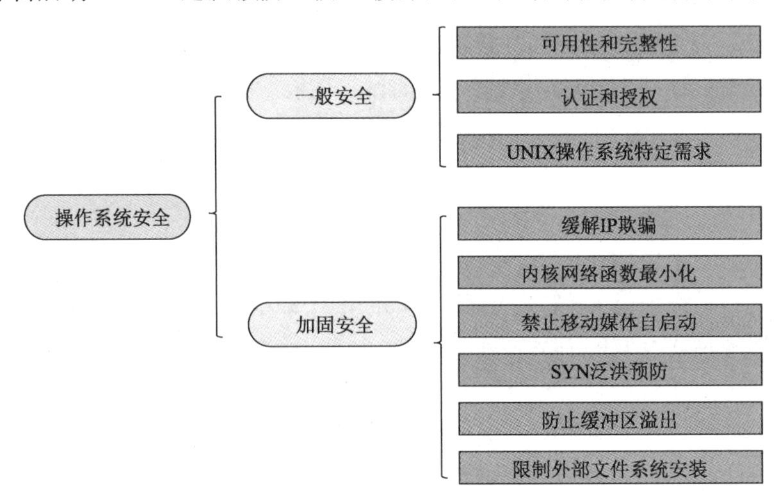

图 8-7 操作系统安全测试要求

1. 一般安全测试要求

（1）可用性和完整性。①增长或动态内容处理。要保证增长或动态内容（如日志文件、上传文件）即使达到最大容量也不影响系统正常运行。测试时应验证采取了应对措施，如使用独立于主系统功能的专用文件系统、为增长/动态内容分配使用内存，或者采用文件监控系统防止内容占用的内存超过最大容量。②ICMP 处理。测试时应验证在网络产品上关闭了与操作无关的 ICMPv4 和 ICMPv6 包处理功能，尤其是某些在大部分网络没有使用的且有一定风险的 ICMPv4 和 ICMPv6 类型。③IP 选项和扩展项处理。应处理携带不必要选项或扩展项的 IP 包。IP 选项或扩展项仅在特殊情况下需要（如源路由），测试是否过滤掉所有含选项或扩展项的 IP 包。

（2）认证和授权。禁止不安全的身份验证权限升级。在交互会话过程中，如果没有重认证，不允许用户从另一个用户处获取管理员权限进而获得权限升级。测试时应验证关闭了非安全权限升级方式，可以使用户直接登录到所需权限的账号。

（3）UNIX 操作系统特定需求。UNIX 操作系统（涵盖所有主要的 UNIX 类衍生品，包括 Linux）中的每个系统账户都应该有唯一用户标识符号（UID）。

2. 加固安全测试要求

（1）缓解 IP 欺骗。如果 IP 数据包的源地址在接收接口不可达，系统将不处理它们。

测试过程中需验证网络产品提供的反欺骗功能，即在处理包之前，网络产品检查接收包的源 IP 是否可以通过它进入的接口来访问。验证如果接收包的源地址不能通过它进入的接口进行路由，那么网络产品就丢弃这个包。

（2）内核网络函数最小化。网络单元运行没有用到的基于内核的网络函数应被停用。下面各项功能应该默认禁用：网络产品不同接口之间的 IP 包发送；代理 ARP；定向广播；IPv4 多播处理，多播路由缓存和转发；免费的 ARP 信息（防止 ARP 缓存中毒）。

（3）禁止移动媒体自启动。验证在连接 CD、DVD、USB 或 USB 存储驱动器等移动媒体设备时，网络产品不会自动启动任何应用程序。

（4）SYN 泛洪预防。网络产品应支持防止 SYN 泛洪攻击的机制（如通过在 linux sysctl.conf 文件中设置 net.ipv4.tcp_syncookies = 1，在 TCP 栈中实现 TCP syn cookie 技术）。测试时需验证网络产品默认情况下启用此功能。

（5）防止缓冲区溢出。确保系统建立缓冲区溢出保护机制，并应提供相关文档解释说明缓冲区溢出机制，能够让用户自行检查网络产品是否已启用或实现保护机制。

（6）限制外部文件系统安装。如果允许普通用户安装外部文件系统（本地或通过网络连接），则应适当设置操作系统限制，以防止安装的文件系统内容导致权限升级或扩展访问权限。

8.4.1.3　Web 服务器安全

Web 服务器安全测试要求包含一般安全测试要求及加固安全测试要求两部分，如图 8-8 所示。其中，一般安全测试要求主要包括 HTTPS 协议、Web 服务器日志、HTTP 用户会话、HTTP 输入校验四个方面。加固安全测试要求主要包括 Web 服务器禁止系统

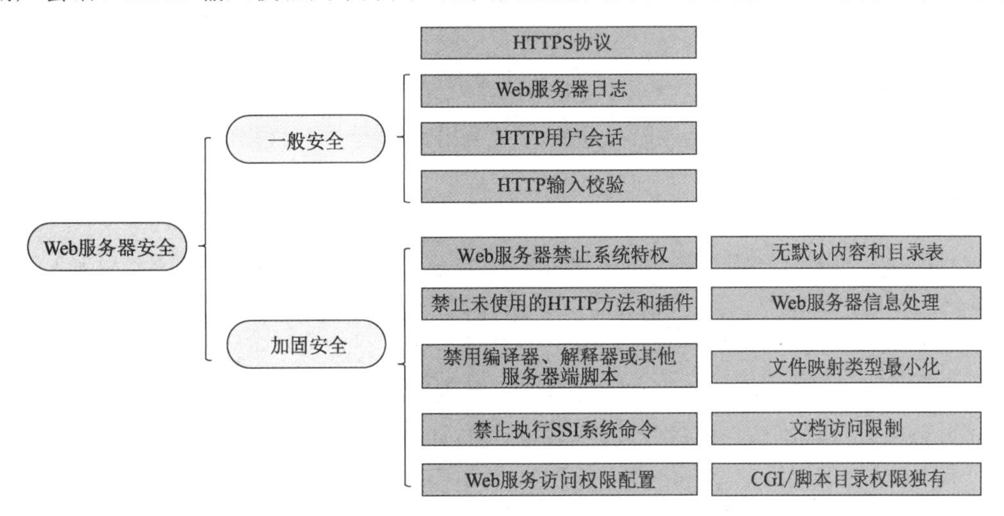

图 8-8　Web 服务器安全测试要求

特权，禁止未使用的 HTTP 方法和插件，禁用编译器、解释器或其他服务器端脚本，禁止执行 SSI 系统命令，Web 服务访问权限配置，无默认内容和目录表，Web 服务器信息处理，文件映射类型最小化，文档访问限制，CGI/脚本目录权限独有。

1. 一般安全测试要求

（1）HTTPS 协议。验证 Web 客户端和 Web 服务器通信采用 TLS 保护，且应采用 3GPP TS 33.310 附录 E 定义的 TLS 配置文件，但不应支持空加密的加密套件。

（2）Web 服务器日志。验证 Web 服务器的所有访问都被记录在日志中，并且包含所需的信息，即访问时间、访问源（IP 地址）、HTTP 请求中的相关字段，尽可能包含 URL、Web 服务器响应状态码、访问账号（可选）、尝试登录名（可选）。

（3）HTTP 用户会话。为保护用户会话，应验证网络产品支持下列会话标识和会话 cookie 的要求。一是会话标识应唯一标识用户，区别于其他所有有效会话；二是会话标识应不可预测；三是会话标识不应包含明文的敏感信息（如账号、社交安全信息等）；四是除了会话闲置时限，网络产品应能根据配置的最大生命周期自动终止会话，最大生命周期的默认值应设为 8 小时；五是应对每个新的会话创建新的会话标识（如当用户登录时）；六是会话标识不应被重用或在后续会话中更新；七是网络产品不应使用永久的 cookie 来管理会话，只能使用会话 cookie，也就是说，cookie 中不应设有“expire”和“max-age”属性；八是使用会话 cookie 时，“HttpOnly”属性应设为 true；九是使用会话 cookie 时，“domain”属性的设置应确保 cookie 只能发送至特定的域；十是使用会话 cookie 时，“path”属性的设置应确保 cookie 只能发送至特定的目录或子目录；十一是网络产品不应接收来自 GET/POST 变量的会话标识；十二是应配置网络产品只接收服务器生成的会话标识。

（4）HTTP 输入校验。网络产品应建立适当的保护机制，以确保 Web 应用程序输入不会遭受命令注入攻击或跨站脚本攻击。网络产品应能验证、过滤、逃逸、对用户可控的输入进行编码，以确保用户可控的输入不会输出在其他用户使用的网页上。

2. 加固安全测试要求

（1）Web 服务器禁止系统特权。验证任何 Web 服务进程都不能使用系统特权运行。最好的一种实现方法是，如果 Web 服务器运行在具有最小权限的账户下，并且进程是由具有系统特权的用户启动的，那么在启动之后，执行将转移至另一个没有系统特权的用户。

（2）禁止未使用的 HTTP 方法和插件。Web 服务器应该停用不需要的 HTTP 方法。对 Web 服务器的标准请求应该只使用 GET、HEAD 和 POST。如果确需使用其他方法，它们不应引入安全漏洞。Web 服务器不应安装不需要的插件和组件，特别是通用网关接口（CGI）或其他脚本组件。例如，服务器端包含的 SSI 和 WebDAV 插件等，在不需要时应停用。

（3）禁用编译器、解释器或其他服务器端脚本。验证 Web 服务器是否已停用不需要的加载项和不需要的脚本编写组件。例如，通用网关接口目录或其他相应的脚本目录不应包括编译器或解释器，如 PERL 解释器、PHP 解释器/编译器。

（4）禁止执行 SSI 系统命令。如果服务器端包含 SSI 被激活，系统命令的执行应被停用。如果服务器端的 SSI 处于激活状态，应测试是否可以使用执行指令，如果可以，执行指令是否可以用于系统命令。

（5）Web 服务访问权限配置。验证 Web 服务器配置文件的访问权限是否正确设置。Web 服务器配置文件的访问权限只能授予 Web 服务器进程的所有者或具有系统权限的用户。例如：对其他用户删除“读”和“写”权限。只授予配置 Web 服务的用户“写”权限。

（6）无默认内容和目录表。Web 服务器标准安装时提供的默认内容（示例、帮助文件、文档、别名）应被删除。目录浏览功能应该被停用。

（7）Web 服务器信息处理。检查 HTTP 报头和用户引起的错误页面不包括关于 Web 服务器版本及使用的模块/扩展插件的信息。错误信息不应包括内部服务名称、错误代码等内部信息。Web 服务器的默认错误页面将由供应商定义的错误页面替换。

（8）文件映射类型最小化。验证不需要的文件类型或脚本映射已被删除，如 PHP、PHTML、JS、SH、CSH、BIN、EXE、PL、VBE、VBS 等。

（9）文档访问限制。对 Web 服务器文档目录中的所有文件应授予访问权限限制。测试 Web 服务器文档目录中的所有文件是否设置了访问权限限制，并验证是否会发生路径遍历。

（10）CGI/脚本目录权限独有。如果使用了 CGI 或其他脚本技术，只有 CGI/脚本所在目录具有执行权限。用于 Web 内容的其他目录没有执行权限，并且 CGI 或其他脚本的所在目录不应用于上传。

8.4.1.4 网络产品安全

网络产品安全测试要求包含一般安全测试要求及加固安全测试要求两部分，如图 8-9 所示。其中，一般安全测试要求主要包括数据和信息保护、可用性和完整性保护两方面。加固安全测试要求主要关注网络设备的流量隔离。

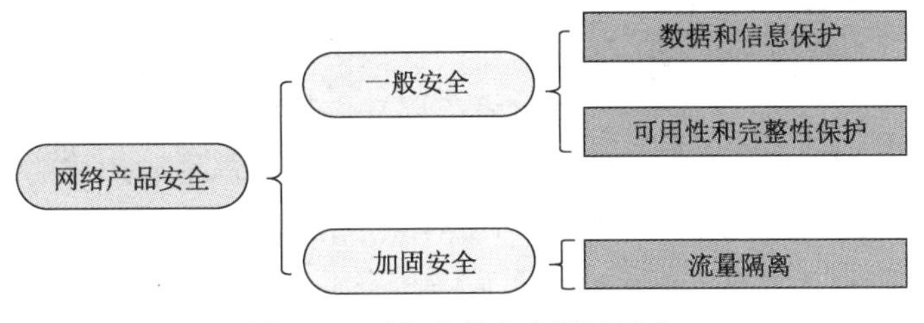

图 8-9 网络产品安全测试要求

1. 一般安全测试要求

1）数据和信息保护

具体要求参考 8.4.1.1 节中的数据和信息保护相关内容。

2）可用性和完整性保护

（1）IP 包过滤。网络产品应提供过滤所有 IP 接口上的数据包的机制，包括：一是过滤所有 IP 接口上收到的 ISO/OSI 协议栈定义的网络层和传输层上的 IP 包；二是满足过滤条件时，应该丢弃符合过滤条件的消息，接收符合条件的信息并计数（有助于在阻断流量之前监控流量）；三是能够开启/关闭对丢弃包的日志记录；四是根据协议头中任何部分的值进行过滤；五是重置计数器；六是网络产品应提供开启/禁用每条规则的机制。

（2）接口健壮性要求。当网络产品从另一个网元接收被操纵或不符合标准的数据包时，其可用性或健壮性不应受到影响。具体包括：大量无效数据包和单个或少量无效数据包，都应被检测到并丢弃，且过程不应影响网络产品的正常性能。

（3）GTP-C/GTP-U 消息过滤。网络产品能够提供过滤 GTP-C/GTP-U 消息的功能，能在任意接口上过滤 GTP-C/GTP-U 消息。对于不需要 GTP-C/GTP-U 消息的接口，能阻断所有 GTP-C/GTP-U 消息。

2. 加固安全测试要求

流量隔离：网络产品应支持控制面、用户面和运维面的流量物理或逻辑隔离。测试时应验证网络产品在控制面/用户面接口上拒绝运维面的流量，在控制面/运维面接口上拒绝用户面的流量，在用户面/运维面接口上拒绝控制面的流量。

8.4.1.5　基本脆弱性测试

针对网络产品外部接口的基本脆弱性测试包括三个方面：端口扫描、漏洞扫描、健壮性/模糊测试，如图 8-10 所示。

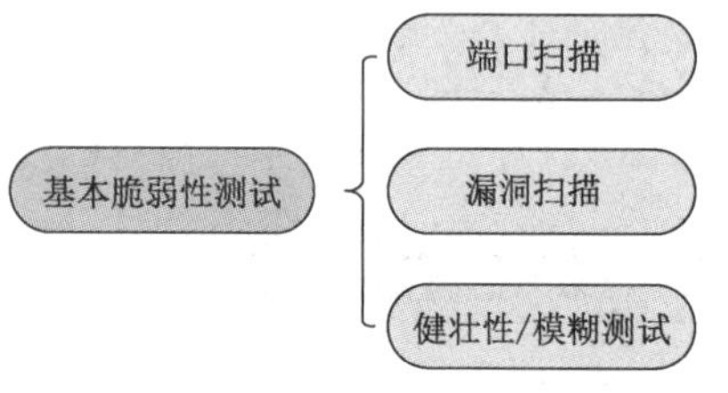

图 8-10　基本脆弱性测试框架

（1）端口扫描。确保在所有网络接口上，只有传输层上已记录的端口才响应来自系统外部的请求。可以使用合适的工具自动化进行或按照相关规定的步骤手动执行。如果使用工具进行测试，测试者需要提供相关证据。

（2）漏洞扫描。漏洞扫描的目的是确保在网络产品上，操作系统和安装的应用程序中没有已知的漏洞或已识别的相关漏洞，并制定相应的修复计划以减轻这些脆弱性。可以通过自动测试工具进行检测。

（3）健壮性/模糊测试。当网络产品提供了外部可访问的服务时，需要验证这些网络服务在接收意外、非预期输入时具有合理的健壮性。

8.4.1.6　其他安全需求

（1）默认安全能力。默认安全能力作为最基础的安全保护方法，可以直接体现网络的基础安全能力。验证网络设备默认配置符合默认安全机制，包括：①SSL 默认支持 TLS1.2 及以上版本，SSL 默认算法集中不存在不安全的算法；②SSL 默认支持证书双向认证；③IPsec 默认为证书认证；④密码策略可配置，且默认配置符合 8.4.1.1 节中的相关要求。

（2）对二进制软件包的保护。使用业界分析扫描工具，验证网络设备二进制软件包的安全性。二进制软件包如果缺乏基础保护能力，那么攻击者可以根据二进制软件包任意复制网络设备的能力，并对网络设备功能进行篡改。

8.4.2　5G 基站安全测试内容

在通用安全测试要求的基础上，本节针对 5G 基站（gNB）特定的安全功能性需求和应对基站设备特定安全威胁的安全需求，结合 3GPP TS 33.511 5G 基站 gNB 安全保障规范的相关要求，总结 5G 基站的特定安全测试内容，整体框架如图 8-11 所示。

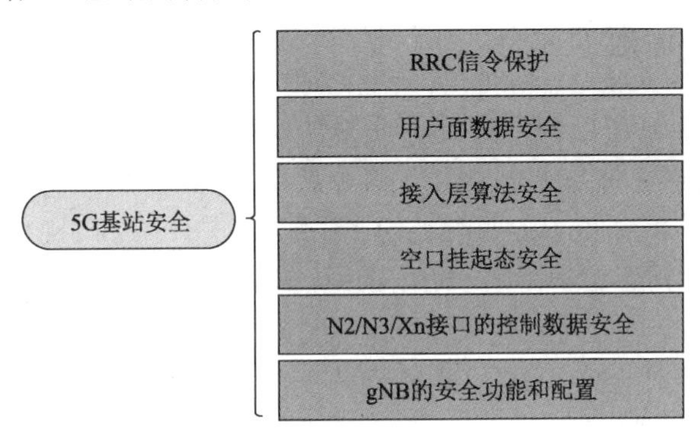

图 8-11　5G 基站安全测试框架

8.4.2.1　RRC 信令保护

（1）RRC 信令的完整性保护：完整性保护是防篡改措施的重要一环，尤其是当实体试图破坏、监视或更改其运行方式时，应采取措施确保程序正常运行。3GPP TS 33.511 第 5.3.3 条规定，通过 NG RAN 空口进行 RRC 信令的完整性保护。测试时应验证在 UE 和 gNB 之间通过 NG RAN 空口发送的 RRC 信令数据受到完整性保护。验证应在 UE 和 gNB 中同时进行，完整性保护由 UE 和 gNB 之间的 PDCP 提供。gNB 网络产品应在模拟/真实网络环境中连接，UE 可以是模拟终端。完整性保护启动后，接收端（包括 UE 和 gNB）将首先判定接收的哈希序列与自己产生的哈希序列是否相同，如果一致，则对信令消息进行处理；如果不一致，则认为该信令消息的完整性被破坏，直接丢弃不作处理。

（2）RRC 信令的抗重放保护。重放攻击是指攻击者通过 NG RAN 空中接口捕获 UE 与 gNB 之间发送的 RRC 指令，并将它们重新放回通信网络中，以达到欺骗系统的目的，常用于身份认证过程，可破坏认证的正确性。如 3GPP TS 33.511 第 5.3.3 条中说明的：“gNB 应支持 RRC 信令的完整性保护和抗重放保护。”测试人员应使用网络分析仪通过 NG RAN 空中接口捕获 UE 与 gNB 之间发送的数据，在过滤 RRC 信令数据包之后，将捕获的 RRC 上行链路数据包重放到 gNB，以执行在 gNB 上的重放攻击。测试人员应通过捕获 NG RAN 空口来查看是否从 gNB 接收到任何相应的响应消息，以检查重放的 RRC 信令数据包是否由 gNB 处理。如果 gNB 没有发送相应的回复，则测试人员应通过丢弃/忽略重放的数据包来确认 gNB 提供了重放保护。

（3）RRC 信令的加密。为了保护 RRC 信令即使被截获也不至于泄露用户的隐私，应对空口上传输的 RRC 信令进行加密处理。加密算法包括 128-NEA1、128-NEA2、128-NEA3 三种。基站可以自行选择以上任意一种来实现 gNB 和 UE 之间的信令数据加密。测试时应分别将 128-NEA1、128-NEA2、128-NEA3 配置为优先算法，开启信令面的机密性保护。然后通过查看（使用抓包工具等）NG RAN 空口上的 RRC 信令数据包是否使用了相应的算法来进行机密性保护。

8.4.2.2 用户面数据安全

（1）UE 和 gNB 之间用户面数据的完整性保护：5G 基站应该支持 UE 和 gNB 之间用户面数据的完整性保护，与 RRC 信令数据的完整性保护类似，gNB 应分别将 128-NEA1、128-NEA2、128-NEA3 配置为优先算法，在 UE 和 gNB 上禁用 NEA0。用户面数据的完整性保护需要做到，在 gNB 发送带有完整性保护指示“Enable”的 RRC 连接重配置消息之后，以及在 UE 收到信息进入 CM-IDLE 之前，通过 NG RAN 空口的任何用户面数据包都受到完整性保护。用户面数据包的完整性保护是由终端和 NG RAN 之间的 PDCP 保护的。在测试过程中，当完整性保护启动后，如果终端或者 gNB 接收到完整性校验失败的 PDCP PDU 数据，即 MAC-I 信息错误或者丢失，PDU 应该被丢弃。

（2）UE 和 gNB 之间用户面数据的抗重放保护。NG RAN 空口的用户面数据也应该和 RRC 信令一样得到抗重放保护。测试人员使用网络分析仪通过 NG RAN 空中接口捕获 UE 和 gNB 之间发送的用户面数据。测试人员通过重放捕获的数据包或仿制的类似数据包来检测网络是否具有抗重放保护。如果 gNB 对重放数据包未做出回应，说明基站抗重放保护有效。

（3）UE 和 gNB 之间用户面数据的加密。gNB 应该支持 UE 和 gNB 之间的用户面数据加密，加密算法可优先配置为 128-NEA1、128-NEA2、128-NEA3。gNB 可以任选其中一种来为数据加密，必须对用户面数据进行加密保护。

（4）基于 SMF 发送的安全策略对用户面数据进行加密和完整性保护。如 3GPP TS 33.511 第 5.3.2 条中说明的，“gNB 应根据 SMF 发送的安全策略激活用户面数据的机密性保护和完整性保护。”具体测试过程如下。测试人员首先通过发送 PDU 会话建立请求消息来触发 PDU 会话建立过程，触发 SMF 向 gNB 发送具有“Required”机密性和完整性保护指示的用户面安全策略；然后获取 gNB 发送给 UE 的 RRC 连接重配置消息并解密消息中代表的加密/完整性保护。通过对解密的 RRC 连接重配置消息与 gNB 接收的用户面安全策略进行哈希值和认证码比较，验证用户面数据基于 SMF 发送的安全策略进行了机密性和完整性保护。

8.4.2.3　接入层（AS）算法安全

（1）AS 算法选择：3GPP TS 33.511 第 5.11.2 条规定，服务网络应根据 UE 的安全能力和当前服务网络网元配置所允许的算法优先级列表选择使用的算法；第 6.7.3.0 条规定，每个 gNB 应通过网管配置允许的算法优先级列表。其应该包含两个列表，即一个是完整性保护算法列表，另一个是加密算法列表。这些列表应由基础电信企业根据优先级决定使用顺序。测试时主要关注处于连接状态的终端 UE 和服务网络是否可以就 RRC 信令及用户面数据的加密与完整性保护算法达成一致，具体步骤主要包括：首先，终端 UE 向 gNB 发送注册请求消息；gNB 接收 N2 上下文建立请求消息后，向终端发送 Security Mode Command 消息。测试需要重点关注 gNB 在发送的 Security Mode Command 消息中包含的算法，是否为依据 UE 的安全能力和预配置的算法优先级列表选择的优先级最高的算法。

（2）gNB 切换时 AS 保护算法的选择。3GPP TS 33.511 第 6.7.3.1 条和第 6.7.3.2 条中规定，目标 gNB 应根据本地配置的算法优先级列表从 UE 的 5G 安全能力中选择具有最高优先级的算法（这适用于完整性保护算法和加密算法）。当 gNB 切换时，如果目标 gNB 与源 gNB 选择了不同的算法，那么所选算法应在切换命令消息中指示给 UE。当源 gNB 通过 Xn 接口切换到目标 gNB 时，源 gNB 在切换请求消息中将 UE 的安全能力及源小区使用的加密算法和完整性保护算法通知给目标 gNB。目标 gNB 检查旧的保护算法是否为最高优先级，若不是，目标 gNB 按照预配置的算法列表选择优先级最高的算法（与 UE 的安全能力相匹配），并在切换命令中指示选择的 AS 算法。最后，UE 检查切换命令消息的消息认证码，确保在切换完成消息中的 MAC 被正确验证，以及 AS 保护算法被正确选择和应用。

8.4.2.4　空口挂起态（Inactive 态）安全

（1）UE 从 Inactive 态转换到连接态过程的安全。UE 向基站发送携带 MAC-I 的请求信息，基站收到消息后经过 MAC-I 验证通过。基站计算出新的密钥对消息进行加密和完整性保护，然后下发 RRC 连接恢复消息到 UE。用户收到消息后进行解密，并进行完整性校验，确认收到正确有效的指令。最后，UE 向基站发送 RRC 连接恢复完成的消息，并对消息进行加密和完整性保护。测试最后应确认 UE 完成了从 Inactive 态到连接态的转换。

（2）RAN 恢复过程的安全。UE 向目标基站发送携带 MAC-I 的恢复请求消息，目标基站发送获取 UE 上下文的请求消息给源基站。源基站验证 MAC-I 的正确性。如果正确，源基站计算新的密钥并发送给目标基站。目标基站根据源基站与 UE 之前使用的加密和完整性保护算法，计算相应的密钥，并向 AMF 发起路径切换过程。目标基站使用上一个步骤计算的密钥对 RRC 释放的消息进行加密和完整性保护处理后，下发给 UE。UE 收到 RRC 释放的消息，用同样的密钥对该消息进行解密和完整性校验。如果成功进行了消息解密和完整性校验，则 RAN 恢复过程安全得以验证。

8.4.2.5 N2/N3/Xn 接口的控制数据安全

3GPP TS 33.511 第 9.2 条和第 9.4 条中规定，通过 N2 传输的控制信令数据应支持完整性、机密性和抗重放保护；通过 Xn 传输的控制信令数据和用户面数据应支持完整性、机密性和抗重放保护。N2 是 AMF 和 5G-AN 之间的接口点，用于传输 UE 和 AMF 之间的 NAS 信令流量。N3 是 5G-AN 和 UPF 之间的接口点，负责将用户面数据从终端 UE 传输到 UPF。Xn 用于 NG-RAN 节点之间的互联，由 Xn-C 和 Xn-U 组成。Xn-C 主要用于传输控制信令，Xn-U 用于传输用户面数据。通过 N2/N3/Xn 接口传输的控制信令和用户面数据要支持完整性、机密性和抗重放保护，需要配置 IPsec 协议。测试人员通过抓包的形式验证 N2/N3/Xn 接口数据包存在 IPsec 保护。

8.4.2.6 gNB 的安全功能和配置

（1）gNB 支持 VLAN 隔离。VLAN 隔离技术把物理上形成的局域网划分成不同的逻辑子网，每个接入交换机（支持 VLAN）的终端设备，都属于一个特定的 VLAN。不同 VLAN 内的报文在传输时是相互隔离的，即一个 VLAN 内的用户不能和其他 VLAN 内的用户直接通信，这样能够提高网络的安全性。gNB 应支持 VLAN 划分隔离，测试时可以通过添加或删除 VLAN 来查看相应的链路状态，检查 gNB 是否支持 VLAN 划分隔离。

（2）gNB 支持物理安全防护。正常运营中的 gNB 具有预知/预警/预防物理攻击的功能。模拟人为恶意对正常运营中的基站设备进行物理破坏（如拔断 NG1 口的物理连线），检查在设备的远端管理后台（网管）中是否能查看到该设备的预警（如网元链路断裂告警）。

8.4.3 5G 核心网网元安全测试内容

本节针对 5G 核心网网元特定的安全功能性需求和应对基站设备特定安全威胁的安全需求，结合 3GPP SCAS 核心网网元相关安全保障规范的相关要求，总结 5G 核心网网元的特定安全测试内容，整体框架如图 8-12 所示。其适用于对核心网 SBA 的安全，以及 5G 网络中的 AMF、SMF、UPF、AUSF、UDM、NRF、NEF、SEPP 等网元的安全进行测试。

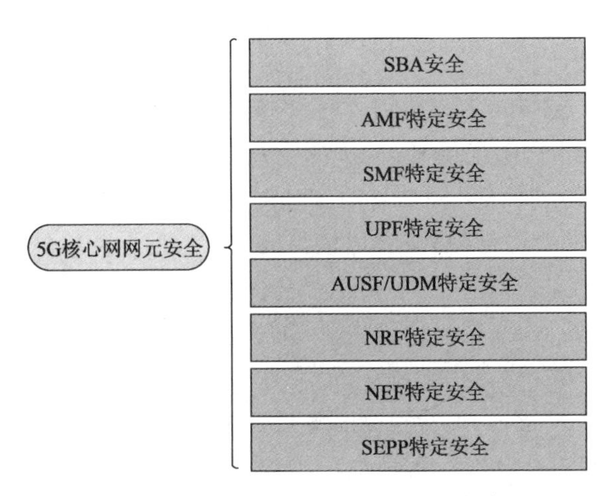

图 8-12 5G 核心网网元安全测试框架

8.4.3.1 SBA 安全功能

（1）SBA 传输层保护。基于 NF 服务的接入与注册应该支持机密性、完整性和抗重放保护。所有网络功能均支持 TLS 和 HTTPS 相互认证。测试时，先按照 3GPP TS 33.310 附录 E 及 RFC 7540 中的 TLS 配置文件要求配置 NF1 和 NF2 的服务化接口，观察 NF1 和 NF2 服务化接口的 TLS 连接。然后，不按照 TLS 配置文件要求配置 NF1 和 NF2 的服务化接口（如缺少协议版本或密码算法），观察 NF1 和 NF2 服务化接口的 TLS 连接。验证只有按照 TLS 配置文件要求配置 NF 的服务化接口，NF 间才可以建立 TLS 连接。

（2）PLMN 内接入令牌验证失败的处理。同一个 PLMN 中，当已经在 NRF 完成注册的 NF 请求服务时，NF 服务提供者需要验证 NF 请求者提供的接入令牌，若验证失败，NF 服务提供者拒绝提供服务。测试时，应选择两个已经在 NRF 完成服务注册的 NF，NF1 作为服务使用者，NF2 作为服务提供者。首先，NF1 向 NRF 获取 NF2 的接入令牌，令牌信息包括：发行方 NRF 的信息、请求方 NF1 的信息、服务提供方 NF2 的信息、请求的服务内容，有效时间。NF1 向 NF2 请求服务时，在请求消息中携带接入令牌。NF2 通过数字签名或者 MAC 值验证接入令牌的完整性，如果完整性验证成功，则验证 NF2 令牌中的 NF2 信息与 NF2 的配置信息是否一致、令牌中的请求服务信息与 NF2 的功能是否一致、令牌中的有效时间是否到期。如果验证成功，NF2 响应 NF1 令牌验证成功，NF1 可以保存接入令牌并在有效期内再次接入认证；如果验证不成功，NF2 需要按照 OAuth2.0（用户验证和授权标准）响应错误码。

8.4.3.2 AMF 特定安全功能

（1）UE 注册过程安全。①UE 注册过程中的安全能力无效导致注册失败。如果 UE 在注册过程中没有保证安全能力，如没有携带加密算法、完整性保护算法、抗重放保护算法等，AMF 应回复 UE 拒绝注册的消息，UE 注册失败。②UE 注册鉴权过程失败的同步响应。当 UE 在注册鉴权过程中响应认证失败时，会给 SEAF/AMF 发送一个携带同步失败指示参数的消息，AMF 应支持 UE 同步失败流程的正常处理，在收到 UE 的同步失败指示参数后，携带同步失败确认参数将 UE 身份验证消息发送给 AUSF，一旦收到 AUSF 携带同步失败确认参数的响应消息或计时器超时，SEAF/AMF 将发送新的认证请求消息给 UE。③支持因 UE 注册过程中 RES*值校验失败导致的异常处理。在 UE 使用 SUCI 或者 5G-GUTI 注册鉴权的流程中，若 UE 在认证响应消息中携带了一个错误的 RES*给 AMF，如果终端在初始 NAS 消息中使用了 SUCI 进行注册，AMF 应向终端响应鉴权失败；如果终端在初始 NAS 消息中使用了 5G-GUTI 注册，则 AMF 应触发 UE 身份请求流程以获得 UE 的 SUCI。此外，如果 AMF 没有从 AUSF 收到任何预期的认证响应消息，那么 AMF 应拒绝 UE 的身份验证或启动 UE 的身份认证流程。

（2）NAS 信令的完整性和抗重放保护。AMF 应对 NAS 信令进行完整性和抗重放保护。测试时，首先让 UE 和 AMF 处于执行 NAS 安全模式命令的流程。在 UE 进行入网注册验证后，通过查看 AMF 发送的安全模式命令消息中的算法，验证其使用的完整性保护算法不是 NEA0，而是 128-NEA1、128-NEA2、128-NEA3 三种算法之一。此外，AMF 也应该支持对 NAS 信令的抗重放保护，拒绝对重放的 NAS 信令数据包做出响应，防止出现欺骗认证，造成网络不安全。

（3）Xn 切换的降级保护。降级攻击是指攻击者可以通过分别使终端和网络实体认为对方不支持某个安全特性来尝试攻击，即使实际上双方都支持该安全特性。应确保 AMF 在 Xn 切换过程中阻止降级攻击。Xn 切换过程中，目标基站要通过路径切换消息把从源基站收到的 UE 的 5G 安全能力发送给 AMF。AMF 确认收到的 5G 安全能力与本地保存的是否一致。如果不一致，AMF 将本地保存的 5G 安全能力通过路径切换告知消息发给 UE，UE 选择与基站相同的保护算法；并且要求 AMF 通过日志记录此事件或者产生相关告警。

（4）N2 切换/移动注册更新、AMF 改变的 NAS 算法选择。每个 AMF 应通过网络管理进行配置，并提供允许使用的算法列表。NAS 完整性保护算法和 NAS 加密算法应各有一个列表。这些列表应按基础电信企业决定的优先次序排列。为了建立 NAS 安全环境，AMF 应该各选择一种 NAS 加密算法和完整性保护算法。然后，AMF 将启动一个 NAS 安全模式命令流程，并在发送给终端的消息中包括所选择的算法和终端安全能力。测试时，如果在 N2 切换或移动注册更新时，AMF 的变化导致用于建立 NAS 安全性的算法发生变化，目标 AMF 应向 UE 表明所选算法，所选的算法应根据排序列表选择优先级最高的 NAS 算法，以确保 AMF 改变时能正确选择 NAS 算法。

（5）5G-GUTI 分配。5G-GUTI 是 5G 系统中全局唯一的临时 UE 标识，目的是提供在 5G 系统中不泄露 UE 或用户永久身份的明确标识，提升安全性。AMF 可以对 5G-GUTI 重分配。测试过程中，在收到终端发送的“初始注册”或“移动注册更新”或“定期注册更新”类型的注册请求消息后，AMF 应在注册程序中向终端发送新的 5G-GUTI。并且，新的 5G-GUTI 应在当前 NAS 信号连接被发送或 N1 NAS 信号连接被暂停之前更新并发送给 UE。

8.4.3.3　SMF 特定安全功能

（1）用户面安全策略优先级。SMF 可以配置用户面安全策略，UDM 的优先级高于 SMF 本地。UE 入网进行 PDU 激活，查看 SMF 从 UDM 获取的签约数据消息的安全策略信息。当 SMF 和 UDM 以不同的要求完成对用户面安全策略的配置时，以 UDM 保存的安全策略为准，即 UDM 的优先级大于 SMF 本地。

（2）SMF 分配 TEID 唯一性。SMF 为每个新 PDU 会话的 GTP 隧道分配的 TEID 应该是唯一的。测试时，配置 SMF 分配 PDU 会话 TEID，触发 N4 会话的建立，直到达到最大值（可模拟）。查看 SMF 发送 N4 会话建立请求中的 TEID，检查 TEID 值是否唯一。

（3）Xn 切换过程中，SMF 检查用户面安全策略。验证 UE 在发生 Xn 切换的过程中，SMF 可以从目标基站获得用户面安全策略并记录在日志里。Xn 切换过程中，目标基站要通过路径切换消息把带有 UE 用户面安全策略信息的请求消息通过 AMF 发送给 SMF。SMF 确认从源基站收到的 UE 的 5G 用户面安全策略与本地保存的是否一致。如果不一致，SMF 将本地保存的 5G 用户面安全策略通过 AMF 的路径切换告知消息发给目标基站，并且要求 SMF 通过日志记录此事件或者产生相关告警。

8.4.3.4　UPF 特定安全功能

（1）N3 接口用户面数据的机密性/完整性/抗重放保护。N3 接口是 5G RAN 与 UPF 间的接口，主要用于传递用户面数据。可以在 gNB 和 UPF 之间配置 Ipsec ESP 和 IKE 证书认证对接。保护算法可以从 128-NEA1、128-NEA2、128-NEA3 中自选。测试时，需要配置密码算法，验证 gNB 和 UPF 之间的 N3 接口用户面数据是否有机密性、完整性和抗重放保护。

（2）N4/N9 接口数据保护。N4 接口为 SMF 和 UPF 之间的接口，N9 接口为 UPF 和 UPF 之间的用户面数据接口，漫游的时候也通过 N9 连接。N4 和 N9 接口可用于传输信令数据及隐私敏感数据，如用户和订阅数据、安全密钥等，应具有保密性、完整性和抗重放保护。测试时应验证 N4 接口可以在 SMF 和 UPF 之间配置 Ipsec ESP 和 IKE 证书认证对接，N9 接口在 PLMN 内两个 UPF 之间配置 IPsec ESP 和 IKE 证书认证对接，其中保护算法同 N3 接口，可自行选择。

（3）UPF 分配 TEID 的唯一性。UPF 为每个新的 GTP 隧道生成唯一的 TEID，即 UPF 在为每个不同的 N4 会话建立分配 TEID 时，其中 F-TEID 是唯一的。测试时，通过配置 UPF 分配 PDU 会话 TEID，触发 N4 会话的建立，直到达到最大值（可模拟）。然后，查看 UPF 响应的 N4 会话建立响应中的 TEID，检查 TEID 的值是否唯一。

8.4.3.5　AUSF/UDM 特定安全功能

（1）UDM SUCI 解密。SUPI 中以明文方式记录了用户的个人信息，为避免被中间人截获用户的隐私信息，可通过 SUCI 隐藏表示符来保护 SUPI 不被中间人截获或篡改。其中，UDM 中提供对 SUCI 进行解密的功能，测试时应验证能够根据用于生成 SUCI 的加密保护方案从 SUCI 中解析出 SUPI。UDM 应该提供对用户隐私密钥的保护，并且关于用户隐私算法的执行应该在安全的环境下。

（2）UDM 鉴权同步失败的处理。UE 回复同步失败时，归属网络中可以正确回复同步失败。在测试过程中，让 UE 发送携带同步失败的指示参数给 AMF，观察 UDM/AUSF 的处理流程。UE 注册鉴权过程中响应认证失败，SEAF/AMF 发送认证鉴权请求消息给 AUSF，AUSF 发送请求消息给 UDM。UDM 计算一组新的鉴权向量指示 AUSF 重新发起鉴权。SEAF/AMF 在收到 AUSF 的请求消息或者在计时器超时前，不发送任何新的认证请求消息给 UE。只有在收到请求消息或者计时器超时后，SEAF/AMF 才会发起新的认证给 UE。

（3）UDM UE 认证状态存储。UE 入网鉴权成功后，UDM 可以存储 UE 的认证状态信息（SUPI、认证结果、时间戳和服务网络名称）。测试具体步骤如下。UE 入网注册进行鉴权，AMF 通过发送请求消息（包括 SUCI、服务网络名称）告知 UDM UE 的认证状态；AUSF 通过请求消息（包括 SUPI、认证结果、鉴权类型、时间戳和服务网络名称等）通知 UDM UE 的认证状态；UDM 成功获取存储在 UE 的认证状态后，应该响应 AUSF，回复认证结果确认的消息。

8.4.3.6 NRF 特定安全功能

（1）针对特定切片的 NF 发现授权。根据切片的发现策略，当请求服务的 NF 实例不是特定切片的一部分时，验证 NRF 是否可以拒绝该 NF 提出的服务请求。测试开始前，选择属于不同切片的两个 NF，服务请求者 NF1 属于切片 A，服务提供者 NF2 属于切片 B，且 NF1 和 NF2 都已经在 NRF 完成注册。NF1 发送请求消息到 NRF，该消息中携带预期的 NF2 服务名称、预期的 NF2 的 NF 类型。NRF 确定请求中预期的 NF 实例是切片 B 中的 NF2。NRF 拒绝 NF1 提出的服务需求，返回“403 Forbidden”消息。

（2）NRF 中配置白名单策略。在 NRF 上可以设置白名单，拒绝不在白名单上的 NF 实例的服务发现请求。测试时，选择不在 NRF 白名单中的 NF1 实例，当 NF1 发送 NF 发现服务请求到 NRF 时，消息中携带服务提供实例 NF2 的名称和 NF2 的 NF 类型。NF 应验证 NF1 不在白名单中，拒绝 NF1 提出的服务请求，并返回“403 Forbidden”消息。

8.4.3.7 NEF 特定安全功能

（1）NEF 应用功能认证。验证 NEF 能够对应用功能进行认证并通过证书认证方式建立与应用服务器之间的 TLS 连接，也可以对应用功能进行认证并通过预共享密钥认证的方式建立与应用服务器之间的 TLS 连接。测试时，如果 NEF 不支持 CAPIF，则证书或预共享密钥应在 NEF 网络产品中提供；如果 NEF 支持 CAPIF，证书或预共享密钥应在

CAPIF 核心功能中提供，则 CAPIF 核心功能应能够选择 3GPP TS 33.122 第 6.5.2 条定义的认证方式。如果使用基于证书的认证，在应用功能上提供正确的证书；如果使用基于预共享密钥的认证，在应用功能上提供相同的预共享密钥。分别使用正确/错误的证书和共享密钥，然后让应用功能发起与 NEF 建立 TLS 连接的请求，并检查 TLS 连接是否建立成功。

（2）NEF 北向 API 授权。测试验证 NEF 可以采取基于 OAuth 的授权机制对外部应用功能进行授权。部署支持 OAuth2.0 协议并使用“客户端凭据”授权方式的授权服务器，如 NRF 或 CAPIF 核心功能（基于证书和密钥），来授权 NEF 北向 API，建立与应用功能之间的 TLS 连接。此时授权服务器被配置为外部授权应用功能访问 NEF 的一个北向 API，记为北向 API A。应用功能调用授权服务器的获得授权服务，从授权服务器获取访问，获得 NEF 北向 API A 的令牌。应用功能就能成功调用 NEF 北向 API A，访问成功。如果应用功能调用 NEF 的另一个北向 API B（没有经过授权连接的），则不能获得令牌，访问失败。

8.4.3.8 SEPP 特定安全功能

（1）对端 SEPP 和 IPX（网间数据包交换服务）提供商的密钥参数的正确区分与使用。SEPP 是 5G 漫游安全架构的重要组成部分，职责是保护属于不同 PLMN 或 SNPN 的通过 N32 接口建立连接的两组 NF 之间的应用层控制面消息。SEPP 作为不透明的代理节点，能够提供应用层控制面的安全性，实现跨运营商中 NF 消费者与 NF 提供者之间的安全通信。两个对端的 SEPP 通过 N32 接口建立连接并实施保护策略，对跨网络信令中的每个控制面消息进行处理。N32 接口根据用途可分为 N32-c 和 N32-f 两个子接口。其中，N32-c 用于提供两个 SEPP 之间的初始握手过程，包括能力协商、参数交换等；N32-f 用于在两个 SEPP 之间发送经过安全保护的 SBI 消息。SEPP 应能够明确识别用于对端 SEPP 身份认证的证书和用于执行消息修改的 IPX 身份认证的证书。在 SEPP 建立 N32-c TLS 连接时，应该使用用于对端 SEPP 身份认证的原始证书或公钥，若使用 IPX 提供商的公钥/证书尝试建立连接，会连接失败。同样地，在接收 N32-f JSON 补丁时，接收端 SEPP 应该使用 IPX 提供商的原始证书或公钥对补丁签名进行验证，如果验证失败，接收端 SEPP 会丢弃发送端 SEPP 发来的不符合规范的 JOSN 补丁。

（2）特定连接范围的 IPX 提供商密钥参数的应用。若 IPX 提供商的密钥参数未通过相关 N32-c 连接呈现在 IPX 安全信息列表中，被测 SEPP 不应接收由该 IPX 提供商签名的 N32-f 消息修改。在两个 SEPP 通过 N32-c 建立连接过程时，该 IPX 提供商的密钥参数应该呈现在 IPX 安全信息列表中。接收端 SEPP 只能接收由 IPX 安全信息列表中的密钥进行签名的消息，若对端 SEPP 发送了由其他的不在安全信息列表中的密钥进行签名的 N32-f 修改消息，接收端应该拒绝修改。

（3）SEPP 对服务 PLMN ID 不匹配时的正确处理。接收端 SEPP 接收到对端 SEPP 发送的 N32 消息，并校验访问令牌中包含的 PLMN ID 和之前接收的 N32-f 上下文消息中包含的对端 SEPP 的 PLMN ID 是否匹配。如果令牌中的 PLMN ID 与对端 SEPP 的 PLMN ID 不同，则要求接收端 SEPP 能够通过 N32-c 连接向对端 SEPP 发送携带 N32-f 消息 ID 和错误码的错误信令消息。

（4）原始 N32-f 消息中用 NULL 替换加密信元。在接收端 SEPP 配置了一种任意的数据加密策略之后，当对端的 SEPP 通过 N32-c 连接向接收端 SEPP 发送至少包含一个需要根据本地配置的安全策略进行加密的信元的消息时，接收端 SEPP 能正确地将需要加密的信元替换为“NULL”值，并在进行数据完整性保护检验的对象中创建包含各自加密值的 JSON 补丁。此外，接收端 SEPP 应验证 IPX 没有将加密的信元移动或者复制到在生产者 NF 侧不应加密的信元的位置，如 IPX 系统根据接收端 SEPP 本地配置的修改策略修改 N32-f 消息。在消息被发送给接收端 SEPP 之前，在修改的 N32-f 消息中将加密的信元插入明文信元位置。这种情况下，接收端 SEPP 会丢弃 IPX 节点发送的被修改的 N32-f 消息。

（5）SEPP 在保护策略不匹配时的处理。SEPP 接收已经完成认证并建立起 N32-c 连接的对端 SEPP 发来的消息。对端 SEPP 发送安全参数交换请求消息到接收端 SEPP，其中包括对端 SEPP 的数据加密策略和 IPX 提供商的修改策略。接收端 SEPP 能够识别从 N32-c 消息接收的对端 SEPP 的保护策略并保存下来，并且确认是否与本地配置的加密策略和修改策略相同，若不一致，接收端 SEPP 应该能够发送错误消息信令以通知对端 SEPP。

（6）JWS（JSON Web encryption）配置文件限制。SEPP 和 IPX 应遵循 TS 33.210 中定义的只能使用 ES256 算法的 JWS 配置文件。若 IPX 节点上配置了不使用 ES256 算法的 JWS 配置文件，接收端 SEPP 将会丢弃 IPX 节点发送的被修改的 N32-f 消息。

8.4.4 测试手段

8.4.4.1 测试方法

（1）资料查阅及人员访谈：通过现场查阅评估对象提供的安全管理机制、安全运维制度、安全人员配置清单、应急响应管理办法、安全设计文档等相关证明材料，检查是否满足安全管理要求及技术保障要求。访谈询问与安全相关的管理人员、操作人员、服务人员等，了解其对安全控制措施实施的掌握、分析或证据获取情况。

（2）演示查验：通过现场查验企业行业应用安全技术系统等，检查评估对象是否按照要求建立健全 5G 安全相关技术手段，以及技术手段部署情况和应用效果是否符合相关要求。

（3）测评核验：通过 5G 终端拨测、网元漏洞扫描等测试工具对 5G 网络的安全性进行测试，验证评估对象是否部署了相应的 5G 安全措施，如网络接口流量是否加密、网络切片是否隔离、网元是否具备严重漏洞等。

（4）渗透测试：从黑盒的角度对目标系统的安全做深入探测，发现系统最脆弱的环节，充分了解当前存在的安全隐患。渗透测试操作人员在客户知情和授权的情况下，站在黑客的角度，以入侵者的思维方式，对目标信息系统进行渗透入侵。通过实施渗透测试，对合规测试进行有效补充，从攻防两个角度验证 5G 端到端的安全。

8.4.4.2　测试工具

5G 设备安全测试方法使用的测试工具主要包括扫描检测工具、模拟攻击工具、模糊测试工具、网络协议分析工具、空口测试工具、信令流量模拟测试工具等。

（1）扫描检测工具：扫描检测工具主要包括 Web 扫描工具、二进制扫描工具、端口扫描工具、漏洞扫描工具，主要用于设备的 Web 服务安全和服务一致性检查、端口扫描及设备脆弱性检测等。

（2）模拟攻击工具：模拟攻击工具主要构造攻击报文发送给被测设备，检测设备是否具备防护能力，主要应用于操作系统安全、Web 服务安全、网络设备防护安全等一般安全要求的测试，以及操作系统和 Web 服务的安全配置、网络设备的隔离属性等加固安全要求的测试。

（3）模糊测试工具：模糊测试工具主要通过发送、嗅探、解剖和伪造网络数据包，基于通用协议及 5G 网元协议逻辑交互规则，构造能够使软件崩溃的畸形输入，并通过建模自动生成和变异测试用例来揭示其他测试方法遗漏的隐藏错误。模糊测试类主要用于设备健壮性和脆弱性的检测，主要通过遍历协议信元的各种取值，构造并向被测设备发送大量恶意/随机的数据来挖掘设备中可能存在的未知的安全问题。该类工具支持 SCTP、NGAP、PFCP 等 5G 专有协议，以及适用于 5G 服务化架构的 HTTP2 协议原理和交互规则。

（4）网络协议分析工具：网络协议分析工具主要包括网络抓包及分析工具、发包工具及密文生成工具等。其中，网络抓包及分析工具主要捕获设备接口的报文并分析，查看设备的处理流程是否符合预期，主要用于被测设备协议功能一致性的检测，如基站和核心网各网元的协议功能一致性的检测。发包工具通常用于发送特定报文到被测设备，以检测设备的处理机制是否满足安全要求，如操作系统的报文过滤功能；通过密文生成器校验设备的密码存储策略是否满足安全要求。密文生成工具通常可以根据明文生成由哈希算法计算后的密文，校验密码安全策略。

（5）空口测试工具：空口测试工具主要是指模拟终端，可支持终端安全参数配置和安全能力设置等，主要用于基站的协议功能一致性测试中异常场景的触发，如信令完整性保护校验失败、信令抗重放、数据完整性保护校验失败、数据抗重放等。

（6）信令流量模拟测试工具：信令流量模拟测试工具主要通过模拟 5G 接口协议和构造 5G 流量来为被测的网络设备构造端到端的模拟测试环境，如模拟用户面业务流量、模拟 N3 GTP 数据、模拟开放接口相关指令等，以便查看被测网元的处理是否符合预期。

信令流量模拟测试工具还支持对跨切片的网元设备之间进行数据发包，以检测切片间的隔离能力。

8.5 未来展望

持续做好5G时代的安全测评是夯实网络安全基础的重要一环。目前，我国在5G安全设备测评方面取得了很好的进展。一方面，同步3GPP、GSMA等国际标准进展，制定了我国5G移动通信设备安全保障系列规范，构建了覆盖5G基站及核心网各项安全保障要求的安全测评体系；另一方面，IMT-2020（5G）推进组安全工作组联合产业界开展了第一阶段的5G设备安全测试，检测结果作为典型案例已正式在GSMA官网发布。然而，随着我国5G商用稳步推进，5G安全测评工作也面临新的挑战和要求，建议从以下几个方面持续推进做好5G安全测评工作。

1. 推进5G设备国际测评互认

考虑GSMA在全球具有权威性、多边性等特点，结合我国5G设备安全测评的进展情况，如已基于GSMA NESAS初步建立了我国5G设备的安全测评体系、开展了5G基站及核心网网元的设备安全测评、中国信息通信研究院安全研究所已经正式成为获得GSMA认可的NESAS国际安全测试实验室等，实现我国5G设备安全测试结果的国际互认已具备一定的基础。为了与欧美5G设备安全检测强制性检测机制对齐，进一步适应我国企业对5G产品国际安全测评认证的需求，我国应加强与GSMA沟通对接，增加NESAS技术标准成熟度和全球认可度。同时，依托中欧ICT对话、“一带一路”等双边/多边框架，分享5G安全测评相关经验，推动我国厂商设备安全能力得到多方国际承认，助力测评结果双边/多边互认，加快5G全球产业链健康发展。

2. 提升5G安全检测能力

目前，我国的5G安全测评机构已逐步搭建了5G端到端安全测试环境（涵盖终端、基站、核心网、MEC、应用等），灵活适配5G差异化应用场景及安全需求，并运用漏洞扫描、模糊测试、攻击模拟、信令模拟与分析等测试工具，构建了覆盖数据机密性、可用性和完整性保护、Web安全、软件安全、传输安全、主机安全、物理安全等各项NESAS技术要求的安全验证能力。但国内的测试工具和方法在专业性、可用性、功能性等方面与国际领先水平相比仍存在一定的差距。例如，目前产业界较多使用的5G协议漏洞测试验证工具均来自美国的是德科技、新思科技等公司。国内基础测试能力，如针对国际标准中要求的协议模糊测试、攻击模拟等安全测试方法和工具等仍需加强完善。

国内需加大 5G 安全测试技术手段和工具的专项资金投入，持续加强 5G 应用安全测试验证手段能力建设，强化面向 5G 网络切片隔离、网络协议漏洞、边缘计算、网络边界隔离等的应用安全功能和安全保障能力，研发国产化 5G 安全测试工具，并将安全测试方法和工具运用到 5G 融合应用相关安全解决方案及案例的测试验证中，提升 5G 应用端到端的安全验证能力。

3. 推进 5G 应用安全风险评估

5G 多样化融合应用涵盖了基础电信企业、安全企业、设备企业、垂直行业企业等产业链多类主体，对 5G 网络提出了差异化、定制化、细粒度的安全需求，需要加快推进面向多行业、多应用、多场景的 5G 行业应用安全风险评估，保障 5G+工业互联网、车联网等重要场景下的网络安全。目前，在信息通信行业，基础电信企业按照主管部门要求，已逐步建立了常态化 5G 应用安全风险评估机制，在业务上线、服务提供前做好前置把关，在业务上线后做好事前、事中、事后安全防护。目前，基于此评估规范的 5G 融合应用安全评估活动已经在各省全面展开。

然而，5G 应用安全正处于从“1 到 *N*”的关键发展期，急需加快构建 5G 应用安全测评标准体系。一方面，基于信息通信行业的标准化经验及优势，结合产业各方所需，研究制定“1”套 5G 应用安全测评标准体系指南，构建基础共性安全、增强技术安全和融合应用安全的测评体系框架。同时，聚焦 5G 应用安全基础性、共性化的技术点，研制 5G 应用安全通用测试标准，包括基线技术安全、网络切片安全、边缘计算安全、网络开放安全、专网运维安全等测试要求及用例。另一方面，面向“*N*”个行业差异化、定制化的安全需求，制定落地一批 5G+行业应用特定安全测试标准，推动开展端到端的 5G 应用安全解决方案的测试验证。

第 9 章 B5G 与 6G 网络安全思考

根据业内共识，B5G、6G 网络将呈现网络架构革新、基础能力增强、安全能力演进、应用场景拓展等发展特点。但新架构、新技术也将带来新的网络安全威胁，原有的被动安全防御手段并不能及时避免安全威胁，且难以随网络发展进行适应性调整，需打造内生性安全防护机制，从根源上解决通信网络的安全可信问题①。因此，本章在总结通信网络发展愿景的基础上，梳理 B5G 及 6G 网络内生安全关键使能技术，并进一步基于未来通信网络场景的发展，研究潜在的安全风险，总结安全技术需求，展望技术演进方向。

9.1 B5G 与 6G 网络展望

9.1.1 总体愿景

从 1G 到 4G，每一代通信系统的升级换代都是针对增强移动宽带性能这条主线的，即提高网络速度；而从 4G 到 5G 的演进则开始考虑多种业务需求场景，不仅提高了移动网络的速度，还增加了高可靠性和低时延通信的特点。在此基础上，基于行业发展趋势及技术进步，5G 网络逐渐向 B5G 和 6G 网络演进。

1. B5G 网络

目前，5G 网络已开始具备渗透垂直行业的能力，支持的应用场景涵盖 eMBB、URLLC 及 mMTC 三大场景，并支持实现 4K/8K 超高清视频、AR、全息技术、智慧医疗等新型业务。但随着国家信息领域扩展，5G 通信系统尚不能满足全方位、立体化的多域覆盖要求，尤其在空天通信、空地通信及海洋通信方面的能力严重不足。因此，B5G 网络关注

① IMT-2030（6G）推进组. 6G 网络安全愿景技术研究报告[R]. 2021.

AI、极化码等技术研究，期望在通信速率、通信空间及通信智慧三个维度不断完善，最终演变形成泛在融合信息网络①。

（1）通信速率方面：数据的速率达到 1 Tbit/s 以上，以支撑一些超高速率要求的业务，包括高速率通信在行业发展、医疗进步、娱乐拓展等多方面的应用尝试，如全息通信、远程医疗、延展现实（extended reality，XR）等。

（2）通信空间方面：多域网络之间相对融合，具有完整的协同传输框架，满足全方位、立体化的多域/跨域传输及覆盖要求，具备空天、空地、海域通信能力。

（3）通信智慧方面：基于 AI 进一步加强和完善通信智慧，由目前单一设备的智能处理演进至多设备、多网络之间的跨域联动智能处理，并且从信息传输、信息处理及信息应用层面进一步加强和深化通信智慧。

2. 6G 网络

国内外对 6G 网络的研究始于 2018 年，目前全球主要有中国、美国、欧盟、日本、韩国、印度等国家和地区的 6 个组织推进 6G 发展，6G 愿景与关键技术已初具雏形。

基于通信系统的演进规律及业内对 6G 发展与研究的共识，从技术发展来看，6G 网络旨在在 5G 网络和 B5G 网络技术的基础上，探索新的发展可能：一是进一步探索太赫兹技术，计划 6G 进入太赫兹频段，网络更加致密化；二是 6G 将使用“空间复用技术”，6G 基站的容量将可达到 5G 基站的 1000 倍，支持数以万计的无线连接同时接入；三是进一步探索动态频谱共享和区块链的结合部署，安全提高频谱利用效率②。从关键性能来看，未来 6G 性能指标将在 5G 基础上实现 10～100 倍的提升，支持每秒几吉比特至几十吉比特的用户体验速率、每平方千米千万至上亿的连接数密度、毫秒甚至亚毫秒级的空口时延、每平方米 0.1Gbit/s 至每秒数十吉比特的流量密度、每小时 1000km 以上的移动性、每秒数百吉比特乃至太比特的峰值速率等。从网络效率来看，6G 将大幅提高网络部署和运营效率，并在系统设计、技术创新、网络运维等关键环节融入节能减排理念，助力绿色可持续发展；同时，6G 网络将构建一张涵盖网络安全、隐私、韧性、安全、可靠性等多个方面的可信网络，实现 6G 网络自我免疫、主动防御、安全自治、动态演进，有效满足不同业务场景的差异化安全需求③。

9.1.2 演进特点

目前移动通信系统的演进趋势可以归纳为由“线”到“面”的演进趋势。线是指每一代移动通信系统演进的首要目标是大幅提升数据传输速率和网络容量；而面是指从 4G

① 张平. B5G:泛在融合信息网络[J]. 中兴通讯技术，2019(1):8.

② 大唐移动通信设备有限公司. 全域覆盖、场景智联——6G 愿景与技术趋势白皮书[R]. 2020.

③ IMT-2030（6G）推进组. 6G 典型场景和关键能力[R]. 2022.

到 5G 的演进逐步开始考虑支持多种业务需求的场景。基于已有演进规律，B5G 及 6G 通信系统有望从一维的线、二维的面拓展演进为三维的体，如图 9-1 所示。通过速率维度、空间维度及智慧维度三个维度的不断完善，业内有望实现 B5G 及 6G 从网络架构革新、基础能力增强、安全能力演进及应用场景拓展四个方面的演进。

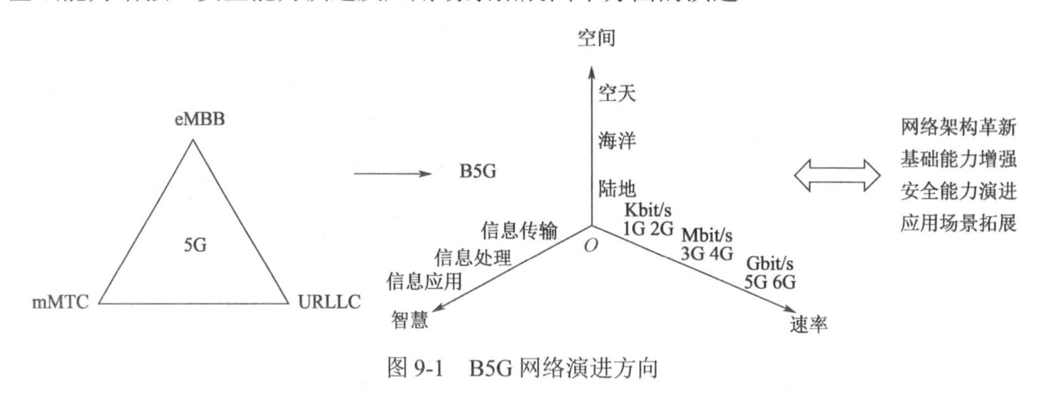

图 9-1　B5G 网络演进方向

1. 网络架构革新

（1）无边界网络架构。B5G 及 6G 可能打破传统蜂窝网络的小区边界，把网络视作一个整体与终端连接。无边界网络将保证无缝的移动支持，即使在具有挑战性的高速移动场景中，也可为用户提供高质量的服务保证。无边界小区的概念也将使不同的 B5G 及 6G 通信技术紧密结合成为可能。用户能够在不同的异构网链路（如 Sub-6 GHz、毫米波、太赫兹及可见光）之间无缝过渡，基站自动选择最佳的可用通信技术。

（2）3D 网络架构。在目前的通信网络中，网络架构为二维空间架构，即部署网络接入点以提供网络与地面设备间的连接。未来的 B5G 及 6G 有望进一步扩展到空域，可以用非地面平台，如无人机、热气球及卫星设备提供三维（3D）覆盖，实现天地一体化网络。这样一是可补充地面基础设施的覆盖；二是可进行网络覆盖的快速部署；三是可节约固定基础设施的运营和管理成本。

（3）分布式网络架构。在 5G 时代，移动边缘计算使传统无线接入网具备了业务本地化和靠近用户部署的能力，进一步降低了业务时延；同时，业务面下沉形成本地化部署，可以有效降低对网络回传带宽的要求和网络负荷。按照这一趋势，B5G 及 6G 有可能采用更具创新性的架构，基站设备将仅包含物理天线和尽可能少的处理单元，如可以根据业务的不同特征判定需要在本地处理或在云端处理的协议栈，从而降低对终端设备的要求。此外，随着虚拟化技术的进一步发展，B5G 及 6G 有望虚拟化其他组件，如与 MAC 和 PHY 层相关的组件，从而有效降低网络设备的成本，使得大规模密集部署变得更加可行。

2. 基础能力增强

（1）网络切片能力增强。为满足 eMBB、URLLC、mMTC 的不同需求，5G 网络通过网络切片技术来提供差异化的能力。特别地，对于某些特殊的网络切片，如车联网切片、智慧医疗切片、工业制造切片等场景，可能需要在 UE 主鉴权完成后进一步完成网络切片特定鉴权与授权才能使用。B5G 及 6G 进一步演进，还可在切片基础功能的基础上，进一步增强特定切片鉴权与授权能力。

（2）ATSSS 增强。5G 并非无所不能。各类成熟的无线通信网络既然能存在很长时间，形成广泛的产业生态，一定在部分场景下具有自身优势，多种接入网络能够充分融合，形成优势互补，在很大程度上可以低成本地为用户带来更好的体验。因此，B5G 及 6G 可以进一步研究新一代多连接接入流量切换与分流管理技术（ATSSS），可应用于 LTE、WiFi、5G 等多种网络的融合，以实现不同网络间的灵活调度，避免资源浪费，降低运维成本。

（3）卫星接入增强。虽然当前移动通信网络发展迅速，但是农村和偏远地区仍然因高昂的建网成本无法实现高效网络接入，同时无人区、远洋海域等特殊通信需求无法只依靠部署地面网络来满足。随着业务的逐渐融合和部署场景的不断扩展，卫星网络包括高轨卫星网络、中低轨卫星网络，需要进一步与地面蜂窝网、高空平台、无人机等空间网络相互融合，构建全球广域覆盖的空天地一体化三维立体网络，为用户提供无盲区的宽带移动通信服务。

3. 安全能力演进

B5G 和 6G 的新需求、新架构、新技术都将带来新的网络安全威胁，如何创新 6G 安全理念，构造内生安全体系和安全架构，已成为新一代通信网络技术创新研究中全球关注的焦点之一。

现有移动通信网络多采用补丁、外挂安全服务等方式来防范隐私泄露、中间人攻击等安全挑战，但是这些被动的安全防护手段不能及时避免安全问题带来的损失，且难以随网络发展进行适应性调整。随着 AI、区块链、量子通信等技术的研究发展，未来的通信网络如 B5G、6G，可以通过网元内置基础安全能力，提供采集、管控、隔离等能力，基于分布式手段对网络安全架构进行重新设计，构建网络内生的安全可信机制，从根源上解决当前中心式网络架构面临的安全可信问题，从“网络安全”转变到“安全网络”。业内关于 B5G 及 6G 的安全愿景大致可以分为下述四个方面①。

一是实现主动免疫。在接入认证方面，基于现有接入认证技术，探索适用于空天地一体化网络的新型轻量级接入认证技术，实现异构融合网络随时随地无缝接入；在密码学方面，量子密钥、无线物理层密钥等增强的密码技术可为未来网络提供更强大的安全保证；在安全验证方面，区块链技术具有较强的防篡改能力和恢复能力，能够帮助未来网络构建安全可信的通信环境。此外，采用可信计算技术，可以实现网元的可信启动、可信度量和远程可信管理，使得网络中的硬件、软件功能运行持续符合预期，为网络基

---

① IMT-2030（6G）推进组. 6G 网络安全愿景技术研究报告[R]. 2021.

础设施提供主动防御能力。

二是实现弹性自治。未来网络的安全边界被完全打破，安全资源与安全环境面临异构化和多样化的挑战，因此未来网络安全应具备内生弹性可伸缩框架。基础设施应具备安全服务灵活拆分与组合的能力，通过软件定义安全、虚拟化等技术，构建随需取用、灵活高效的安全能力资源池，实现安全能力的按需定制、动态部署和弹性伸缩，适应云化网络的安全需求。

三是实现虚拟共生。未来网络将打通物理世界和虚拟世界，形成物理网络与虚拟网络相结合的数字孪生网络。数字孪生网络中的物理实体与虚拟孪生体能够通过实时交互映射，实现安全能力的共生和进化，进而实现物理网络与虚拟孪生网络安全的统一，提升数字孪生网络整体的安全水平。

四是实现泛在协同。在 AI 技术的赋能下，未来移动通信网络能够建立端、边、网、云智能主体间的泛在交互和协同机制，准确感知安全态势并预测潜在风险，进而通过智能共识决策机制完成自主优化演进，实现主动纵深安全防御和安全风险自动处置。

4. 应用场景拓展

（1）XR 及媒体应用。XR 是虚拟现实（VR）、增强现实（AR）、混合现实（MR）等的统称。随着 B5G 技术的发展，云化 XR 系统将与新一代网络、云计算、大数据、AI 等技术相结合，赋能商贸创意、工业生产、文化娱乐、教育培训、医疗健康等领域，助力各行业的数字化转型[①]。

（2）数字孪生应用。随着通信和 AI 技术的不断发展，物理世界中的实体或过程将在数字世界中得到数字化镜像复制。通过在数字世界挖掘丰富的历史和实时数据，借助先进的算法模型产生感知和认知智能，数字世界能够对物理实体或过程实现模拟、验证、预测、控制，从而获得物理世界的最优状态，实现如数字孪生人体治疗方案预判、农业生产环境模拟与推演、数字孪生优化工业产品设计等新型应用。

（3）全息通信。随着无线网络能力、高分辨率渲染及终端显示设备不断发展，未来全息信息传递将实现人、物及其环境的三维动态交互，打通虚拟场景与真实场景的界限，广泛应用于文化娱乐、医疗健康、社会生产等领域，使用户享受极致沉浸感体验。

（4）智慧交互。依托未来移动通信网络，有望在情感交互和脑机交互（脑机接口）等全新研究方向上取得突破性进展。具有感知能力、认知能力，甚至会思考的智能体将彻底取代传统智能交互设备。具有情感交互能力的智能系统可以通过语音对话或面部表情识别等监测到用户的心理、情感状态。可以通过心念或大脑来操纵机器，从而保持高效的工作状态，短时间学习大量知识和技能，实现“无损”的大脑信息传输，还可让机器替代人类身体的一些机能，弥补残障人士的生理缺陷。

（5）通信感知。未来 6G 将可以利用通信信号实现对目标的检测、定位、识别、成像

---

① 中国移动通信有限公司研究院. 2030+愿景与需求白皮书[R].2020.

等感知功能，无线通信系统将可以利用感知功能获取周边环境信息，智能精确地分配通信资源，挖掘潜在通信能力，增强用户体验。毫米波或太赫兹等更高频段的使用将加强对环境和周围信息的获取，进一步提升未来无线系统的性能，并助力完成环境中的实体数字虚拟化，催生更多的应用场景。

9.2　内生安全关键使能技术

未来移动通信网络安全内生愿景的实现离不开新技术的支持。当前，全球业界仍在探索 6G 内生安全关键使能技术，但已初步形成潜在技术方向①。

9.2.1　内生智能的新型网络技术

1. 内生智能的新型空口

内生智能的新型空口，将深度融合 AI 技术，打破现有无线空口模块化的设计框架，深度挖掘并实时监测无线环境、资源、干扰、业务和用户等多维特性，识别潜在异常和安全威胁，使得网络实现主动免疫，显著提升无线网络的高效性、可靠性、实时性和安全性，并实现网络的自主运行和自我演进。

内生智能的新型空口技术：一是可以通过端到端的学习来增强数据平面和控制信令的连通性、效率及可靠性；二是可以利用数据和深度神经网络的黑盒建模能力，从无线数据中挖掘并重构未知的物理信道，从而设计最优的传输方式；三是可以通过语义通信来保证无线数据的高效感知获取，以及数据的隐私性保护②。

2. 内生智能的新型网络架构

内生智能的新型网络架构，即充分利用网络节点的通信、计算和感知能力，通过分布式学习、群智式协同及云边端一体化算法部署，使得 6G 原生支持各类 AI 应用，构建新的生态和以用户为中心的业务体验。

内生智能的新型网络架构技术的实现对于安全内生起到重要作用。通过分布式学习，网络能够从各个节点汇总数据并进行智能分析，以实时感知安全态势和潜在风险。而群智式协同则使网络能够共享关于威胁的情报信息，加强网络整体的安全防御能力。此外，

① IMT-2030（6G）推进组. IMT-2030（6G）推进组正式发布《6G 总体愿景与潜在关键技术》白皮书[J]. 互联网天地，2021(6):8-9.

② 未来移动通信论坛. 6G 总体白皮书[R]. 2020.

云边端一体化算法部署可以确保安全性能在网络不同层次间高效传递，从而实现实时防御和优化。

9.2.2 增强型无线空口技术

1. 无线空口物理层技术

6G 应用场景更加多样化，性能指标更为多元化，为满足相应场景对吞吐量/时延/性能的需求，需要对空口物理层基础技术进行针对性的设计：一是在调制编码技术方面，需要形成统一的编译码架构，为安全传输提供强大的纠错和加密能力，并针对多元化通信场景需求灵活调整，确保数据隐私和完整性；二是在新波形技术方面，采用不同的波形设计方案，以满足各种 6G 应用场景的要求，还可以在物理层实现一定程度的加密和安全传输；三是通过研究非正交多址接入技术，从信号结构和接入流程等方面进行改进与优化，这样不仅可以提升系统的容量和效率，还能减少网络拥塞和干扰，从而增强网络的安全性和稳定性。

2. 超大规模 MIMO 技术

超大规模 MIMO 技术是大规模 MIMO 技术的进一步演进升级。通过持续提升天线和芯片的集成度，以及引入新材料、新技术和新功能［如超大规模口径阵列、可重构智能表面（RIS）、AI 和感知技术等］，提升网络性能，增强网络的安全性。超大规模 MIMO 技术能够在更广的频率范围内实现更高的频谱效率，可以更有效地分配资源，降低恶意用户占用频谱的风险。同时，其更广、更灵活的网络覆盖可以提供更好的监控和管理能力，帮助及时发现异常行为。

9.2.3 太赫兹与可见光通信技术

1. 太赫兹通信技术

太赫兹频段（0.1~10THz）位于微波与光波之间，具有传输速率高、抗干扰能力强和易于实现通信探测一体化等特点，在实现上述安全愿景方面，也能发挥关键作用。首先，在设计小型化、低成本、高效率的收发架构方面，技术的进步可以提供更灵活的通信解决方案，使网络能够更迅速地调整和应对不断变化的安全威胁；其次，基于锗化硅、磷化铟等新型半导体材料的射频器件的探索可以提高通信的效率，从而为数据传输提供更安全可靠的环境；再次，太赫兹超大规模天线技术的突破和信道测量与建模的研究，有助于实现更灵敏的网络监测，及早发现和应对潜在的威胁；最后，建立精确实用化的信道模型，有助于实现更准确的安全分析和预测，从而更好地保护网络免受恶意行为的侵害。

2. 可见光通信技术

可见光通信指利用从 400THz 到 800THz 的超宽频谱的高速通信方式，具有无须授权、高保密、绿色和无电磁辐射的特点。其高保密性和无电磁辐射的特性为数据传输提供了更安全的通信渠道，有助于抵御窃听和干扰。通过将可见光通信与区块链技术相结合，可以实现端到端的数据安全传输，确保信息在传输过程中的完整性和保密性。

9.3　潜在安全风险

9.3.1　三大应用场景安全

IMT-2030（6G）推进组在《6G 典型场景和关键能力》白皮书中提出，未来 6G 将在 5G 三大典型场景的基础上深化，形成超级无线宽带、超大规模连接、极其可靠的通信能力，并拓展通信感知和普惠智能新场景，性能指标要求也将在原有 5G 基础上大幅提升，预期实现每秒吉比特的体验速率、千万级连接、亚毫秒级时延、7 个 9 高可靠，以满足 6G“万物智联、数字孪生”愿景下更大范围的应用需求，但更高速率、更大规模连接、更低时延的要求，也给传统安全机制带来更大的安全挑战。

1. 超高速数据流的加密和完整性保护风险

6G 要求用户体验速率达到每秒吉比特级，峰值速率达到每秒太比特级，密钥速率与通信速率难以匹配是制约其安全能力的关键，但采用传统安全手段提高密钥速率将大量占用通信资源。需要研究与 6G 高速通信相匹配的高速密钥生成方法，构建不依赖传统密码的安全机制，实现超高速数据加密、数据认证、安全传输。

2. 超大规模连接的海量设备安全接入风险

6G 的连接密度将达到每平方千米有 1000 万连接，为大规模恶意终端提供了攻击入口，传统加密、认证在网络侧存在海量加密、认证密钥分发管理难的问题，在终端侧存在复杂度高、安全强度不足等问题，给安全防御带来更大挑战。

3. 超低时延场景的安全保障风险

6G 的端到端时延要求小于 1ms，低时延和强安全的双重需求进一步增大了安全方案的设计难度。传统安全手段在终端和网络侧均需要经过高层协议，导致信息安全传输/处理时延大。此外，现有安全机制依赖外挂式安全字段，进一步降低了传输效率，使得时延敏感场景下低时延与高安全的矛盾更加突出[1]。

9.3.2 空天地多网融合安全

目前，将地面网络的优良接入能力与空间网络的广泛覆盖优势深度融合，打破独立网络系统间的信息壁垒，实现全球广域覆盖和互联互通，已成为行业共识的 6G 发展趋势。但同时，空天地一体化网络因存在通信环境开放、通信节点拓扑时变、天基节点处理能力弱等潜在脆弱性，易被攻击者利用，安全风险随之加大。

1. 无线链路安全风险

空天地一体化网络中，天基节点、地基节点和用户终端均通过无线链路进行通信。由于无线链路具有开放性，网络更容易受到攻击，如人为干扰、信息被窃听、信息被篡改和重放等，造成系统被非法访问、信息泄露甚至工作异常，给无线链路中数据机密性、数据完整性、网络可用性及可靠性等带来安全风险。

2. 终端认证安全风险

空天地一体化网络中，海量异构终端随时随地接入，且卫星节点直接暴露于空间轨道上，拓扑周期性高度动态变化，攻击者更易假冒、劫持合法终端或网络节点，难以被及时发现、应对。同时，卫星节点资源有限，现有的接入认证机制存在开销大、易拥塞等问题，无法适应 6G 轻量高效的应用需求。

3. 网络资源安全共享

空天地一体化网络将在共享的网络基础设施上，同时为公众用户、行业用户和特殊用户提供差异化的网络服务。这意味着：首先，需要对共享资源进行安全和有效的隔离，以防止非法的侧通道攻击及威胁的扩散；其次，需要提供不同等级的安全保障机制和可定制的安全服务能力；最后，有限的卫星网络资源也对资源共享粒度提出了更高的要求，需要更加精细化的网络资源管理技术。

4. 通信协议安全风险

6G 具有多系统多协议栈融合、内生安全、动态赋能等特点和应用需求，地面网络所采用的组网技术不能直接应用于非地面场景，同时独立分散、不能协同联动的安全防护机制无法对抗 6G 潜在的泛在攻击。

---

① IMT-2030（6G）推进组. 6G 网络安全愿景技术研究报告[R]. 2021.

9.3.3　数字孪生安全

未来 6G 中，多种多样的设备广泛接入，支撑的业务种类、规模和复杂性将随之增加，网络管理维护难度也不断加大，依托数字孪生网络技术可实现对物理网络的智能化诊断和预测性维护，这是 6G 实现分布式自治的关键使能技术之一。但需关注的是，数字孪生技术与 6G 的结合，将形成更加开放共享、智能连接的应用环境，随着未来应用领域的拓展深入，潜在安全风险也逐步凸显。

1. 数据安全风险

数字孪生技术需要产生和存储海量数据，包括设备数据、用户数据和管理数据等，可能包含敏感信息。保障这些数据在存储、处理或传输环节的安全性，将给 6G 带来巨大的挑战；同时，大量异构网络的多层次协作导致数据分享存在较大的安全风险和困难，难以满足数字孪生网络对于数据共享的相关需求。

2. 网络安全风险

数字孪生网络中，虚拟孪生网络与物理网络之间存在密切的交互行为，物理网络的状态等信息能够实时传输给虚拟孪生网络，虚拟孪生网络的运行优化结果也能够以指令的方式作用于物理网络。虚拟孪生网络本身可能存在各种未知的安全漏洞，如身份验证和访问机制漏洞等，且物理网络依赖其他的基础设施，如云服务、物联网设备等，如果这些基础设施遭到攻击，可能会影响数字孪生系统的正常运行；加之两者的交互接口易遭受外部攻击，导致虚拟孪生网络可能会向物理网络下达错误指令，威胁物理世界中的人身安全、设备安全和业务安全。

9.3.4　AI 安全

随着机器学习、神经网络等深度学习算法的兴起，图像识别、语音识别、自然语言翻译等 AI 技术已广泛应用于智能终端、智能物联等领域，对社会生活产生深刻影响。但需注意的是，AI 技术是一把双刃剑，随着 AI 依托的算法、大数据等以很低的成本进行复制和扩散，其在赋能智慧生活同时，也为不法分子实施网络攻击创造了有利条件，导致传统网络攻击威胁规模扩大、种类增多、针对性变强，网络安全防御难度升级。

1. AI 模型和算法安全性

随着 AI 的广泛应用，AI 模型和算法的安全性成为关键问题。恶意用户可能通过注入恶意数据来攻击 AI 模型，引发误判或错误决策。此外，对抗性样本攻击可能导致 AI 模型产生错误输出。为应对这些风险，研究者需要开发健壮性强的 AI 模型，利用对抗性训练和多样化的数据来提高模型的防御能力。

2. AI 软件系统和框架中的漏洞

B5G 和 6G 中大量使用 AI 软件系统及框架，恶意用户可以利用漏洞来入侵系统、窃取数据或造成故障。为确保系统的安全，开发者需要定期更新软件，修补潜在漏洞，并实施严格的访问控制，以减少潜在攻击者的机会。

3. 大规模、低功耗物联网设备的访问和管理

B5G 和 6G 的发展将推动大规模、低功耗的物联网设备的部署。然而，这些设备通常具有有限的计算能力和资源，容易成为攻击的目标。由于这些设备数量众多，一旦遭受攻击，可能会引发大规模的信令风暴，影响整个网络的正常运行。为避免此类情况，需要实施强大的设备认证和授权机制，确保只有合法的设备能够接入网络，并对大规模的设备进行有效管理和监控。

9.3.5 通感一体化安全

6G 万物智联愿景对海量节点的通信能力和感知能力均提出了更高的要求。通信方面，车联网、工业物联网等业务需要设备做到更低时延、更高速率、更高可靠性；感知方面，自动驾驶等业务发展对基础设施提出更高精度和更高分辨能力的要求。在此背景下，业内许多设想提出，6G 应将通信和感知网络一体融合，实现“无处不在的无线感知”，使得无线通信系统可以智能感知周边信息，提高资源管理效率。但感知与通信的结合，易导致通信过程极大程度依赖感知的决策结果，一旦感知节点、感知信号被攻击，感知功能将出现差错，影响无线通信系统的通信安全，甚至由于通信不可靠、通信时延等问题影响社会安全和人身安全。

1. 感知节点安全风险

物联网感知对象种类多样，监测数据需求较大，感知节点常被部署在空中、水下、地下等人员接触较少的环境中，应用场景复杂多变，易受到自然损害或人为破坏，导致无法正常工作；而且由于缺乏监管，终端设备易被盗窃、破解，使用户敏感信息泄露，影响系统安全。此外，攻击者也会通过发送无效请求消耗节点资源、重发信息诱导节点错误决策等方式，威胁感知节点的安全。

2. 感知信号安全风险

攻击者对感知信号进行干扰或者篡改，导致网络对目标的检测、定位、识别、成像等感知功能出现差错，导致出现通信信道质量不可靠或者物理环境感知错误，造成自动驾驶车辆等感知场景失误，甚至可能影响社会安全及人身安全。

3. 感知隐私安全风险

相比摄像头感知，无线感知只能获得感知测量的图谱，无法获得肉眼可辨识的图片，在视距内的隐私性更好；但无线感知相比非射频感知的感知范围更广，若遭遇攻击，可能导致隐私信息泄露，引发安全问题[①]。

9.3.6 Open RAN 安全

RAN 是移动运营商网络建设投资的主要组成部分。近年来，电信运营商网络建设成本随 5G 商用推进而不断加大，迫切需要引入新技术、新方案，以降低 RAN 的建设成本。在此背景下，Open RAN 逐渐成为全球电信业关注的焦点，其可以通过软硬件解耦和接口开放化，打破传统电信设备软硬件一体化、接口高度集成化的“黑盒子”式架构，使电信运营商可采用来自不同供应商的软件、通用硬件实现模块化混合组网，降低建设成本。虽然 Open RAN 前景广阔，但其安全问题也不容忽视。2022 年 2 月，德国联邦信息安全办公室就曾发布一份抨击 Open RAN 规范安全性的报告，指出 Open RAN “在安全领域几乎没有提供任何指导”，并且“Open RAN 指定的多种接口和组件会产生中到高级别的安全风险”。总体来说，Open RAN 的安全风险主要有以下四点。

1. 开放软件安全风险

Open RAN 软件供应商基于开源代码开发软件，但目前开源代码尚无可信编码标准，易导致供应商使用本身具有漏洞的开源代码，这些漏洞可能通过 DoS 攻击降低系统性能，甚至导致整个网络瘫痪；同时，开源代码的开放性，也为攻击者寻找安全弱点、插入恶意代码提供了便利。

2. 开放接口安全风险

Open RAN 部署将增加多个来自不同运营商的附加组件，所有组件都需具备开放接口，以支持 RAN 软件的可编程性，导致攻击者潜在侵入点增多，攻击面扩大。同时，不同供应商之间在软件开发等方面的技术成熟度差异可能较大，在实现组件关联的过程中，需要对成熟度低的组件额外设计安全控制手段。如果控制不足，可能因薄弱环节受攻击而引发网络整体性的安全风险。

3. 集成管理安全风险

在缺乏成熟标准的情况下，对来自多供应商的组件进行集成管理，导致网络复杂度提升，网络错误配置风险增加，极易发生故障；同时，在多供应商参与的情况下，从多

---

① 姜大洁，姚健，李健之，等. 通信感知一体化关键技术与挑战[J]. 移动通信，2022,46(5):69-77.

源、异构组件中识别、解决网络故障的难度大大增加，可能需要对应供应商提供远程支持，但这将导致网络故障的影响面进一步扩大。

4. 网络云化安全风险

云技术是支持 Open RAN 实现解耦、弹性、可扩展性的关键技术，一方面，业内常使用 Kubernetes（开源容器编排平台）等云原生技术实现 RAN 功能的轻量化、便捷化部署，但也导致了容器逃逸等安全问题出现。开发过程中的不当配置、挂载和组件漏洞都会成为攻击者的侵入口，一旦网络被破坏，黑客就会从容器逃逸到 Kubernetes 集群，从而对系统造成破坏。另一方面，Open RAN 部署存在依赖少数云服务提供商/基础设施提供商的现象，一旦提供商出现技术漏洞，将导致网络安全风险加剧。

9.4 安全防护技术需求

随着新通信技术的发展，B5G 和 6G 发展过程中会逐渐暴露许多尚待解决的安全问题，如 AI 模型和算法安全性，AI 软件系统和框架中的漏洞带来的安全问题，大规模、低功耗物联网设备的访问和管理引起的信令风暴等。本节将结合前述 B5G 与 6G 的安全需求及潜在的安全风险，聚焦于通用安全技术和 B5G 与 6G 的适配性，以及在不增加网络性能开销的前提下实现安全防护。基于这一核心观点，本节进一步展开对 B5G/6G 安全防护技术的讨论，如图 9-2 所示。

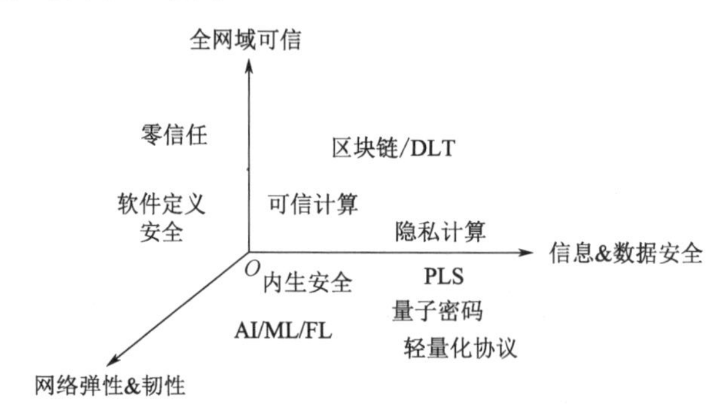

图 9-2　未来移动通信网络安全防护技术

9.4.1 物理层安全技术

5G 并未引入物理层安全机制，B5G/6G 超密集网络、多制式网络的无线链路环境更加复杂，给无线窃听、干扰等安全风险带来更多可能性。与传统比特加密机制依赖攻击者的计算能力不同，物理层安全利用信号质量的非对称性来提升信号本身的安全性，从而防范无线窃听、干扰等，消除无线链路的安全风险。因此业内认为物理层安全技术有望成为 B5G 及 6G 安全增强的防护技术之一。

物理层认证的核心思想是，将发射机身份信息放置在无线信号中，而且这种身份信息的嵌入还不能影响正常通信信号的接收。因此，物理层认证的关键技术在于选择何种方式将身份信息蕴含到无线信号中。根据采用的认证协议架构的不同，目前对无线物理层认证技术的研究可分为两大类：第一类方案以交互式协议架构为基础；第二类方案以非交互式协议架构为基础。

第一类方案包括物理层水印技术、跨层认证技术及基于物理层密钥交换的物理层认证技术。这类方案以共享私密密钥为基础，采用哈希函数加密和信号处理技术实现对共享私密密钥及信号内生特征的联合处理与利用，从而提升对合法设备信息认证的准确性。

（1）物理层水印技术。物理层水印技术将认证信息以水印的形式嵌入传输信号中，是最常用的物理层认证技术。在通信系统中，水印方案首先由发射机生成并嵌入发射信号中，然后接收机提取传输信号中的水印，并在接收端也生成一个水印，将接收端生成的水印与提取的水印进行比较，完成认证过程。为了防止第三方破译水印，常用水印方案将用户比特与合法通信双方之间的共享密钥进行哈希运算来生成水印，使得不同的数据帧中可以嵌入不同的水印信号。

（2）跨层认证技术。跨层认证技术将物理层认证技术与传统密码学技术相结合，采用消息验证码（HMAC）进行初始认证，对后续数据包采用物理层技术进行认证，并对初始认证后的数据包采用基于哈希链的认证方案，使得在丢包情况下，仍能实现连续认证。

（3）基于物理层密钥交换的物理层认证技术。基于物理层密钥交换的物理层认证技术指的是，首先，认证双方通过提取私有的无线信道特征生成物理层密钥，并将散列函数和身份密钥相结合作为流密钥的生成种子；其次，收发双方根据该种子产生相同的密钥流，分别用于消息的加解密过程，对传输数据的私密性进行保护；最后，接收方通过 CRC 校验判断接收消息中是否产生错误位，从而实现对接收消息真实性、完整性的认证。

第二类方案包括基于射频指纹的物理层认证技术和基于无线信道指纹的物理层认证技术。这类方案不依靠共享私密密钥，而是利用信号处理技术实现对信号内生特征的提取和利用，以提升对合法设备信息认证的准确性。

（1）基于射频指纹的物理层认证技术。射频指纹是携带无线设备发射机硬件信息的接收无线信号的变换结果，这种变换结果体现了无线设备发射机的硬件特性并具备可比性。通过接收无线信号的起始时刻检测与截取、射频指纹变换、特征提取、无线设备的识别或确认四个步骤，可以唯一识别设备身份，达到精准身份认证的目的。

（2）基于无线信道指纹的物理层认证技术。基于无线信道指纹的物理层认证技术利用无线信道特征的互易性和空间唯一性，通过检验相干时间内的无线信道特征（如接收信号的强度、信道频率响应或信道冲激响应等）的相似性来实现连续消息认证。由于对多个无线信道特征的比较只涉及轻量级的硬件操作，故物理层认证具有计算复杂度低、通信开销小、时延低和功耗低等优点，非常适用于资源受限的无线网络终端的实时认证。

9.4.2 隐私数据保护技术

5G 网络的隐私数据较为明确，如位置、标识等，但是 B5G 及 6G 时代网络的复杂性导致用户在各个网络都会产生多模态的信息，当这些信息的类型和数量超过一定的门限时，可以以趋于 1 的概率获得用户的准确隐私信息。因此，为了解决 B5G 及 6G 时代感知隐私的安全风险，业内已达成共识，亟须对隐私数据进行保护，包括安全协议、安全算法、安全监测等方面。

一是安全协议方面。首先，需要针对不同类型的设备制定差异化的安全协议，使每种设备根据安全需求具有自身的安全保护能力；其次，设计灵活可调整的安全方案实施机制，设备可以基于自身实时的能源收集能力和安全威胁等级，调整所用的安全能力，从而在能源条件可接受的情况下最大化自身的安全性。

二是安全算法方面。主要考虑联邦学习、同态加密、多方安全计算等技术，并在数据访问控制、数据流转、边缘节点等环节开展安全算法增强。首先，可以通过联邦学习技术，在数据不出库的前提下达到多方交互、优化网络性能的目的；其次，可以利用同态加密技术，既保护数据的安全隐私性，又保证数据的操作，如相加、相乘计算不影响结果的正确性；再次，可以利用多方安全计算技术，允许多方联合对数据进行计算，同时可以利用分片间存在的同态计算性质来实现在分片上计算并重建，得到计算结果，但全过程中隐私数据并不以明文展示；最后，可以利用抗量子攻击的密码算法技术，引入 PKI 的安全机制，设计高实时、高可靠的数据加密、身份认证、完整性校验算法，实现轻量级的高效信息安全保护。

三是安全监测方面。用户隐私数据一方面具备时间特性，会在多个网络节点之间进行生产、采集、传输、存储、计算、展示等；另一方面，也具备空间特性，一个用户的数据会同时在多个网络节点中进行处理。因此，保护用户隐私需要考虑信息的时空生命周期特性，按需进行数据流转边界管控、信息流转路由控制、跨境跨系统数据传播管控等，实现数据全生命周期的可信和安全管理。

9.4.3 AI 安全赋能技术

近年来，AI 作为新型基础设施的重要战略性技术正在加速发展，并向诸多行业、领域交叉融合、不断渗透。特别是在网络安全防护领域，AI 凭借自动化知识提取、智能化数据分析及自适应策略调整等能力优势，在威胁识别、态势感知、恶意检测等网络安全问题处理方面呈现出独特的应用价值，能够为网络安全，尤其是 6G 内生架构建设提供有力支撑。

6G 中内生的 AI 技术将通过对无线环境、资源、干扰、业务和用户等多维特性进行充分挖掘与持续学习，提供极具参考价值的数据分析和决策建议。例如，基于深度学习等算法模型，可处理 6G 时代网络数据、业务数据、用户数据等多维数据指数增长带来的问题，对攻击行为和威胁情报进行建模或特征提取，检测识别恶意软件，溯源网络攻击行为，实现安全边界自定义、风险域自隔离、安全策略最优集自适应生成与执行，促进安全能力弹性编排、全局资源调动与精确风险控制，在降低网络安全运营成本的同时，充分适应内外威胁变化，提升网络安全产品中威胁情报的自动化部署能力和安全能力自适应水平，实现网络的自适应、自运行、自维护，显著提升 6G 的高效性、可靠性、实时性和安全性①。

但同时考虑 AI 技术本身存在的安全风险，在其与通信网络的融合应用过程中，应充分考虑场景的适配性及潜在的安全风险，合理谨慎地部署 AI 算法，融合构建安全辅助手段，并在应用过程中加以监测管理，充分用好 AI 这把“双刃剑”（见图 9-3）。

图 9-3　AI 是未来移动通信安全技术的“双刃剑”

9.4.4　区块链信任管理技术

区块链技术是当前 B5G 及 6G 安全谈论最多的、最期望的技术，区块链技术能够屏蔽 B5G 及 6G 异构的网络节点特性，对网络节点实现统一的安全信任和认证，也能对网络行为进行存证溯源，对数据进行安全保护。然而，目前大部分展望的 B5G 及 6G 安全场景与区块链耦合度较低，主要通过外挂式的区块链设施解决安全问题。在 B5G 及 6G 网络终端、无线和网络节点中内嵌区块链能力，是业界希望突破的安全防护技术之一。

一是通过泛在接入管理，实现大规模物联网设备安全访问控制、屏蔽网络差异性的跨网络用户接入控制，保障接入安全。

二是通过身份信任管理，如跨域互联多方信任、海量终端分布式认证、用户身份匿名管理等技术，实现身份安全。

三是通过自组织网络安全管理，如分布式节点管理、节点信任评估、网络状态管理，达到网络安全的目的。

---

① IMT-2030（6G）推进组. 6G 网络安全愿景技术研究报告[R]. 2021.

四是利用分布式节点协作频谱感知、基于共识的动态频谱接入、频谱可信分布式账本等安全频谱管理技术，实现频谱安全。

五是通过多方计费结算、空口 KPI 数据存证、切片数据管理，达到数据存证审计的目的，实现数据安全。

然而，区块链在 B5G 及 6G 网络安全中的融合应用又带来了新的安全问题，需要客观、全面地使用区块链技术。

一是共识机制漏洞。共识是区块链技术实现“去中心化”的关键所在，但共识只要有多于 50%的节点认可，验证便会通过，同时现有共识算法尚无法自动分辨节点的真实性。由此，攻击者针对不同机制的漏洞设计了相应的攻击手段，包括 51%攻击、女巫攻击，导致数据被篡改、信息被劫持、节点瘫痪。而 B5G 及 6G 时代的泛在连接网络，将使共识机制漏洞安全风险的影响面大大增加，甚至可能对整个系统造成严重危害。

二是智能合约困境。智能合约是正确执行公开指定程序的共识协议，它通过预先编写好的程序代码，使网络中的节点按照合约制定的运行规则行事，但目前任何一个智能合约的设计都会存在开发者编程语言使用不当、程序结构不完善等安全漏洞。若主体的治理和信任完全依赖代码库，攻击者可以利用智能合约的设计漏洞，在代码允许内“合法”获利，造成难以估计的损失。

三是密钥丢失危机。区块链技术运用密码学原理中非对称的加密技术来生成与存储密钥，但密钥可能遭到病毒和恶意软件入侵。如果将密钥存储在非加密文件中或通过电子邮件等非加密中介传输，可能导致密钥被盗，且无法通过一般途径寻回与重置，用户也因此丧失对该密钥所保管资产的控制权，产生巨大损失。

9.5 技术演进展望

9.5.1 AI 赋能安全

AI 已在 5G 核心网研究使用，3GPP 将 AI 引入 NWDAF 网元，智能分析网络数据，助力网络安全策略决策。6G 中，各类移动设备和传感器将会提供大量适合 AI 学习的数据，而数据可通过模型学习和训练反过来助力网络安全智能化，构建安全自主自治能力，给 6G 内生安全架构带来新机遇。

一是安全态势感知。随着 5G 技术的部署应用、6G 技术的研究推进，未来各行各业的网络架构将更加复杂，设备将更加繁多，信息流转将更加多样。传统的态势感知技术主要集中于研究日志分析、面向服务等方面，无法对网络行为进行全面把握，由此形成的网络安全感知能力受限。而 AI 技术能够对 6G 海量的安全风险数据进行归并、关联分析与融合处理，辅助全面评估网络安全状况，实现整体安全态势感知，为 6G 泛在网络提供低成本、高可靠的自治手段。

二是未知威胁检测。6G 支持异构共存、智能互联，在提供无处不在的通信支持的同时，多种类型的设备与多种形态的网络相互连接，任何节点和网络都有可能成为攻击的突破口。恶意域名、恶意文件、恶意流量等常见攻击一旦出现，极易致使网络整体瘫痪，由此带来的不确定的安全隐患更加突出，形势严峻。深度学习等 AI 技术可用于直接训练原始数据而无须手动提取特征，可以发现数据之间的非线性相关性，具有较强的泛化能力，通过将其应用于图像识别、模式识别和自然语言处理等领域，对由安全问题映射而来的图像、模式和文本类数据进行自主学习、提取特征，能够实现传统特征检测技术无法支持的新文件类型和未知攻击检测，为 6G 安全提供全方位、高效的未知威胁检测方案。

目前，有关 AI 和智能化无线通信网络的研究与标准化工作已成为业界的研究热点。国内外标准化组织积极推进制定网络演进的发展目标和应用接口、服务及数据格式的标准等。例如，ITU-T 于 2019 年对 AI 在网络性能表现中的应用等 11 个分组制定了标准建议书；ITU-R 于 2020 年启动了面向 2030 年 6G 网络的研究工作；ETSI 于 2020 年发布了《人工智能与未来发展方向》白皮书，对 AI 在网络优化、隐私/安全性、数据管理等领域的应用进行调研；CCSA 技术工作委员会也对 AI 在无线通信网络的应用进行了课题研究等。虽然利用 AI 技术实现 6G 自动化安全防护已是大势所趋，但当前 AI 技术本身并不成熟，存在技术局限，可能导致安全风险。由此可见，AI 技术仍需随 6G 网络智能化演进过程不断完善，以提升通信应用的稳健性和安全性。

9.5.2 区块链赋能安全

6G 时代，移动通信技术将进一步朝着资源边缘化和网络分布式演进，与此同时，计算下沉带来的数据隐私和通信安全成为新的焦点问题。区块链技术是一种基于分布式对等网络的去中心化分布式账本技术，具有去中心化、不可篡改、可追溯、匿名性和透明性五大特征，能够满足 6G 大规模节点统一安全认证、网络行为溯源和数据安全管理的需要。在 6G 终端、无线和网络节点中内嵌区块链能力，将为 6G 安全内生能力建设发挥重要作用。

一是存证审计。网络日志审计是网络安全的重要审核和追溯方法，网络日志为恶意节点识别、攻击模式分析、行为分析等提供了重要的依据。基于区块链的网络日志和 KPI 指标审计，可以防止数据信息的恶意篡改、伪造甚至丢失，从而避免安全审计或第三方用户无法获得真实可信的数据。通过日志信息和 KPI 数据的快速上链形成安全可信的被保护，使得高层监管方更容易获得真实可信的数据，实现网络动态的可查、可追溯，以便及时定位诊断“规建维优营”[①]系列问题。

二是动态频谱共享。当前频谱管理以静态分配为主，由管理机构进行频谱划分后分配给授权用户，发放频率使用牌照，并将相应的频率使用信息录入频谱管理数据库，以

① 网络运维流程，包括网络规划、部署建设、网络维护、性能优化和营销拓展。

保障用户使用的频率不会相互冲突。然而，在 6G 时代，大规模复杂的用频设备对有限频率的共享和动态调配需求变得尤为迫切，基于区块链构建频谱可信分布式账本，能够形成分布式的节点频谱感知、基于共识的动态频谱接入、交易激励等更加灵活、精细化的频谱管理机制，实现频谱资源的智能共享。

三是身份管理。6G 将发展出面向个体的体域网、面向行业的网络、面向广域覆盖的卫星通信网络等多种异构形态，支持海量异构终端接入，促进跨行业联合运作。异构网络的互连、垂直行业的专业性和复杂性、海量终端连接，使得中心化管理架构难以满足参与各方自主掌控网络资产、跨行业协作的需求。将区块链与身份认证结合，可实现身份自主管控、不可篡改等，解决 6G 多方信任管理、跨域信任传递、海量用户管理等难题。区块链在身份管理方面的应用场景主要包括跨域互联多方信任、海量终端分布式认证、用户身份可控匿名等。

目前，区块链技术还未成熟，行业标准尚未建立，存在共识机制漏洞、智能合约困境等诸多问题与挑战，安全性与稳定性难以保障，相关基础理论和关键技术需要进一步突破，以便推动区块链技术在 6G 中的应用与可持续发展[①]。

9.5.3 软件定义网络赋能安全

软件定义网络通过在控制平面、数据平面和管理平面之外引入安全平面，实现安全能力软件化、原子化、服务化，同时在网络底层抽象安全资源池，在网络顶层统一通过软件编程的方式进行智能化、自动化的业务编排和管理，以适应复杂网络的安全防护，是 B5G 及 6G 对于弹性和韧性展望实现的基础性技术。

一是安全资源池化与统一编排管理。首先，利用虚拟化、软件定义实现安全能力（安全服务能力硬件和软件的组合）抽象和资源池化，以实现安全资源的最大化共享，资源池内部的资源形态对用户是屏蔽的，这些资源可以随需动态以服务的形式提供给用户。其次，基于应用安全特点（包括应用安全分级和应用安全需求）考虑，不同级别的安全应用系统使用的资源池必须区分开，如关键的服务系统和渠道系统需要分开，交易类系统和管理类系统要分开，将安全资源按照可靠性、纵向扩展能力、成本等方面分层、解耦，实现灵活、统一的编排管理。

二是安全能力和服务开放。网络切片要达到商用水平，需要端到端网络切片包括的无线子切片、传输子切片、核心网子切片及切片管理功能间的紧密配合。当前没有统一的标准化组织定义端到端网络切片的功能架构及管理架构，导致异厂商设备互通、端到端网络切片协调、端到端网络切片自动化部署等不能完全实现。因此，需要进一步定义标准化对外接口，提供敏捷、按需定制、灵活调度部署的安全服务。

三是与 AI 结合实现安全闭环自动化。将软件定义技术与 AI 技术进一步融合，基于

---

① 聂凯君，曹傧，彭木根. 6G 内生安全:区块链技术[J]. 电信科学，2020,36(1):21-27.

安全资源池化与统一编排管理、安全能力和服务开放实现基础的安全赋能，同时引入 AI 智能决策，实现安全功能的自主监测、自动响应和自动恢复，形成差异化的、可定义的、快速调度部署的内生安全能力，实现安全能力、业务环节、客户需求之间的高效联动与协同效应，如图 9-4 所示。

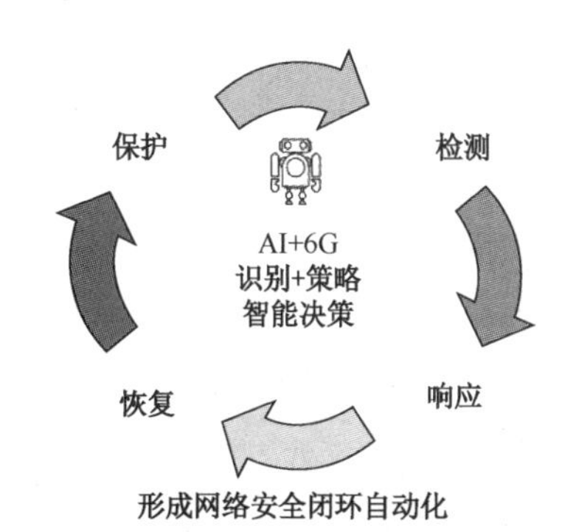

图 9-4　软件定义网络与 AI 结合实现网络安全闭环自动化

9.5.4　抗量子密码安全

6G 的密码学体系需要考虑量子计算带来的问题，采用抗量子攻击的密码算法保证信息安全性。

目前，加密是通过非对称密码学完成的，用公钥对数据进行编码的过程所有人都可以使用，但只能使用私钥进行解码，现代密钥易于生成，但很难用当前技术进行破解。这种情况将随量子计算的出现而改变：量子计算与经典计算有根本的不同，经典计算机使用二进制比特（0 或 1），并且每个比特只能代表这两个值中的一个；而量子计算机使用量子比特，每个比特可以同时代表 1 和 0 的多种可能状态，因此量子计算机可以存储和处理大量的数据，很多在当代计算机上难以解决的计算问题，都可以在量子计算机上得到有效的解决。例如，现代非对称密码学的基础——椭圆曲线离散对数问题（elliptic curve discrete logarithm problem，ECDLP）中的密码原语极易在短时间内被求解，使得密码保护系统瓦解。

研究公司 Tractica 发布的数据显示，到 2030 年，量子硬件租赁市场的总规模预计将从目前的 2.6 亿美元增长至 90 亿美元。量子计算的商业化普及，将意味着现有的绝大多数公钥密码算法（RSA、Diffie-Hellman、椭圆曲线等）能被足够大和稳定的量子计算机攻破，虽然大规模量子计算的实现可能需要更长的时间，但是一些基本的思路已经成型，相关技术将快速发展提升，对网络安全交互影响巨大，亟须加快构建新一代密码技术体系，提前布局量子威胁防护能力。为了抵御量子黑客的攻击，抗量子密码（post quantum cryptography，PQC）正在成为一种高效和有效的解决方案。

同时，需要注意的是，高实时、高可靠的轻量级数据加密、身份认证、完整性校验算法也是 6G 中密码应用迫切需要解决的难题。长期以来，抗量子密码相关标准化工作正不断推进，但投入应用还有待时日。2016 年，美国 NIST 启动后量子密码算法标准化项目，按照“安全性、性能、速度、可共享性、成本”五大要素，向业界和学界征集、筛选后量子密码算法。安全性是指一个全功能的量子计算机抗黑客攻击需满足的能力要求。性能和速度均根据密钥大小进行评价，一方面，密钥大小与数据传输带宽成正比，在有限带宽的条件下，密钥越小，算法效率越高；另一方面，密钥越小，数据传输速度越快，更能满足用户的高效需求。可共享性是指后量子算法需要自由共享，若受知识产权和专利法约束，则很难被采用。成本是指算法成本不能太高，便于无差别、大范围普及。

截至 2022 年 7 月 5 日，NIST 已完成第三轮 PQC 标准化程序考察，四个候选算法将进入标准化流程，包括一个公钥加密或密钥封装方案和三个数字签名方案，分别为：CRYSTALS-KYBER、CRYSTALS-DILITHIUM、FALCON、SPHINCS+；并公布了第四轮候选算法，为四个公钥加密或密钥封装方案，包括：BIKE、Classic McEliece、HQC、SIKE。但当前人们并未开发出完全可用的量子计算机，后量子算法的强度、精度很难准确测量，这也意味着后量子算法的研究发展任重道远。